실전을 연습처럼 연습을 실전처럼

'만년 2위'라는 말이 있다.
실력은 뛰어나지만 결정적인 순간에
실력을 발휘하지 못하는 사람들이다.
그러나 실전에서 자신의 능력 이상으로
실력을 발휘하는 사람들이 있다.
이 사람들은 평소에 연습을 실전처럼,
실전을 연습처럼 해온 사람들이다.

테스트북
구성과 특징

소단원, 중단원, 대단원 별 모든 테스트를 수록한
테스트북으로 지금 바로 실력 점검 GOGO!

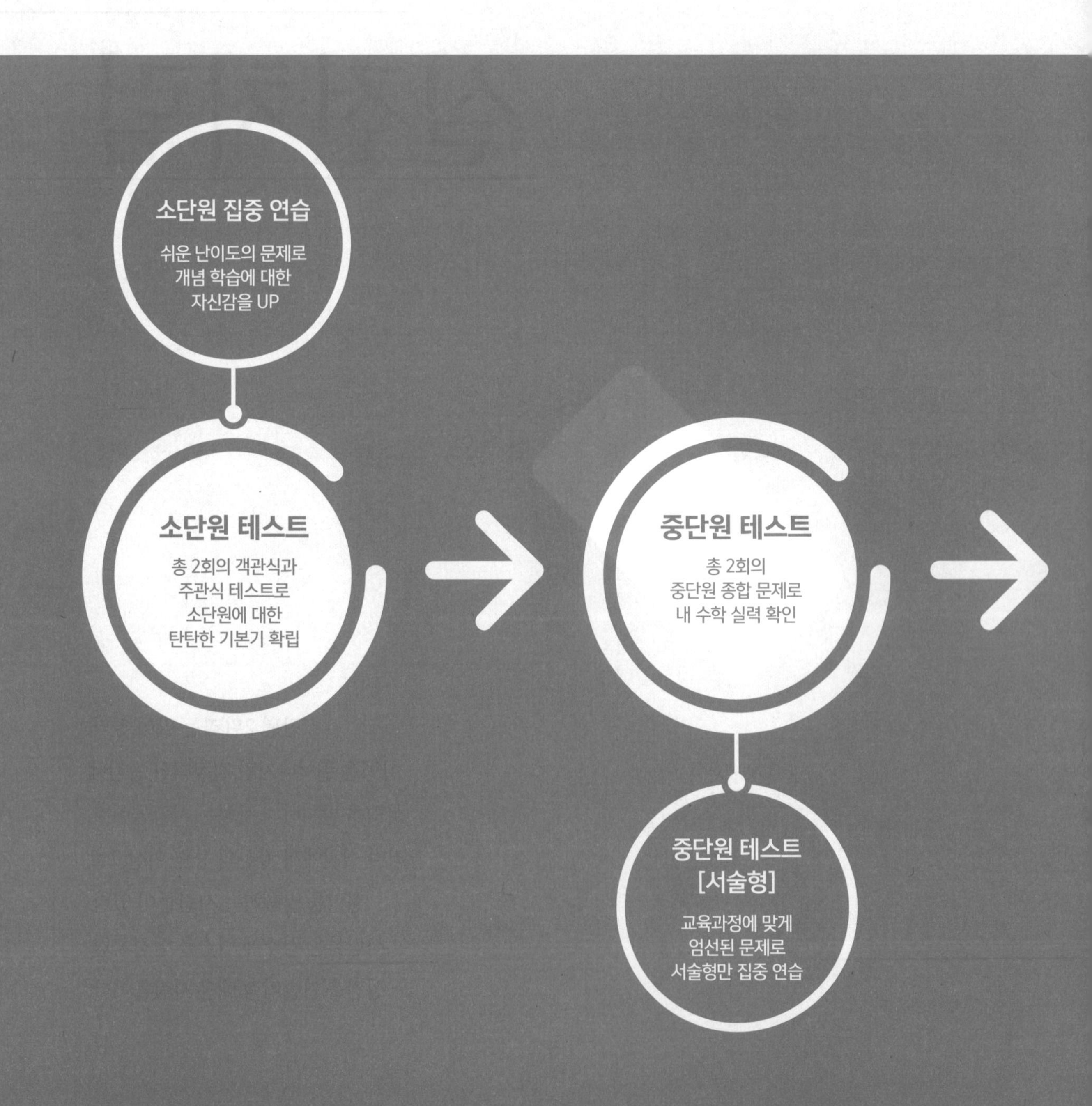

+ 테스트북 활용팁!

각 대단원의 첫 페이지에
나의 학습을 확인할 수 있는
'오늘의 테스트' 플래너가 있습니다.
학습 만족도를 다양한 표정으로 나타내 보세요.
웃는 표정이 많을수록
수학 성적이 쑥쑥 오르는 것을 확인할 수 있답니다!

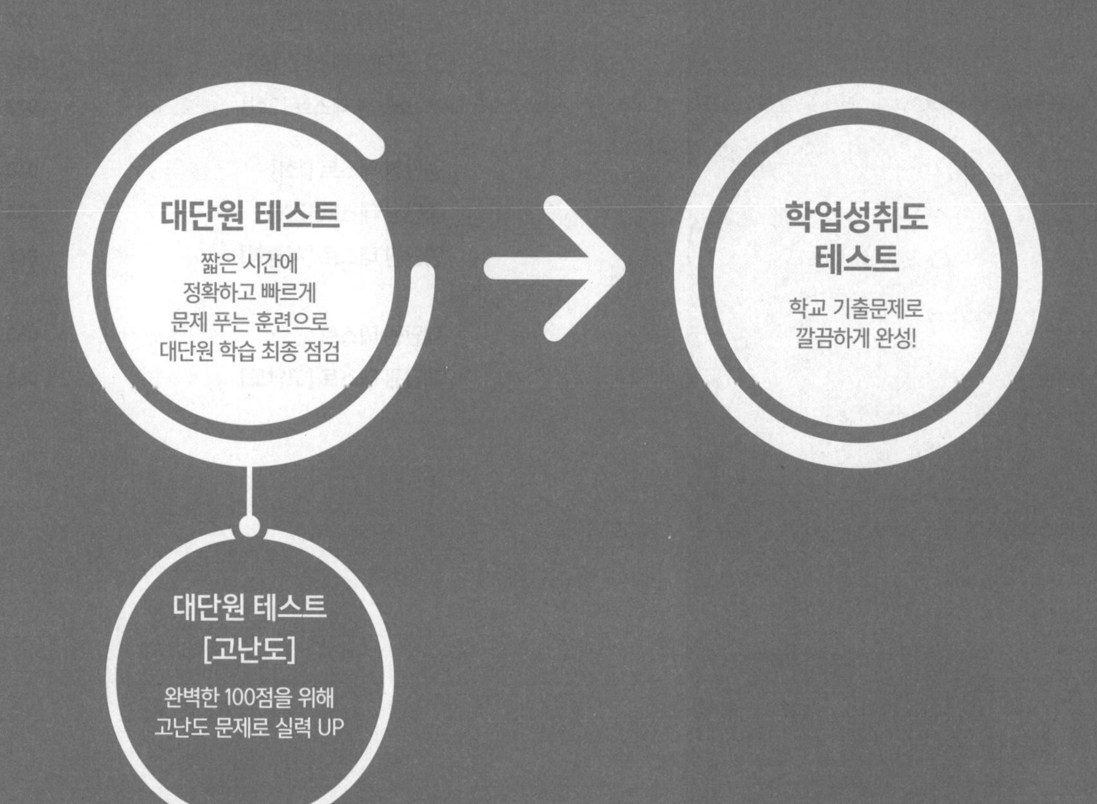

테스트북 차례

I. 실수와 그 계산

Ⅱ. 인수분해와 이차방정식

Ⅲ. 이차함수

I. 실수와 그 계산

1. 제곱근과 실수

01. 제곱근의 뜻과 성질

02. 무리수와 실수

2. 근호를 포함한 식의 계산

01. 제곱근의 곱셈과 나눗셈

02. 제곱근의 덧셈과 뺄셈

오늘의 테스트

만족  불만족 

1. 제곱근과 실수 01. 제곱근의 뜻과 성질 소단원 집중 연습 ____월 ____일	1. 제곱근과 실수 01. 제곱근의 뜻과 성질 소단원 테스트 [1회] ____월 ____일	1. 제곱근과 실수 01. 제곱근의 뜻과 성질 소단원 테스트 [2회] ____월 ____일
1. 제곱근과 실수 02. 무리수와 실수 소단원 집중 연습 ____월 ____일	1. 제곱근과 실수 02. 무리수와 실수 소단원 테스트 [1회] ____월 ____일	1. 제곱근과 실수 02. 무리수와 실수 소단원 테스트 [2회] ____월 ____일
1. 제곱근과 실수 중단원 테스트 [1회] ____월 ____일	1. 제곱근과 실수 중단원 테스트 [2회] ____월 ____일	1. 제곱근과 실수 중단원 테스트 [서술형] ____월 ____일
2. 근호를 포함한 식의 계산 01. 제곱근의 곱셈과 나눗셈 소단원 집중 연습 ____월 ____일	2. 근호를 포함한 식의 계산 01. 제곱근의 곱셈과 나눗셈 소단원 테스트 [1회] ____월 ____일	2. 근호를 포함한 식의 계산 01. 제곱근의 곱셈과 나눗셈 소단원 테스트 [2회] ____월 ____일
2. 근호를 포함한 식의 계산 02. 제곱근의 덧셈과 뺄셈 소단원 집중 연습 ____월 ____일	2. 근호를 포함한 식의 계산 02. 제곱근의 덧셈과 뺄셈 소단원 테스트 [1회] ____월 ____일	2. 근호를 포함한 식의 계산 02. 제곱근의 덧셈과 뺄셈 소단원 테스트 [2회] ____월 ____일
2. 근호를 포함한 식의 계산 중단원 테스트 [1회] ____월 ____일	2. 근호를 포함한 식의 계산 중단원 테스트 [2회] ____월 ____일	2. 근호를 포함한 식의 계산 중단원 테스트 [서술형] ____월 ____일
Ⅰ. 실수와 그 계산 대단원 테스트 ____월 ____일	Ⅰ. 실수와 그 계산 대단원 테스트 [고난도] ____월 ____일	

소단원 집중 연습

1. 제곱근과 실수 | 01. 제곱근의 뜻과 성질

01 제곱하여 다음 수가 되는 수를 모두 구하시오.

(1) 16

(2) -0.04

(3) $\frac{1}{9}$

(4) $\frac{36}{49}$

02 다음 수의 제곱근을 모두 구하시오.

(1) 0

(2) 9

(3) $\frac{4}{25}$

(4) $(-5)^2$

03 다음을 근호를 사용하여 나타내시오.

(1) 3의 제곱근

(2) 8의 양의 제곱근

(3) $\frac{1}{2}$의 음의 제곱근

(4) 제곱근 13

04 다음을 근호를 사용하지 않고 나타내시오.

(1) $\sqrt{9}$

(2) $\pm\sqrt{64}$

(3) $\sqrt{0.49}$

(4) $-\sqrt{\frac{25}{81}}$

(5) $(\sqrt{2})^2$

(6) $(-\sqrt{5})^2$

(7) $-(\sqrt{0.8})^2$

(8) $-(-\sqrt{13})^2$

(9) $\sqrt{9^2}$

(10) $\sqrt{(-10)^2}$

(11) $-\sqrt{(0.4)^2}$

(12) $-\sqrt{\left(-\frac{2}{7}\right)^2}$

05 다음 식을 간단히 하시오.

(1) $a>0$일 때, $\sqrt{(3a)^2}$

(2) $x<0$일 때, $\sqrt{\left(\frac{x}{2}\right)^2}$

(3) $a>0$일 때, $\sqrt{(-a)^2}$

(4) $x>1$일 때, $\sqrt{(x-1)^2}$

06 다음을 계산하시오.

(1) $(\sqrt{2})^2+\sqrt{(-5)^2}$

(2) $\sqrt{81}-(-\sqrt{7})^2$

(3) $(-\sqrt{6})^2\times\sqrt{\left(\frac{1}{2}\right)^2}$

(4) $\sqrt{3^2}\div(\sqrt{0.3})^2$

07 다음 두 수의 대소를 비교하여 ○ 안에 부등호 $>$ 또는 $<$를 써넣으시오.

(1) $\sqrt{4}$ ○ $\sqrt{7}$

(2) $-\sqrt{\frac{1}{2}}$ ○ $-\sqrt{\frac{1}{3}}$

(3) $\sqrt{0.6}$ ○ $\sqrt{\frac{3}{4}}$

(4) 3 ○ $\sqrt{10}$

08 다음 부등식을 만족시키는 자연수 x의 값을 모두 구하시오.

(1) $\sqrt{x}<\sqrt{5}$

(2) $\sqrt{x}\leq 1$

(3) $-\sqrt{x}\geq-\sqrt{3}$

(4) $-\sqrt{x}>-2$

소단원 테스트 [1회]

1. 제곱근과 실수 | 01. 제곱근의 뜻과 성질

테스트한 날	맞은 개수
월 일	/ 16

01

다음 중 그 값이 나머지 넷과 다른 하나는?

① $\sqrt{49}$의 제곱근

② 7의 제곱근

③ 제곱근 7

④ 제곱하여 7이 되는 수

⑤ $x^2=7$을 만족시키는 x의 값

02

다음 중 옳지 않은 것은?

① $(-\sqrt{9})^2$의 제곱근은 ± 3이다.

② $\sqrt{a^2}=|a|$

③ 제곱근 8은 $2\sqrt{2}$이다.

④ $\sqrt{4}+\sqrt{4}=\sqrt{8}$

⑤ 양수의 제곱근은 항상 2개이다.

03

36의 양의 제곱근을 a, $(-4)^2$의 음의 제곱근을 b라 할 때, $a+b$의 값은?

① 1　② 2　③ 3　④ 4　⑤ 5

04

$a>0$일 때, 다음 중 옳은 것은?

① $\sqrt{a^2}=-a$　② $\sqrt{-a^2}=a$

③ $(-\sqrt{a})^2=-a$　④ $\sqrt{(-a)^2}=-a$

⑤ $-\sqrt{(-a)^2}=-a$

05

다음 중 두 수의 대소 관계가 옳은 것은?

① $\sqrt{5}>\sqrt{7}$　② $\sqrt{8}>4$

③ $-3>-\sqrt{6}$　④ $0.5>\sqrt{0.5}$

⑤ $\sqrt{\frac{2}{3}}>\frac{1}{2}$

06

$\sqrt{5+x}$가 자연수가 되도록 하는 x의 값 중에서 가장 작은 자연수는?

① 1　② 2　③ 3　④ 4　⑤ 5

07

다음 중 옳은 것은?

① $\sqrt{7^2}=49$　② $(-\sqrt{8})^2=-8$

③ $\sqrt{(-9)^2}=9$　④ $\sqrt{16}=\pm 4$

⑤ $-\sqrt{12^2}=12$

08

$\sqrt{80a}$가 자연수가 되도록 하는 자연수 a의 값이 아닌 것은?

① 5　② 20　③ 50　④ 80　⑤ 500

09
$\sqrt{2x}<5$를 만족시키는 자연수 x의 값이 될 수 없는 것은?

① 5　② 7　③ 9
④ 11　⑤ 13

10
$a>0$일 때, $\sqrt{(-2a)^2}-\sqrt{(3a)^2}$을 간단히 하면?

① $-5a$　② $-a$　③ a
④ $5a$　⑤ $6a$

11
다음 중 나머지 넷과 다른 하나는?

① $(\sqrt{5})^2$　② $\sqrt{5^2}$　③ $(-\sqrt{5})^2$
④ $-\sqrt{(-5)^2}$　⑤ $\sqrt{(-5)^2}$

12
$x>0$일 때, $\sqrt{4x^2}+\sqrt{(-x)^2}-(-\sqrt{x})^2$을 간단히 하면?

① 0　② $2x$　③ $3x$
④ $4x$　⑤ $5x$

13
다음 수 중에서 제곱근을 근호를 사용하지 않고 나타낼 수 있는 것은?

① 8.1　② 10　③ $\sqrt{1.44}$
④ $\sqrt{64}$　⑤ $\sqrt{625}$

14
다음 수 중에서 두 번째로 작은 수는?

① $-\sqrt{\frac{3}{2}}$　② $-\sqrt{5}$
③ $-\sqrt{10}$　④ -4
⑤ -3

15
$\sqrt{75a}$가 정수가 되도록 하는 자연수 a의 값 중에서 가장 작은 수는?

① 1　② 2　③ 3
④ 4　⑤ 5

16
$0<x<2$일 때, $\sqrt{x^2}+\sqrt{(x-2)^2}$을 간단히 하면?

① 0　② 2　③ $2x$
④ $2x-2$　⑤ $2x+2$

소단원 테스트 [2회]

1. 제곱근과 실수 | 01. 제곱근의 뜻과 성질

테스트한 날	맞은 개수
월 일	/ 16

01

보기에서 제곱근에 대한 설명으로 옳은 것을 모두 고르시오.

보기
ㄱ. 제곱근 9는 ±3이다.
ㄴ. $\sqrt{36}$의 제곱근은 6이다.
ㄷ. $\sqrt{(-4)^2}$의 제곱근은 ±2이다.
ㄹ. $(-7)^2$의 제곱근은 $\pm\sqrt{7}$이다.
ㅁ. $-\sqrt{2}$는 2의 음의 제곱근이다.

02

$\sqrt{360a}$가 자연수가 되게 하는 두 자리 자연수 a의 값 중 가장 큰 수를 구하시오.

03

$\sqrt{\frac{a}{2}}<\frac{5}{3}$를 만족시키는 자연수 a의 개수를 구하시오.

04

$\sqrt{3x}$가 4보다 작은 수가 되도록 하는 모든 자연수 x의 값의 합을 구하시오.

05

다음에서 가장 큰 수를 a, 가장 작은 수를 b라 할 때, a^2-b^2의 값을 구하시오.

$-\sqrt{11},\quad -3,\quad \sqrt{(-4)^2},\quad \sqrt{14}$

06

$a>0$일 때, $\sqrt{a^2}+\sqrt{(-2a)^2}$을 간단히 하시오.

07

$(-2)^2$의 양의 제곱근을 a, 16의 음의 제곱근을 b라고 할 때, $a+b$의 값을 구하시오.

08

자연수 x에 대하여 $\sqrt{x}$보다 작은 자연수의 개수를 $f(x)$라고 할 때, 다음을 구하시오.

$f(11)+f(12)+f(13)+\cdots+f(20)$

09

x가 1 이상 20 이하의 자연수일 때, $\sqrt{13+x}$가 자연수가 되도록 하는 자연수 x의 값을 모두 구하시오.

10

보기에서 옳은 것을 모두 고르시오.

보기
ㄱ. 0의 제곱근은 없다.
ㄴ. 제곱근 16의 제곱근은 ± 4이다.
ㄷ. 양수는 절댓값이 같은 두 개의 제곱근이 있다.
ㄹ. 넓이가 5인 정사각형의 한 변의 길이는 $\pm\sqrt{5}$이다.
ㅁ. 4의 제곱근은 $x^2=4$를 만족시키는 x의 값이다.

11

n이 자연수일 때, 부등식 $\sqrt{n}<4$를 만족시키는 무리수 $\sqrt{n}$의 개수를 구하시오.

12

$\sqrt{28}$보다 작은 자연수의 개수를 a, $\sqrt{76}$보다 작은 자연수의 개수를 b라 할 때, $a+b$의 값을 구하시오.

13

두 실수 a, b에 대하여 $a-b>0$, $ab<0$일 때,
$\sqrt{a^2}-\sqrt{(a-b)^2}+\sqrt{(b-2a)^2}+\sqrt{(-3b)^2}$을 간단히 하시오.

14

다음 세 수의 대소를 비교하시오.

$$A=\frac{1}{2},\quad B=\sqrt{\frac{2}{3}},\quad C=\sqrt{\frac{3}{4}}$$

15

$\sqrt{64}$의 양의 제곱근을 a, $(-\sqrt{16})^2$의 음의 제곱근을 b라 할 때, a^2+b의 값을 구하시오.

16

$0<x<3$일 때, $\sqrt{(x-3)^2}+\sqrt{(-x)^2}+\sqrt{x^2}$을 간단히 하시오.

소단원 집중 연습

1. 제곱근과 실수 | 02. 무리수와 실수

01 다음 수가 유리수이면 '유', 무리수이면 '무'를 쓰시오.

(1) $\frac{3}{7}$ (　　)

(2) $2.3\dot{2}$ (　　)

(3) $\sqrt{\frac{3}{4}}$ (　　)

(4) π (　　)

(5) $-\sqrt{8}$ (　　)

(6) $\sqrt{1.21}$ (　　)

02 다음 설명 중 옳은 것에는 ○표, 옳지 않은 것에는 ×표 하시오.

(1) 순환소수로 나타낼 수 있는 수는 무리수이다. (　　)

(2) 유리수와 무리수를 통틀어 실수라고 한다. (　　)

(3) 무한소수는 유리수가 아니다. (　　)

(4) 근호를 사용하여 나타낸 수는 모두 무리수이다. (　　)

(5) 순환하지 않는 무한소수는 무리수이다. (　　)

03 보기에서 다음에 해당하는 것을 모두 고르시오.

보기

2	$-\sqrt{7}$	2.4	$1.\dot{2}5\dot{2}$
-8	$\sqrt{36}$	$1-\sqrt{2}$	0
$\frac{2}{5}$	$-\frac{10}{5}$	$0.2\dot{7}$	$\sqrt{20}$

(1) 자연수

(2) 정수

(3) 유리수

(4) 무리수

(5) 실수

04 보기에서 무리수를 모두 고르시오.

보기

3.14	$-\sqrt{0.3}$	$\sqrt{\frac{1}{4}}$	$0.\dot{2}\dot{6}$
$\sqrt{2}+1$	$-\sqrt{3}$	$\pi+1$	제곱근 2
-5	$\sqrt{0.\dot{1}}$	4의 양의 제곱근	

05 다음 설명 중 옳은 것에는 ○표, 옳지 않은 것에는 ×표 하시오.

(1) 0과 2 사이에는 1개의 유리수가 있다. (　　)

(2) $\sqrt{3}$과 $\sqrt{5}$ 사이에는 무수히 많은 무리수가 있다. (　　)

(3) 모든 실수는 수직선 위에 나타낼 수 있다. (　　)

(4) 서로 다른 두 무리수 사이에는 무수히 많은 유리수가 존재한다. (　　)

(5) 유리수와 무리수에 대응하는 점만으로 수직선을 완전히 메울 수 있다. (　　)

06 다음 그림에서 모눈 한 칸은 한 변의 길이가 1인 정사각형이다. $\overline{BC}=\overline{PC}$, $\overline{CD}=\overline{CQ}$일 때, 두 점 P, Q에 대응하는 수를 각각 구하시오.

(1)

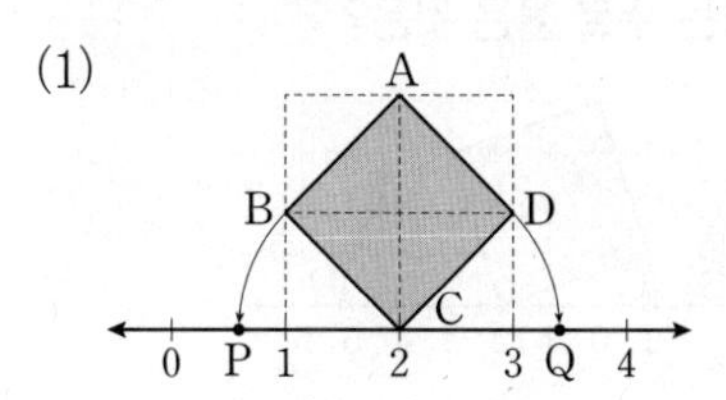

(2)

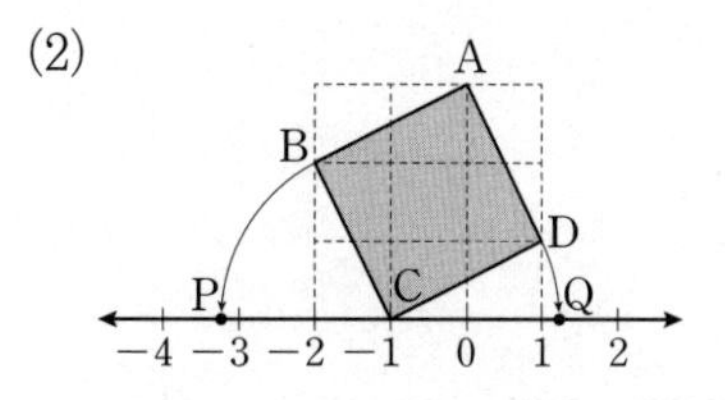

07 다음 ○ 안에 부등호 > 또는 <를 써넣으시오.

(1) $\sqrt{3}+1$ ○ 3

(2) $4-\sqrt{2}$ ○ 2

(3) $\sqrt{5}-2$ ○ 1

(4) $\sqrt{2}+2$ ○ $\sqrt{5}+2$

(5) $\sqrt{13}-3$ ○ $\sqrt{10}-3$

08 다음 수직선 위의 점 중 주어진 수에 대응하는 점을 구하시오.

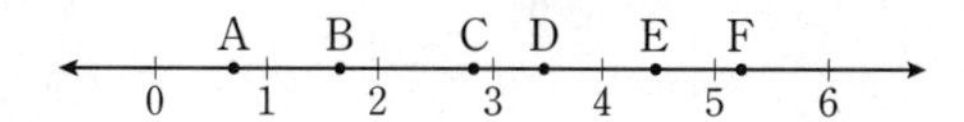

(1) $\sqrt{8}$

(2) $\sqrt{12}$

(3) $\sqrt{20}$

(4) $\sqrt{\frac{1}{2}}$

(5) $3+\sqrt{5}$

(6) $\sqrt{7}-1$

소단원 테스트 [1회]

1. 제곱근과 실수 | 02. 무리수와 실수

테스트한 날	맞은 개수
월 일	/ 8

01

다음 설명 중 옳은 것은?

① 순환소수는 무리수이다.
② 유리수는 순환소수이다.
③ 무한소수는 무리수이다.
④ 순환소수가 아닌 무한소수는 무리수이다.
⑤ 유한소수는 무리수이다.

02

다음 중 두 수 2와 $\sqrt{7}$ 사이에 있는 수가 아닌 것은? (단, $\sqrt{7}=2.646$)

① $2+0.01$ ② $\sqrt{6}$ ③ $\sqrt{7}-0.001$
④ $\sqrt{7}-1$ ⑤ $\frac{2+\sqrt{7}}{2}$

03

세 수 $a=3-\sqrt{5}$, $b=1$, $c=3-\sqrt{6}$의 대소 관계가 옳은 것은?

① $a<c<b$ ② $b<a<c$ ③ $b<c<a$
④ $c<a<b$ ⑤ $c<b<a$

04

오른쪽 그림에서 사각형 ABCD는 정사각형이다. 점 E에 대응하는 수는?

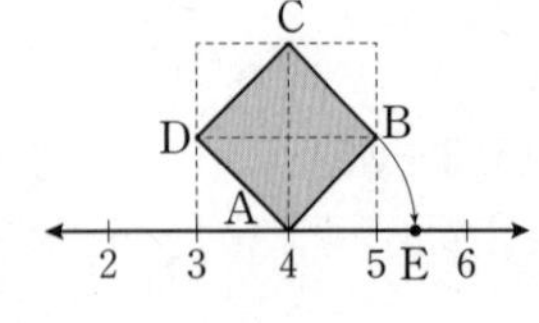

① $4+\sqrt{2}$ ② $5+\sqrt{2}$
③ $6-\sqrt{2}$ ④ $4+\sqrt{3}$

⑤ $5+\sqrt{3}$

05

다음 세 수의 대소 관계가 옳은 것은?

$$a=\sqrt{5}+\sqrt{3},\quad b=\sqrt{5}+1,\quad c=3+\sqrt{3}$$

① $a<b<c$ ② $a<c<b$ ③ $b<a<c$
④ $b<c<a$ ⑤ $c<b<a$

06

다음 중 옳지 않은 것은?

① 실수에서 유리수가 아닌 것은 모두 무리수이다.
② 원주율 π는 실수가 아니다.
③ 순환소수는 유리수이다.
④ $-\sqrt{2}$와 $\sqrt{2}$ 사이에는 3개의 정수가 있다.
⑤ 서로 다른 두 무리수 사이에는 무수히 많은 실수가 존재한다.

07

다음 그림과 같이 두 정사각형을 그렸을 때, 수직선 위의 네 점 A, B, C, D에 대응하는 수로 옳은 것은?

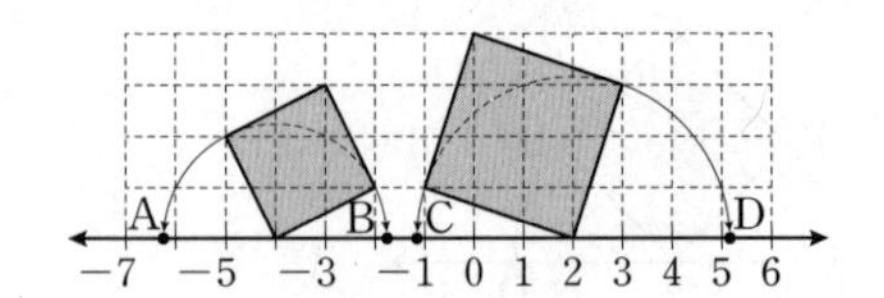

① A$(-4+\sqrt{5})$ ② B$(-4-\sqrt{5})$
③ C$(-2+\sqrt{10})$ ④ D$(2+\sqrt{10})$
⑤ D$(-1+\sqrt{10})$

08

다음 중 무리수가 아닌 것은? (정답 2개)

① $-\sqrt{3}$ ② $\sqrt{16}$ ③ 0
④ $\pi-1$ ⑤ $\sqrt{5}+1$

소단원 테스트 [2회]

1. 제곱근과 실수 | 02. 무리수와 실수

테스트한 날	맞은 개수
월 일	/ 8

01

다음 그림은 한 눈금의 길이가 1인 모눈종이 위에 직각삼각형 ABC를 그리고, $\overline{AC}=\overline{AP}$가 되도록 수직선 위에 점 P를 정한 것이다. 점 P에 대응하는 수를 구하시오.

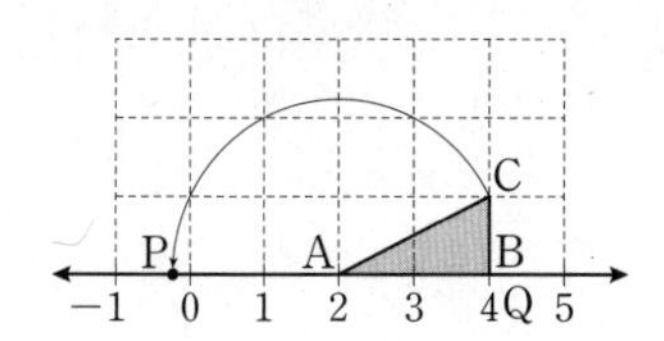

02

다음은 $\sqrt{10}+1$과 4의 대소를 비교하는 과정이다. □ 안에 알맞은 것을 차례대로 구하시오.

$$(\sqrt{10}+1)-4=\sqrt{10}-3=\sqrt{10}-\sqrt{\square}>0$$
$$\therefore \sqrt{10}+1 \ \square\ 4$$

03

보기에서 옳은 것을 모두 고르시오.

보기
ㄱ. 순환하지 않는 무한소수는 무리수이다.
ㄴ. 모든 유리수와 무리수는 실수이다.
ㄷ. $\sqrt{8}$은 순환하지 않는 무한소수이다.
ㄹ. 2에 가장 가까운 무리수는 $\sqrt{3}$이다.
ㅁ. 2와 3 사이에는 3개의 무리수가 있다.

04

두 수 $a=3-\sqrt{6}$, $b=1$의 대소를 비교하시오.

05

보기에서 옳은 것을 모두 고르시오.

보기
ㄱ. 근호가 있는 수는 무리수이다.
ㄴ. 유한소수는 유리수이다.
ㄷ. 무한소수는 무리수이다.
ㄹ. 순환소수는 유리수이다.
ㅁ. 무리수는 무한소수이다.
ㅂ. 순환소수는 무리수이다.

06

다음 수 중에서 무리수는 모두 몇 개인지 구하시오.

$$1-\sqrt{3},\quad \sqrt{121},\quad -\sqrt{4},\quad \sqrt{0.1},\quad \pi+0.1$$

07

다음 세 수 a, b, c의 대소 관계를 구하시오.

$$a=\sqrt{5}+\sqrt{3},\quad b=2+\sqrt{3},\quad c=\sqrt{5}+2$$

08

다음 그림과 같은 수직선에서 □ABCD가 정사각형일 때, 점 P에 대응하는 수를 구하시오. (단, $\overline{AC}=\overline{PC}$)

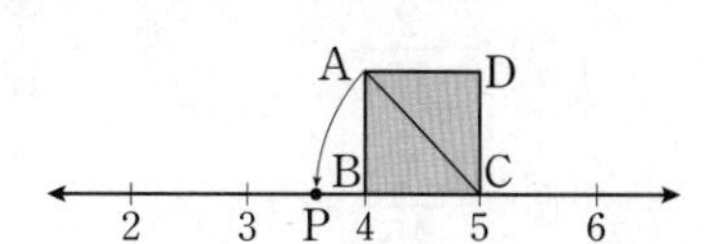

1. 제곱근과 실수

중단원 테스트 [1회]

테스트한 날	맞은 개수
월 일	/ 32

01

다음 중 옳은 것은?

① $(\sqrt{11})^2=121$
② $-\sqrt{(-5)^2}=-5$
③ $\sqrt{(-10)^2}=-10$
④ $(-\sqrt{0.2})^2=\pm0.2$
⑤ $\sqrt{8^2}=\pm8$

02

다음 중 순환하지 않는 무한소수의 개수는?

$\sqrt{0.01},\quad \pi+1,\quad -\sqrt{2},\quad \sqrt{\frac{1}{9}},\quad 2.\dot{4},\quad 5-\sqrt{5}$

① 2개 ② 3개 ③ 4개
④ 5개 ⑤ 6개

03

$0<x<1$일 때, $\sqrt{(x+1)^2}-\sqrt{(x-1)^2}$을 간단히 하면?

① 2 ② -2 ③ $x+2$
④ $-2x$ ⑤ $2x$

04

$\frac{16}{25}$의 양의 제곱근을 a, $\sqrt{\frac{1}{81}}$의 음의 제곱근을 b,

$\sqrt{(-4)^2}$의 양의 제곱근을 c라고 할 때, $\frac{ab}{c}$의 값은?

① $-\frac{8}{15}$ ② $-\frac{2}{15}$ ③ $-\frac{1}{15}$
④ $-\frac{2}{45}$ ⑤ $-\frac{1}{45}$

05

다음 중 $\sqrt{3}$과 $\sqrt{7}$ 사이에 있는 수가 아닌 것은?
(단, $\sqrt{3}=1.732$, $\sqrt{7}=2.646$)

① $\sqrt{3}+0.1$ ② $\sqrt{3}+0.01$ ③ 2
④ $\sqrt{7}+0.001$ ⑤ $\sqrt{7}-0.5$

06

서로 다른 두 개의 주사위를 던져서 나온 눈의 수를 각각 x, y라 할 때, $\sqrt{144xy}$가 자연수가 될 확률은?

① $\frac{1}{3}$ ② $\frac{1}{4}$ ③ $\frac{2}{9}$
④ $\frac{7}{36}$ ⑤ $\frac{5}{36}$

07

다음 그림에서 모눈 한 칸은 한 변의 길이가 1인 정사각형이다. □OABC는 정사각형이고, $\overline{OA}=\overline{OP}$, $\overline{OC}=\overline{OQ}$일 때, 두 점 P, Q에 대응하는 수를 차례대로 구하시오.

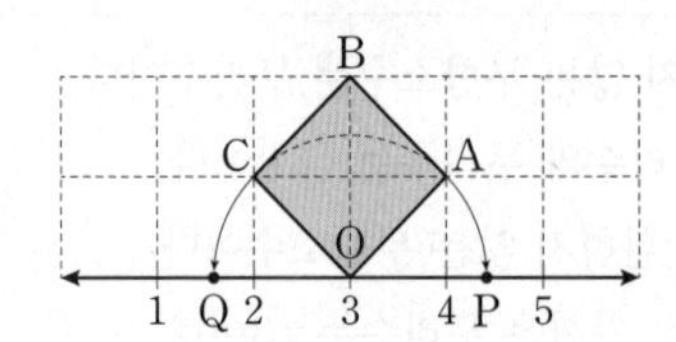

08

$\sqrt{25}-\sqrt{(-6)^2}+(-\sqrt{3})^2$을 계산하시오.

09

다음 주어진 수의 제곱근을 구할 때, 근호를 사용하지 않고 나타낼 수 있는 것의 개수는?

$\sqrt{16}$, 3, $\sqrt{121}$, $(-7)^2$, 25

① 1개　② 2개　③ 3개　④ 4개　⑤ 5개

10

$0<x<3$일 때, $\sqrt{(x-4)^2}-\sqrt{9(x+1)^2}$을 간단히 하시오.

11

다음 중 무리수인 것은?

① $\sqrt{0}$　② $\sqrt{100}$　③ $-\sqrt{0.09}$　④ $\sqrt{11}$　⑤ $\sqrt{\frac{4}{9}}$

12

다음 중 x가 a의 제곱근을 나타내는 것은?

① $x^2=a$　② $x^2=a^2$　③ $x=\sqrt{a}$　④ $a^2=x$　⑤ $a=\pm\sqrt{x}$

13

다음 중 $\sqrt{7}$에 대한 설명으로 옳은 것은?

① 유리수이다.

② 순환소수이다.

③ 순환하지 않는 무한소수이다.

④ 유한소수로 나타낼 수 있다.

⑤ $\frac{b}{a}$의 꼴로 나타낼 수 있다. (단, $a\neq0$, a, b는 정수)

14

100의 양의 제곱근을 a, $\sqrt{81}$의 음의 제곱근을 b라고 할 때, $a+b$의 값은?

① 1　② 3　③ 7　④ 13　⑤ 19

15

다음 중 무리수는? (정답 2개)

① $\sqrt{\frac{144}{49}}$　② $1.\dot{3}$　③ π　④ $\sqrt{0.4}$　⑤ $-\sqrt{25}$

16

$\sqrt{100+a}$가 자연수가 되도록 하는 두 자리 자연수 a의 개수는?

① 2개　② 3개　③ 4개　④ 5개　⑤ 6개

17

$\sqrt{2x+1}<5$를 만족시키는 자연수 x의 개수를 구하시오.

18

$\sqrt{144}$의 양의 제곱근을 a, $(-0.4)^2$의 음의 제곱근을 b라고 할 때, a^2-10b의 값은?

① 11.6 ② 11.8 ③ 12.4
④ 14 ⑤ 16

19

$a<0$일 때, $\sqrt{(-3a)^2}-\sqrt{4a^2}+\sqrt{a^2}$을 간단히 하면?

① $-6a$ ② $-4a$ ③ $-2a$
④ 0 ⑤ $2a$

20

다음 중 가장 큰 수는?

① $\sqrt{0.1^2}$ ② 0.02 ③ $-\sqrt{0.04}$
④ $(-\sqrt{0.01})^2$ ⑤ $\sqrt{(-0.2)^2}$

21

$\sqrt{a^2}=16$일 때, a의 값은?

① ±2 ② ±4 ③ ±8
④ ±16 ⑤ ±256

22

세 실수 $a=\sqrt{7}+2$, $b=\sqrt{21}-2$, $c=3$의 대소 관계가 옳은 것은?

① $a<b<c$ ② $a<c<b$ ③ $b<a<c$
④ $b<c<a$ ⑤ $c<a<b$

23

다음 중 옳은 것은?

① 1.21의 제곱근은 1.1이다.
② $(-5)^2$의 제곱근은 -5이다.
③ $\frac{25}{16}$의 제곱근은 $\pm\frac{5}{8}$이다.
④ 0.04의 제곱근은 ±0.02이다.
⑤ 36의 제곱근은 ±6이다.

24

다음 식을 계산하시오.

$$\sqrt{81}-\sqrt{(-5)^2}+\sqrt{2^4}-(-\sqrt{3})^2$$

25

다음 중 두 실수의 대소 관계가 옳지 않은 것은?

① $5<\sqrt{3}+4$　② $\sqrt{2}+\sqrt{3}>\sqrt{2}+1$
③ $\sqrt{17}-1<3$　④ $2-\sqrt{5}>2-\sqrt{6}$
⑤ $\sqrt{7}+\sqrt{5}>2+\sqrt{5}$

26

다음 두 조건을 모두 만족시키는 a, b에 대하여 $a-b$의 값을 구하시오. (단, $a>0$, $b<0$)

(가) $\sqrt{a^2}=81$　(나) b는 a의 제곱근이다.

27

다음 그림에서 사각형은 한 변의 길이가 1인 정사각형일 때, 각 점에 대응하는 수를 바르게 짝 지은 것은?

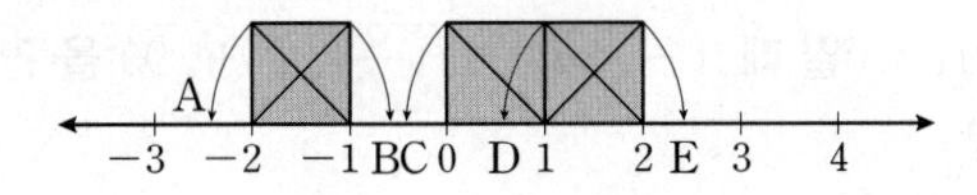

① $\mathrm{A}(-2+\sqrt{2})$　② $\mathrm{B}(-1+\sqrt{2})$
③ $\mathrm{C}(1-\sqrt{2})$　④ $\mathrm{D}(3-\sqrt{2})$
⑤ $\mathrm{E}(2\sqrt{2})$

28

$\sqrt{(3-\sqrt{6})^2}-\sqrt{(\sqrt{6}-3)^2}$을 간단히 하시오.

29

제곱근 64를 A, $(-7)^2$의 음의 제곱근을 B라 할 때, $A+B$의 값을 구하시오.

30

세 수 a, b, c의 대소 관계를 부등호를 써서 나타내시오.

$a=3-2\sqrt{2}$,　$b=3-\sqrt{6}$,　$c=\sqrt{6}-2\sqrt{2}$

31

두 대각선의 길이가 각각 6 m, 5 m인 마름모가 있다. 이 마름모와 넓이가 같은 정사각형의 한 변의 길이는?

① $\sqrt{5}$ m　② $\sqrt{10}$ m　③ $\sqrt{15}$ m
④ $\sqrt{20}$ m　⑤ $\sqrt{30}$ m

32

$\sqrt{\frac{1800}{n}}$이 자연수가 되도록 하는 가장 큰 두 자리 자연수 n의 값을 구하시오.

중단원 테스트 [2회]

테스트한 날	맞은 개수
월 일	/ 32

01

다음 중 옳지 않은 것은?

① 제곱근 9는 3이다.

② -1은 1의 제곱근이다.

③ 1의 제곱근은 ±1이다.

④ $-\sqrt{4}$의 제곱근은 없다.

⑤ 양수의 제곱근은 양수이다.

02

다음 수 중 제곱근을 근호를 사용하지 않고 나타낼 수 있는 것은?

① $\frac{6}{49}$ ② 71 ③ $\frac{121}{36}$

④ 0.1 ⑤ 0.9

03

다음 중 그 값이 나머지 넷과 다른 하나는?

① $-\sqrt{7^2}$ ② $-\sqrt{(-7)^2}$ ③ $-(\sqrt{7})^2$

④ $(-\sqrt{7})^2$ ⑤ $-(-\sqrt{7})^2$

04

다음 중 가장 큰 수는?

① $\sqrt{\frac{1}{9}}$ ② $\sqrt{\left(-\frac{1}{5}\right)^2}$ ③ $\left(-\frac{1}{3}\right)^2$

④ $\left(-\sqrt{\frac{1}{2}}\right)^2$ ⑤ $\sqrt{\left(\frac{1}{8}\right)^2}$

05

21의 제곱근을 a, 13의 제곱근을 b라 할 때, a^2+b^2의 값은?

① 21 ② 22 ③ 23

④ 34 ⑤ 35

06

다음 중 옳은 것은?

① 제곱근 3과 3의 제곱근은 서로 다르다.

② -3은 -9의 음의 제곱근이다.

③ $\sqrt{4}$의 값은 ±2이다.

④ -81의 제곱근은 ±9이다.

⑤ -0.1의 제곱근은 2개이고, 두 제곱근의 합은 0이다.

07

$a>0$, $b<0$일 때, $(-\sqrt{2a})^2-\sqrt{(-4a)^2}+\sqrt{9b^2}$을 간단히 하면?

① $-2a-3b$ ② $-2a+3b$ ③ $2a-3b$

④ $2a+3b$ ⑤ $3a+2b$

08

다음 중 무리수가 아닌 것은?

① $-\frac{\pi}{12}$ ② $0.101001000\cdots$

③ $\sqrt{3.24}$ ④ $\sqrt{4.9}$

⑤ $\sqrt{2}+\sqrt{9}$

09

다음 중 그 제곱근이 무리수가 아닌 것은?

① 2 ② 7 ③ 90

④ 256 ⑤ 300

10

다음 중 두 수의 대소 관계가 옳은 것은?

① $-\sqrt{5}>-\sqrt{3}$ ② $\sqrt{6}>3$

③ $-\sqrt{35}<-6$ ④ $\sqrt{0.4}>0.2$

⑤ $\frac{1}{3}>\sqrt{\frac{1}{3}}$

11

오른쪽 그림에서 모눈 한 칸은 한 변의 길이가 1인 정사각형이다. □ABCD는 정사각형이고, $\overline{BA}=\overline{BP}$, $\overline{BC}=\overline{BQ}$인 두 점 P, Q를 잡을 때, 다음 중 옳지 않은 것은?

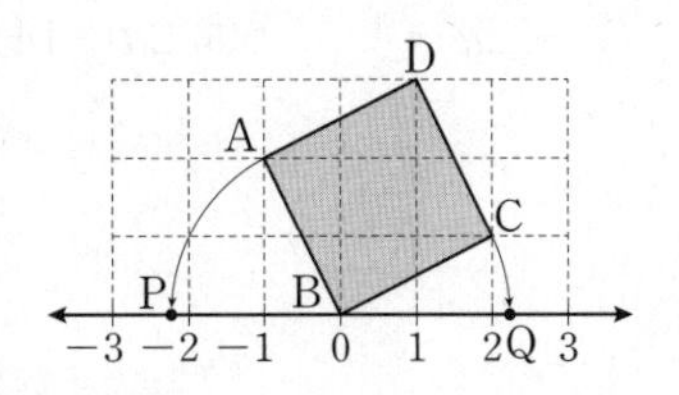

① $\overline{AB}=\sqrt{5}$

② 점 P에 대응하는 수는 $-\sqrt{5}$이다.

③ 점 Q에 대응하는 수는 $\sqrt{5}$이다.

④ □ABCD의 넓이는 5이다.

⑤ 두 점 P, Q 사이에 $-\sqrt{6}$이 있다.

12

다음 중 $\sqrt{3}$에 대한 설명으로 옳지 않은 것은?

① 무리수이다.

② 3의 양의 제곱근이다.

③ 제곱하면 유리수가 된다.

④ 순환하지 않는 무한소수이다.

⑤ 분모, 분자가 정수인 분수로 나타낼 수 있다.

13

다음 수를 수직선 위에 나타낼 때, 오른쪽에서 두 번째에 위치하는 수는?

$\sqrt{10}+1$, 4, $-\sqrt{2}-1$, $\sqrt{8}+1$, $-\sqrt{2}$

① $\sqrt{10}+1$ ② 4 ③ $-\sqrt{2}-1$

④ $\sqrt{8}+1$ ⑤ $-\sqrt{2}$

14

세 수 $\sqrt{5}+1$, 3, $\sqrt{5}+\sqrt{2}$ 중 가장 큰 수를 M, 가장 작은 수를 m이라 할 때, $M-m$의 값을 구하시오.

15

다음 중 옳지 않은 것은?

① 유한소수는 모두 유리수이다.

② 무한소수는 모두 무리수이다.

③ 순환소수는 모두 유리수이다.

④ 순환하지 않는 무한소수는 모두 무리수이다.

⑤ 실수 중에서 유리수가 아닌 수는 모두 무리수이다.

16

$\sqrt{504x}$가 자연수가 되도록 하는 가장 작은 자연수 x의 값은?

① 6 ② 7 ③ 14

④ 21 ⑤ 42

17

$\sqrt{\frac{540}{x}}$이 자연수가 되도록 하는 가장 작은 자연수 x의 값은?

① 2　② 3　③ 5
④ 10　⑤ 15

18

$(-6)^2$의 양의 제곱근을 A, $\sqrt{81}$의 음의 제곱근을 B라 할 때, $A+B$의 값은?

① -6　② -3　③ 1
④ 3　⑤ 6

19

다음 중 두 실수의 대소 관계가 옳지 않은 것은?

① $\sqrt{12}-2<3$　② $2+\sqrt{7}<\sqrt{10}+\sqrt{7}$
③ $\sqrt{6}-1>\sqrt{6}-\sqrt{2}$　④ $4-\sqrt{5}<\sqrt{20}-\sqrt{5}$
⑤ $\sqrt{15}+2>6$

20

다음 중 제곱근을 구할 수 없는 수는?

① 0　② $\frac{1}{7}$　③ 0.2
④ 300　⑤ -4

21

다음 중 옳지 않은 것은?

① -3은 9의 제곱근이다.
② 0의 제곱근은 0이다.
③ 제곱근 0.25는 0.5이다.
④ $\sqrt{9+16}=3+4=7$
⑤ $\frac{1}{2}$은 $\frac{1}{4}$의 양의 제곱근이다.

22

$-7<a<7$일 때, $\sqrt{(a+7)^2}-\sqrt{(a-7)^2}$을 간단히 하면?

① -14　② 14　③ $2a$
④ $-2a$　⑤ $2a+14$

23

부등식 $\sqrt{4a}\le 8$을 만족시키는 자연수 a의 개수는?

① 13개　② 14개　③ 15개
④ 16개　⑤ 17개

24

$\sqrt{32-n}$이 정수가 되도록 하는 자연수 n의 개수를 구하시오.

25

다음 수를 큰 수부터 차례로 나열할 때, 세 번째에 오는 수는?

$$\sqrt{4},\ \frac{3}{2},\ \sqrt{3},\ -\sqrt{(-5)^2},\ \sqrt{\frac{1}{2}}$$

① $\sqrt{4}$　② $\frac{3}{2}$　③ $\sqrt{3}$
④ $-\sqrt{(-5)^2}$　⑤ $\sqrt{\frac{1}{2}}$

26

$\sqrt{(2-\sqrt{2})^2}-\sqrt{(\sqrt{2}-3)^2}$을 간단히 하시오.

27

오른쪽 그림에서 모눈 한 칸은 한 변의 길이가 1인 정사각형이고 $\overline{AB}=\overline{AP}$, $\overline{AD}=\overline{AQ}$일 때, 두 점 P, Q에 각각 대응하는 수를 구하시오.

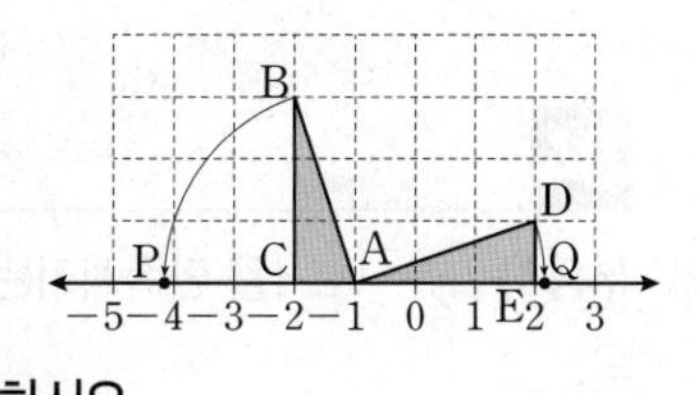

28

주사위를 두 번 던져서 나오는 눈의 합을 n이라 할 때, $\sqrt{2n+1}$이 자연수가 될 확률은?

① $\frac{1}{3}$　② $\frac{5}{18}$　③ $\frac{2}{9}$
④ $\frac{1}{6}$　⑤ $\frac{1}{9}$

29

다음 중 옳은 것은? (정답 2개)

① 순환소수는 무리수이다.
② 근호가 있는 수는 무리수이다.
③ 무한소수 중에는 유리수인 것도 있다.
④ 0은 유리수이면서 동시에 무리수이다.
⑤ 유리수는 분모, 분자가 정수인 분수로 나타낼 수 있다.

30

부등식 $x<\sqrt{20}$을 만족시키는 모든 자연수 x의 값의 합을 구하시오.

31

$\sqrt{256}+\left(\sqrt{\frac{1}{3}}\right)^2\times(-\sqrt{7})^2-2\sqrt{(-5)^2}$을 계산하시오.

32

다음 중 옳은 것은?

① $\sqrt{25}+\sqrt{(-3)^2}=2$
② $(-\sqrt{6})^2\quad\sqrt{(-2)^2}=-8$
③ $\sqrt{\left(-\frac{1}{3}\right)^2}\times(-\sqrt{36})=-2$
④ $(-\sqrt{10})^2\div\sqrt{5^2}=-2$
⑤ $-\sqrt{\frac{9}{16}}\div(-\sqrt{4})^2=-3$

중단원 테스트 [서술형]

테스트한 날	맞은 개수
월 일	/8

01

$a<b<2$일 때, 다음 식을 간단히 하시오.

$$\sqrt{(a-2)^2}+\sqrt{(a-b)^2}+\sqrt{(2-b)^2}$$

> 해결 과정

> 답

02

다음 수 중에서 가장 큰 수를 a, 가장 작은 수를 b라 할 때, $a+10b$의 값을 구하시오.

$$0.3, \quad \sqrt{0.9}, \quad 6, \quad \sqrt{3}$$

> 해결 과정

> 답

03

다음 조건을 만족시키는 자연수 a의 개수를 구하시오.

(가) $\sqrt{a}$는 순환하지 않는 무한소수이다.
(나) $\sqrt{a}$는 $\sqrt{17}$보다 작다.

> 해결 과정

> 답

04

부등식 $\sqrt{x-1}\le 4$를 만족시키는 자연수 x의 개수를 구하시오.

> 해결 과정

> 답

05

$\sqrt{4^2}$의 음의 제곱근을 a, $\sqrt{81}$의 양의 제곱근을 b, 제곱근 4를 c라 할 때, $a+b+c$의 값을 구하시오.

> 해결 과정

> 답

06

$a=5-\sqrt{10}$, $b=2$일 때, $\sqrt{(a+b)^2}+\sqrt{(a-b)^2}$의 값을 구하시오.

> 해결 과정

> 답

07

$\sqrt{34-x}$가 정수가 되도록 하는 모든 자연수 x의 값의 합을 구하시오.

> 해결 과정

> 답

08

$\sqrt{39}$보다 작은 자연수의 개수를 a, $\sqrt{57}$보다 작은 자연수의 개수를 b라 할 때, $a+b$의 값을 구하시오.

> 해결 과정

> 답

소단원 집중 연습

2. 근호를 포함한 식의 계산 | 01. 제곱근의 곱셈과 나눗셈

01 다음 식을 간단히 하시오.

(1) $\sqrt{3}\times\sqrt{5}$

(2) $\sqrt{\frac{5}{6}}\times\sqrt{\frac{18}{5}}$

(3) $\sqrt{0.2}\times\sqrt{50}$

(4) $4\sqrt{0.3}\times3\sqrt{0.8}$

(5) $5\sqrt{\frac{4}{3}}\times2\sqrt{\frac{9}{8}}$

02 다음 식을 간단히 하시오.

(1) $\frac{\sqrt{18}}{\sqrt{6}}$

(2) $\frac{\sqrt{21}}{\sqrt{3}}$

(3) $\frac{\sqrt{56}}{\sqrt{8}}$

(4) $\frac{\sqrt{80}}{\sqrt{16}}$

03 다음 식을 간단히 하시오.

(1) $\sqrt{15}\div\sqrt{3}$

(2) $4\sqrt{6}\div2\sqrt{2}$

(3) $60\sqrt{12}\div5\sqrt{4}$

04 다음 식을 간단히 하시오.

(1) $\frac{\sqrt{3}}{\sqrt{2}}\div\frac{\sqrt{6}}{\sqrt{8}}$

(2) $\frac{\sqrt{4}}{\sqrt{3}}\div\frac{\sqrt{2}}{\sqrt{3}}$

(3) $\frac{\sqrt{9}}{\sqrt{2}}\div\frac{\sqrt{3}}{\sqrt{8}}$

05 다음 수를 $a\sqrt{b}$ 꼴로 나타내시오.
(단, b는 가장 작은 자연수)

(1) $\sqrt{32}$

(2) $\sqrt{40}$

(3) $\sqrt{45}$

(4) $\sqrt{80}$

06 다음 수를 $\frac{\sqrt{a}}{b}$ 꼴로 나타내어라.

(단, a는 가장 작은 자연수)

(1) $\sqrt{\frac{7}{36}}$

(2) $\sqrt{\frac{14}{100}}$

(3) $\sqrt{0.06}$

(4) $\sqrt{0.19}$

07 다음 수를 $\sqrt{a}$ 꼴로 나타내시오.

(1) $5\sqrt{2}$

(2) $\frac{\sqrt{3}}{10}$

(3) $2\sqrt{3}\times 2$

(4) $2\sqrt{2}\times\sqrt{5}$

(5) $2\sqrt{5}\times 2\sqrt{3}$

08 다음 수의 분모를 유리화하시오.

(1) $\frac{1}{\sqrt{5}}$

(2) $-\frac{11}{\sqrt{5}}$

(3) $\frac{\sqrt{3}}{\sqrt{2}}$

(4) $-\frac{\sqrt{5}}{\sqrt{6}}$

(5) $\frac{1}{2\sqrt{5}}$

(6) $\frac{\sqrt{20}}{\sqrt{28}}$

09 다음 식을 간단히 하시오.

(1) $\sqrt{3}\times\sqrt{14}\div\sqrt{7}$

(2) $\sqrt{7}\times\sqrt{3}\div 2\sqrt{3}$

(3) $\sqrt{15}\times(-\sqrt{3})\div 2\sqrt{5}$

(4) $\sqrt{20}\times\frac{1}{\sqrt{2}}\div\frac{\sqrt{12}}{\sqrt{5}}$

소단원 테스트 [1회]

2. 근호를 포함한 식의 계산 | 01. 제곱근의 곱셈과 나눗셈

테스트한 날	맞은 개수
월 일	/ 16

01

다음 중 옳은 것은?

① $\sqrt{2}\times\sqrt{2}=4$　② $\frac{\sqrt{28}}{\sqrt{7}}=2$

③ $\sqrt{\frac{12}{5}}\sqrt{\frac{10}{4}}=\sqrt{3}$　④ $\sqrt{12}\div\sqrt{2}=6$

⑤ $\sqrt{2}\sqrt{3}\sqrt{5}=15$

02

$a=2$, $b=\sqrt{20}$일 때, 다음 중 $\sqrt{2000}$의 값과 같은 것은?

① $\frac{1}{100}a$　② $\frac{1}{10}a$　③ $\frac{1}{10}b$

④ $10b$　⑤ $100b$

03

$a>0$, $b>0$일 때, 다음 중 옳은 것은?

① $\sqrt{a^2b}=ab$　② $-a\sqrt{b}=\sqrt{a^2b}$

③ $-\sqrt{ab^2}=-b\sqrt{a}$　④ $\sqrt{\frac{b}{a^2}}=\frac{\sqrt{ab}}{a}$

⑤ $\sqrt{a^2-b^2}=a-b$

04

$\frac{\sqrt{52}}{\sqrt{84}\sqrt{3}}$의 분모를 유리화할 때, 분모와 분자에 곱해야 할 가장 작은 무리수는?

① $\sqrt{2}$　② $\sqrt{3}$　③ $\sqrt{5}$

④ $\sqrt{6}$　⑤ $\sqrt{7}$

05

$\frac{\sqrt{75}}{\sqrt{2}}\div\frac{\sqrt{32}}{\sqrt{3}}\times\frac{\sqrt{8}}{\sqrt{27}}$을 간단히 하면?

① $\frac{\sqrt{2}}{4}$　② $\frac{\sqrt{3}}{4}$　③ $\frac{\sqrt{6}}{4}$

④ $\frac{5\sqrt{6}}{12}$　⑤ $\frac{6\sqrt{5}}{12}$

06

$\sqrt{2}=a$, $\sqrt{7}=b$라 할 때, $\sqrt{28}+\sqrt{14}$를 a, b로 나타내면?

① $ab(a+1)$　② $a^2b(a+b)$　③ $a(ab^2+1)$

④ $ab+b$　⑤ ab^2+a

07

$\sqrt{96}$을 근호 안의 수가 가장 작은 자연수가 되도록 하여 $a\sqrt{b}$ 꼴로 나타낼 때, $a+b$의 값은?

① 8　② 10　③ 11

④ 12　⑤ 13

08

다음 중 분모를 유리화한 것으로 옳지 않은 것은?

① $\frac{8}{\sqrt{2}}=2\sqrt{2}$　② $\frac{5}{3\sqrt{2}}=\frac{5\sqrt{2}}{6}$

③ $\frac{14}{2\sqrt{7}}=\sqrt{7}$　④ $\frac{4\sqrt{3}}{\sqrt{2}}=2\sqrt{6}$

⑤ $\frac{\sqrt{6}}{\sqrt{2}\sqrt{5}}=\frac{\sqrt{15}}{5}$

09

두 자연수 a, b가 다음 식을 만족시킬 때, $a+b$의 값은?

(단, a는 가장 작은 자연수)

$$\sqrt{3}\times\sqrt{7}\times\sqrt{a}\times\sqrt{112}\times\sqrt{3a^2}\times\sqrt{125}=10b\sqrt{15}$$

① 129 ② 130 ③ 131
④ 132 ⑤ 133

10

$\dfrac{a}{\sqrt{180}}$의 분모를 유리화하면 $\dfrac{\sqrt{5}}{9}$일 때, 유리수 a의 값은?

① $\dfrac{3}{10}$ ② $\dfrac{2}{5}$ ③ $\dfrac{5}{2}$
④ 3 ⑤ $\dfrac{10}{3}$

11

$\sqrt{0.08}\times\sqrt{0.5}$를 간단히 하면?

① 0.04 ② 0.2 ③ 0.4
④ $\sqrt{0.2}$ ⑤ $\sqrt{0.4}$

12

$\sqrt{18}\times\sqrt{12}\times\sqrt{50}=a\sqrt{3}$일 때, 유리수 a의 값은?

① 12 ② 30 ③ 40
④ 60 ⑤ 90

13

$a<0$, $b>0$일 때, 다음 중 $\sqrt{a^2b}$와 같은 것은?

① $a\sqrt{b}$ ② $a^2\sqrt{b}$ ③ $-a\sqrt{b}$
④ $-a^2\sqrt{b}$ ⑤ $-b\sqrt{a}$

14

다음 중 옳지 않은 것은?

① $\sqrt{12}=2\sqrt{3}$ ② $\sqrt{15}\div\sqrt{3}=\sqrt{5}$
③ $\sqrt{2}\times\sqrt{5}=\sqrt{10}$ ④ $5\sqrt{2}\times4\sqrt{3}=20\sqrt{6}$
⑤ $\dfrac{\sqrt{3}}{\sqrt{2}}\times\sqrt{10}=3\sqrt{5}$

15

$\sqrt{0.3}=\dfrac{\sqrt{30}}{A}$, $\sqrt{0.24}=\dfrac{\sqrt{B}}{5}$일 때, $A-\dfrac{5}{2}B$의 값은?

(단, A, B는 유리수)

① -5 ② -2 ③ 3
④ 6 ⑤ 9

16

$\sqrt{24}=a\sqrt{6}$, $\sqrt{48}=b\sqrt{3}$일 때, 유리수 a, b에 대하여 $a+b$의 값은?

① 3 ② 4 ③ 5
④ 6 ⑤ 7

소단원 테스트 [2회]

2. 근호를 포함한 식의 계산 | 01. 제곱근의 곱셈과 나눗셈

테스트한 날	맞은 개수
월 일	/ 16

01

$\sqrt{0.12}=k\sqrt{3}$일 때, 유리수 k의 값을 구하시오.

02

$\frac{1}{\sqrt{2}}\times\frac{\sqrt{8}}{\sqrt{5}}\div\left(-\frac{\sqrt{6}}{\sqrt{10}}\right)=a\sqrt{3}$일 때, 유리수 a의 값을 구하시오.

03

$\sqrt{42}\div\sqrt{7}$과 계산 결과가 같은 것을 보기에서 모두 고르시오.

보기

ㄱ. $\sqrt{2}+\sqrt{4}$　　ㄴ. $\sqrt{48}\div\sqrt{6}$　　ㄷ. $\sqrt{54}-2\sqrt{6}$

ㄹ. $\sqrt{3}\times\sqrt{2}$　　ㅁ. $\frac{2\sqrt{6}}{\sqrt{8}}$　　ㅂ. $3\sqrt{2}\times2\sqrt{3}$

04

$\sqrt{2}=a$, $\sqrt{3}=b$라 할 때, $\sqrt{12}$를 a와 b를 사용하여 나타내시오.

05

$\frac{\sqrt{24}}{2\sqrt{2}}=\frac{a\sqrt{6}}{2\sqrt{2}}=\sqrt{b}$일 때, 유리수 a, b에 대하여 $a+b$의 값을 구하시오.

06

$\sqrt{800}=a\sqrt{2}$, $\sqrt{0.75}=b\sqrt{3}$일 때, $\sqrt{ab}$의 값을 구하시오.

(단, a, b는 유리수)

07

$\sqrt{32}=4\sqrt{a}$, $3\sqrt{5}=\sqrt{b}$일 때, $a-b$의 값을 구하시오.

08

$4\sqrt{11}\div\sqrt{22}\times\sqrt{5}$를 간단히 하시오.

09

$\sqrt{5.54}=a$, $\sqrt{55.4}=b$일 때, $\sqrt{0.0554}+\sqrt{554000}$을 a와 b를 사용하여 나타내시오.

10

$a>0$, $b>0$이고 $ab=49$일 때, $\frac{2}{3a}\sqrt{\frac{a}{b}}+\frac{1}{3b}\sqrt{\frac{b}{a}}$의 값을 구하시오.

11

$a=\sqrt{2}$, $b=\sqrt{3}$이라 할 때, $\sqrt{0.54}+\frac{3}{\sqrt{6}}-\sqrt{2.16}$을 a와 b를 사용하여 나타내시오.

12

$a>0$이고 $\sqrt{2}\times\sqrt{3}\times\sqrt{a}\times\sqrt{24}=36$일 때, 유리수 a의 값을 구하시오.

13

다음을 만족시키는 세 유리수 a, b, c에 대하여 abc의 값을 구하시오.

$$\sqrt{48}=a\sqrt{3},\quad 2\sqrt{5}=\sqrt{b},\quad \sqrt{0.025}=c\sqrt{10}$$

14

$\sqrt{\frac{5}{63}}=\frac{\sqrt{a}}{21}$일 때, 자연수 a의 값을 구하시오.

15

$\sqrt{2}=a$, $\sqrt{3}=b$라 할 때, $\sqrt{5}$를 a와 b를 사용하여 나타내시오.

16

$\sqrt{\frac{15}{2}}\div\sqrt{10}\times\sqrt{\frac{8}{3}}$을 간단히 하시오.

소단원 집중 연습

2. 근호를 포함한 식의 계산 | 02. 제곱근의 덧셈과 뺄셈

01 다음 식을 간단히 하시오.

(1) $2\sqrt{3}+3\sqrt{3}$

(2) $8\sqrt{11}-4\sqrt{11}$

(3) $3\sqrt{6}+8\sqrt{6}-5\sqrt{6}$

(4) $2\sqrt{7}-5\sqrt{7}+\sqrt{7}$

(5) $\sqrt{40}-\sqrt{90}$

(6) $\sqrt{80}+\sqrt{20}$

(7) $\sqrt{8}-\sqrt{18}+\sqrt{32}$

(8) $\sqrt{63}+\sqrt{28}-\sqrt{112}$

(9) $\sqrt{108}-\sqrt{27}-\sqrt{75}$

(10) $\sqrt{98}-\sqrt{18}-\sqrt{50}+\sqrt{72}$

02 다음 식을 간단히 하시오.

(1) $\sqrt{3}(\sqrt{6}+1)$

(2) $\sqrt{2}(3-\sqrt{3})$

(3) $(\sqrt{2}-\sqrt{3})\sqrt{6}$

(4) $2\sqrt{3}(\sqrt{3}+\sqrt{15})$

03 다음 식을 간단히 하시오.

(1) $(\sqrt{27}+\sqrt{6})\div\sqrt{3}$

(2) $(\sqrt{60}-\sqrt{80})\div 2\sqrt{5}$

(3) $(3\sqrt{2}+2\sqrt{6})\div\dfrac{1}{\sqrt{2}}$

(4) $(4\sqrt{3}-\sqrt{5})\div\dfrac{1}{2\sqrt{3}}$

04 다음 식을 간단히 하시오.

(1) $\sqrt{8}-6\div\sqrt{2}$

(2) $\sqrt{27}\times\dfrac{3}{\sqrt{6}}+\dfrac{\sqrt{50}}{2}$

(3) $\sqrt{3}\times\sqrt{18}+2\sqrt{3}\div\sqrt{2}$

(4) $\sqrt{45}\div\sqrt{5}-\sqrt{48}\times\sqrt{3}$

05 다음 분수의 분모를 유리화하시오.

(1) $\dfrac{\sqrt{2}+\sqrt{5}}{\sqrt{3}}$

(2) $\dfrac{\sqrt{6}-\sqrt{5}}{\sqrt{5}}$

(3) $\dfrac{\sqrt{7}-\sqrt{2}}{2\sqrt{2}}$

(4) $\dfrac{\sqrt{14}+3\sqrt{2}}{\sqrt{7}}$

06 아래 제곱근표를 이용하여 다음 제곱근의 값을 구하시오.

수	4	5	6	7	8
6.4	2.538	2.540	2.542	2.544	2.546
6.5	2.557	2.559	2.561	2.563	2.565
6.6	2.577	2.579	2.581	2.583	2.585
6.7	2.596	2.598	2.600	2.602	2.604
6.8	2.615	2.617	2.619	2.621	2.623

(1) $\sqrt{6.44}$

(2) $\sqrt{6.54}$

(3) $\sqrt{6.76}$

(4) $\sqrt{6.87}$

07 제곱근표에서 $\sqrt{2}=1.414$, $\sqrt{20}=4.472$일 때, 다음 제곱근의 값을 구하시오.

(1) $\sqrt{200}$

(2) $\sqrt{2000}$

(3) $\sqrt{0.02}$

(4) $\sqrt{0.2}$

소단원 테스트 [1회]

2. 근호를 포함한 식의 계산 | **02. 제곱근의 덧셈과 뺄셈**

테스트한 날	맞은 개수
월 일	/ 16

01

다음 중 옳은 것은?

① $3\sqrt{7}-\sqrt{7}=3\sqrt{7}$

② $\sqrt{18}-\sqrt{8}=\sqrt{10}$

③ $2\sqrt{3}+5\sqrt{3}=7\sqrt{6}$

④ $\frac{\sqrt{5}}{2}+\frac{5}{\sqrt{5}}=\frac{3\sqrt{5}}{2}$

⑤ $\sqrt{10}+2\sqrt{10}-3\sqrt{10}=-\sqrt{10}$

02

$\sqrt{50}+\sqrt{32}-3\sqrt{2}=a\sqrt{2}$일 때, 유리수 a의 값은?

① 5 ② 6 ③ 7 ④ 8 ⑤ 9

03

다음 제곱근의 계산이 잘못된 것은?

① $\sqrt{3}-\sqrt{27}=-2\sqrt{3}$

② $2\sqrt{3}-\sqrt{3}+2\sqrt{6}=\sqrt{3}+2\sqrt{6}$

③ $-4\sqrt{28}-\sqrt{7}+3\sqrt{7}=-6\sqrt{7}$

④ $2\sqrt{3}(\sqrt{6}-\sqrt{12})=6\sqrt{3}-12$

⑤ $\frac{2\sqrt{8}-\sqrt{10}}{\sqrt{2}}=4-\sqrt{5}$

04

$7\sqrt{a}-4=-3\sqrt{a}+6$을 만족시키는 유리수 a의 값은?

① $\frac{1}{4}$ ② $\frac{1}{2}$ ③ 1 ④ 2 ⑤ 4

05

$x=\frac{5-\sqrt{3}}{\sqrt{12}}$, $y=\sqrt{48}-2\sqrt{3}$일 때, $x-y$의 값은?

① $2\sqrt{3}$ ② $5\sqrt{3}-3$ ③ $\frac{-3+\sqrt{3}}{2}$ ④ $\frac{5\sqrt{3}-3}{6}$ ⑤ $\frac{-3-7\sqrt{3}}{6}$

06

$\frac{2\sqrt{3}-\sqrt{2}}{\sqrt{2}}-\frac{3\sqrt{2}+\sqrt{3}}{\sqrt{3}}$을 간단히 하면?

① $-2\sqrt{6}$ ② -2 ③ 0 ④ -1 ⑤ 1

07

$\sqrt{48}-2\sqrt{24}-\sqrt{3}\left(2-\frac{6}{\sqrt{18}}\right)=a\sqrt{3}+b\sqrt{6}$이 성립할 때, $a-b$의 값은? (단, a, b는 유리수)

① -7 ② -5 ③ 0 ④ 5 ⑤ 7

08

$\sqrt{(-2)^2}-\sqrt{2}(2-\sqrt{2})+2\sqrt{18}$을 간단히 하면?

① $4\sqrt{2}$ ② $2-4\sqrt{2}$ ③ $4+4\sqrt{2}$ ④ $4-4\sqrt{2}$ ⑤ 4

09

$\sqrt{27}-a\sqrt{3}+3\sqrt{12}-\sqrt{48}$이 유리수가 되도록 하는 유리수 a의 값은?

① 1 ② 2 ③ 3
④ 4 ⑤ 5

10

다음 중 $\sqrt{3}$의 값을 이용하여 제곱근의 값을 구할 수 없는 것은?

① $\sqrt{300}$ ② $\sqrt{3000}$ ③ $\sqrt{0.03}$
④ $\sqrt{30000}$ ⑤ $\sqrt{0.0003}$

11

$\sqrt{7}$의 소수 부분을 k라 할 때, $\sqrt{7}k+\frac{14}{\sqrt{7}}$의 값은?

① $-5\sqrt{7}$ ② 5 ③ 7
④ $5\sqrt{7}$ ⑤ $7\sqrt{7}$

12

다음 네 수 중에서 가장 큰 수를 a, 가장 작은 수를 b라 할 때, $a-b$의 값은?

$1+\sqrt{5}$, 3, $4-\sqrt{2}$, $3-\sqrt{5}$

① $-2+2\sqrt{5}$ ② $-2+\sqrt{5}$ ③ $-1+\sqrt{2}$
④ $-3+\sqrt{2}+\sqrt{5}$ ⑤ $1-\sqrt{2}+\sqrt{5}$

13

$\frac{2\sqrt{3}+3}{\sqrt{3}}-\sqrt{2}(\sqrt{6}-\sqrt{2})=a+b\sqrt{3}$일 때, 두 유리수 a, b에 대하여 $a-b$의 값은?

① -8 ② -3 ③ 1
④ 3 ⑤ 5

14

$2\sqrt{6}\left(\frac{1}{\sqrt{3}}-\sqrt{6}\right)-\frac{a}{\sqrt{2}}(3\sqrt{2}-2)$가 무리수가 되도록 하는 유리수 a의 조건은?

① $a=-4$ ② $a=-2$ ③ $a=2$
④ $a\neq4$ ⑤ $a\neq-2$

15

오른쪽 그림과 같이 두 정사각형의 넓이가 각각 8 cm^2, 18 cm^2일 때, $\overline{AC}$의 길이는? (단, 세 점 A, B, C는 일직선 위에 있다.)

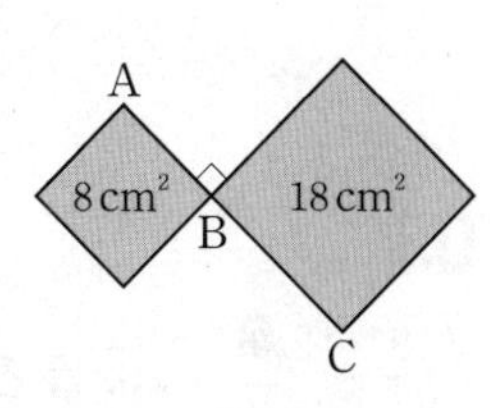

① $4\sqrt{2}$ cm ② $5\sqrt{2}$ cm ③ $6\sqrt{2}$ cm
④ $10\sqrt{2}$ cm ⑤ $(2\sqrt{2}+3\sqrt{3})$ cm

16

$4-\sqrt{2}$의 정수 부분을 a, $2\sqrt{2}+3$의 소수 부분을 b라 할 때, $a+b$의 값은?

① $2\sqrt{2}-1$ ② $2\sqrt{2}$ ③ $3\sqrt{2}-1$
④ $2\sqrt{2}+1$ ⑤ $3\sqrt{2}+1$

소단원 테스트 [2회]

2. 근호를 포함한 식의 계산 | 02. 제곱근의 덧셈과 뺄셈

테스트한 날	맞은 개수
월 일	/ 16

01

$f(x)=\sqrt{x+1}-\sqrt{x}$일 때, 다음 식의 값을 구하시오.

$$f(1)+f(2)+f(3)+f(4)+\cdots+f(8)$$

02

$\sqrt{2}(4-2\sqrt{3})-\sqrt{3}(\sqrt{6}-2\sqrt{2})$를 간단히 하시오.

03

$\frac{\sqrt{18}}{3}+\frac{2\sqrt{6}}{\sqrt{3}}+\sqrt{32}$를 간단히 하시오.

04

$\sqrt{45}-\sqrt{48}-\sqrt{20}+\sqrt{75}$를 간단히 하시오.

05

두 수 $3\sqrt{2}-\sqrt{3}$과 $2\sqrt{3}-\sqrt{2}$ 중에서 작은 수를 A, 큰 수를 B라 할 때, $\frac{A}{\sqrt{2}}-\frac{B}{\sqrt{3}}$의 값을 구하시오.

06

$x=\frac{1}{\sqrt{3}}$일 때, $\frac{\sqrt{1+x}}{\sqrt{1-x}}+\frac{\sqrt{1-x}}{\sqrt{1+x}}$의 값을 구하시오.

07

$\frac{6\sqrt{3}}{\sqrt{2}}-\frac{\sqrt{3}-3\sqrt{2}}{\sqrt{3}}\div\frac{1}{\sqrt{6}}=a+b\sqrt{6}$일 때, $a+b$의 값을 구하시오. (단, a, b는 유리수)

08

세 수 $a=3\sqrt{2}-\sqrt{5}$, $b=2\sqrt{5}-\sqrt{8}$, $c=2\sqrt{5}-3$의 대소 관계를 부등호를 사용하여 나타내시오.

09

$\sqrt{48}-a\sqrt{12}+4\sqrt{3}+2$가 유리수가 되도록 하는 유리수 a의 값을 구하시오.

10

오른쪽 그림과 같이 윗변의 길이가 $2\sqrt{3}$ cm, 아랫변의 길이가 $(3\sqrt{2}+\sqrt{3})$ cm, 높이가 $2\sqrt{6}$ cm인 사다리꼴의 넓이를 구하시오.

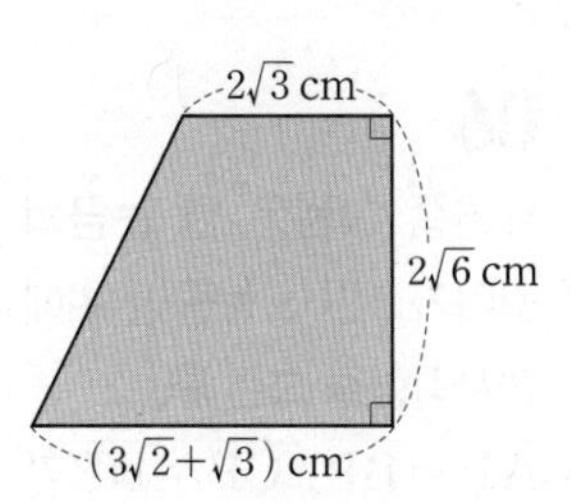

11

$A=\sqrt{18}-\sqrt{3}$, $B=A\sqrt{2}-2\sqrt{2}$, $C=-3\sqrt{2}+B\sqrt{2}$일 때, $-2A+B+C$의 값을 구하시오.

12

$\sqrt{48}-2\sqrt{2}(\sqrt{2}+\sqrt{6})$을 간단히 하시오.

13

$5-\sqrt{3}$의 정수 부분을 a, 소수 부분을 b라 할 때, $a-(b-2)^2$의 값을 구하시오.

14

$\sqrt{6}=2.449$, $\sqrt{60}=7.746$일 때, $\sqrt{0.06}+\sqrt{6000}$의 값을 구하시오.

15

$\sqrt{3}(5\sqrt{3}-6)-a(1-\sqrt{3})$이 유리수가 되도록 하는 유리수 a의 값을 구하시오.

16

자연수 n에 대하여 $\sqrt{n}$의 소수 부분을 $f(n)$이라 할 때, $f(18)-f(8)$의 값을 구하시오.

중단원 테스트 [1회]

테스트한 날	맞은 개수
월 일	/ 32

01

$\sqrt{10}\sqrt{15}=a\sqrt{6}$일 때, 유리수 a의 값은?

① 2 ② 3 ③ 5
④ 6 ⑤ 10

02

다음 중 옳지 않은 것은?

① $3\sqrt{5}=\sqrt{45}$
② $2\sqrt{2}\times3\sqrt{7}=6\sqrt{14}$
③ $\sqrt{\frac{2}{5}}\sqrt{\frac{15}{2}}=\sqrt{3}$
④ $2\sqrt{12}\div3\sqrt{6}=\frac{4}{3}$
⑤ $\frac{\sqrt{21}}{\sqrt{3}}\div\frac{\sqrt{7}}{\sqrt{6}}=\sqrt{6}$

03

$\sqrt{2}(2-\sqrt{12})+\sqrt{3}(\sqrt{2}-\sqrt{6})$을 간단히 하시오.

04

다음 중 옳지 않은 것은?

① $4\sqrt{5}+\sqrt{5}=5\sqrt{5}$
② $\sqrt{8}-\sqrt{2}=\sqrt{6}$
③ $\sqrt{24}+\sqrt{6}=3\sqrt{6}$
④ $\sqrt{27}-\sqrt{3}=2\sqrt{3}$
⑤ $3\sqrt{7}-4\sqrt{7}+\sqrt{7}=0$

05

$\sqrt{18}=a\sqrt{2}$, $\sqrt{75}=b\sqrt{3}$일 때, $a+b$의 값은?

(단, a, b는 유리수)

① 4 ② 5 ③ 6
④ 7 ⑤ 8

06

오른쪽 그림은 한 눈금의 길이가 1인 모눈종이 위에 정사각형을 그린 후, $\overline{AP}=\overline{BP}$, $\overline{CP}=\overline{DP}$가 되도록 수직선 위에 점 B, D를 정한 것이다. $\overline{BD}$의 길이는?

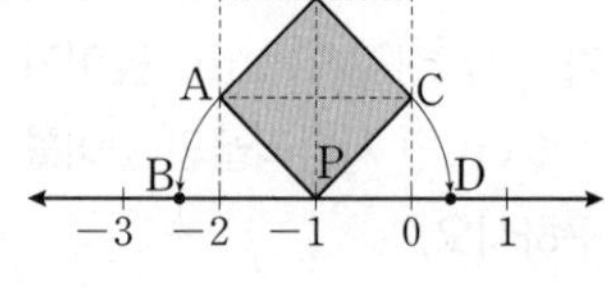

① 1 ② $\sqrt{2}$ ③ 2
④ $2\sqrt{2}$ ⑤ 4

07

다음 중 옳은 것은?

① $\sqrt{5}\times\sqrt{5}=25$
② $\frac{\sqrt{12}}{\sqrt{6}}=\sqrt{2}$
③ $\sqrt{\frac{18}{7}}\sqrt{\frac{7}{2}}=\sqrt{3}$
④ $\sqrt{21}\div\sqrt{3}=7$
⑤ $\sqrt{2}\sqrt{3}\sqrt{5}=\sqrt{10}$

08

다음 수 중에서 가장 큰 수를 구하시오.

$4\sqrt{5},\quad 6\sqrt{2},\quad 3\sqrt{7}$

09

$\dfrac{\sqrt{15}}{\sqrt{8}} \div \dfrac{\sqrt{5}}{2\sqrt{2}} \times (-\sqrt{30})$을 간단히 하면?

① $-3\sqrt{10}$ ② $-2\sqrt{10}$ ③ $-\sqrt{10}$
④ $\sqrt{10}$ ⑤ $3\sqrt{10}$

10

$\dfrac{1}{\sqrt{2}} - \dfrac{2}{\sqrt{32}}$를 간단히 하면?

① $-\dfrac{\sqrt{2}}{2}$ ② $-\dfrac{\sqrt{2}}{4}$ ③ $\dfrac{\sqrt{2}}{4}$
④ $\dfrac{\sqrt{2}}{2}$ ⑤ $\dfrac{3\sqrt{2}}{2}$

11

$2\sqrt{3}+\sqrt{45}-2\sqrt{48}+2\sqrt{5}=a\sqrt{3}+b\sqrt{5}$일 때, 유리수 a, b에 대하여 $a+b$의 값을 구하시오.

12

$\dfrac{\sqrt{80}}{2\sqrt{3}} = \dfrac{a\sqrt{5}}{\sqrt{3}} = \sqrt{\dfrac{b}{3}}$일 때, 유리수 a, b에 대하여 $b-a$의 값은?

① 12 ② 14 ③ 16
④ 18 ⑤ 20

13

$\sqrt{0.0012}=k\sqrt{3}$일 때, 유리수 k의 값은?

① $\dfrac{1}{5}$ ② $\dfrac{1}{50}$ ③ $\dfrac{1}{100}$
④ $\dfrac{1}{500}$ ⑤ $\dfrac{1}{1000}$

14

$\sqrt{3}=1.732$, $\sqrt{30}=5.477$일 때, 다음 중 옳지 않은 것은?

① $\sqrt{300}=17.32$ ② $\sqrt{3000}=54.77$
③ $\sqrt{30000}=173.2$ ④ $\sqrt{0.03}=0.1732$
⑤ $\sqrt{0.003}=0.5477$

15

오른쪽 그림은 한 칸의 가로와 세로의 길이가 각각 1인 모눈종이 위에 정사각형 ABCD와 수직선을 그린 것이다. $\overline{AB}=\overline{AQ}$, $\overline{AD}=\overline{AP}$일 때, $\overline{PQ}$의 길이를 구하시오.

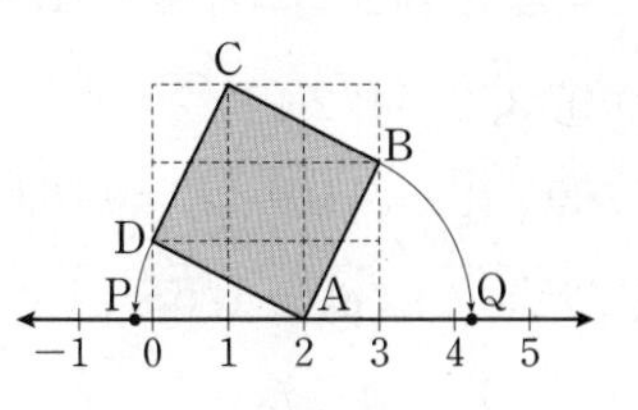

16

오른쪽 그림과 같이 윗변의 길이가 $\sqrt{3}$ cm, 아랫변의 길이가 $\sqrt{7}$ cm, 높이가 $\sqrt{8}$ cm인 사다리꼴의 넓이를 구하시오.

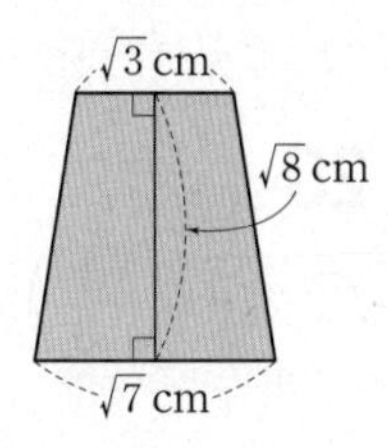

17

$\sqrt{3}$과 $5-\sqrt{3}$의 소수 부분을 각각 a, b라 할 때, $a+b$의 값은?

① 0　② $\sqrt{3}-1$　③ 1
④ $\sqrt{3}+1$　⑤ $2\sqrt{3}$

18

$f(x)=\sqrt{x}-\sqrt{x+2}$일 때,
$f(1)+f(2)+f(3)+\cdots+f(48)$의 값은?

① $1-4\sqrt{2}$　② $1-5\sqrt{2}$　③ $-6-4\sqrt{2}$
④ $-6-5\sqrt{2}$　⑤ $-7-5\sqrt{2}$

19

다음 중 계산 결과가 옳지 않은 것은?

① $3\sqrt{2}-4\sqrt{2}+2\sqrt{2}=\sqrt{2}$
② $\sqrt{12}-\sqrt{75}-\sqrt{27}=-6\sqrt{3}$
③ $5\sqrt{2}+\sqrt{80}+4\sqrt{5}-\sqrt{18}=2\sqrt{2}+8\sqrt{5}$
④ $\frac{4}{\sqrt{3}}(\sqrt{2}-\sqrt{3})+\frac{\sqrt{27}}{\sqrt{3}}=\frac{4\sqrt{2}}{3}-1$
⑤ $\frac{2-\sqrt{3}}{\sqrt{3}}+\frac{\sqrt{6}-\sqrt{2}}{\sqrt{2}}=\frac{5\sqrt{3}}{3}-2$

20

$\sqrt{3}\left(2\sqrt{6}-\sqrt{\frac{1}{3}}\right)-(\sqrt{6}-\sqrt{27})\div\sqrt{3}$을 간단히 하시오.

21

다음 중 $\sqrt{5}$의 값을 이용하여 제곱근의 값을 구할 수 없는 것은?

① $\sqrt{500}$　② $\sqrt{5000}$　③ $\sqrt{0.2}$
④ $\sqrt{20}$　⑤ $\sqrt{0.0005}$

22

다음 중 □ 안의 부등호의 방향이 다른 하나는?

① $2\sqrt{3}+1$ □ $3\sqrt{2}+1$
② $5\sqrt{3}-1$ □ $4\sqrt{5}-1$
③ $2\sqrt{3}-3\sqrt{2}$ □ $3\sqrt{2}-3\sqrt{3}$
④ $\sqrt{15}+1$ □ 5
⑤ $\sqrt{5}+\sqrt{7}$ □ $2\sqrt{2}+\sqrt{5}$

23

$\sqrt{2}=a$, $\sqrt{7}=b$라 할 때, $\sqrt{98}$을 a, b를 사용하여 나타내면?

① ab　② a^2b　③ ab^2
④ a^2b^2　⑤ a^3b

24

다음 그림과 같이 넓이가 각각 2 cm^2, 8 cm^2, 32 cm^2인 정사각형이 한 직선 위에 있을 때, $\overline{AD}$의 길이는?

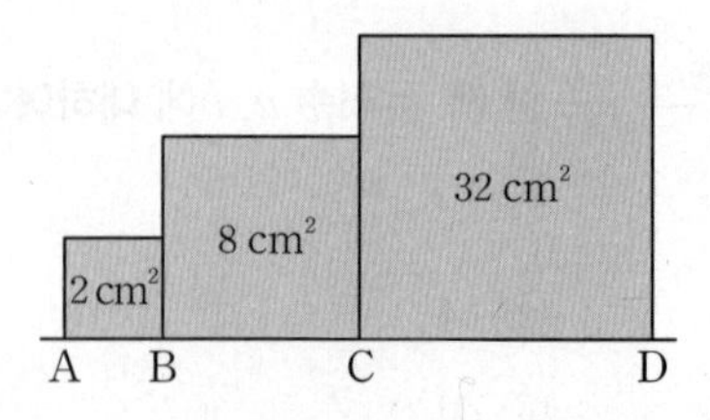

① $4\sqrt{2}$ cm　② $5\sqrt{2}$ cm　③ $6\sqrt{2}$ cm
④ $7\sqrt{2}$ cm　⑤ $8\sqrt{2}$ cm

25

$4\sqrt{6} \div 2\sqrt{2} \times 5\sqrt{3}$을 간단히 하면?

① $15\sqrt{2}$ ② 30 ③ $30\sqrt{2}$
④ $30\sqrt{3}$ ⑤ 60

26

$\sqrt{2}=a$라 할 때, $\sqrt{0.5}$를 a를 사용하여 나타내면?

① $\frac{a}{20}$ ② $\frac{a}{10}$ ③ $\frac{a}{5}$
④ $\frac{a}{2}$ ⑤ $2a$

27

$a>0$, $b>0$이고 $ab=4$일 때, $\frac{\sqrt{b}}{b\sqrt{a}}+a\sqrt{\frac{b}{a}}$ 의 값은?

① $\frac{1}{4}$ ② $\frac{1}{2}$ ③ 2
④ $\frac{5}{2}$ ⑤ 4

28

$\sqrt{20}\left(\sqrt{10}-\frac{1}{\sqrt{5}}\right)-\frac{a}{\sqrt{2}}(4-\sqrt{8})$의 계산 결과가 유리수일 때, 유리수 a의 값은?

① 6 ② 5 ③ 4
④ -4 ⑤ -5

29

$\sqrt{3}(2+\sqrt{18})-\frac{a\sqrt{3}+\sqrt{150}}{\sqrt{2}}=b\sqrt{3}+\sqrt{6}$일 때, $a+b$의 값은? (단, a, b는 유리수)

① 0 ② 1 ③ 3
④ 5 ⑤ 10

30

다음 세 실수의 대소 관계를 부등호를 사용하여 나타내시오.

$$A=3+\sqrt{2},\quad B=3\sqrt{2},\quad C=2+\sqrt{8}$$

31

$\sqrt{3}=a$, $\sqrt{30}=b$일 때, $\sqrt{0.03}+\sqrt{0.3}$의 값을 a, b를 사용하여 나타내면?

① $\frac{a+10b}{100}$ ② $\frac{a+b}{100}$ ③ $\frac{10a+b}{100}$
④ $\frac{a+b}{10}$ ⑤ $\frac{10a+b}{30}$

32

다음 그림과 같이 수직선 위에 한 변의 길이가 1인 두 정사각형이 있을 때, 두 점 A, B 사이의 거리는?

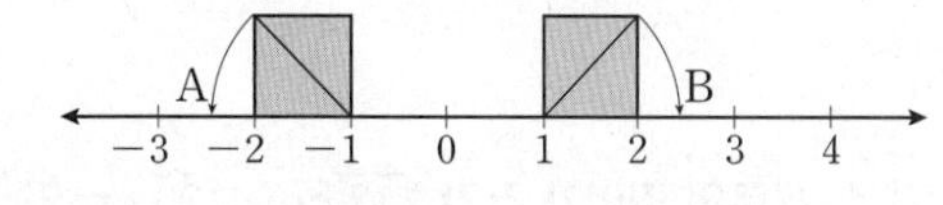

① $2+2\sqrt{2}$ ② $2\sqrt{2}$ ③ 2
④ 0 ⑤ $-2-2\sqrt{2}$

중단원 테스트 [2회]

테스트한 날	맞은 개수
월 일	/ 32

01

다음 세 직사각형의 넓이의 대소 관계는?

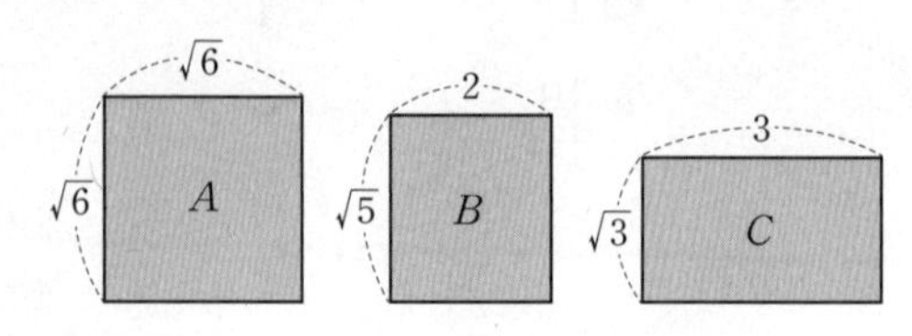

① $A>B>C$ ② $A>C>B$

③ $B>C>A$ ④ $C>A>B$

⑤ $C>B>A$

02

$4\sqrt{5}\div2\sqrt{18}\times3\sqrt{6}$을 간단히 하면?

① $2\sqrt{5}$ ② $2\sqrt{6}$ ③ $2\sqrt{15}$

④ $4\sqrt{5}$ ⑤ $4\sqrt{15}$

03

$\sqrt{3.2}=a$, $\sqrt{32}=b$일 때, 다음 중 옳지 않은 것은?

① $\sqrt{320}=10a$ ② $\sqrt{3200}=10b$

③ $\sqrt{32000}=100b$ ④ $\sqrt{0.32}=0.1b$

⑤ $\sqrt{0.032}=0.1a$

04

밑면의 가로, 세로의 길이가 각각 $\sqrt{12}$ cm, $\sqrt{20}$ cm인 직육면체의 부피가 $12\sqrt{30}$ cm^{3}일 때, 이 직육면체의 높이를 구하시오.

05

$\sqrt{2}+1$의 정수 부분을 a, 소수 부분을 b라고 할 때, $\sqrt{2}a-b$의 값을 구하시오.

06

$\sqrt{27}-\sqrt{12}+\frac{6}{\sqrt{3}}+\sqrt{3}$을 간단히 하시오.

07

오른쪽 그림과 같이 윗변, 아랫변의 길이가 각각 $\sqrt{12}$, $\sqrt{24}$이고, 높이고 $\sqrt{6}$인 사다리꼴의 넓이를 구하시오.

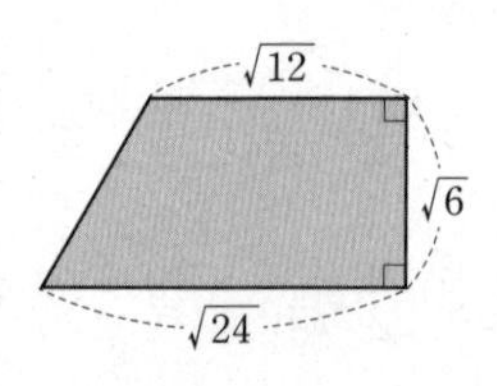

08

$\sqrt{2}(3\sqrt{8}+\sqrt{12})-\frac{\sqrt{3}(\sqrt{6}-2)}{\sqrt{2}}$를 간단히 하시오.

09

$A=2\sqrt{5}+1$, $B=2-\sqrt{15}$일 때, $\sqrt{3}A-\sqrt{5}B$를 간단히 하시오.

10

$\frac{6}{\sqrt{2}}(\sqrt{3}-\sqrt{2})-\frac{2\sqrt{2}-\sqrt{3}}{\sqrt{2}}$을 간단히 하시오.

11

$\sqrt{10}=3.162$일 때, $\frac{\sqrt{2}}{2\sqrt{5}}$의 값은?

① 0.2165 ② 0.3162 ③ 0.6340
④ 0.7950 ⑤ 1.1581

12

$\sqrt{7}=a$, $\sqrt{70}=b$라 할 때, $\sqrt{0.7}$의 값은?

① $\frac{1}{10}a$ ② $\frac{1}{10}b$ ③ $\frac{1}{100}a$
④ $\frac{1}{100}b$ ⑤ $\frac{1}{1000}b$

13

$\sqrt{27}-\sqrt{3}(\sqrt{15}+7)+\sqrt{125}=a\sqrt{3}+b\sqrt{5}$일 때, $a-b$의 값은? (단, a, b는 유리수)

① -6 ② -4 ③ -2
④ 4 ⑤ 6

14

두 수 A, B가 $A=\sqrt{2}\times\sqrt{3}\times\sqrt{4}$, $B=\sqrt{8}\times\sqrt{12}$일 때, $A+B$의 값은?

① $4\sqrt{6}$ ② $6\sqrt{6}$ ③ $8\sqrt{6}$
④ $12\sqrt{6}$ ⑤ $20\sqrt{6}$

15

$a>0$, $b>0$이고 $ab=2$일 때, $\sqrt{6ab}+a\sqrt{\frac{b}{6a}}-\frac{\sqrt{6b}}{b\sqrt{a}}$의 값은?

① $\frac{8\sqrt{3}}{3}$ ② $\frac{4\sqrt{3}}{3}$ ③ $\sqrt{3}$
④ $\frac{2\sqrt{3}}{3}$ ⑤ $\frac{\sqrt{3}}{3}$

16

$2\sqrt{5}-5a-3\sqrt{5}(\sqrt{5}+2a)$가 유리수일 때, 유리수 a의 값은?

① -3 ② $-\frac{1}{3}$ ③ 0
④ $\frac{1}{3}$ ⑤ 3

17

다음 제곱근표를 이용하여 $\sqrt{110}$의 값을 구하시오.

수	0	1	2	3
1.0	1.000	1.005	1.010	1.015
1.1	1.049	1.054	1.058	1.063

18

$2\sqrt{5}$의 정수 부분을 a, 소수 부분을 b라 할 때, $\frac{a}{b+4}$의 값을 구하시오.

19

$(3\sqrt{14}-1)a+14-\sqrt{14}$가 유리수가 되도록 하는 유리수 a의 값을 구하시오.

20

$\sqrt{5}=a$, $\sqrt{7}=b$일 때, $\sqrt{700}$을 a, b를 사용하여 나타내면?

① a^2b　② $2a^2b$　③ $2ab$
④ ab^2　⑤ $2ab^2$

21

$3\sqrt{5}\times\sqrt{\frac{128}{5}}\div(-4\sqrt{2})$를 간단히 하시오.

22

세 수 $A=2+\sqrt{6}$, $B=4$, $C=\sqrt{24}-1$의 대소 관계를 부등호를 사용하여 나타내시오.

23

$\frac{3\sqrt{a}}{2\sqrt{6}}$의 분모를 유리화하였더니 $\frac{3\sqrt{2}}{4}$가 되었다. 자연수 a의 값은?

① 1　② 2　③ 3
④ 4　⑤ 5

24

$\sqrt{20}\left(\sqrt{10}-\frac{1}{\sqrt{5}}\right)-\frac{a}{\sqrt{2}}(4-\sqrt{8})$을 계산한 결과가 유리수일 때, 유리수 a의 값을 구하시오.

25

세 수 $A=5\sqrt{2}-2$, $B=5$, $C=4\sqrt{2}-2$ 중에서 가장 작은 수를 구하시오.

26

밑면의 반지름의 길이가 $\sqrt{8}$이고 높이가 $3\sqrt{2}$인 원뿔의 부피를 구하시오.

27

$\sqrt{\frac{18}{75}}=\frac{b\sqrt{2}}{a\sqrt{3}}=c\sqrt{6}$일 때, abc의 값은?

(단, a, b는 서로소인 자연수, c는 유리수)

① 1 ② 2 ③ 3
④ 4 ⑤ 5

28

다음 중 $13^2=169$임을 이용하여 그 값을 구할 수 없는 것은?

① $\sqrt{0.0169}$ ② $\sqrt{0.169}$ ③ $\sqrt{1.69}$
④ $\sqrt{169}$ ⑤ $\sqrt{16900}$

29

다음 중 두 실수의 대소 관계가 옳지 않은 것은?

① $4\sqrt{5}-2<3\sqrt{5}+2$
② $2\sqrt{3}+4>\sqrt{11}+4$
③ $5\sqrt{2}+3\sqrt{2}>3\sqrt{2}+7$
④ $3\sqrt{5}-1<4\sqrt{3}-1$
⑤ $2\sqrt{5}+\sqrt{7}<\sqrt{7}+3\sqrt{2}$

30

$\sqrt{2}=1.414$, $\sqrt{6}=2.449$일 때, $\frac{\sqrt{3}+1}{\sqrt{2}}$의 값은?

① 1.3942 ② 1.4942 ③ 1.9285
④ 1.9315 ⑤ 1.9986

31

다음 중 그 값이 나머지 넷과 다른 하나는?

① $\sqrt{18}$ ② $\frac{18}{\sqrt{18}}$ ③ $\frac{6}{\sqrt{2}}$
④ $\frac{2\sqrt{6}}{\sqrt{2}}$ ⑤ $\frac{6\sqrt{3}}{\sqrt{6}}$

32

다음을 만족하는 유리수 a, b, c에 대하여 $\sqrt{\frac{ab}{c}}$의 값을 구하시오.

$\sqrt{32}=a\sqrt{2}$, $5\sqrt{3}=\sqrt{b}$, $\sqrt{108}=6\sqrt{c}$

중단원 테스트 [서술형]

테스트한 날	맞은 개수
월 일	/ 8

01

$\sqrt{2000}$은 $\sqrt{20}$의 A배이고, $\sqrt{0.3}$은 $\sqrt{30}$의 B배일 때, AB의 값을 구하시오.

> 해결 과정

> 답

02

다음 그림에서 직사각형의 넓이가 직각삼각형의 넓이의 2배일 때, x의 값을 구하시오.

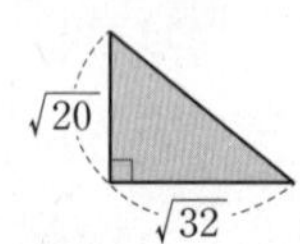

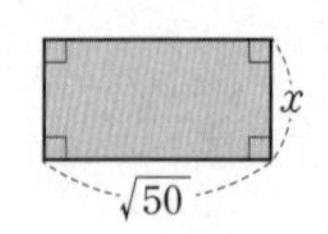

> 해결 과정

> 답

03

$\sqrt{2}\left(\frac{1}{\sqrt{2}}+\frac{1}{\sqrt{3}}\right)-\sqrt{3}\left(-\frac{2\sqrt{2}}{3}-\frac{1}{\sqrt{3}}\right)=a+b\sqrt{6}$일 때, $a+b$의 값을 구하시오. (단, a, b는 유리수)

> 해결 과정

> 답

04

$\sqrt{10}\left(\sqrt{2}-\frac{1-\sqrt{5}}{\sqrt{2}}\right)-\frac{a}{\sqrt{5}}(6\sqrt{5}+3)$을 계산한 결과가 유리수가 되도록 하는 유리수 a의 값을 구하시오.

> 해결 과정

> 답

05

오른쪽 그림과 같은 사다리꼴의 넓이는 한 변의 길이가 $2\sqrt{5}$ cm인 정사각형의 넓이와 같을 때, 이 사다리꼴의 높이를 구하시오.

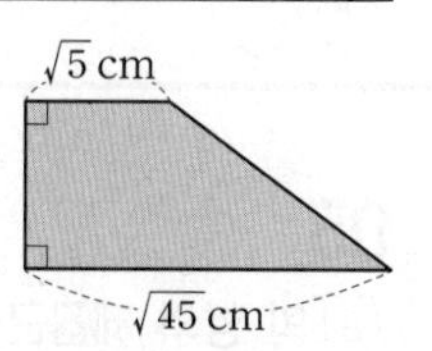

> 해결 과정

> 답

06

다음 그림은 한 눈금의 길이가 1인 모눈종이 위에 두 직각삼각형 ABC, DEF를 그리고, $\overline{AC}=\overline{PC}$, $\overline{DF}=\overline{QF}$가 되도록 수직선 위에 두 점 P, Q를 정한 것이다. 두 점 P, Q에 대응하는 수를 각각 a, b라 할 때, $a+\sqrt{2}b$의 값을 구하시오.

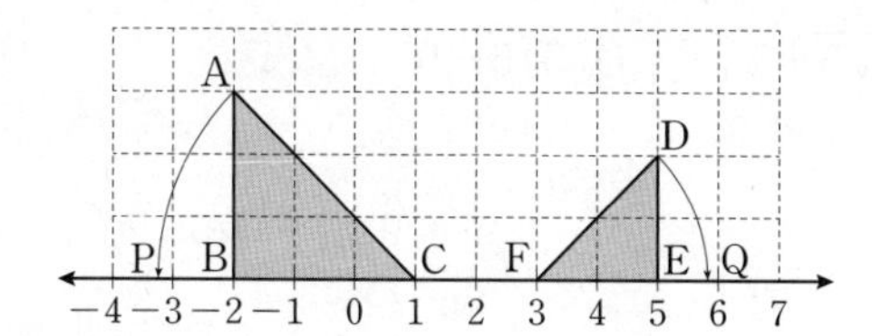

> 해결 과정

> 답

07

넓이가 각각 50 cm², 32 cm², 18 cm²인 세 정사각형을 다음 그림과 같이 붙여서 새로운 도형을 만들었다. 이 도형의 둘레의 길이를 구하시오.

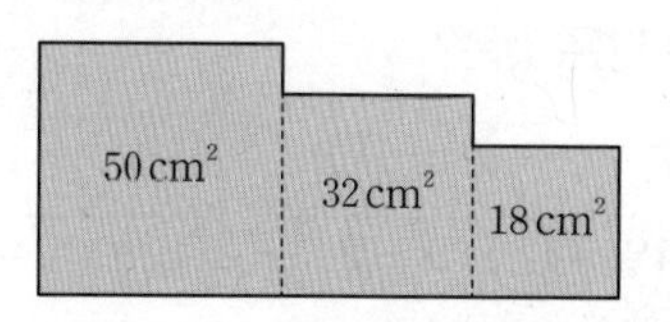

> 해결 과정

> 답

08

$\sqrt{45}$의 소수 부분을 a, $4-\sqrt{5}$의 소수 부분을 b라고 할 때, $3a+b$의 값을 구하시오.

> 해결 과정

> 답

테스트한 날
월 일

대단원 테스트

맞은 개수
/ 80

01

다음 중 옳지 않은 것은?

① $a<0$이면 $\sqrt{(-a)^2}=-a$

② $3<x<4$일 때, $\sqrt{(x-2)^2}+\sqrt{(5-x)^2}=3$

③ $\sqrt{2^2+3^2}=5$

④ $\sqrt{0.04}=0.2$

⑤ -6^2의 제곱근은 없다.

02

$\dfrac{4\sqrt{6}-3\sqrt{18}}{\sqrt{8}}$을 간단히 하면?

① $2\sqrt{2}+\dfrac{3\sqrt{3}}{2}$ ② $2\sqrt{3}-\dfrac{9}{2}$

③ $\sqrt{3}-\dfrac{\sqrt{6}}{2}$ ④ $\dfrac{5}{2}+3\sqrt{3}$

⑤ 12

03

$\sqrt{2.2}=1.483$, $\sqrt{22}=4.690$일 때, 다음 중 옳지 않은 것은?

① $\sqrt{220}=14.83$ ② $\sqrt{2200}=46.9$

③ $\sqrt{0.22}=0.469$ ④ $\sqrt{0.022}=0.1483$

⑤ $\sqrt{0.0022}=0.01483$

04

$\sqrt{120x}$와 $\sqrt{\dfrac{270}{x}}$이 모두 자연수가 되게 하는 가장 작은 자연수 x의 값은?

① 15 ② 30 ③ 60

④ 120 ⑤ 150

05

$\sqrt{81}$의 양의 제곱근을 a, $4b$의 음의 제곱근을 -6이라 할 때, $a-b$의 값을 구하시오.

06

오른쪽 그림과 같이 윗변의 길이가 $\sqrt{12}$ cm, 아랫변의 길이가 $\sqrt{27}$ cm, 높이가 $\sqrt{6}$ cm인 사다리꼴의 넓이를 구하시오.

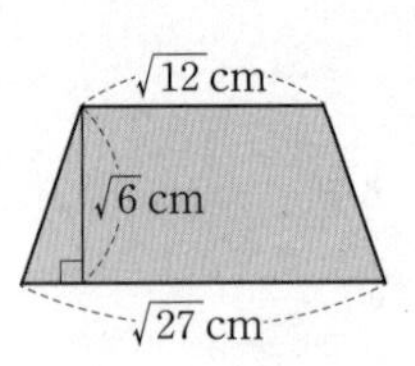

07

$3\sqrt{5}$의 소수 부분을 a, $6-\sqrt{5}$의 소수 부분을 b라 할 때, $2a+b$의 값은?

① $2\sqrt{5}-1$ ② $3\sqrt{5}+6$ ③ $4\sqrt{5}+2$

④ $-\sqrt{5}+5$ ⑤ $5\sqrt{5}-9$

08

$4+\sqrt{7}$의 정수 부분을 a, $\sqrt{20}-3$의 소수 부분을 b라 할 때, $a+b$의 값을 구하시오.

09

$a<0$일 때, $\sqrt{(-3a)^2}-\sqrt{(a-2)^2}+\sqrt{9a^2}$을 간단히 하면?

① $-5a-2$　② $a-2$　③ $2a+2$
④ $3a+2$　⑤ $3a-2$

10

$\sqrt{7.77}=2.787$, $\sqrt{77.7}=8.815$일 때, $\sqrt{777}$의 값은?

① 0.2787　② 0.8815　③ 11.602
④ 27.87　⑤ 88.15

11

$\sqrt{24}\left(\frac{1}{\sqrt{2}}-\sqrt{3}\right)-\frac{2}{\sqrt{2}}(\sqrt{54}-2)$를 간단히 하면?

① $8\sqrt{2}+\sqrt{3}$　② $6\sqrt{2}+12\sqrt{3}$
③ $-4\sqrt{2}-4\sqrt{3}$　④ $-\sqrt{2}-3\sqrt{3}$
⑤ $-2\sqrt{2}+10\sqrt{3}$

12

$\frac{4+2\sqrt{2}}{3\sqrt{8}}$의 분모를 유리화하여 $a+b\sqrt{2}$의 꼴로 나타낼 때, $a+b$의 값은? (단, a, b는 유리수)

① $\frac{1}{3}$　② $\frac{2}{3}$　③ 1
④ $\frac{3}{2}$　⑤ 2

13

$\frac{2\sqrt{3}}{\sqrt{2}}\times\frac{2}{\sqrt{5}}\div\frac{3}{\sqrt{6}}$을 간단히 하면?

① $\frac{\sqrt{5}}{5}$　② $\frac{2\sqrt{5}}{5}$　③ $\frac{3\sqrt{5}}{5}$
④ $\frac{4\sqrt{5}}{5}$　⑤ $\sqrt{5}$

14

$4-\sqrt{2}$의 정수 부분을 a, 소수 부분을 b라 할 때, $a+(b-2)^2$의 값은?

① -3　② $-4\sqrt{2}$　③ $1-\sqrt{2}$
④ $3-\sqrt{2}$　⑤ 4

15

가로의 길이가 5 m, 세로의 길이가 3 m인 직사각형 모양의 꽃밭이 있다. 이 꽃밭과 넓이가 같은 정사각형 모양의 꽃밭을 만들려고 할 때, 정사각형 모양의 꽃밭의 한 변의 길이는 ?

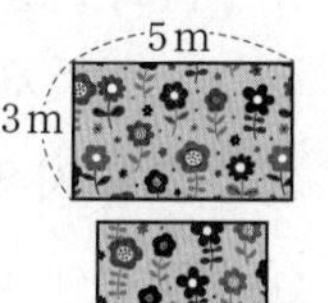

① $\sqrt{15}$ m　② 4 m　③ $3\sqrt{2}$ m
④ $2\sqrt{5}$ m　⑤ 5 m

16

$a>0$, $b>0$이고 $ab=3$일 때, $a\sqrt{\frac{12b}{a}}+b\sqrt{\frac{3a}{b}}$의 값은?

① 3　② $3\sqrt{3}$　③ 9
④ $6\sqrt{3}$　⑤ 18

17

$\sqrt{54x}$가 자연수가 되도록 하는 가장 작은 자연수 x의 값을 구하시오.

18

다음 중 무리수는 모두 몇 개인가?

$1.\dot{7}$, $\sqrt{1.96}$, $-\sqrt{\frac{1}{3}}$, $\frac{\sqrt{4}}{5}$, $\frac{\pi}{2}$

① 1개 ② 2개 ③ 3개
④ 4개 ⑤ 5개

19

다음 중 옳은 것은?

① $\sqrt{11}$과 $\sqrt{13}$ 사이에는 유리수가 존재하지 않는다.
② $\sqrt{5}$와 $\sqrt{7}$ 사이에는 1개의 무리수가 존재한다.
③ 근호를 사용하여 나타낸 수는 모두 무리수이다.
④ 무리수에 대응하는 모든 점으로 수직선을 완전히 메울 수 있다.
⑤ 모든 실수에 수직선 위의 점이 하나씩 대응한다.

20

다음 중 제곱근을 구할 때, 근호를 사용하지 않고 나타낼 수 있는 것은?

① 2.5 ② $\sqrt{169}$ ③ $(-9)^2$
④ 0.4 ⑤ $\frac{27}{100}$

21

$\frac{\sqrt{50}}{\sqrt{180}}=\frac{\sqrt{b}}{a\sqrt{2}}=c\sqrt{10}$일 때, abc의 값은?

(단, a, b, c는 유리수)

① $\frac{1}{2}$ ② 1 ③ $\frac{3}{2}$
④ 2 ⑤ $\frac{5}{2}$

22

$5-2\sqrt{3}$의 정수 부분을 a, 소수 부분을 b라 할 때, $4a-b$의 값은?

① $-2-2\sqrt{3}$ ② $-4+3\sqrt{3}$ ③ $5-\sqrt{3}$
④ $2\sqrt{3}$ ⑤ $3+\sqrt{3}$

23

$\sqrt{7}=a$, $\sqrt{70}=b$라 할 때, $\sqrt{0.07}+\sqrt{7000}=xa+yb$이다. $\frac{y}{x}$의 값을 구하시오. (단, x, y는 유리수)

24

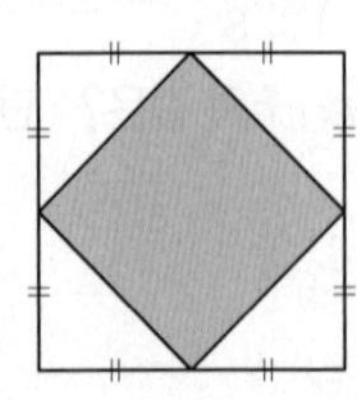

오른쪽 그림에서 색칠한 부분은 큰 정사각형의 각 변의 중점을 연결하여 만든 정사각형이다. 큰 정사각형의 넓이가 $144\ \text{cm}^2$일 때, 색칠한 정사각형의 한 변의 길이를 구하시오.

25

다음 중 옳지 않은 것은?

① $\sqrt{7^2}-\sqrt{(-2)^2}=5$

② $(-\sqrt{3})^2+\sqrt{6^2}=3$

③ $\sqrt{121}+\sqrt{(-3)^2}=14$

④ $\sqrt{(-2)^4}\times\sqrt{(-5)^2}=20$

⑤ $-\sqrt{\frac{1}{16}}\times\sqrt{3^2}=-\frac{3}{4}$

26

$\sqrt{3+8x}=9\sqrt{3}$일 때, x의 값은?

① 9　② 20　③ 30

④ 45　⑤ 80

27

다음 중 두 실수의 대소 관계가 옳은 것은?

① $3+\sqrt{2}>5$　② $\frac{1}{2}>\sqrt{0.64}$

③ $-12>-\sqrt{140}$　④ $\sqrt{3}-2>\sqrt{3}-\sqrt{5}$

⑤ $\sqrt{(-5)^2}<\sqrt{4^2}$

28

$\sqrt{10+n}$이 자연수가 되게 하는 n의 값 중에서 가장 작은 자연수를 구하시오.

29

$\sqrt{2}=a$, $\sqrt{7}=b$일 때, $\sqrt{252}$를 a, b를 사용하여 나타내면?

① ab^2　② $3ab^2$　③ $\sqrt{3}a^2b$

④ $3a^2b$　⑤ $\sqrt{3}a^2b^2$

30

오른쪽 그림과 같이 밑면의 가로, 세로의 길이와 높이가 각각 $\sqrt{2}+2\sqrt{3}$, $\sqrt{3}$, $3\sqrt{2}$인 직육면체의 겉넓이는?

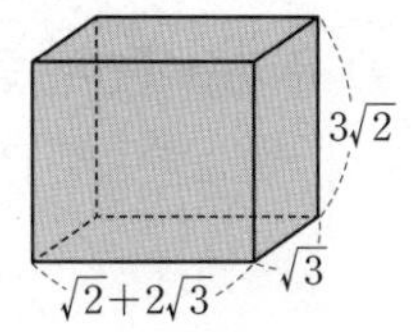

① $12+10\sqrt{6}$　② $14+16\sqrt{6}$

③ $18+20\sqrt{6}$　④ $24+20\sqrt{6}$

⑤ $26+24\sqrt{6}$

31

다음 중 옳지 않은 것은?

① $\sqrt{6}$과 $\sqrt{7}$ 사이에는 다른 무리수가 있다.

② 서로 다른 두 정수 사이에는 또 다른 정수가 있다.

③ 1과 $\sqrt{2}$ 사이에는 무수히 많은 유리수가 있다.

④ 모든 실수는 각각 수직선 위의 한 점에 대응시킬 수 있다.

⑤ 서로 다른 두 유리수 사이에는 무수히 많은 유리수가 있다.

32

$-4<x<1$일 때, $\sqrt{(x+4)^2}-\sqrt{(x-1)^2}$을 간단히 하면?

① -5　② 3　③ 5

④ $2x+3$　⑤ $2x+5$

33

다음 중 옳지 않은 것은?

① 무한소수는 무리수이다.
② 서로 다른 두 유리수 사이에는 반드시 또 다른 유리수가 있다.
③ 서로 다른 두 무리수 사이에는 반드시 또 다른 무리수가 있다.
④ 수직선은 유리수와 무리수에 대응하는 점들로 완전히 메워져 있다.
⑤ 유리수이면서 동시에 무리수인 실수는 없다.

34

다음 수직선에서 $2\sqrt{7}-1$에 대응하는 점이 있는 구간은?

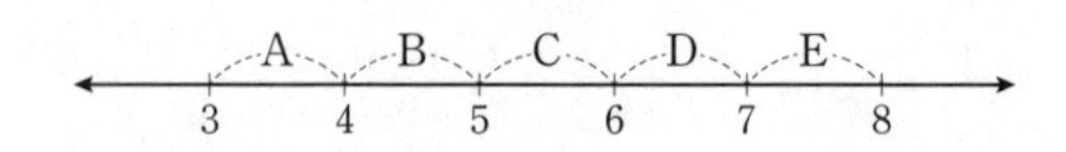

① 구간 A　② 구간 B　③ 구간 C
④ 구간 D　⑤ 구간 E

35

$\sqrt{18}\left(\frac{1}{3}-\sqrt{6}\right)-\frac{6}{\sqrt{2}}(\sqrt{6}-2)$를 간단히 한 식이 $a\sqrt{2}+b\sqrt{3}$일 때, $a+2b$의 값은? (단, a, b는 유리수)

① -20　② -19　③ -18
④ -17　⑤ -16

36

$\sqrt{2}=a$, $\sqrt{3}=b$일 때, $\sqrt{24}$를 a, b를 사용하여 나타내면?

① a^2b　② $2ab$　③ $4ab$
④ $\sqrt{ab}$　⑤ $\sqrt{a^2b}$

37

$\frac{3}{\sqrt{24}}=a\sqrt{6}$, $\frac{\sqrt{15}}{2\sqrt{3}}=b\sqrt{5}$일 때, $40ab$의 값을 구하시오.

(단, a, b는 유리수)

38

$\sqrt{3}(\sqrt{6}-\sqrt{3})-\sqrt{2}(a+3\sqrt{2})$를 계산한 결과가 유리수가 되도록 하는 유리수 a의 값을 구하시오.

39

$0<a<3$일 때, $\sqrt{(a-3)^2}+\sqrt{a^2}$의 값은?

① $2a-3$　② $3-2a$　③ $2a$
④ -3　⑤ 3

40

세 실수 $a=\sqrt{7}+2$, $b=\sqrt{21}-2$, $c=3$의 대소 관계가 옳은 것은?

① $a<b<c$　② $a<c<b$　③ $b<a<c$
④ $b<c<a$　⑤ $c<a<b$

41

다음 조건을 모두 만족시키는 x의 개수를 구하시오.

> ㈎ x는 25 이하의 자연수이다.
> ㈏ $\sqrt{x}$는 무리수이다.

42

가로의 길이가 5 cm이고, 세로의 길이가 4 cm인 직사각형과 넓이가 같은 정사각형이 있다. 이 정사각형의 둘레의 길이를 구하시오.

43

$a>0$, $b>0$이고 $ab=9$일 때, $a\sqrt{\frac{25b}{a}}-b\sqrt{\frac{9a}{b}}$의 값은?

① 2 ② 3 ③ 4
④ 5 ⑤ 6

44

a가 50 이하의 자연수일 때, $\sqrt{2}\times\sqrt{a}$가 자연수가 되도록 하는 a의 개수는?

① 3개 ② 5개 ③ 10개
④ 12개 ⑤ 25개

45

$\frac{\sqrt{18}}{\sqrt{5}}\times\frac{\sqrt{10}}{4}\div\frac{\sqrt{20}}{\sqrt{12}}=a\sqrt{15}$일 때, 유리수 a의 값을 구하시오.

46

다음 중 두 실수의 대소 관계가 옳은 것은?

① $2-\sqrt{7}<\sqrt{3}-\sqrt{7}$ ② $4-\sqrt{2}<2$
③ $-\sqrt{3}-\sqrt{6}<-\sqrt{6}-3$ ④ $3-\sqrt{3}>\sqrt{3}$
⑤ $1+\sqrt{5}<6-\sqrt{5}$

47

$\sqrt{45}+\sqrt{a}-2\sqrt{125}=-5\sqrt{5}$일 때, 유리수 a의 값은?

① 10 ② 20 ③ 30
④ 40 ⑤ 50

48

$\sqrt{2}\left(\sqrt{3}-\frac{4}{\sqrt{6}}\right)+\left(\frac{12}{\sqrt{2}}+1\right)\div\sqrt{3}=a\sqrt{6}+b\sqrt{3}$일 때, $a+b$의 값은? (단, a, b는 유리수)

① 1 ② 2 ③ 3
④ 4 ⑤ 5

49

$\sqrt{256}$의 양의 제곱근을 a, $\frac{9}{25}$의 음의 제곱근을 b라고 할 때, $a+b$의 값을 구하시오.

50

두 수 $-\sqrt{8}$과 $2\sqrt{3}$ 사이에 있는 모든 정수의 합을 구하시오.

51

$\frac{\sqrt{10}+\sqrt{2}}{\sqrt{2}}$의 정수 부분을 구하시오.

52

$\sqrt{27}-\sqrt{12}-\sqrt{48}=k\sqrt{3}$일 때, 유리수 k의 값을 구하시오.

53

$\frac{8}{\sqrt{24}}=a\sqrt{6}$, $\frac{\sqrt{60}}{2\sqrt{3}}=b\sqrt{5}$일 때, $3a-b$의 값은?

(단, a, b는 유리수)

① -2　② 1　③ 3　④ 6　⑤ 9

54

$\sqrt{4.7}=a$, $\sqrt{47}=b$라 할 때, $\sqrt{0.047}+\sqrt{4700}$을 a, b를 사용하여 나타내면?

① $\frac{1}{10}a+10b$　② $10a+\frac{1}{10}b$　③ $\frac{1}{100}a+10b$　④ $10a+100b$　⑤ $100a+\frac{1}{10}b$

55

$\sqrt{5}(a-2\sqrt{5})-\sqrt{20}(3-\sqrt{5})$를 계산한 값이 유리수가 되도록 하는 유리수 a의 값을 구하시오.

56

$a<0$일 때, $\sqrt{16a^2}-\sqrt{(-3a)^2}+\sqrt{a^2}$을 간단히 하면?

① $-8a$　② $-2a$　③ 0　④ $2a$　⑤ $8a$

57

다음 그림에서 모눈 한 칸은 한 변의 길이가 1인 정사각형이다. 수직선 위의 점 A에 대응하는 수가 $-1-\sqrt{2}$일 때, 점 B에 대응하는 수를 구하시오.

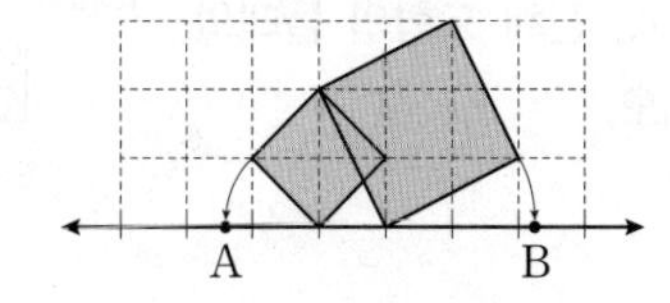

58

$\sqrt{6.12}=a$, $\sqrt{61.2}=b$라 할 때, $\sqrt{0.0612}+\sqrt{612000}$을 a, b를 사용하여 나타내면?

① $\frac{1}{100}a+10b$ ② $\frac{1}{10}a+10b$

③ $\frac{1}{10}a+100b$ ④ $10a+\frac{b}{10}$

⑤ $100a+\frac{1}{100}b$

59

$\sqrt{18}$의 소수 부분을 a, $3+\sqrt{2}$의 소수 부분을 b라 할 때, $a+b$의 값은?

① $-2-\sqrt{2}$ ② $-5+4\sqrt{2}$

③ $3-2\sqrt{2}$ ④ $3+\sqrt{2}$

⑤ $5+4\sqrt{2}$

60

다음 중 계산이 옳지 않은 것은?

① $\sqrt{3^2}+\sqrt{(-5)^2}=8$

② $(-\sqrt{7})^2-\sqrt{6^2}=1$

③ $\sqrt{121}-\sqrt{(-8)^2}=3$

④ $\sqrt{(-2)^2}\times\sqrt{3^4}=6$

⑤ $-\sqrt{\frac{36}{25}}\div\sqrt{5^2}=-\frac{6}{25}$

61

두 자연수 a, b에 대하여 $\sqrt{405a}=b\sqrt{5}$일 때, $a+b$의 값 중 가장 작은 값을 구하시오.

62

두 실수 a, b에 대하여 $a-b>0$, $ab<0$일 때,
$(\sqrt{a})^2-\sqrt{4b^2}-\sqrt{(-3a)^2}+\sqrt{(-b)^2}$을 간단히 하면?

① $-3a+2b$ ② $-3a$ ③ $-2a+b$

④ $-a+b$ ⑤ $2a$

63

$A=2\sqrt{2}-\sqrt{3}$, $B=A\sqrt{2}+\sqrt{6}$, $C=B\sqrt{2}-4\sqrt{3}$일 때, $A+B\sqrt{3}-2C$의 값을 구하시오.

64

$\frac{2}{3\sqrt{10}}=a\sqrt{10}$, $\frac{4}{\sqrt{12}}=b\sqrt{3}$일 때, $a+b$의 값은?

(단, a, b는 유리수)

① $\frac{7}{15}$ ② $\frac{3}{5}$ ③ $\frac{11}{15}$

④ $\frac{13}{15}$ ⑤ 1

65

다음 그림은 수직선 위에 한 변의 길이가 1인 정사각형 ABCD를 그린 것이다. $\overline{AC}=\overline{AQ}$, $\overline{BD}=\overline{BP}$일 때, $\overline{PQ}$의 길이를 구하시오.

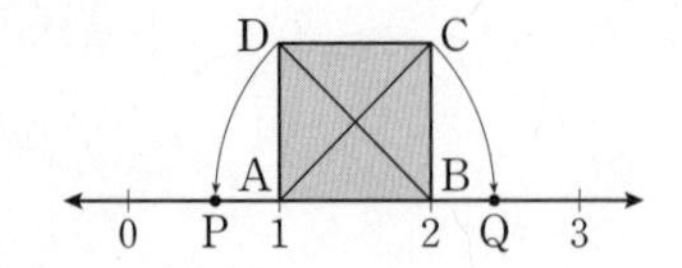

66

넓이가 120 cm^2인 직사각형의 세로의 길이가 $4\sqrt{3}\text{ cm}$일 때, 이 직사각형의 둘레의 길이는?

① $26\sqrt{3}\text{ cm}$ ② $27\sqrt{3}\text{ cm}$ ③ $28\sqrt{3}\text{ cm}$
④ $29\sqrt{3}\text{ cm}$ ⑤ $30\sqrt{3}\text{ cm}$

67

부등식 $\sqrt{3x}<4$를 만족시키는 자연수 x의 개수를 구하시오.

68

다음 제곱근표를 이용하여 $\sqrt{80}$의 값을 구하시오.

수	0	1	2	3
2.0	1.414	1.418	1.421	1.425
⋮	⋮	⋮	⋮	⋮
20	4.472	4.483	4.494	4.506

69

오른쪽 그림과 같이 넓이가 45인 두 정사각형 모양의 색종이를 겹쳐 놓았다. 겹쳐진 부분은 넓이가 15인 정사각형 모양일 때, 전체 도형의 둘레의 길이를 구하시오.

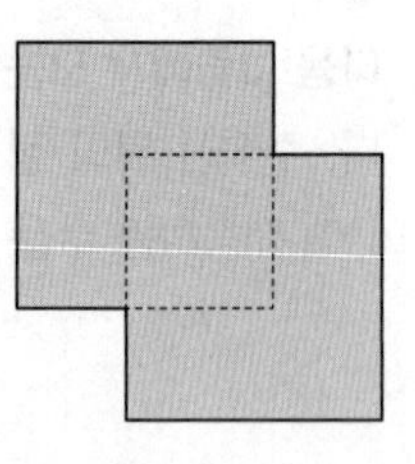

70

$\sqrt{12}\left(\frac{1}{\sqrt{2}}-\frac{1}{\sqrt{3}}\right)+\sqrt{3}\left(\frac{2\sqrt{2}}{3}-\frac{3}{\sqrt{3}}\right)$을 간단히 하면 $a\sqrt{6}+b$일 때, ab의 값은? (단, a, b는 유리수)

① $-\frac{26}{3}$ ② $-\frac{25}{3}$ ③ -8
④ $-\frac{23}{3}$ ⑤ $-\frac{22}{3}$

71

$\sqrt{6}=2.449$, $\sqrt{60}=7.746$일 때, $\frac{\sqrt{0.6}}{10}$의 값은?

① 0.002449 ② 0.02449 ③ 0.2449
④ 0.007746 ⑤ 0.07746

72

$\sqrt{12}-\sqrt{48}+\sqrt{108}=k\sqrt{3}$일 때, 유리수 k의 값은?

① -4 ② -2 ③ 0
④ 2 ⑤ 4

73

$\frac{\sqrt{a}}{2\sqrt{3}}$의 분모를 유리화하였더니 $\frac{\sqrt{15}}{6}$가 되었다. 자연수 a의 값은?

① 2 ② 3 ③ 4
④ 5 ⑤ 6

74

$A=3\sqrt{3}+2$, $B=2\sqrt{5}+2$, $C=5$일 때, A, B, C의 대소 관계로 옳은 것은?

① $A<B<C$ ② $A<C<B$
③ $B<A<C$ ④ $B<C<A$
⑤ $C<B<A$

75

$6\sqrt{3}+10\sqrt{2}-2\sqrt{27}+\sqrt{8}$을 계산하면?

① $-5\sqrt{3}$ ② $12\sqrt{2}$
③ $\sqrt{2}-12\sqrt{3}$ ④ $9\sqrt{2}-2\sqrt{3}$
⑤ $6\sqrt{2}-3\sqrt{3}$

76

다음 중 옳지 않은 것은?

① 0의 제곱근은 0 하나뿐이다.
② $\sqrt{64}$의 값은 8이다.
③ -10은 $\sqrt{10000}$의 음의 제곱근이다.
④ -5^2의 제곱근은 없다.
⑤ $\sqrt{(-7)^2}$의 제곱근은 ±7이다.

77

다음 수를 작은 것부터 순서대로 나열할 때, 세 번째에 오는 수는?

$\sqrt{2}$, $-\sqrt{2}+1$, $\sqrt{2}-1$, -1, $-\sqrt{2}$

① $\sqrt{2}$ ② $-\sqrt{2}+1$ ③ $\sqrt{2}-1$
④ -1 ⑤ $-\sqrt{2}$

78

$(-\sqrt{3})^2\div\sqrt{5^2\times(-2)^2}+\sqrt{\left(\frac{1}{5}\right)^2}$을 계산하시오.

79

$\sqrt{\frac{24}{x}}$가 자연수가 되도록 하는 가장 작은 자연수 x의 값은?

① 2 ② 3 ③ 6
④ 8 ⑤ 10

80

$\sqrt{2}\times\sqrt{3}\times\sqrt{a}\times\sqrt{5}\times\sqrt{6}\times\sqrt{5a}=60$을 만족시키는 자연수 a의 값을 구하시오.

테스트한 날
월 일

대단원 테스트 [고난도]

맞은 개수
/ 24

01

$\sqrt{108x}$와 $\sqrt{290-y}$가 모두 자연수가 되도록 하는 가장 작은 두 자리 자연수 x, y에 대하여 $y-x$의 값은?

① -6 ② -1 ③ 1
④ 12 ⑤ 22

02

다음 그림과 같이 반지름의 길이가 1인 원이 -3에 대응하는 점에서 수직선에 접하고 있다. 이 원을 수직선 위에서 화살표 방향으로 한 바퀴 반을 굴릴 때, 점 P가 수직선 위에 닿는 점에 대응하는 수는?

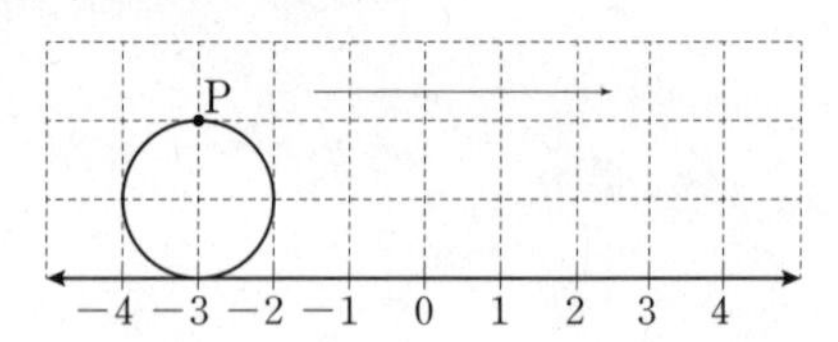

① 3π ② $3-\pi$ ③ $-3+\pi$
④ $-3+2\pi$ ⑤ $-3+3\pi$

03

$0<a<1$일 때, $\sqrt{\left(a-\frac{1}{a}\right)^2}-\sqrt{\left(a+\frac{1}{a}\right)^2}-\sqrt{(2a)^2}$을 간단히 하시오.

04

a, b는 자연수이고 $\sqrt{\frac{40}{a}}=b$일 때, 가장 큰 b의 값과 그때의 a의 값을 구하시오.

05

다음 중 옳지 않은 것은?

① 서로 다른 두 유리수 사이에는 무수히 많은 유리수가 있다.
② 서로 다른 두 무리수 사이에는 무수히 많은 무리수가 있다.
③ 서로 다른 두 실수 사이에는 무수히 많은 실수가 있다.
④ 수직선은 유리수에 대응하는 점으로 완전히 메울 수 있다.
⑤ 수직선은 실수에 대응하는 점으로 완전히 메울 수 있다.

06

자연수 x에 대하여 $\sqrt{x}$ 이하의 자연수의 개수를 $f(x)$라 할 때, $f(136)-f(50)+f(4)$의 값은?

① 3 ② 4 ③ 5
④ 6 ⑤ 7

07

다음 중 세 수 a, b, c의 대소 관계를 바르게 나타낸 것은?

$$a=\sqrt{5}+\sqrt{3},\quad b=\sqrt{5}+1,\quad c=3+\sqrt{3}$$

① $a<b<c$ ② $b<a<c$ ③ $b<c<a$
④ $c<a<b$ ⑤ $c<b<a$

08

두 자연수 a, b에 대하여 $\sqrt{108a}=b\sqrt{2}$일 때, $a+b$의 값 중 가장 작은 것을 구하시오.

09

$a=\sqrt{24}-2\sqrt{5}$, $b=\dfrac{3}{\sqrt{6}}-\sqrt{5}$일 때, $\sqrt{5}a+\sqrt{6}b$를 간단히 하면?

① $\sqrt{30}-7$ ② $\sqrt{30}+7$ ③ 3
④ $3\sqrt{10}-7$ ⑤ $3\sqrt{10}+7$

10

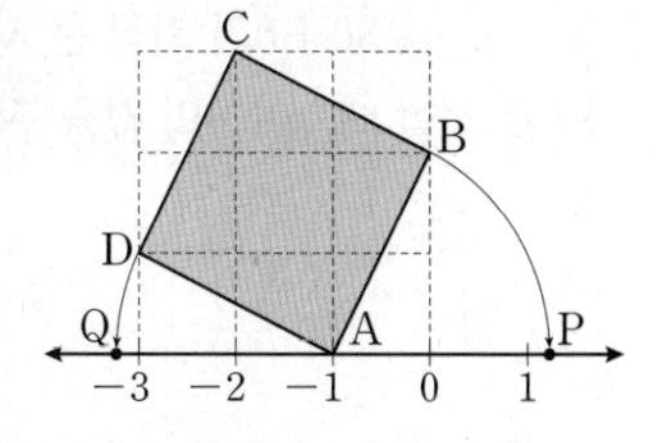

오른쪽 그림에서 모눈 한 칸은 한 변의 길이가 1인 정사각형이다. □ABCD는 정사각형이고 $\overline{AB}=\overline{AP}$, $\overline{AD}=\overline{AQ}$이다. 점 P에 대응하는 수의 정수 부분을 a, 점 Q에 대응하는 수의 소수 부분을 b라 할 때, $a+b$의 값을 구하시오. (단, $0<b<1$)

11

두 실수 $-\sqrt{19}$와 $2+\sqrt{5}$ 사이에 있는 정수의 개수를 구하시오.

12

자연수 x에 대하여 $\sqrt{x}$보다 작은 자연수의 개수를 $f(x)$라 할 때, $f(10)+f(11)+\cdots+f(20)$의 값을 구하시오.

13

$\sqrt{50-a}-\sqrt{30+b}$가 가장 큰 자연수가 되도록 두 자연수 a와 b를 정할 때, $a+b$의 값을 구하시오.

14

$3+\frac{6}{\sqrt{3}}$의 정수 부분을 a, 소수 부분을 b라 할 때, $\sqrt{3}a-3b$의 값을 구하시오.

15

다음 그림은 한 변의 길이가 1인 두 정사각형을 수직선 위에 그린 것이다. $\overline{CA}=\overline{CP}$, $\overline{BD}=\overline{BE}$, $\overline{EF}=\overline{EQ}$이고, 두 점 P, Q에 대응하는 수를 각각 a, b라 할 때, $2a+b$의 값을 구하시오.

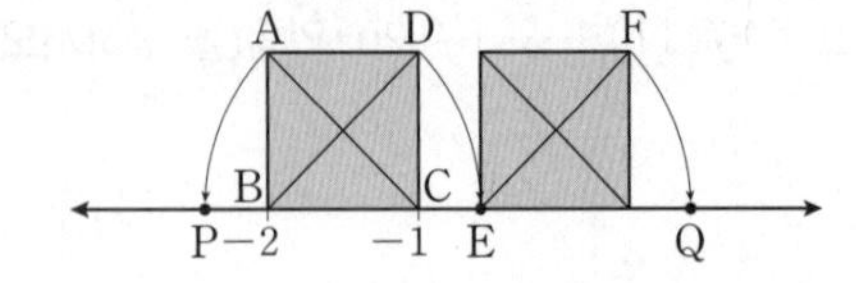

16

오른쪽 그림과 같이 직사각형 ABCD를 모양과 크기가 같은 직사각형 7개로 나누었다. □ABCD의 넓이가 280 cm^2일 때, 작은 직사각형 1개의 둘레의 길이를 구하시오.

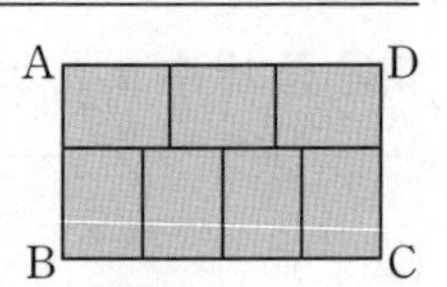

17

넓이가 36인 직사각형의 가로의 길이와 세로의 길이를 각각 a, b라 할 때, $a\sqrt{\frac{4b}{a}}+b\sqrt{\frac{9a}{b}}$의 값을 구하시오.

18

다음 그림과 같이 한 변의 길이가 8 cm인 정사각형 모양의 종이를 각 변의 중점을 연결한 선분을 접는 선으로 하여 접어 나갈 때, [4단계]에서 생기는 정사각형의 한 변의 길이를 구하시오.

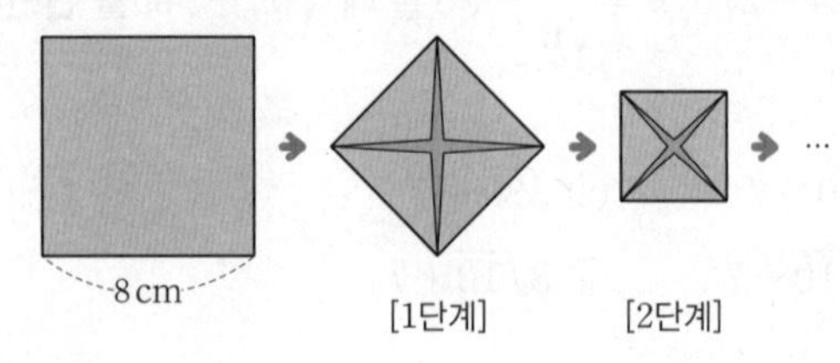

19

자연수 x에 대하여 $N(x)$를 $\sqrt{x}$의 정수 부분이라 하자.
예를 들면, $2<\sqrt{7}<3$이므로 $N(7)=2$이다.
$N(1)+N(2)+N(3)+\cdots+N(10)$의 값을 구하시오.

20

넓이가 $240\ \text{cm}^2$인 직사각형의 세로의 길이가 $3\sqrt{15}\ \text{cm}$일 때, 이 직사각형의 둘레의 길이는 $\frac{q}{p}\sqrt{15}\ \text{cm}$이다.
$p+q$의 값을 구하시오. (단, p와 q는 서로소인 자연수)

21

오른쪽 그림은 한 변의 길이가 $12\ \text{cm}$인 정사각형에서 네 변의 중점을 연결한 정사각형을 연속해서 세 번 그린 것이다. 색칠한 부분의 둘레의 길이를 구하시오.

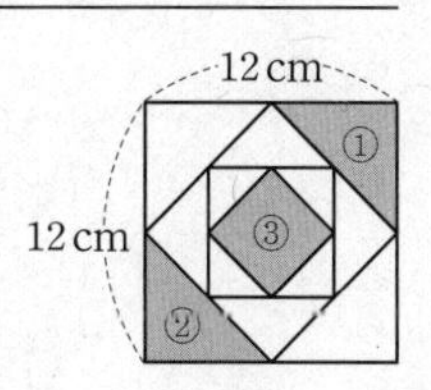

22

$6-\sqrt{7}$의 정수 부분을 a, 소수 부분을 b라 할 때,
$n<a^2-b^2<n+1$을 만족시키는 자연수 n의 값을 구하시오.

23

자연수 n에 대하여 $\sqrt{n}$의 정수 부분을 $f(n)$이라 할 때,
$f(n)=8$이 되는 n의 개수는?

① 14개　② 15개　③ 16개
④ 17개　⑤ 18개

24

$\sqrt{37}$의 정수 부분을 a, $9-\sqrt{a}$의 소수 부분을 b라 할 때,
$\sqrt{(8-a)^2}-\sqrt{(b-2)^2}$의 값을 구하시오.

Ⅱ. 인수분해와 이차방정식

오늘의 테스트

만족  불만족 

1. 다항식의 곱셈과 인수분해 01. 곱셈공식 소단원 집중 연습 ____월 ____일	1. 다항식의 곱셈과 인수분해 01. 곱셈공식 소단원 테스트 [1회] ____월 ____일	1. 다항식의 곱셈과 인수분해 01. 곱셈공식 소단원 테스트 [2회] ____월 ____일
1. 다항식의 곱셈과 인수분해 02. 곱셈공식의 활용 소단원 집중 연습 ____월 ____일	1. 다항식의 곱셈과 인수분해 02. 곱셈공식의 활용 소단원 테스트 [1회] ____월 ____일	1. 다항식의 곱셈과 인수분해 02. 곱셈공식의 활용 소단원 테스트 [2회] ____월 ____일
1. 다항식의 곱셈과 인수분해 03. 인수분해 소단원 집중 연습 ____월 ____일	1. 다항식의 곱셈과 인수분해 03. 인수분해 소단원 테스트 [1회] ____월 ____일	1. 다항식의 곱셈과 인수분해 03. 인수분해 소단원 테스트 [2회] ____월 ____일
1. 다항식의 곱셈과 인수분해 04. 인수분해의 활용 소단원 집중 연습 ____월 ____일	1. 다항식의 곱셈과 인수분해 04. 인수분해의 활용 소단원 테스트 [1회] ____월 ____일	1. 다항식의 곱셈과 인수분해 04. 인수분해의 활용 소단원 테스트 [2회] ____월 ____일
1. 다항식의 곱셈과 인수분해 중단원 테스트 [1회] ____월 ____일	1. 다항식의 곱셈과 인수분해 중단원 테스트 [2회] ____월 ____일	1. 인수분해 중단원 테스트 [서술형] ____월 ____일
2. 이차방정식 01. 이차방정식 소단원 집중 연습 ____월 ____일	2. 이차방정식 01. 이차방정식 소단원 테스트 [1회] ____월 ____일	2. 이차방정식 01. 이차방정식 소단원 테스트 [2회] ____월 ____일
2. 이차방정식 02. 이차방정식의 활용 소단원 집중 연습 ____월 ____일	2. 이차방정식 02. 이차방정식의 활용 소단원 테스트 [1회] ____월 ____일	2. 이차방정식 02. 이차방정식의 활용 소단원 테스트 [2회] ____월 ____일
2. 이차방정식 중단원 테스트 [1회] ____월 ____일	2. 이차방정식 중단원 테스트 [2회] ____월 ____일	2. 이차방정식 중단원 테스트 [서술형] ____월 ____일
Ⅱ. 식의 계산 대단원 테스트 ____월 ____일	Ⅱ. 식의 계산 대단원 테스트 [고난도] ____월 ____일	

소단원 집중 연습

1. 다항식의 곱셈과 인수분해 | **01. 곱셈공식**

01 다음 식을 전개하시오.

(1) $(a-1)(b+3)$

(2) $(x+4)(y-5)$

(3) $(a-2b)(2c+d)$

(4) $(3a-b)(x-4y)$

(5) $(-5x+y)(3a-2b)$

02 다음을 전개한 식에서 xy의 계수를 구하시오.

(1) $(2x+y)(5x-y)$

(2) $(x-4y)(3x+2y)$

(3) $(4x-3y)(6x-5y)$

03 다음 식을 전개하시오.

(1) $(a+3)^2$

(2) $(x+7)^2$

(3) $(2b+1)^2$

(4) $(5y+2)^2$

04 다음 식을 전개하시오.

(1) $(a-4)^2$

(2) $(x-9)^2$

(3) $(3b-2)^2$

(4) $(6y-1)^2$

05 다음 식을 전개하시오.

(1) $(a+3)(a-3)$

(2) $(x+8)(x-8)$

(3) $(1-b)(1+b)$

(4) $(5-2y)(5+2y)$

06 다음 식을 전개하시오.

(1) $(a+2)(a+5)$

(2) $(x+3)(x-4)$

(3) $(a-7b)(a+10b)$

(4) $(x-6y)(x-8y)$

07 다음 식을 전개하시오.

(1) $(2a+1)(3a+2)$

(2) $(5x+4)(x-3)$

(3) $(3a-7b)(4a+b)$

(4) $(4x-5y)(7x-6y)$

08 다음 □ 안에 알맞은 수를 써넣으시오.

(1) $(a+\square)^2=a^2+10a+25$

(2) $(3x+\square y)(3x-4y)=\square x^2-16y^2$

(3) $(x+2)(x+\square)=x^2+\square x+8$

(4) $(\square x-1)(3x-1)=6x^2-\square x+1$

소단원 테스트 [1회]

1. 다항식의 곱셈과 인수분해 | **01. 곱셈공식**

테스트한 날	맞은 개수
월 일	/ 16

01

다음 중 바르게 전개한 것은?

① $(x-3y)^2=x^2+6xy-9y^2$
② $(x+4)(x-5)=x^2+x-20$
③ $(x+3y)(x-6y)=x^2-3xy-18y^2$
④ $(5x-3y)(3x+8y)=15x^2-31xy-24y^2$
⑤ $(-x+2y)(x+2y)=x^2-4y^2$

02

$(x-y)(y-z)$를 전개하면?

① $xy-y^2-xz-yz$ ② $xy-y^2-xz+yz$
③ $xy-y^2+xz-yz$ ④ $xy+y^2-xz-yz$
⑤ $zy+y^2-xz+yz$

03

$(x-4)(x-6)=x^2+Ax+B$일 때, 상수 A, B에 대하여 $A+B$의 값은?

① 10 ② 11 ③ 13
④ 14 ⑤ 16

04

$(2x-3)(3x+7)$을 전개하였을 때 x의 계수는?

① 4 ② 5 ③ 6
④ 7 ⑤ 8

05

다음 중 $(x+y)(x-y)$와 전개식이 같은 것은?

① $(x+y)(-x-y)$ ② $(y+x)(y-x)$
③ $(-x+y)(x+y)$ ④ $(-x+y)(-x-y)$
⑤ $(y-x)(-y+x)$

06

$(x+1)^2-(x-1)^2$을 전개하여 간단히 하면?

① $6x$ ② $5x$ ③ $4x$
④ $3x$ ⑤ x

07

$(2x+Ay)^2=Bx^2-12xy+9y^2$일 때, 상수 A, B에 대하여 $A+B$의 값은?

① -4 ② -2 ③ 1
④ 5 ⑤ 7

08

$(-3a-5b)(-3a+5b)$를 전개할 때 사용하는 곱셈 공식과 그 답으로 옳은 것은?

① $(a-b)^2=a^2-2ab+b^2$, $-9a^2+25b^2$
② $(a-b)^2=a^2-2ab+b^2$, $9a^2+25b^2$
③ $(a-b)^2=a^2-2ab+b^2$, $9a^2-25b^2$
④ $(a+b)(a-b)=a^2-b^2$, $-9a^2+25b^2$
⑤ $(a+b)(a-b)=a^2-b^2$, $9a^2-25b^2$

09

다음 중 바르게 전개된 식이 아닌 것은?

① $(-x+y)^2=x^2-2xy+y^2$

② $(2x+1)^2=4x^2+4x+1$

③ $(x-3)(x+2)=x^2-5x-6$

④ $(2x+3)(3x+4)=6x^2+17x+12$

⑤ $(-3x-y)(-3x+y)=9x^2-y^2$

10

$(5x-8)(3-y)=axy+bx+cy-24$일 때, 상수 a, b, c에 대하여 $a+b-c$의 값은?

① 2 ② 6 ③ 10
④ 14 ⑤ 18

11

다음 중 $\left(-\frac{1}{2}x-3y\right)^2$과 전개식이 같은 것은?

① $\frac{1}{4}(x+6y)^2$ ② $\frac{1}{4}(x-6y)^2$

③ $\frac{1}{2}(x+6y)^2$ ④ $\frac{1}{2}(x-6y)^2$

⑤ $-\frac{1}{2}(x+6y)^2$

12

다음 중 □ 안에 알맞은 수가 가장 작은 것은?

① $(x+1)(x-5)=x^2+\square x-5$

② $(x-4y)^2=x^2+\square xy+16y^2$

③ $(-x+4)(-x-4)=x^2+\square$

④ $\left(x-\frac{1}{2}\right)\left(x-\frac{1}{3}\right)=x^2+\square x+\frac{1}{6}$

⑤ $(2x-5)(3x-2)=6x^2+\square x+10$

13

$\left(x+\frac{1}{4}y\right)\left(x-\frac{1}{2}y\right)=x^2+axy+by^2$일 때, 상수 a, b에 대하여 ab의 값은?

① $-\frac{1}{8}$ ② $-\frac{1}{16}$ ③ $-\frac{1}{32}$

④ $\frac{1}{32}$ ⑤ $\frac{1}{16}$

14

$(a-1)(a+1)(a^2+1)(a^4+1)=a^{\square}-1$일 때, □ 안에 알맞은 수는?

① 2 ② 4 ③ 6
④ 8 ⑤ 10

15

$(2x+1)(x+2)-(x+1)(x-1)-(x+2)^2$을 간단히 하면?

① $x-1$ ② $5x-3$ ③ $9x+7$
④ x^2+x-1 ⑤ x^2+5x-1

16

다음 그림에서 색칠한 부분을 나타낸 식은?

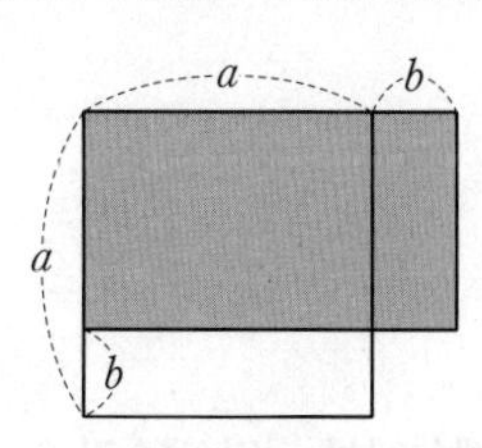

① a^2+b^2 ② a^2-b^2

③ $a^2+2ab+b^2$ ④ $a^2-2ab+b^2$

⑤ a^2-ab+b^2

소단원 테스트 [2회]

1. 다항식의 곱셈과 인수분해 | 01. 곱셈공식

테스트한 날	맞은 개수
월 일	/ 16

01

$(a+2b)(c+3d)$를 전개하시오.

02

$\left(x-\frac{1}{2}\right)\left(x+\frac{1}{2}\right)\left(x^2+\frac{1}{4}\right)$을 전개하시오.

03

$(2x-y)(4y+x)$의 전개식에서 xy의 계수를 구하시오.

04

$(ax+2b)^2$의 전개식에서 x^2의 계수가 9, 상수항이 4일 때, x의 계수를 구하시오. (단, $a>0$, $b>0$)

05

$(x+6)(x-7)$의 전개식에서 x의 계수를 a, $\left(x-\frac{2}{3}\right)\left(x+\frac{3}{2}\right)$의 전개식에서 상수항을 b라 할 때, ab의 값을 구하시오.

06

$(x+5y)(Ax+9y)$를 전개한 식이 $4x^2+Bxy+45y^2$일 때, 상수 A, B에 대하여 $A+B$의 값을 구하시오.

07

$(7x+a)(5x-2)$의 전개식에서 x의 계수와 상수항이 서로 같을 때, 상수 a의 값을 구하시오.

08

$(1-x)(1+x)(1+x^2)(1+x^4)=a-x^b$일 때, 상수 a, b에 대하여 $b-a$의 값을 구하시오.

09

$(x+a)^2$을 전개한 식이 $x^2-bx+\frac{4}{9}$일 때, 상수 a, b에 대하여 $a-b$의 값을 구하시오. (단, $a>0$)

10

$(x+7)(x+a)$의 전개식에서 상수항이 56일 때, x의 계수와 a의 값의 합을 구하시오. (단, a는 상수)

11

$\left(a-\frac{1}{5}x\right)\left(\frac{1}{5}x+a\right)=-\frac{1}{25}x^2+36$일 때, 양수 a의 값을 구하시오.

12

$(ax+5)(5x+b)$의 전개식에서 x의 계수가 46일 때, 한 자리의 자연수 a, b에 대하여 a^2+b^2의 값을 구하시오.

13

$(x+4)(x-8)$에서 $x-8$을 $x+A$로 잘못 보고 전개하였더니 x^2+x+B가 되었다. 상수 A, B에 대하여 $A+B$의 값을 구하시오.

14

$(Ax+1)(x+B)=-2x^2+Cx-3$일 때, 상수 A, B, C에 대하여 $A+B+C$의 값을 구하시오.

15

$(2x-1)^2-(2x+1)(2x-3)$을 전개하여 간단히 하시오.

16

$3x+a$에 $5x+2$를 곱해야 할 것을 잘못하여 $2x+5$를 곱했더니 $6x^2+7x-20$이 되었다. 바르게 계산한 식에서 x의 계수와 상수항의 합을 구하시오.

소단원 집중 연습

1. 다항식의 곱셈과 인수분해 | 02. 곱셈공식의 활용

01 곱셈 공식을 이용하여 다음 수를 계산하시오.

(1) 103^2

(2) 49^2

(3) 7.1^2

(4) 9.8^2

(5) 102×98

(6) 95×105

(7) 3.1×2.9

(8) 51×52

(9) 6.1×6.3

02 곱셈 공식을 이용하여 다음을 계산하시오.

(1) $(\sqrt{2}+\sqrt{3})^2$

(2) $(2+\sqrt{5})^2$

(3) $(\sqrt{7}-\sqrt{2})^2$

(4) $(3-2\sqrt{6})^2$

(5) $(\sqrt{5}+\sqrt{3})(\sqrt{5}-\sqrt{3})$

(6) $(\sqrt{11}+2)(\sqrt{11}-2)$

(7) $(2\sqrt{3}+1)(2\sqrt{3}-1)$

(8) $(3-2\sqrt{2})(3+2\sqrt{2})$

(9) $(3\sqrt{5}-2\sqrt{7})(3\sqrt{5}+2\sqrt{7})$

03 다음 분수의 분모를 유리화하시오.

(1) $\frac{1}{2-\sqrt{3}}$

(2) $\frac{1}{3+2\sqrt{2}}$

(3) $\frac{\sqrt{3}}{\sqrt{5}+\sqrt{4}}$

(4) $\frac{\sqrt{2}}{\sqrt{13}-2\sqrt{3}}$

(5) $\frac{\sqrt{2}+1}{\sqrt{2}-1}$

(6) $\frac{\sqrt{6}-\sqrt{3}}{\sqrt{6}+\sqrt{3}}$

(7) $\frac{2+\sqrt{2}}{3\sqrt{2}-4}$

(8) $\frac{4\sqrt{3}+3\sqrt{5}}{4\sqrt{3}-3\sqrt{5}}$

04 다음 식의 값을 구하시오.

(1) $a+b=5$, $ab=3$일 때, a^2+b^2의 값

(2) $x+y=-4$, $xy=1$일 때, x^2+y^2의 값

(3) $a-b=7$, $ab=-2$일 때, a^2+b^2의 값

(4) $x-y=-3$, $xy=6$일 때, x^2+y^2의 값

(5) $a-b=2$, $ab=4$일 때, $(a+b)^2$의 값

(6) $x-y=8$, $xy=-5$일 때, $(x+y)^2$의 값

(7) $a+b=9$, $ab=5$일 때, $(a-b)^2$의 값

(8) $x+y=-2$, $xy=-1$일 때, $(x-y)^2$의 값

소단원 테스트 [1회]

1. 다항식의 곱셈과 인수분해 | **02. 곱셈공식의 활용**

테스트한 날	맞은 개수
월 일	/ 16

01

곱셈 공식을 이용하여 202×203을 계산하려고 할 때, 어떤 곱셈 공식을 이용하는 것이 가장 편리한가?

① $(a+b)^2=a^2+2ab+b^2$

② $(a-b)^2=a^2-2ab+b^2$

③ $(a+b)(a-b)=a^2-b^2$

④ $(x+a)(x+b)=x^2+(a+b)x+ab$

⑤ $(ax+b)(cx+d)=acx^2+(ad+bc)x+bd$

02

$(\sqrt{3}+\sqrt{2})^2+(\sqrt{3}-\sqrt{2})^2-(\sqrt{3}+\sqrt{2})(\sqrt{3}-\sqrt{2})$를 간단히 하면?

① 2 ② 5 ③ 9
④ $4\sqrt{6}$ ⑤ $5\sqrt{6}$

03

$\dfrac{\sqrt{3}}{\sqrt{6}-\sqrt{2}}-\dfrac{\sqrt{3}}{\sqrt{2}+\sqrt{6}}$을 계산하면?

① $-\dfrac{3\sqrt{2}}{2}$ ② $-\dfrac{\sqrt{6}}{2}$ ③ $\dfrac{\sqrt{6}}{2}$
④ $\dfrac{\sqrt{3}}{2}$ ⑤ $\dfrac{3\sqrt{2}}{2}$

04

$x+y=-3$, $(x-y)^2=1$일 때, xy의 값은?

① 2 ② 1 ③ 0
④ -1 ⑤ -2

05

$(-2x+y+1)(-2x-y-1)$을 옳게 전개한 것은?

① $-4x^2-y^2-2y-1$ ② $-4x^2+y^2+2y-1$
③ $4x^2-y^2-2y+1$ ④ $4x^2+y^2-2y-1$
⑤ $4x^2-y^2-2y-1$

06

$\dfrac{\sqrt{3}-1}{\sqrt{3}+1}=a+b\sqrt{3}$일 때, 유리수 a, b에 대하여 $a+b$의 값은?

① -3 ② -1 ③ 0
④ 1 ⑤ 3

07

$a+\dfrac{1}{a}=5$일 때, $a^2+\dfrac{1}{a^2}$의 값은?

① 21 ② 23 ③ 25
④ 27 ⑤ 29

08

$x(x+1)(x+2)(x+3)$의 전개식에서 x^3의 계수를 a, x^2의 계수를 b라 할 때, $a+b$의 값은?

① 15 ② 16 ③ 17
④ 18 ⑤ 19

09

$x=3-2\sqrt{2}$일 때, $\frac{x^2+1}{x}$의 값은?

① $4-6\sqrt{2}$ ② 4 ③ $4+6\sqrt{2}$
④ $6-4\sqrt{2}$ ⑤ 6

10

$a-b=2$, $a^2+b^2=8$일 때, $\frac{b}{a}+\frac{a}{b}$의 값은?

① 1 ② 2 ③ 3
④ 4 ⑤ 5

11

$x+\frac{1}{x}=6$일 때, $\left(x-\frac{1}{x}\right)^2$의 값은?

① 30 ② 32 ③ 34
④ 36 ⑤ 38

12

$x=1+\sqrt{3}$, $y=1-\sqrt{3}$일 때, 다음 중 옳지 않은 것은?

① $x^2=4+2\sqrt{3}$ ② $\frac{y}{x}=-2+\sqrt{3}$
③ $\frac{x}{y}=-2-\sqrt{3}$ ④ $xy=-2$
⑤ $x^2+y^2=4$

13

$x=\frac{\sqrt{3}+\sqrt{2}}{\sqrt{3}-\sqrt{2}}$, $y=\frac{\sqrt{3}-\sqrt{2}}{\sqrt{3}+\sqrt{2}}$일 때, $x-y$의 값은?

① 5 ② 10 ③ $2\sqrt{5}$
④ $4\sqrt{6}$ ⑤ $6\sqrt{5}$

14

$\frac{4}{\sqrt{5}+\sqrt{3}}-\frac{2}{\sqrt{5}-\sqrt{3}}=a\sqrt{3}+b\sqrt{5}$일 때, 유리수 a, b에 대하여 $a-b$의 값은?

① -4 ② -1 ③ 0
④ 3 ⑤ 5

15

오른쪽 그림과 같이 한 변의 길이가 a인 정사각형에서 가로의 길이는 $2b$만큼 늘이고 세로의 길이는 b만큼 줄였다. 이때 색칠한 부분의 넓이는?

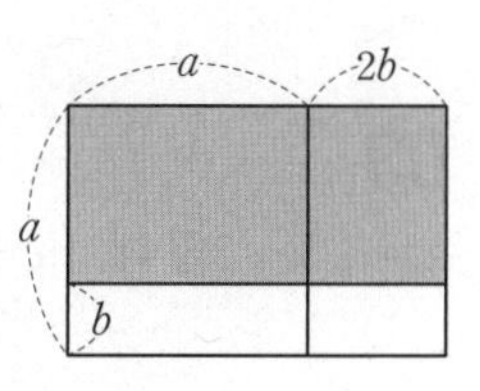

① $a^2-3ab-2b^2$ ② $a^2-ab-2b^2$
③ $a^2+ab-2b^2$ ④ $a^2+ab+2b^2$
⑤ $a^2+3ab-2b^2$

16

$(2x+1+\sqrt{3})(2x+1-\sqrt{3})$을 전개한 식이 $4x^2+ax+b$일 때, $a-b$의 값은?

① 2 ② 3 ③ 4
④ 5 ⑤ 6

소단원 테스트 [2회]

1. 다항식의 곱셈과 인수분해 | 02. 곱셈공식의 활용

테스트한 날	맞은 개수
월 일	/ 16

01

$(\sqrt{7}-2)^2(2-\sqrt{5})(2+\sqrt{5})$를 계산하시오.

02

$\frac{1-\sqrt{3}}{2+\sqrt{3}}+\frac{1+\sqrt{3}}{2-\sqrt{3}}$을 간단히 하시오.

03

$x=5\sqrt{2}-3$일 때, $(x+2)(x+4)$의 값을 구하시오.

04

곱셈 공식 $(a+b)(a-b)=a^2-b^2$을 이용하면 편리한 수의 계산을 보기에서 모두 고르시오.

보기
ㄱ. 1.01^2　　ㄴ. 91×94
ㄷ. 4.98×5.02　　ㄹ. 67×73

05

$a+\frac{1}{a}=9$일 때, $a^2+\frac{1}{a^2}$의 값을 구하시오.

06

$(1+x-y)(1-x+y)$를 전개하시오.

07

$x+y=6$, $x^2+y^2=24$일 때, $\frac{1}{x}+\frac{1}{y}$의 값을 구하시오.

08

$(3-1)(3+1)(3^2+1)(3^4+1)=3^8+a$라 할 때, 상수 a의 값을 구하시오.

09

$(x+2)(x+3)(x-2)(x-3)$을 전개하시오.

10

$x=\frac{1}{2\sqrt{2}+\sqrt{6}}$, $y=\frac{1}{2\sqrt{2}-\sqrt{6}}$일 때, $x+y$의 값을 구하시오.

11

$(2\sqrt{3}+3)(a\sqrt{3}-2)$의 값이 유리수가 되도록 하는 유리수 a의 값을 구하시오.

12

$a-\frac{1}{a}=2$일 때, $a^4+\frac{1}{a^4}$의 값을 구하시오.

13

$(3x+2-\sqrt{3})(3x+2+\sqrt{3})=ax^2+bx+c$일 때, 상수 a, b, c에 대하여 $a+b+c$의 값을 구하시오.

14

세 모서리의 길이가 각각 $x+1$, $x+2$, $x+3$인 직육면체의 겉넓이를 구하시오.

15

오른쪽 그림은 가로, 세로의 길이가 각각 $5a+4$, $3a+5$인 직사각형 모양의 땅에 폭이 2인 길을 낸 것이다. 색칠한 부분의 넓이를 구하시오.

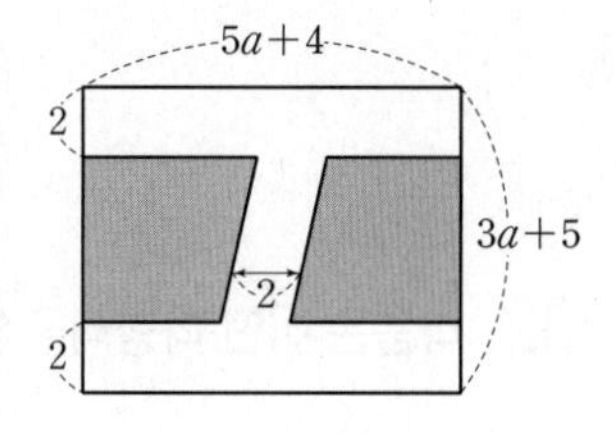

16

$x^2-8x+1=0$일 때, $x^2+\frac{1}{x^2}$의 값을 구하시오.

소단원 집중 연습

1. 다항식의 곱셈과 인수분해 | 03. 인수분해

01 다음 식의 인수를 모두 고르시오.

(1) xy^2

x, y, x^2, y^2, xy

(2) $(a+2)(a+4)$

a, 2, $a+2$, $a+4$, $2(a+4)$

(3) $2ab(a-5b)$

2, a, ab, $2a^2b$, $b(a-5b)$

02 다음은 어떤 다항식을 인수분해한 것인지 구하시오.

(1) $a(a+b)$

(2) $(2a+5)^2$

(3) $(3x-2)(3x+2)$

(4) $(2x-9)(2x+1)$

03 다음 식을 인수분해하시오.

(1) x^2-xy

(2) a^3-5a^2

(3) $2a^2b+4ab^2$

(4) $4x^2-2xy-8x$

04 다음 식을 인수분해하시오.

(1) x^2-4x+4

(2) $x^2-14x+49$

(3) $x^2+x+\frac{1}{4}$

(4) $9x^2-6x+1$

(5) $3x^2-36xy+108y^2$

05 다음 식이 완전제곱식이 되도록 □ 안에 알맞은 수를 써넣으시오.

(1) $x^2+8x+\square$

(2) $x^2-18xy+\square y^2$

(3) $x^2+\square x+64$

(4) $x^2+\square xy+25y^2$

06 다음 식을 인수분해하시오.

(1) x^2-4

(2) $64-x^2$

(3) x^2-16y^2

(4) $5x^2-45$

07 다음 식을 인수분해하시오.

(1) x^2+4x+3

(2) x^2+2x-8

(3) $x^2+xy-12y^2$

(4) $3x^2-6x-45$

08 다음 식을 인수분해하시오.

(1) $3x^2-5x-2$

(2) $8x^2+10x+3$

(3) $6x^2-xy-12y^2$

(4) $12x^2-10x+2$

소단원 테스트 [1회]

1. 다항식의 곱셈과 인수분해 | 03. 인수분해

테스트한 날	맞은 개수
월 일	/ 16

01

다음 중 $2ax-4ay$의 인수가 아닌 것은?

① $2a$ ② 4 ③ $x-2y$
④ a ⑤ $a(x-2y)$

02

다음 중 $y(x-1)+3(x-1)$의 인수인 것은?

① $x+1$ ② $x-3$ ③ $y+3$
④ $y-1$ ⑤ $x+y$

03

$4x^2-5x-6$을 인수분해하면?

① $(x+2)(3x+1)$ ② $(x-2)(4x+2)$
③ $(x+2)(4x+3)$ ④ $(x-2)(4x+3)$
⑤ $(x+2)(x+3)$

04

$(x-3)(x+1)+a$가 완전제곱식이 될 때, 상수 a의 값은?

① 2 ② 4 ③ 6
④ 8 ⑤ 10

05

$16x^2+(7k-2)x+25$가 완전제곱식이 되기 위한 상수 k의 값은? (정답 2개)

① $-\frac{38}{7}$ ② -6 ③ $\frac{38}{7}$
④ 6 ⑤ $\frac{37}{6}$

06

다음 중 a^2x-b^2x의 인수가 아닌 것은?

① x ② $a+b$ ③ $a-b$
④ a^2x ⑤ $(a+b)(a-b)$

07

$-5<a<2$일 때, $\sqrt{a^2-4a+4}-\sqrt{a^2+10a+25}$를 간단히 하면?

① $-2a-1$ ② $-2a-2$ ③ $-2a-3$
④ $2a+2$ ⑤ $2a+3$

08

$3x^2y^2-6x^2y-9x^2$을 인수분해하면?

① $3x^2(y-1)(y+3)$
② $3x^2(y-1)(y-3)$
③ $3x^2(y+1)(y+3)$
④ $3x^2(y+1)(y-3)$
⑤ $3x^2(y+1)(y-2)$

09

x^2+6x+a의 한 인수가 $x+2$일 때, 상수 a의 값은?

① 2 ② 4 ③ 6
④ 8 ⑤ 10

10

다음 중 나머지 넷과 같은 일차식의 공통인수를 갖지 않는 것은?

① x^2-4 ② x^2+3x+2 ③ x^2+x-6
④ $2x^2+3x-2$ ⑤ $3x^2+7x+2$

11

다음 중 인수분해가 옳지 않은 것은?

① $ax+2ay=a(x+2y)$
② $2x^2+4x=x(2x-4)$
③ $3a+12ab=3a(1+4b)$
④ $x^2+12x+36=(x+6)^2$
⑤ $4x^2-9=(2x+3)(2x-3)$

12

다음 중 옳은 것은?

① $(x+y)^2=x^2+y^2$
② $(x-y)^2=x^2-y^2$
③ $(-x+y)^2=(x-y)^2$
④ $(-x-y)^2=(x-y)^2$
⑤ $-(x+y)^2=(-x-y)^2$

13

$(x+2)^2-(x-1)^2$을 인수분해하면?

① $(2x+1)(x-1)$ ② $(2x+1)(x-3)$
③ $(2x+1)(2x-1)$ ④ $3(2x+1)$
⑤ $-3(2x-1)$

14

$x^2-6x+a=(x+b)^2$이 성립할 때, 상수 a, b에 대하여 $a+b$의 값은?

① 12 ② 9 ③ 6
④ -9 ⑤ -12

15

$-\frac{1}{36}x^2+\frac{25}{4}y^2$을 인수분해하면?

① $\left(\frac{1}{6}x+\frac{5}{2}y\right)\left(\frac{1}{6}x-\frac{5}{2}y\right)$
② $-\left(\frac{1}{6}x-\frac{5}{2}y\right)\left(\frac{1}{6}x-\frac{2}{5}y\right)$
③ $\left(\frac{1}{6}x-\frac{5}{2}y\right)\left(\frac{1}{6}x-\frac{2}{5}y\right)$
④ $-\left(\frac{1}{6}x+\frac{5}{2}y\right)\left(\frac{1}{6}x-\frac{5}{2}y\right)$
⑤ $\left(\frac{1}{6}x+\frac{2}{5}y\right)\left(\frac{1}{6}x-\frac{5}{2}y\right)$

16

두 다항식 $x^2-3x-18$, $3x^2+7x-6$의 공통인수는?

① $x-6$ ② $x-3$ ③ $x+3$
④ $x-2$ ⑤ $3x-2$

소단원 테스트 [2회]

1. 다항식의 곱셈과 인수분해 | 03. 인수분해

테스트한 날	맞은 개수
월 일	/ 16

01

$ax^2+24x+b$를 인수분해하면 $(3x+c)^2$일 때, $a+b-c$의 값을 구하시오.

02

두 다항식 x^2-2xy와 $xy-2y^2$의 공통인수를 구하시오.

03

보기에서 옳은 것을 모두 고르시오.

보기
ㄱ. $x^2+Ax+36$이 완전제곱식이 될 때, $A=\pm12$
ㄴ. $x^2+6xy+By^2$이 완전제곱식이 될 때, $B=-9$
ㄷ. $Cx^2+54xy+81y^2$이 완전제곱식이 될 때, $C=9$
ㄹ. $(x-2)(x+6)+D$가 완전제곱식이 될 때, $D=16$

04

$x^2+Ax+18$은 x의 계수가 1이고, 상수항이 정수인 두 일차식의 곱으로 인수분해된다. 이를 만족시키는 A의 값의 개수를 구하시오.

05

다음은 다항식을 인수분해한 것이다. $a+b+c+d$의 값을 구하시오.

$$25x^2-49=(ax+b)(cx+d)$$

06

$xy+x-y-1$을 인수분해하시오.

07

$-1<a<0$일 때,

$\sqrt{\left(a+\frac{1}{a}\right)^2-4}-\sqrt{\left(a-\frac{1}{a}\right)^2+4}$를 간단히 하시오.

08

보기에서 인수분해한 것이 옳은 것을 모두 고르시오.

보기
ㄱ. $ax-bx+y(a-b)=(a-b)(x+y)$
ㄴ. $x^2-9y^2=(x+9y)(x-9y)$
ㄷ. $x^2-5x+6=(x-2)(x-3)$
ㄹ. $5x^2-2x-3=(x+1)(5x-3)$
ㅁ. $4x^2-20xy+25y^2=(2x-5)^2$

09

$\dfrac{x^2-1}{x+4}\times\dfrac{x^2+2x-8}{x^2+4x+3}\times\dfrac{x^2+2x-3}{x^2-3x+2}$을 간단히 하시오.

10

$ax^2+bx-15$를 인수분해하면 $(x-3)(2x+c)$이다. 상수 a, b, c에 대하여 $a+b+c$의 값을 구하시오.

11

$2<x<3$일 때, $\sqrt{4x^2-12x+9}-\sqrt{x^2-6x+9}$를 간단히 하시오.

12

$x+3$이 $2x^2+bx-3$의 인수일 때, 상수 b의 값을 구하시오.

13

$x^2+(4k-2)x+25$가 완전제곱식이 되기 위한 상수 k의 값을 모두 구하시오.

14

두 다항식 x^2-4x+3과 $2x^2-5x+3$의 공통인수를 구하시오.

15

x의 계수가 1인 두 일차식의 곱이 x^2+2x-3일 때, 두 일차식의 합을 구하시오.

16

$x-3$이 두 다항식 $x^2+Ax-21$, $2x^2-5x+B$의 공통인수일 때, 상수 A, B에 대하여 $A+B$의 값을 구하시오.

소단원 집중 연습

1. 다항식의 곱셈과 인수분해 | **04. 인수분해의 활용**

01 다음 식을 인수분해하시오.

(1) $(a-2)^2-2(a-2)-15$

(2) $(x-2y)(x-2y+1)-6$

(3) $(x+3)^2+2(x+3)+1$

(4) $(a+2)^2+4(a+2)+4$

(5) $(a+b)^2-6(a+b)+9$

(6) $(x+y)(x+y-3)+2$

(7) $2(a-b)^2-5(a-b)+2$

(8) $(x+3)^2-9$

(9) $(a+2b)^2-4(a+2b)+3$

02 다음 식을 인수분해하시오.

(1) $xy-2x+2y-4$

(2) $a^2+ab-ac-bc$

(3) $a^2+ac+bc-b^2$

(4) $x^2-2xy+y^2-16$

(5) $xy-x-y+1$

(6) $ax+ay-bx-by$

(7) $ab+bc-a^2-ac$

(8) x^2-y^2+x+y

(9) $x^2+y^2+2xy-9$

03 인수분해 공식을 이용하여 다음을 계산하시오.

(1) $19\times8+19\times2$

(2) $53\times55-53\times45$

(3) $24^2-8\times24+4^2$

(4) $7.5^2+5\times7.5+2.5^2$

(5) 200^2-199^2

(6) $97^2+6\times97+9$

(7) 70^2-30^2

(8) $25\times51^2-25\times49^2$

04 다음 식의 값을 구하시오.

(1) $x=103$일 때, x^2-6x+9의 값

(2) $x=96$일 때, $x^2+8x+16$의 값

(3) $x=17$일 때, $x^2-5x-14$의 값

(4) $x=\sqrt{2}-1$일 때, $\sqrt{x^2+2x+1}$의 값

(5) $x=\sqrt{3}+3$일 때, $\sqrt{x^2-6x+9}$의 값

(6) $x=\sqrt{2}+2$일 때, $(x-4)^2+4(x-4)+4$의 값

(7) $x=\sqrt{5}-3$일 때, $(x+9)^2-12(x+9)+36$의 값

(8) $x=\sqrt{2}+4$, $y=\sqrt{2}-4$일 때, x^2-y^2의 값

소단원 테스트 [1회]

1. 다항식의 곱셈과 인수분해 | 04. 인수분해의 활용

테스트한 날	맞은 개수
월 일	/ 16

01

a^4-81을 인수분해하면?

① $(a^2+9)(a^2-9)$ ② $(a^2+9)(a^2-3)$
③ $(a^2+9)(a+3)(a-3)$ ④ $(a^2+9)(a-3)^2$
⑤ $(a^2+9)(a+3)^2$

02

다음 중 인수분해가 옳지 않은 것은?

① $a(x-2)+b(2-x)=(a-b)(x-2)$
② $4x^2-13xy+9y^2=(4x-9y)(x-y)$
③ $(x-4)^2-(x-4)-6=(x-2)(x-7)$
④ $a^2-2ab+4b-2a=(a-2b)(a-b+2)$
⑤ $4x^2+4x+1-y^2=(2x+y+1)(2x-y+1)$

03

$x^2-yz+xy-xz$가 x의 계수가 1인 두 일차식의 곱으로 인수분해될 때, 두 일차식의 합은?

① $x+y+z$ ② $x+y-z$ ③ $x+2y+z$
④ $x+2y-z$ ⑤ $2x+y-z$

04

다음 중 어떤 자연수의 제곱인 수가 아닌 것은?

① $95^2+10\times95+5^2$
② $31.5^2-3\times31.5+1.5^2$
③ $57^2+3\times57+9$
④ $2020\times2022+1$
⑤ $200^2-1200+9$

05

보기에서 $4.15\times53^2-4.15\times47^2$을 계산하는 데 사용되는 인수분해 공식을 모두 고른 것은?

보기
ㄱ. $ma+mb=m(a+b)$
ㄴ. $a^2-b^2=(a+b)(a-b)$
ㄷ. $a^2+2ab+b^2=(a+b)^2$
ㄹ. $x^2+(a+b)x+ab=(x+a)(x+b)$

① ㄱ, ㄴ ② ㄱ, ㄷ ③ ㄴ, ㄷ
④ ㄴ, ㄷ, ㄹ ⑤ ㄱ, ㄴ, ㄷ, ㄹ

06

x^2의 계수가 1인 어떤 이차식을 인수분해하는데 A는 x의 계수를 잘못 보고 $(x-2)(x+14)$로 인수분해하였고, B는 상수항을 잘못 보고 $(x+5)(x-8)$로 인수분해하였다. 처음 이차식을 바르게 인수분해하면?

① $(x-5)^2$ ② $(x+4)^2$
③ $(x+4)(x-2)$ ④ $(x+10)(x-7)$
⑤ $(x+4)(x-7)$

07

$2(2x-3)^2-5(3-2x)-12$를 인수분해하면?

① $(2x+1)(4x-9)$ ② $(2x+1)(4x-3)$
③ $(2x-3)(4x-9)$ ④ $(2x-7)(4x-3)$
⑤ $(2x-7)(4x-9)$

08

보기에서 $x-1$을 인수로 갖는 다항식을 모두 고른 것은?

보기
ㄱ. $2x^2-x-1$ ㄴ. x^2-12
ㄷ. $xy-y+3x-3$ ㄹ. x^2-5x-4
ㅁ. $6xy+1-9x^2-y^2$ ㅂ. $x^2y^2-x^2-y^2+1$

① ㄱ, ㄴ ② ㄷ, ㄹ ③ ㄱ, ㄷ, ㅂ
④ ㄴ, ㄷ, ㅁ ⑤ ㄱ, ㄹ, ㅁ, ㅂ

09

다음 그림에서 두 도형 (가), (나)의 넓이가 서로 같을 때, 도형 (나)의 가로의 길이는?

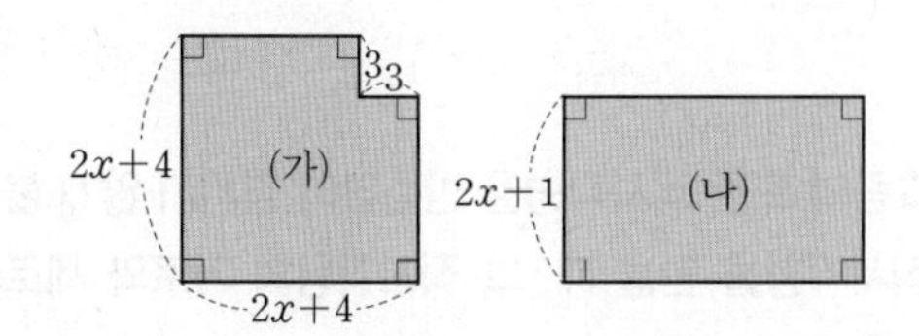

① $2x+5$ ② $2x+6$ ③ $2x+7$
④ $2x+8$ ⑤ $2x+9$

10

$\sqrt{10}-1$의 소수 부분을 x라 할 때,
$(x-1)^2+8(x-1)+16$의 값은?

① -15 ② -10 ③ 10
④ 15 ⑤ 20

11

다음 중 $a^2-2ab+4b-2a$의 인수는?

① $a+2$ ② $a-2b$ ③ $a+2b$
④ a ⑤ $2b$

12

$a-b=12$일 때, $a^2+b^2-2ab-8a+8b$의 값은?

① 36 ② 48 ③ 72
④ 96 ⑤ 120

13

다항식 $(x-3y)(x-3y-1)-6$이 AB로 인수분해될 때, $|A-B|$의 값은?

(단, A, B는 x의 계수가 1인 일차식이다.)

① 1 ② 2 ③ 3
④ 4 ⑤ 5

14

$x=\dfrac{1}{\sqrt{5}+2}$, $y=\dfrac{1}{\sqrt{5}-2}$일 때, x^2-y^2의 값은?

① $-8\sqrt{5}$ ② $-4\sqrt{5}$ ③ 0
④ $4\sqrt{5}$ ⑤ $8\sqrt{5}$

15

다음 중 a^3-a^2-4a+4의 인수가 아닌 것은?

① $a-1$ ② $a+2$
③ $(a+2)(a-2)$ ④ a^3-a^2
⑤ $(2-a)(1-a)$

16

다음 그림과 같은 정사각형 (가) 4개, 직사각형 (나) 4개, 정사각형 (다) 1개를 모두 사용하여 하나의 큰 정사각형을 만들려고 한다. 만들어진 정사각형의 한 변의 길이를 a, b에 대한 식으로 나타내면?

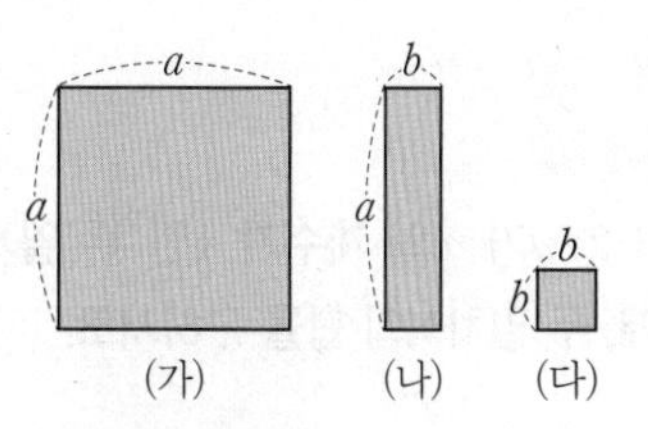

① $a+3b$ ② $2a+2b$ ③ $2a+b$
④ $3a+b$ ⑤ $5a+2b$

소단원 테스트 [2회]

1. 다항식의 곱셈과 인수분해 | 04. 인수분해의 활용

테스트한 날	맞은 개수
월 일	/ 16

01

$x+y=2$일 때, $x^2+2xy+y^2+2x+2y+1$의 값을 구하시오.

02

$x=4-3\sqrt{2}$, $y=\sqrt{2}-3$일 때,

$\dfrac{x+y+1}{x^2+4xy+3y^2+x+3y}$의 값을 구하시오.

03

$\dfrac{24^2-22^2+20^2-18^2+\cdots+8^2-6^2+4^2-2^2}{2}$의 값을 구하시오.

04

$x^2+y^2-z^2+2xy$가 x의 계수가 1인 두 일차식의 곱으로 인수분해될 때, 두 일차식의 합을 구하시오.

05

다음 그림의 모든 직사각형을 빈틈없이 겹치지 않게 붙여 하나의 직사각형을 만들 때, 그 직사각형의 가로와 세로의 길이의 합을 구하시오.

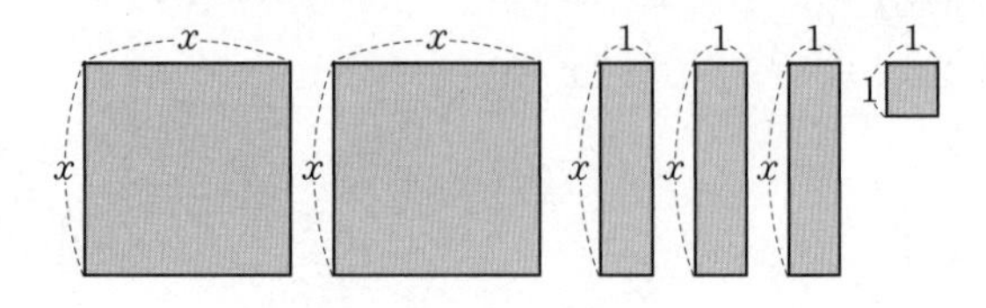

06

$a^2-b^2-4c^2-6a+4bc+9$가 a의 계수가 1인 두 다항식의 곱으로 인수분해될 때, 두 다항식의 합을 구하시오.

07

어떤 이차식을 인수분해하는데 상수항을 처음 이차식의 상수항보다 3만큼 작게 잘못 보고 $(2x-9)(x-1)$로 인수분해하였다. 처음 이차식을 바르게 인수분해하시오.

08

오른쪽 그림과 같이 밑변의 길이가 $8x+11$인 평행사변형의 넓이가 $64x^2-121$일 때, 이 평행사변형의 높이를 구하시오.

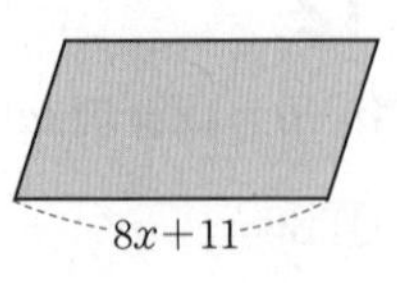

09

$(x-2)(x-1)(x+4)(x+5)+9=(ax^2+bx+c)^2$일 때, $a+b+c$의 값을 구하시오. (단, $a>0$)

10

$x=111$, $y=11$일 때, $x^2-2xy+y^2$의 값을 구하시오.

11

어떤 이차식을 인수분해하는데 A는 일차항의 계수를 잘못 보고 $(3x+4)(3x-5)$로 인수분해하였고, B는 상수항을 잘못 보고 $(3x-4)^2$으로 인수분해하였다. 처음 이차식을 바르게 인수분해할 때, 인수분해된 두 일차식의 합을 구하시오.

12

인수분해 공식을 이용하여 다음 식의 값을 구하시오.

$$\left(1-\frac{1}{2^2}\right)\left(1-\frac{1}{3^2}\right)\times\cdots\times\left(1-\frac{1}{19^2}\right)\left(1-\frac{1}{20^2}\right)$$

13

오른쪽 그림과 같은 두 정사각형의 둘레의 길이의 합이 80 cm이고, 넓이의 차가 80 cm^{2}이다. a, b의 값을 각각 구하시오. (단, $a>b$)

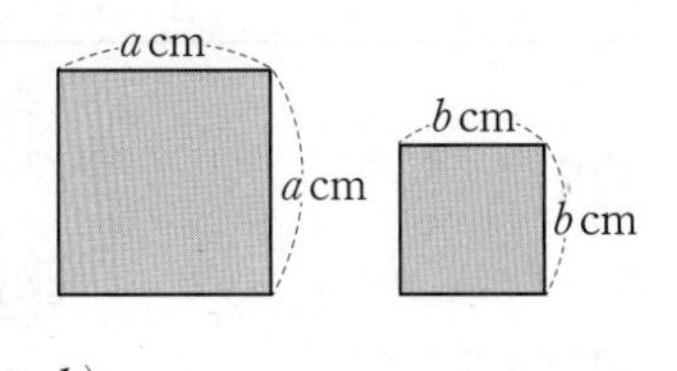

14

$2021\times2023+1$이 어떤 자연수의 제곱일 때, 어떤 자연수를 구하시오.

15

$x^2+x-6=0$일 때, $\dfrac{x^3+x^2-6}{x-1}$의 값을 구하시오.

16

$x=\dfrac{2}{\sqrt{5}-\sqrt{3}}$, $y=\dfrac{2}{\sqrt{5}+\sqrt{3}}$일 때, x^2y+xy^2의 값을 구하시오.

중단원 테스트 [1회]

테스트한 날	맞은 개수
월 일	/ 32

01

$2(x+4)(x-3)-(x-2)^2$을 전개하여 간단히 하였을 때, 일차항의 계수는?

① 3 ② 4 ③ 6
④ 10 ⑤ 12

02

다음 중 바르게 전개한 것은?

① $(2x-3y)^2=4x^2-9y^2$
② $(x+3)(x-2)=x^2-x-6$
③ $(-x+2y)^2=x^2-4xy+4y^2$
④ $(2x-1)(x+1)=2x^2+x+1$
⑤ $(2x+1)(2x-1)=4x^2-x-1$

03

$x+\frac{1}{x}=2$일 때, $x^2+\frac{1}{x^2}$의 값은?

① -2 ② -1 ③ 0
④ 1 ⑤ 2

04

다음을 만족시키는 상수 A, B에 대하여 $A-B$의 값은?

> (가) $(3x-5)(x+1)=3x^2+Ax-5$
> (나) $(3x+2)(3x-2)=9x^2+B$

① -6 ② -4 ③ -2
④ 2 ⑤ 4

05

$-3a^2b^2+9ab^3$에서 각 항의 공통인수가 아닌 것은?

① $3a$ ② b^2 ③ $3ab$
④ $3a^2b$ ⑤ $3ab^2$

06

두 다항식 x^2-4, x^2-2x-8의 공통인수는?

① $x+2$ ② $x+4$ ③ $x-2$
④ $x-4$ ⑤ $x-8$

07

$x=9.98$, $y=3.98$일 때, $2x^2-4xy+2y^2$의 값을 구하시오.

08

$x=2+\sqrt{2}$, $y=2-\sqrt{2}$일 때, $x^2-2xy+y^2-2x-2y$의 값은?

① 0 ② 1 ③ 2
④ $2\sqrt{2}$ ⑤ $4\sqrt{2}$

09

다음 중 분모의 유리화가 옳지 않은 것은?

① $\frac{3}{\sqrt{5}}=\frac{3\sqrt{5}}{5}$　② $\frac{1}{2-\sqrt{3}}=2+\sqrt{3}$

③ $\frac{\sqrt{2}}{\sqrt{5}-2}=\sqrt{10}-2\sqrt{2}$　④ $\frac{3}{\sqrt{6}+\sqrt{3}}=\sqrt{6}-\sqrt{3}$

⑤ $\frac{\sqrt{3}-\sqrt{2}}{\sqrt{3}+\sqrt{2}}=5-2\sqrt{6}$

10

$x=\frac{1}{3-\sqrt{8}}$일 때, x^2-6x+3의 값은?

① 1　② 2　③ 3

④ 4　⑤ 5

11

$(x-5y)(3x+4y)$를 전개하였을 때, x^2의 계수를 A, y^2의 계수를 B라 하자. $A+B$의 값은?

① -17　② -9　③ -5

④ -1　⑤ 3

12

$x=\sqrt{3}+2$일 때, 다음 중 유리수인 것은?

① $\sqrt{3}x$　② $\frac{1}{x}$　③ x^2

④ $x+\frac{1}{x}$　⑤ x^2-3x

13

다음 중 옳지 않은 것은?

① $a^2-2a+1=(a-1)^2$

② $4x^2+4xy+y^2=(4x+y)^2$

③ $x^2-\frac{2}{3}x+\frac{1}{9}=\left(x-\frac{1}{3}\right)^2$

④ $9x^2-24x+16=(3x-4)^2$

⑤ $2a^2+12ab+18b^2=2(a+3b)^2$

14

다항식 $25x^2-Ax+4$가 $(5x-B)^2$으로 인수분해될 때, $A+B$의 값은? (단, A, B는 양수)

① 12　② 14　③ 22

④ 24　⑤ 32

15

$x-3$이 다음 두 다항식의 공통인수일 때, $a+b$의 값을 구하시오. (단, a, b는 상수)

$3x^2+ax-6$,　x^2+bx-3

16

다음을 만족시키는 상수 a, b, c에 대하여 $a+b+c$의 값을 구하시오. (단, a, b, c는 양수)

(가) $x^2-100=(x+10)(x-a)$

(나) $2x^2-5x-7=(x+1)(bx-c)$

17

다음 계산 중 곱셈 공식
$(x+a)(x+b)=x^2+(a+b)x+ab$를 이용하면 가장 편리한 것은?

① 99^2 ② 102^2 ③ 9.5×10.5
④ 51×52 ⑤ 103×97

18

$\frac{1}{\sqrt{2}+\sqrt{3}}+\frac{1}{\sqrt{3}+2}+\frac{1}{2+\sqrt{5}}+\frac{1}{\sqrt{5}+\sqrt{6}}+\frac{1}{\sqrt{6}+\sqrt{7}}$의 값을 구하시오.

19

$a-b=3$, $ab=-2$일 때, a^2+ab+b^2의 값을 구하시오.

20

다음 중 완전제곱식으로 나타낼 수 없는 식은?

① $9x^2-6x+1$ ② $x^2+14x+49$
③ $x^2+\frac{1}{4}x+\frac{1}{16}$ ④ $4a^2-20ab+25b^2$
⑤ $\frac{1}{9}x^2-2x+9$

21

인수분해 공식을 이용하여 $\sqrt{58^2-42^2}$의 값을 구하시오.

22

$(x-1)^2-3x+3-10$을 인수분해하면?

① $-(x+6)(x+1)$ ② $(x+6)(x+1)$
③ $(x+6)(x-1)$ ④ $(x-6)(x+1)$
⑤ $(x-6)(x-1)$

23

오른쪽 그림과 같은 사다리꼴의 넓이가 $3a^2+10a-8$일 때, 이 사다리꼴의 높이는?

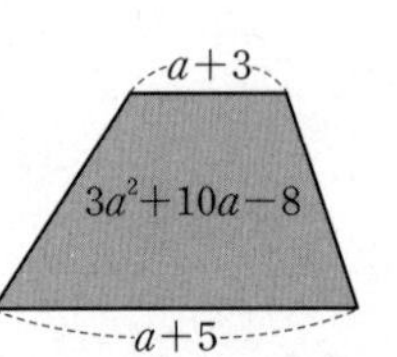

① $a-2$ ② $a+4$
③ $2a+1$ ④ $3a-2$
⑤ $3a+1$

24

다음 중 옳지 않은 것은?

① $x^2+18x+81=(x+9)^2$
② $16x^2-x=(4x-1)(4x+1)$
③ $25a^2-9b^2=(5a+3b)(5a-3b)$
④ $x^2+4x-21=(x-3)(x+7)$
⑤ $4x^2-4x-15=(2x+3)(2x-5)$

25

오른쪽 그림과 같이 한 변의 길이가 a인 정사각형을 네 부분으로 나눈 넓이를 각각 P, Q, R, S라 할 때, $Q+R$를 a, b로 바르게 나타낸 것은?

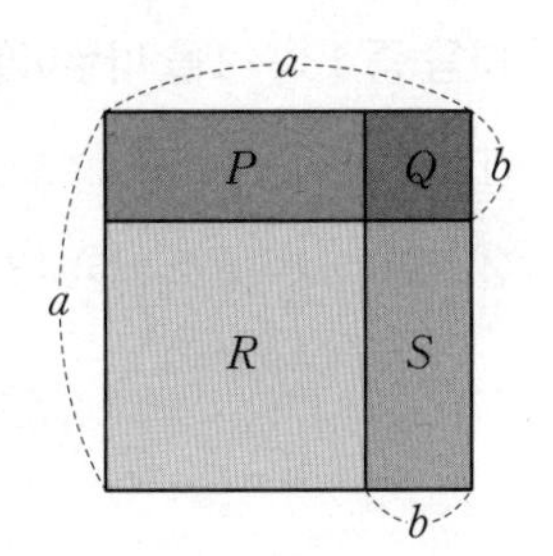

① $a^2-2ab+2b^2$
② $a^2-2ab+b^2$
③ a^2-ab+b^2
④ a^2-2ab
⑤ a^2+2ab

26

$(2x+2y)^2=a(x+y)^2$일 때, 상수 a의 값은?

① 1　② 2　③ 3
④ 4　⑤ 5

27

$(4\sqrt{5}+a)(2\sqrt{5}-3)$이 유리수가 되도록 하는 유리수 a의 값은?

① 5　② 6　③ 7
④ 8　⑤ 9

28

$(2a+1)^2-(a-1)^2$을 인수분해하시오.

29

$xy=6$이고, $x^2y+xy^2+2(x+y)=48$일 때, x^2+y^2의 값은?

① 12　② 16　③ 24
④ 28　⑤ 32

30

$x=\sqrt{3}-1$일 때, x^2+2x+2의 값을 구하시오.

31

$x^2+8x+k-10$이 완전제곱식이 될 때, 상수 k의 값을 구하시오.

32

$\sqrt{\left(2a-\dfrac{3}{a}\right)^2+24}+\sqrt{\left(2a+\dfrac{3}{a}\right)^2-24}$를 간단히 하면?

(단, $0<a<1$)

① $-4a$　② $4a$　③ 0
④ $-\dfrac{6}{a}$　⑤ $\dfrac{6}{a}$

33

$(x+1+\sqrt{3})(x-1+\sqrt{3})$을 전개했을 때, x의 계수는?

① $-1+\sqrt{3}$ ② $\sqrt{3}$ ③ $2\sqrt{3}$
④ 2 ⑤ 3

34

$2(2x+y)^2-(x+4y)(4x-y)$의 전개식에서 xy의 계수는?

① -7 ② -4 ③ 4
④ 6 ⑤ 10

35

$(a-2b)(a+2b)(a^2+4b^2)(a^4+16b^4)$을 옳게 전개한 것은?

① a^8-32b^8 ② a^8+32b^8 ③ a^8-256b^8
④ a^8+256b^8 ⑤ $a^{16}-256b^{16}$

36

$a^2-b^2=24$이고 $a-b=3$일 때, $a+b$의 값은?

① 4 ② 5 ③ 6
④ 7 ⑤ 8

37

다음 중 13^4-1을 나누어떨어지게 하는 수가 아닌 것은?

① 3 ② 5 ③ 16
④ 17 ⑤ 18

38

$x^2+ax+\frac{1}{4}$과 x^2-8x+b가 모두 완전제곱식이 되도록 하는 상수 a, b에 대하여 ab의 값은?

① ±4 ② ±8 ③ ±16
④ ±20 ⑤ ±24

39

$x^8-1=(x^a+1)(x^b+1)(x+1)(x-1)$일 때, $a+b$의 값을 구하시오.

40

다음 식에 대한 설명으로 옳지 않은 것은?

$$6x^2+9xy \underset{㉡}{\overset{㉠}{\rightleftarrows}} 3x(2x+3y)$$

① ㉠의 과정을 인수분해라고 한다.
② ㉡의 과정을 전개라고 한다.
③ $6x^2$, $9xy$의 공통인수는 $3x$이다.
④ ㉡의 과정에서 분배법칙이 이용된다.
⑤ $6x^2+9xy$의 인수는 $3x$, $2x+3y$의 2개뿐이다.

41

$x=-2$, $y=2\sqrt{3}$일 때, 다음 식의 값은?

$$(x-2y)^2-(3x+y)(3x-y)+4xy$$

① 26 ② 27 ③ 28
④ $26\sqrt{3}$ ⑤ $27\sqrt{3}$

42

$x^2+5x-1=0$일 때, $(x+1)(x+2)(x+3)(x+4)$의 값을 구하시오.

43

$(x-y)^2=25$, $x+y=7$일 때, xy의 값을 구하시오.

44

다음 두 다항식의 공통인수가 $x-1$일 때, 상수 a, b에 대하여 $a+b$의 값을 구하시오.

$$3x^2-ax+10,\quad 4x^2+bx-7$$

45

$x=5+4\sqrt{2}$, $y=2-2\sqrt{2}$일 때,

$\dfrac{x+3y+1}{x^2+5xy+6y^2+x+2y}$의 값은?

① -1 ② $-\dfrac{1}{9}$ ③ $\dfrac{1}{9}$
④ $\dfrac{1}{3}$ ⑤ $\dfrac{2}{3}$

46

$(x-1)(x+4)+k$가 완전제곱식이 되기 위한 상수 k의 값을 구하시오.

47

x^2의 계수가 4인 어떤 이차식을 A는 상수항을 잘못 보고 $(4x-7)(x-3)$으로 인수분해하였고, B는 일차항의 계수를 잘못보고 $(4x-1)(x+5)$로 인수분해하였다. 처음 이 차식을 바르게 인수분해하시오.

48

정사각형 모양의 액자의 넓이가 $4a^2+20ab+25b^2$일 때, 이 액자의 둘레의 길이는 ? (단, $a>0$, $b>0$)

① $2a+5b$ ② $4a+25b$ ③ $8a+20b$
④ $8a+25b$ ⑤ $12a+30b$

중단원 테스트 [2회]

테스트한 날	맞은 개수
월 일	/ 32

01

$(-a-1)(-a+1)$을 전개하시오.

02

$(4-2\sqrt{3})(1+\sqrt{3})=a+b\sqrt{3}$일 때, 유리수 a, b에 대하여 $a+b$의 값을 구하시오.

03

$(2x+A)(4x-5)=8x^2+Bx-15$일 때, 상수 A, B에 대하여 $A+B$의 값은?

① 1 ② 2 ③ 3
④ 4 ⑤ 5

04

$(x+y-z)(x-y-z)$을 옳게 전개한 것은?

① $x^2+y^2+z^2+2xz$ ② $x^2+y^2+z^2-2xz$
③ $x^2-y^2+z^2+2xz$ ④ $x^2-y^2+z^2-2xz$
⑤ $x^2-y^2-z^2-2xz$

05

$2<x<3$일 때, $\sqrt{x^2}+\sqrt{x^2-4x+4}+\sqrt{x^2-6x+9}$를 간단히 하시오.

06

$3(x+1)^2+10(x+1)-25$를 인수분해하면?

① $(x+6)(3x-2)$ ② $(x+6)(3x+2)$
③ $(x-6)(3x-2)$ ④ $(x-6)(3x+2)$
⑤ $-(x+6)(3x-2)$

07

다음 중 옳지 않은 것은?

① $a^2-4ab+4b^2=(a-2b)^2$
② $16x^2-9y^2=(4x+3y)(4x-3y)$
③ $x^2-3x-10=(x+2)(x-5)$
④ $3x^2+5xy-2y^2=(x+2y)(3x-y)$
⑤ $9xy^2-6xy+x=(3xy-1)^2$

08

$x=\frac{1}{2+\sqrt{3}}$, $y=\frac{1}{2-\sqrt{3}}$일 때, $x^2-y^2-2x+2y$의 값을 구하시오.

09

$x-y=5$, $xy=3$일 때, x^2+y^2의 값은?

① 31 ② 32 ③ 33
④ 34 ⑤ 35

10

$\frac{1}{\sqrt{2}+1}+\frac{1}{\sqrt{3}+\sqrt{2}}+\frac{1}{\sqrt{4}+\sqrt{3}}+\cdots+\frac{1}{\sqrt{100}+\sqrt{99}}$을 계산하면?

① -1 ② $\sqrt{2}$ ③ 2
④ 9 ⑤ 11

11

$9998\times10002=10^m-n$일 때, 자연수 m, n에 대하여 $m+n$의 값을 구하시오. (단, $1\le n\le 9$)

12

다음 중 옳지 않은 것을 모두 고르면? (정답 2개)

① $(-a-b)^2=(a+b)^2$
② $-(-a-b)^2=(-a+b)^2$
③ $(-a+b)^2=(a-b)^2$
④ $(-a-b)^2=(-b-a)^2$
⑤ $(a-b)^2=(-a-b)^2$

13

다음 중 $-2a^2x+6a^2y$의 인수는? (정답 2개)

① $-2a$ ② ax ③ $x-y$
④ $ax+ay$ ⑤ a^2x-3a^2y

14

$\frac{1}{3}x^2+Ax+\frac{1}{27}=B(x+C)^2$일 때, $A+B+C$의 값은?

(단, A는 양수)

① $\frac{7}{18}$ ② $\frac{1}{2}$ ③ $\frac{11}{18}$
④ $\frac{8}{9}$ ⑤ $\frac{17}{18}$

15

다음 그림에서 두 도형 A, B의 넓이가 서로 같다고 할 때, 도형 B의 가로의 길이를 구하시오.

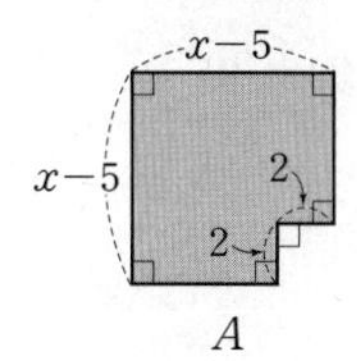

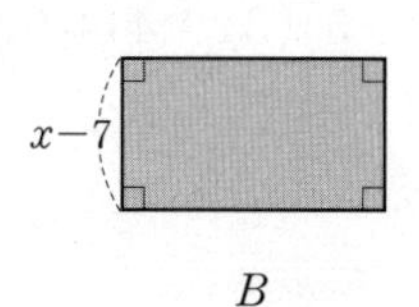

16

다음 중 $x^2(x-2y)-9x+18y$의 인수는?

① $x-3$ ② x^2 ③ $x-3y$
④ $x+y$ ⑤ x^2+9

17

$(x-1)(x-3)(x+1)(x+3)$의 전개식에서 x^2의 계수와 상수항의 합을 구하시오.

18

$x+\frac{1}{x}=3$일 때, $\left(x-\frac{1}{x}\right)^2$의 값은?

① 1 ② 2 ③ 3
④ 4 ⑤ 5

19

다음 중 옳지 않은 것은?

① $(x+1)(x-5)=x^2-4x-5$
② $(x-3y)^2=x^2-6xy+9y^2$
③ $(-x+4)(-x-4)=x^2-16$
④ $\left(x-\frac{1}{2}\right)\left(x-\frac{1}{4}\right)=x^2-\frac{3}{4}x+\frac{1}{2}$
⑤ $(2x-5)(3x-4)=6x^2-23x+20$

20

다음 두 다항식의 공통인수는?

$$a^2-a+b-b^2,\quad a^2-b^2+2b-1$$

① $a-b$ ② $a+b$ ③ $a-b-1$
④ $a-b+1$ ⑤ $a+b-1$

21

$a=\sqrt{2019\times2021+1}$, $b=\frac{70\times1.18^2-0.82^2\times70}{3\times3.6+4\times3.6}$, $c=\sqrt{8^2-7^2+6^2-5^2+4^2-3^2+2^2-1^2}$일 때, $a+3b-c$의 값은?

① 2017 ② 2018 ③ 2019
④ 2020 ⑤ 2021

22

$a+b=4$, $a^2+b^2=12$일 때, $3a+3b-a^2b-ab^2$의 값은?

① -20 ② -4 ③ 0
④ 4 ⑤ 20

23

다음 세 다항식 A, B, C가 공통인수를 가질 때, 상수 a의 값은?

$A=(x+3)(3x-2)-4$
$B=x^2-3x+2$
$C=6x^2+x+a$

① -7 ② -5 ③ -1
④ 2 ⑤ 4

24

$(3a+2)^2-(a-3)^2=(4a+A)(2a+B)$일 때, 상수 A, B에 대하여 $A-B$의 값은?

① -6 ② -4 ③ 2
④ 4 ⑤ 6

25

$(Ax-3)^2=4x^2+Bx+C$일 때, 상수 A, B, C에 대하여 $A+B+C$의 값은? (단, $A>0$)

① -2 ② -1 ③ 1
④ 2 ⑤ 3

26

$a^2=45$, $b^2=50$일 때, $\left(\frac{2}{3}a-\frac{3}{5}b\right)\left(\frac{2}{3}a+\frac{3}{5}b\right)$의 값을 구하시오.

27

다음 중 전개했을 때, x의 계수가 나머지 넷과 다른 하나는?

① $(x-1)^2$ ② $(x+3)(x-5)$
③ $(x-8)(x+6)$ ④ $(x+1)(3x-1)$
⑤ $(2x+1)(4x-3)$

28

다음 그림과 같이 밑변의 길이와 높이가 같고, 그 길이가 각각 x, y $(x>y)$인 두 이등변삼각형이 있다. 두 이등변삼각형의 밑변의 길이의 합이 10이고, 넓이의 차가 20일 때, $x-y$의 값은?

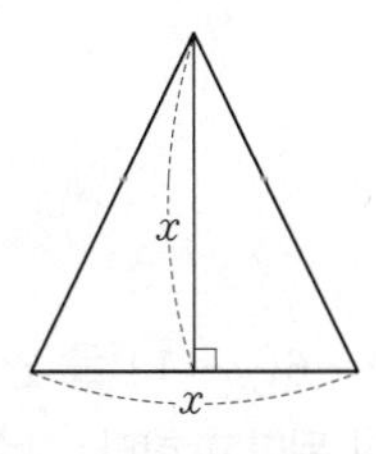

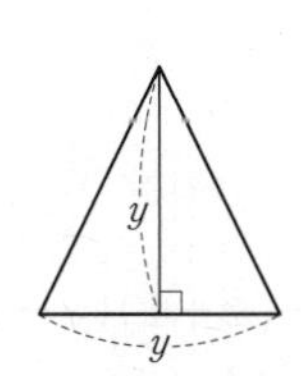

① 2 ② $\frac{5}{2}$ ③ 3
④ $\frac{7}{2}$ ⑤ 4

29

어떤 이차식을 A는 x의 계수를 잘못 보고 $(x-2)(x-8)$로 인수분해하였고, B는 상수항을 잘못 보고 $(x-2)(x-6)$으로 인수분해하였다. 처음 이차식을 바르게 인수분해하시오.

30

$(2x-1)^2+8(2x-1)+12$는 x의 계수가 2인 두 일차식의 곱으로 인수분해된다. 이 두 일차식의 합을 구하시오.

31

다음 직사각형을 모두 사용하여 하나의 직사각형을 만들 때, 그 직사각형의 둘레의 길이는?

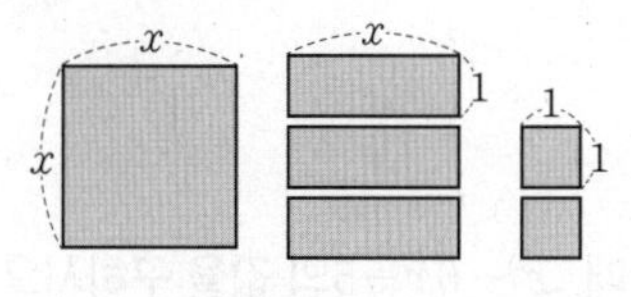

① $2x+2$ ② $2x+3$ ③ $4x+2$
④ $4x+4$ ⑤ $4x+6$

32

다음 중 인수분해 공식을 이용한 계산으로 옳은 것은?

① $256\times231-256\times235=256\times(235-231)$
② $535\times3.5^2-535\times2.5^2=535\times(3.5-2.5)^2$
③ $\frac{2021^2-1}{2020\times2021+2020}=\frac{(2021+1)(2021-1)}{2021+1}$
④ $\sqrt{0.58^2-0.42^2}=\sqrt{(0.58+0.42)(0.58-0.42)}$
⑤ $537^2-2\times537\times437+437^2=(537+437)^2$

33

$(3x+2)^2(3x-2)^2$의 전개식에서 x^2의 계수를 구하시오.

34

곱셈 공식을 이용하여 $\frac{456^2-321^2}{777}$을 계산하시오.

35

$x=\sqrt{7}+3$일 때, x^2-6x+5의 값을 구하시오.

36

$x(x+1)(x+2)(x+3)-15$를 인수분해하시오.

37

$x^2+(6a+2)xy+100y^2$이 완전제곱식이 될 때, 양수 a의 값을 구하시오.

38

$1<x<4$일 때, $\sqrt{x^2-2x+1}+\sqrt{x^2-8x+16}$을 간단히 하면?

① $2x-5$　② $-2x-5$　③ $-2x$
④ 3　⑤ -3

39

다음 중 인수분해가 옳지 않은 것은?

① $x^2+8x+16=(x+4)^2$
② $16x^2-y^2=(4x+y)(4x-y)$
③ $x^2+2x-8=(x+4)(x-2)$
④ $5x^2+7x-6=(x+2)(5x-3)$
⑤ $3x^2-14x+8=(x-4)(3x+2)$

40

$2(x+1)^2-(x+1)(y-1)-6(y-1)^2$을 인수분해하면 $(ax+by-1)(x+cy+3)$이 된다고 한다. 상수 a, b, c의 합 $a+b+c$의 값을 구하시오.

41

$x^2-3x+1=0$일 때, $x^2+\frac{1}{x^2}$의 값은?

① 5 ② 7 ③ 9
④ 11 ⑤ 13

42

$(2x-y+3)(2x-y-1)-(2x-y+7)^2$을 전개하면?

① $-24x-12y-52$ ② $-24x+12y-52$
③ $-24x+12y+52$ ④ $24x-12y+52$
⑤ $24x-12y-52$

43

$x-\frac{1}{x}=5$일 때, $x^2-x+\frac{1}{x}+\frac{1}{x^2}$의 값을 구하시오.

44

$x=5+\sqrt{3}$일 때, $(x+1)^2-12(x+1)+36$의 값을 구하시오.

45

넓이가 $8x^2-2x-3$인 직사각형 모양의 종이가 있다. 이 종이의 가로의 길이가 $4x-3$일 때, 이 종이의 둘레의 길이를 구하시오.

46

$(x-1)(x+3)+k$가 완전제곱식이 될 때, 상수 k의 값은?

① 1 ② 2 ③ 3
④ 4 ⑤ 5

47

다음 중 a^3-a의 인수가 아닌 것은?

① $a+1$ ② a^2+1 ③ a
④ $a-1$ ⑤ a^2-1

48

$(x+y-2)(x+y+5)-30$을 인수분해하면?

① $(x+y+4)(x+y-7)$
② $(x+y+8)(x+y-5)$
③ $(x+y+8)(x+y+5)$
④ $(x+y-4)(x+y+7)$
⑤ $(x+y-4)(x+y+2)$

중단원 테스트 [서술형]

테스트한 날	맞은 개수
월 일	/8

01

$(ax+5)(3x-b)=cx^2+7x-10$일 때, 상수 a, b, c에 대하여 $a+b+c$의 값을 구하시오.

> 해결 과정

> 답

02

두 다항식 $x^2+Ax-18$, $Bx^2-11x+10$의 1이 아닌 공통인수가 $x-2$일 때, $A+B$의 값을 구하시오.

(단, A, B는 상수)

> 해결 과정

> 답

03

$a=\frac{1}{5+2\sqrt{6}}$, $b=\frac{1}{5-2\sqrt{6}}$일 때, a^2-b^2의 값을 구하시오.

> 해결 과정

> 답

04

인수분해 공식을 이용하여 다음을 계산하시오.

$$(\sqrt{99}+1)^2-2(\sqrt{99}+1)+1$$

> 해결 과정

> 답

05

치환을 이용하여 다음 식을 인수분해하시오.

$$(x^2+3x)^2-8(x^2+3x)-20$$

> 해결 과정

> 답

06

$(3x+8)(x-1)+x+k$가 완전제곱식이 될 때, 상수 k의 값을 구하시오.

> 해결 과정

> 답

07

$x+y=3$, $x^2+y^2=15$일 때, $\frac{1}{x}+\frac{1}{y}$의 값을 구하시오.

> 해결 과정

> 답

08

x^2의 계수가 1인 이차식을 A는 x의 계수를 잘못 보고 인수분해하여 $(x+3)(x-4)$가 되었고, B는 상수항을 잘못 보고 인수분해하여 $(x-3)(x+7)$이 되었다. 처음 이차식을 바르게 인수분해하시오.

> 해결 과정

> 답

소단원 집중 연습

2. 이차방정식 | 01. 이차방정식

01 다음 중 이차방정식인 것에는 ○표, 이차방정식이 아닌 것에는 ×표 하시오.

(1) $2x^2+3x+4$ ( )

(2) $x^2+6=0$ ( )

(3) $4x-1=0$ ( )

(4) $0=x^2-2x+5$ ( )

(5) $-3x^2=0$ ( )

02 다음 이차방정식을 $ax^2+bx+c=0$ 꼴로 나타내시오. (단, a, b, c는 상수이고, $a>0$이다.)

(1) $x(x-2)=0$

(2) $(x+3)(x-4)=0$

(3) $(x-1)(x+3)=2x-8$

(4) $2x^2-3x-6=(x+1)(x-2)$

03 다음 [ ] 안의 수가 주어진 이차방정식의 해이면 ○표, 해가 아니면 ×표 하시오.

(1) $x^2+x-2=0$ $[-1]$ ( )

(2) $x^2-2x-8=0$ $[2]$ ( )

04 x의 값이 -1, 0, 1, 2일 때, 다음 이차방정식의 해를 모두 구하시오.

(1) $x^2+3x=0$

(2) $x^2-2x+1=0$

05 다음 등식이 성립하도록 하는 x의 값을 모두 구하시오.

(1) $(x+4)(x-8)=0$

(2) $(x-1)(x-5)=0$

(3) $(2x+4)\left(x+\frac{1}{2}\right)=0$

(4) $\left(x+\frac{3}{2}\right)(3x-6)=0$

06 다음 이차방정식을 인수분해를 이용하여 푸시오.

(1) $x^2+6x-7=0$

(2) $x^2-49=0$

(3) $(x+2)(x-2)=4x+1$

(4) $3x^2=x(x+3)$

(5) $x^2-6x+9=0$

07 다음 이차방정식이 중근을 가질 때, 상수 a의 값과 중근을 각각 구하시오.

(1) $x^2-2x+a=0$

(2) $x^2+12x+2a=0$

(3) $4x^2+ax+25=0$

(4) $16x^2+ax+49=0$

08 다음 이차방정식을 제곱근을 이용하여 푸시오.

(1) $x^2=64$

(2) $x^2-121=0$

(3) $4x^2=11$

(4) $4x^2-25=0$

(5) $(x-1)^2=4$

09 다음 이차방정식을 $(x+p)^2=q$ 꼴로 나타낼 때, 상수 p, q의 값을 각각 구하시오.

(1) $x^2+x-4=0$

(2) $(x-2)(x-5)=0$

10 다음 이차방정식을 완전제곱식을 이용하여 푸시오.

(1) $x^2+5x+1=0$

(2) $(x+4)(x-1)=5$

소단원 테스트 [1회]

2. 이차방정식 | 01. 이차방정식

테스트한 날	맞은 개수
월 일	/ 16

01

이차방정식 $x^2-x-6=0$의 두 근 중 양수인 근이 이차방정식 $2x^2-5x+3a-4=0$의 한 근일 때, 상수 a의 값은?

① $-\frac{1}{3}$ ② $\frac{1}{3}$ ③ 1
④ 2 ⑤ $\frac{5}{2}$

02

다음 중 이차방정식이 아닌 것은? (정답 2개)

① $x^2=2x-3$ ② $x(x-1)=0$
③ $x^2+x=2x^3$ ④ $2x^2=6$
⑤ $2x(x-2)=x(2x+1)-3$

03

두 이차방정식 $x^2-2x-15=0$과 $x^2-9=0$의 공통인 근을 제외한 나머지 두 근의 합은?

① 6 ② 7 ③ 8
④ 9 ⑤ 10

04

이차방정식 $x^2+2x-8=0$의 큰 근을 a, 작은 근을 b라 할 때, $a-b$의 값은?

① 6 ② 5 ③ 4
④ 3 ⑤ 2

05

이차방정식 $4x^2-8x+a=0$의 한 근이 3일 때, 상수 a의 값은?

① -12 ② -3 ③ 0
④ 1 ⑤ 12

06

두 이차방정식 $x^2-6x+8=0$과 $2x^2-x-6=0$이 공통으로 가지는 해는?

① -4 ② -2 ③ 1
④ 2 ⑤ 4

07

이차방정식 $x^2+ax-3=0$의 한 근이 -3일 때, 다른 한 근은? (단, a는 상수)

① -2 ② -1 ③ 1
④ 2 ⑤ 3

08

다음 이차방정식 중에서 중근을 갖는 것은?

① $x^2-3x+2=0$
② $x^2-6x+6=0$
③ $2x^2+7x+6=0$
④ $(x-2)^2=8(x-4)$
⑤ $(x-2)(x-3)=3x-6$

09

이차방정식 $x^2+6x+2+k=0$이 중근을 갖기 위한 상수 k의 값은?

① 1　② 3　③ 5　④ 7　⑤ 9

10

이차방정식 $x^2+2ax-(a-11)=0$의 한 근이 -2이고, 다른 한 근을 b라 할 때, $a+b$의 값은? (단, a는 상수)

① -1　② 1　③ 3　④ 5　⑤ 7

11

다음 중 [ ] 안의 수가 주어진 이차방정식의 해가 아닌 것은?

① $-x^2=4x-5$　[1]

② $x^2+4x+3=0$　[-3]

③ $(x+6)(x-7)=0$　[-6]

④ $(x-4)(3x-1)=4$　[4]

⑤ $x(x+2)-2x(x+3)=0$　[-4]

12

$x=a$가 이차방정식 $x^2-3x+1=0$의 한 근일 때, 다음 중 옳지 않은 것은?

① $a^2-3a=-1$　② $3-3a+a^2=2$

③ $3a-a^2+1=2$　④ $a+\dfrac{1}{a}=3$

⑤ $a^2+\dfrac{1}{a^2}=9$

13

이차방정식 $2(x+a)^2=60$의 해가 $x=-2\pm\sqrt{b}$일 때, ab의 값은? (단, a, b는 정수)

① -60　② -30　③ 15　④ 30　⑤ 60

14

$(x+1)(x-3)=2$를 $(x+a)^2=b$ 꼴로 나타낼 때, $a+b$의 값은?

① 3　② 4　③ 5　④ 6　⑤ 7

15

이차방정식 $3x^2+2x-1=5(2x-1)$의 해는?

① $x=1$ 또는 $x=-\dfrac{7}{3}$　② $x=2$ 또는 $x=\dfrac{2}{3}$

③ $x=-1$ 또는 $x=\dfrac{7}{3}$　④ $x=-2$ 또는 $x=-\dfrac{2}{3}$

⑤ $x=-1$ 또는 $x=-\dfrac{7}{3}$

16

이차방정식 $a(x-3)^2=2$의 해가 $x=b\pm\sqrt{3}$일 때, $b-3a$의 값은? (단, a, b는 유리수)

① -3　② -2　③ -1　④ 0　⑤ 1

소단원 테스트 [2회]

2. 이차방정식 | 01. 이차방정식

테스트한 날	맞은 개수
월 일	/ 16

01

보기에서 이차방정식을 모두 고르시오.

보기
ㄱ. $1-x^2=0$　　ㄴ. $2x^2+3x=1-x^2$
ㄷ. $x^2-3=x(x-1)$　　ㄹ. $\frac{1}{2}x+x^2=0$

02

보기에서 $x=-1$을 근으로 갖는 이차방정식을 모두 고르시오.

보기
ㄱ. $x^2=2$　　ㄴ. $(x-1)^2=0$
ㄷ. $x^2-2x-3=0$　　ㄹ. $(x-1)(x+1)=0$
ㅁ. $x^2-8x-7=0$

03

이차방정식 $x^2+ax-2a=0$의 한 근이 1일 때, 상수 a의 값을 구하시오.

04

이차방정식 $x^2+5x-2a=0$의 한 근이 -3이고, 다른 한 근이 $x^2-3x+b=0$의 해가 될 때, b의 값을 구하시오.

(단, a, b는 상수)

05

두 이차방정식 $x^2-4x+3=0$, $x^2-x-6=0$을 동시에 만족시키는 해를 구하시오.

06

보기에서 중근을 갖는 이차방정식의 개수를 구하시오.

보기
ㄱ. $x^2=4(x-1)$　　ㄴ. $5x(5x+2)+1=0$
ㄷ. $3(x+1)(x-1)=6$　　ㄹ. $x^2(x-1)=x^3-4x+3$
ㅁ. $2(x+1)(x-2)=x^2-2x-4$

07

이차방정식 $2(x-3)^2=10$을 제곱근을 이용하여 풀었더니 $x=A\pm\sqrt{B}$였다. 유리수 A, B에 대하여 $A+B$의 값을 구하시오.

08

이차방정식 $(2x+1)(5x-2)=4x-1$의 두 근을 a, b라 할 때, $2a-10b$의 값을 구하시오. (단, $a>b$)

09
이차방정식 $2x^2-3x+k=0$의 한 근이 2가 되도록 상수 k의 값을 정할 때, 이 이차방정식의 나머지 한 근을 구하시오.

10
$\sqrt{(x-2)^2}=3$을 만족시키는 모든 x의 값의 합을 구하시오.

11
이차방정식 $x^2+12x+k=0$이 중근을 갖도록 하는 상수 k의 값을 구하시오.

12
이차방정식 $x(x+5)+1=0$을 $(x+a)^2=b$ 꼴로 나타낼 때, $a+b$의 값을 구하시오. (단, a, b는 상수)

13
이차방정식 $(x-2a)(x-3a)=-4$가 중근을 가질 때, 양수 a의 값을 구하시오.

14
이차방정식 $x^2+px+q=0$의 한 근이 $3+2\sqrt{2}$일 때, $p+q$의 값을 구하시오. (단, p, q는 유리수)

15
이차방정식 $x^2+ax+2x+a+1=0$과 $x^2-ax-x+a=0$이 공통인 해를 갖도록 하는 모든 유리수 a의 값의 합을 구하시오.

16
이차방정식 $x(x-3)=2x-6$의 두 근은 $x=a$ 또는 $x=b$이다. $(a-b)^2$의 값을 구하시오.

소단원 집중 연습

2. 이차방정식 | 02. 이차방정식의 활용

01 다음 이차방정식을 근의 공식을 이용하여 푸시오.

(1) $x^2-5x+2=0$

(2) $x^2+3x-7=0$

02 다음 이차방정식을 근의 공식(짝수 공식)을 이용하여 푸시오.

(1) $x^2+4x-3=0$

(2) $3x^2-2x-2=0$

03 다음 이차방정식을 푸시오.

(1) $(x+1)(x-5)=x-8$

(2) $(x-1)^2+(2x+3)^2=x^2+4$

(3) $\frac{1}{4}x^2-\frac{3}{4}x-\frac{5}{2}=0$

(4) $0.3x^2-0.1x-1=0$

04 다음 이차방정식을 푸시오.

(1) $(x+4)^2+3(x+4)-4=0$

(2) $2(x+1)^2-5(x+1)-4=0$

(3) $\left(x-\frac{1}{2}\right)^2+2\left(x-\frac{1}{2}\right)-6=0$

(4) $\frac{x^2-1}{2}+\frac{x^2+4x}{3}=\frac{1}{6}$

(5) $x(0.1x+0.4)-0.6x-2.4=0$

(6) $\frac{1}{2}x^2-0.5x-0.2=0$

05 다음 이차방정식의 근의 개수를 구하시오.

(1) $x^2-14x+49=0$

(2) $\frac{1}{2}x^2-3x+4=0$

(3) $0.2x^2-0.5x+0.4=0$

06 **이차방정식 $x^2+6x+k=0$의 근이 다음과 같을 때, 상수 k의 값 또는 범위를 구하시오.**

(1) 서로 다른 두 근

(2) 중근

(3) 근이 없다.

07 **다음 이차방정식을 구하시오.**

(1) 두 근이 1, 2이고, x^2의 계수가 2인 이차방정식

(2) 두 근이 6, -3이고, x^2의 계수가 $\frac{1}{3}$인 이차방정식

(3) 중근이 -1이고, x^2의 계수가 3인 이차방정식

(4) 중근이 $\frac{1}{2}$이고, x^2의 계수가 4인 이차방정식

08 **한 변의 길이가 16 cm인 정사각형의 가로의 길이를 x cm 줄이고, 세로의 길이를 $2x$ cm 늘여서 새로운 직사각형을 만들었다. 이 직사각형의 넓이가 처음 정사각형의 넓이의 $\frac{1}{2}$일 때, 다음 순서에 따라 처음 정사각형의 한 변의 길이를 구하시오.**

(1) 새로운 직사각형의 가로의 길이와 세로의 길이를 x에 대한 식으로 나타내시오.

(2) 새로운 직사각형의 넓이가 처음 정사각형의 넓이의 $\frac{1}{2}$임을 이용하여 이차방정식을 세우시오.

(3) (2)에서 세운 이차방정식을 푸시오.

(4) (3)에서 구한 근 중에서 문제의 뜻에 맞는 것을 선택하여 정사각형의 한 변의 길이를 구하시오.

09 **지면에서 초속 30 m로 똑바로 위로 쏘아 올린 공의 x초 후의 높이가 $(-5x^2+30x)$ m일 때, 다음 순서에 따라 몇 초 후에 공의 높이가 25 m가 되는지 구하시오.**

(1) 공의 높이가 25 m임을 이용하여 이차방정식을 세우시오.

(2) (1)에서 세운 이차방정식을 푸시오.

(3) (2)에서 구한 근 중에서 문제의 뜻에 맞는 답을 구하시오.

소단원 테스트 [1회]

2. 이차방정식 | 02. 이차방정식의 활용

테스트한 날	맞은 개수
월 일	/ 16

01

이차방정식 $2x^2-4x+a=0$의 근이 $x=\frac{2\pm\sqrt{10}}{2}$일 때, 유리수 a의 값은?

① -3 ② -2 ③ -1
④ 1 ⑤ 2

02

이차방정식 $3x^2+ax+b=0$의 두 근이 3, $-\frac{2}{3}$일 때, 상수 a, b에 대하여 $a+b$의 값은?

① -13 ② -11 ③ 1
④ 11 ⑤ 13

03

이차방정식 $x^2+2m(x+1)+3=0$이 중근을 가질 때, m의 값은?

① -1, 2 ② -1, 3 ③ 1, 2
④ 1, 3 ⑤ 2, 5

04

이차방정식 $x^2-6x-a+2=0$의 한 근이 $3-\sqrt{3}$일 때, 유리수 a의 값은?

① -9 ② -4 ③ 0
④ 4 ⑤ 9

05

이차방정식 $0.5x^2+x+\frac{2}{5}=0$의 근이 $x=\frac{-5\pm\sqrt{a}}{5}$일 때, 유리수 a의 값은?

① 1 ② 2 ③ 3
④ 4 ⑤ 5

06

이차방정식 $\frac{1}{3}x^2-\frac{5}{6}x-\frac{7}{4}=0$의 두 근 사이의 정수의 개수는?

① 1개 ② 2개 ③ 3개
④ 4개 ⑤ 5개

07

이차방정식 $mx^2-4x+1=0$이 해를 갖도록 하는 자연수 m의 개수는?

① 1개 ② 2개 ③ 3개
④ 4개 ⑤ 5개

08

n각형의 대각선의 총 개수는 $\frac{n(n-3)}{2}$이다. 대각선의 총 개수가 35인 다각형은?

① 팔각형 ② 구각형 ③ 십각형
④ 십일각형 ⑤ 십이각형

09

이차방정식 $(x-2)^2-4(x-2)-60=0$의 두 근을 α, β라고 할 때, $\alpha+\beta$의 값은?

① -4　② 0　③ 4
④ 8　⑤ 16

10

이차방정식 $x^2-8x-3k=0$의 해가 정수가 되도록 하는 30 이하의 자연수 k의 개수는?

① 1개　② 2개　③ 3개
④ 4개　⑤ 5개

11

이차방정식 $9x^2-12x-1=0$의 두 근 중 큰 근을 a라고 할 때, $3a-\sqrt{5}$의 값은?

① 2　② 3　③ 4
④ 5　⑤ 6

12

다음 중 이차방정식 $x^2-4x+k=0$이 서로 다른 두 근을 갖도록 하는 상수 k의 값이 될 수 있는 것은?

① 2　② 4　③ 6
④ 8　⑤ 10

13

사탕 96개를 한 반의 학생들에게 남김없이 똑같이 나누어 주려고 한다. 한 사람이 받은 사탕의 수가 반의 학생 수보다 4만큼 작다고 할 때, 이 반의 학생 수는?

① 10명　② 12명　③ 14명
④ 16명　⑤ 18명

14

정사각형 모양의 화단에서 가로의 길이를 3 m 늘이고, 세로의 길이를 2 m 줄였더니 넓이가 50 m^2가 되었다. 처음 화단의 한 변의 길이는?

① 6 m　② 7 m　③ 8 m
④ 9 m　⑤ 10 m

15

x^2의 계수가 1인 어떤 이차방정식의 일차항의 계수를 잘못 보고 풀었더니 근이 -5, -1이었고, 상수항을 잘못 보고 풀었더니 근이 2, 4이었다. 처음 이차방정식의 해는?

① 1 또는 2　② 1 또는 3
③ 1 또는 5　④ 2 또는 3
⑤ 2 또는 4

16

연속한 세 자연수의 각각의 제곱의 합이 149일 때, 이 세 자연수의 합은?

① 21　② 24　③ 27
④ 30　⑤ 33

소단원 테스트 [2회]

2. 이차방정식 | 02. 이차방정식의 활용

테스트한 날	맞은 개수
월 일	/ 16

01

이차방정식 $x^2+Ax+B=0$의 근에 대한 설명으로 보기에서 옳은 것을 모두 고르시오.

보기
ㄱ. $A=4$, $B=4$이면 중근을 갖는다.
ㄴ. $A=3$, $B=2$이면 근을 갖지 않는다.
ㄷ. $A=-2$, $B=-3$이면 $x=3$ 또는 $x=-1$이다.

02

이차방정식 $x^2+ax+b=0$의 두 근이 $x=2$ 또는 $x=-3$일 때, ab의 값을 구하시오.

03

이차방정식 $0.1x^2+0.7x=-\frac{4}{5}$의 두 근을 a, b라 할 때, $a-b$의 값을 구하시오. (단, $a>b$)

04

이차방정식 $(x+2)^2-3(x+2)=4$의 두 근을 a, b라 할 때, $2a-b$의 값을 구하시오. (단, $a>b$)

05

이차방정식 $x^2+(a+b)x+2b=0$이 중근 $x=4$를 가질 때, a의 값을 구하시오. (단, a, b는 상수)

06

보기의 이차방정식 중에서 서로 다른 두 근을 갖는 것을 모두 고르시오.

보기
ㄱ. $2x^2-6x=1$　　ㄴ. $5x^2=20x-20$
ㄷ. $3x^2-x+3=0$　　ㄹ. $10x^2-2x-1=0$

07

이차방정식 $x^2-5x+a+1=0$의 해가 모두 유리수가 되도록 하는 자연수 a의 개수를 구하시오.

08

이차방정식 $x^2-ax+7=0$의 한 근이 $3-\sqrt{2}$일 때, 유리수 a의 값을 구하시오.

09

이차방정식 $x^2-4x+k=0$이 중근을 가질 때, 이차방정식 $(k+1)x^2+2x-3=0$의 근의 개수를 구하시오.

(단, k는 상수)

10

$2x>y$이고 $(2x-y)(2x-y-3)=18$일 때, $4x-2y$의 값을 구하시오.

11

1부터 n까지의 자연수의 합은 $\dfrac{n(n+1)}{2}$이다. 1부터 n까지의 자연수의 합이 45일 때, n의 값을 구하시오.

12

x에 2를 더하여 제곱해야 할 것을, x에 2를 더하여 2배하였더니 바르게 계산한 값보다 5만큼 작아졌다. x의 값을 구하시오. (단, $x>0$)

13

정사각형 모양의 꽃밭에서 가로의 길이를 2 m만큼 늘이고, 세로의 길이를 4 m만큼 줄였더니 넓이는 72 m^2가 되었다. 처음 꽃밭의 한 변의 길이를 구하시오.

14

연속하는 두 자연수의 제곱의 합이 61일 때, 이 두 수를 구하시오.

15

이차방정식 $x^2+2mx-(m+1)(3-m)=0$이 서로 다른 두 근을 갖도록 하는 상수 m의 값의 범위를 구하시오.

16

오른쪽 그림과 같이 정사각형 모양의 두꺼운 종이의 네 귀퉁이를 한 변의 길이가 2 cm인 정사각형 모양으로 잘라 내어 윗면이 없는 상자를 만들려고 한다. 상자의 전개도의 넓이가 84 cm^2일 때, 상자 밑면의 한 변의 길이를 구하시오.

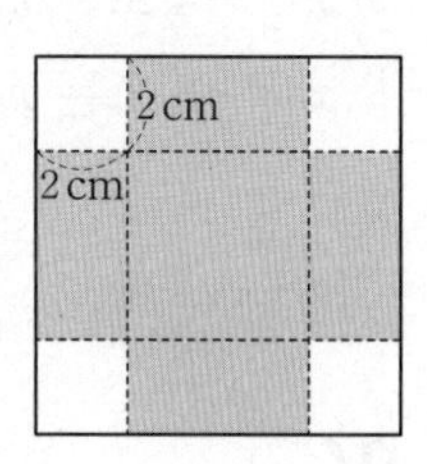

중단원 테스트 [1회]

테스트한 날	맞은 개수
월 일	/ 32

01

이차방정식 $2(x+3)^2=14$의 해는?

① $x=-3\pm\sqrt{7}$ ② $x=3\pm\sqrt{7}$
③ $x=\frac{-3\pm\sqrt{14}}{2}$ ④ $x=\frac{3\pm\sqrt{14}}{2}$
⑤ $x=-\frac{3}{2}\pm\sqrt{14}$

02

이차방정식 $x^2+ax+b=0$의 두 근이 연속하는 자연수이고, 두 근의 제곱의 차가 9일 때, $a+b$의 값은?
(단, a, b는 상수)

① 9 ② 10 ③ 11
④ 12 ⑤ 13

03

x^2의 계수가 1인 이차방정식을 A는 일차항의 계수를 잘못 보고 풀었더니 근이 -3 또는 8이었고, B는 상수항을 잘못 보고 풀었더니 근이 3 또는 -5이었다. 처음 이차방정식의 해는?

① $x=-3$ 또는 $x=5$ ② $x=-3$ 또는 $x=-5$
③ $x=-4$ 또는 $x=6$ ④ $x=-6$ 또는 $x=4$
⑤ $x=-8$ 또는 $x=3$

04

이차방정식 $\frac{1}{3}x-0.2x\left(0.5-\frac{1}{3}x\right)=\frac{4-x}{6}$의 해가 $x=\frac{B\pm\sqrt{C}}{A}$일 때, $A-B+C$의 값을 구하시오.
(단, A, B, C는 유리수)

05

다음 중 [ ] 안의 수가 주어진 이차방정식의 해인 것은?

① $x^2-8=0$ [2]
② $x^2-2x=0$ [1]
③ $-x^2+2x-1=0$ [-1]
④ $-4x-4=x^2$ [-2]
⑤ $2x^2-5x-3=0$ [-3]

06

이차방정식 $x^2+3x-a=0$의 한 근이 -1일 때, 상수 a의 값은?

① -3 ② -2 ③ -1
④ 2 ⑤ 3

07

이차방정식 $x^2+ax-3=0$의 해가 $x=\frac{-5\pm\sqrt{b}}{2}$일 때, $a+b$의 값을 구하시오. (단, a, b는 유리수)

08

다음 중 해가 $x=\frac{1}{2}$ 또는 $x=-3$인 이차방정식은?

① $\left(x+\frac{1}{2}\right)(x-3)=0$ ② $\left(x+\frac{1}{2}\right)(x+3)=0$
③ $(2x-1)(3x+1)=0$ ④ $(2x-1)(x+3)=0$
⑤ $(2x+1)(x-3)=0$

09

보기에서 x에 대한 이차방정식을 모두 고른 것은?

보기
ㄱ. $x^2=x$
ㄴ. $x(x+1)=x^2-4$
ㄷ. $2x^2-1=x^2+x$

① ㄱ ② ㄱ, ㄴ ③ ㄱ, ㄷ
④ ㄴ, ㄷ ⑤ ㄱ, ㄴ, ㄷ

10

이차방정식 $2x^2+mx+n=0$의 두 근이 -2, 3일 때, 상수 m, n에 대하여 $m-n$의 값은?

① -14 ② -6 ③ -5
④ 5 ⑤ 10

11

n명의 학생들이 서로 한 번씩 악수를 하면 그 총횟수는 $\frac{n(n-1)}{2}$번이 된다. n명의 학생들이 서로 한 번씩 악수한 횟수가 21번일 때, 학생 수는?

① 5명 ② 6명 ③ 7명
④ 8명 ⑤ 9명

12

이차방정식 $x^2+6x-10=0$을 $(x+p)^2=q$ 꼴로 나타냈을 때, $p+q$의 값을 구하시오. (단, p, q는 상수)

13

이차방정식 $x^2+4x+m-5=0$이 서로 다른 두 개의 실수인 근을 갖도록 하는 상수 m의 값의 범위를 구하시오.

14

이차방정식 $x^2-7x+2=0$의 해가 $x=\frac{a\pm\sqrt{b}}{2}$일 때, $a+b$의 값은? (단, a, b는 유리수)

① 40 ② 42 ③ 44
④ 46 ⑤ 48

15

이차방정식 $(2x-1)^2=x^2+x$를 푸시오.

16

다음은 이차방정식 $x^2-2x-5=0$의 해를 완전제곱식을 이용하여 구하는 과정이다. ①~⑤에 들어갈 값들이 바르게 연결된 것은?

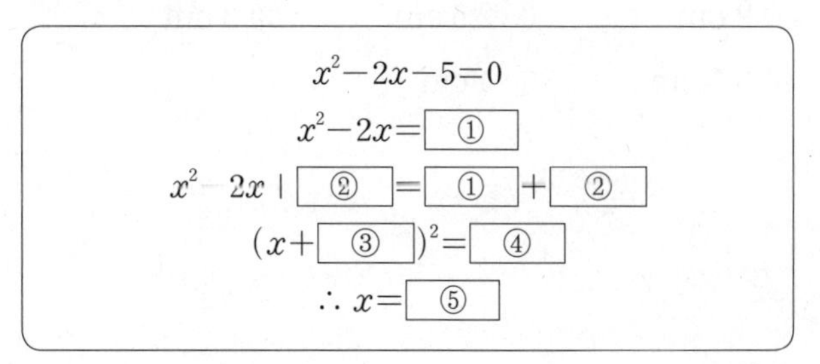

① -5 ② -1 ③ -1
④ 4 ⑤ $1\pm\sqrt{5}$

17

보기에서 중근을 갖는 이차방정식을 모두 고르시오.

보기	
ㄱ. $x^2-1=0$	ㄴ. $x^2+4x+4=0$
ㄷ. $x^2+x=1$	ㄹ. $100x^2+20x+1=0$

18

이차방정식 $0.3x^2-0.9x-1.5=0$을 풀면?

① $x=\frac{3\pm\sqrt{29}}{2}$　② $x=\frac{-3\pm\sqrt{29}}{2}$
③ $x=\frac{-3\pm\sqrt{11}}{3}$　④ $x=\frac{3\pm\sqrt{11}}{3}$
⑤ $x=\frac{-3\pm\sqrt{26}}{6}$

19

오른쪽 그림과 같이 가로의 길이가 20 cm, 세로의 길이가 10 cm인 직사각형 모양의 종이의 네 귀퉁이를 크기가 같은 정사각형으로 잘라 뚜껑이 없는 직육면체 모양의 상자를 만들었다. 상자의 밑면의 넓이가 56 cm^2일 때, 잘라낸 정사각형의 한 변의 길이는?

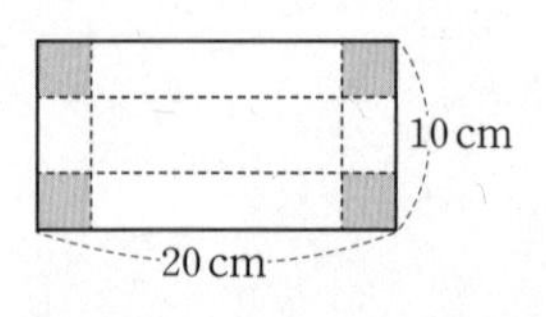

① 2 cm　② 2.5 cm　③ 3 cm
④ 3.5 cm　⑤ 4 cm

20

나이 차이가 두 살인 형제가 있다. 두 사람의 나이의 제곱의 합이 164일 때, 동생의 나이를 구하시오.

21

수학책을 펼쳤더니 펼쳐진 두 면의 쪽수의 곱이 210이었다. 이 두 면의 쪽수의 합을 구하시오.

22

이차방정식 $x^2-3x+a-2=0$의 해가 모두 유리수가 되도록 하는 모든 자연수 a의 값의 합은?

① 7　② 6　③ 5
④ 4　⑤ 3

23

이차방정식 $3x^2-6x+a=0$의 한 근이 3일 때, 다른 한 근은? (단, a는 상수)

① -3　② -1　③ 1
④ 2　⑤ 3

24

몇 명의 학생들에게 120개의 볼펜을 남김없이 똑같이 나누어 주려고 한다. 한 학생에게 주는 볼펜의 개수가 학생 수보다 2만큼 적다고 할 때, 학생 수를 구하시오.

25
이차방정식 $3x^2-12x+9=0$의 두 근 중 큰 근이 이차방정식 $x^2+(a-2)x-a^2+1=0$의 한 근일 때, 상수 a의 값을 구하시오.

26
이차방정식 $(2x+1)^2=4(2x+1)-3$의 해 중 자연수인 것은?

① 1　② 2　③ 3
④ 4　⑤ 5

27
연속하는 홀수인 세 자연수가 있다. 가장 작은 수와 가장 큰 수의 제곱의 합이 나머지 수의 20배보다 30만큼 클 때, 세 홀수를 구하시오.

28
다음 두 이차방정식의 공통인 근이 -2일 때, $a+b$의 값은? (단, a, b는 상수)

$$x^2-2x+a=0,\ 2x^2+bx=6$$

① -7　② -4　③ 2
④ 4　⑤ 7

29
$(x-y)(x-y-6)+9=0$일 때, $x-y$의 값을 구하시오.

30
이차방정식 $x^2+3x-1=0$의 한 근이 a이고 이차방정식 $x^2-5x+1=0$의 한 근이 b일 때, $2a^2+6a+b^2-5b$의 값을 구하시오.

31
가로의 길이가 세로의 길이보다 더 긴 직사각형의 둘레의 길이가 30 cm이고 넓이가 54 cm^2일 때, 이 직사각형의 가로의 길이를 구하시오.

32
두 이차방정식 $x^2-x-6=0$과 $x^2+ax-8=0$이 공통인 근을 가질 때, 정수 a의 값은?

① -7　② -2　③ 1
④ 2　⑤ 7

중단원 테스트 [2회]

테스트한 날	맞은 개수
월　　일	/ 32

01

이차방정식 $(x+1)(x-2)=x+6$을 풀면?

① $x=-2$ 또는 $x=4$
② $x=-4$ 또는 $x=2$
③ $x=-4$ 또는 $x=-2$
④ $x=-1$ 또는 $x=8$
⑤ $x=-8$ 또는 $x=1$

02

이차방정식 $3x^2+ax+b=0$의 두 근이 6, $-\frac{2}{3}$일 때, 상수 a, b에 대하여 $a-b$의 값은?

① -4　② -3　③ -2
④ 2　⑤ 4

03

이차방정식 $4(3x+2)^2=28$을 풀면?

① $x=\frac{2\pm\sqrt{7}}{3}$　② $x=\frac{-2\pm\sqrt{7}}{3}$
③ $x=\frac{-2\pm\sqrt{7}}{12}$　④ $x=2\pm\sqrt{7}$
⑤ $x=-2\pm\sqrt{7}$

04

이차방정식 $x^2+6x-4k+1=0$이 중근을 가질 때, 상수 k의 값을 구하시오.

05

이차방정식 $x^2-4x+1=0$의 해가 $x=p$ 또는 $x=q$일 때, $2p+3q$의 값은? (단, $p>q$)

① $4-\sqrt{3}$　② 4　③ $4+\sqrt{3}$
④ $10-\sqrt{3}$　⑤ 10

06

이차방정식 $x^2-x+a=0$의 한 근이 2일 때, 상수 a와 다른 한 근의 곱은?

① 1　② 2　③ 4
④ 6　⑤ 8

07

이차방정식 $2x^2-6x+a=0$의 해가 $x=\frac{b\pm\sqrt{5}}{2}$일 때, $a+b$의 값을 구하시오. (단, a, b는 유리수)

08

다음 두 이차방정식의 공통인 근을 구하시오.

$$0.2x^2-0.8=0,\quad \frac{x^2-1}{3}=\frac{x}{2}$$

09
이차방정식 $\frac{1}{2}x^2-0.5x-\frac{1}{3}=0$을 근의 공식을 이용하여 풀었더니 근이 $x=\frac{A\pm\sqrt{B}}{6}$일 때, $A+B$의 값은?

(단, A, B는 유리수)

① 30 ② 32 ③ 34
④ 36 ⑤ 38

10
이차방정식 $x^2-6x+3k=0$이 서로 다른 두 근을 갖도록 하는 상수 k의 값 중 가장 큰 정수는?

① -4 ② -3 ③ 0
④ 2 ⑤ 3

11
이차방정식 $(3x+1)^2-8(3x+1)+16=0$을 푸시오.

12
이차방정식 $x^2+ax+b=0$의 한 근이 $x=3+\sqrt{2}$일 때, $a+b$의 값은? (단, a, b는 유리수)

① -2 ② -1 ③ 1
④ 2 ⑤ 3

13
이차방정식 $x^2-4x+k=0$의 한 근이 다른 근의 3배일 때, 상수 k의 값을 구하시오.

14
이차방정식 $(x+5)^2=b+1$의 해가 $x=a\pm\sqrt{3}$일 때, $a+b$의 값을 구하시오. (단, a, b는 유리수)

15
오른쪽 그림과 같이 가로와 세로의 길이가 각각 16 m, 10 m인 직사각형 모양의 잔디밭에 폭이 x m인 길을 내었다. 길을 제외한 잔디밭의 넓이가 112 m^2일 때, x의 값을 구하시오.

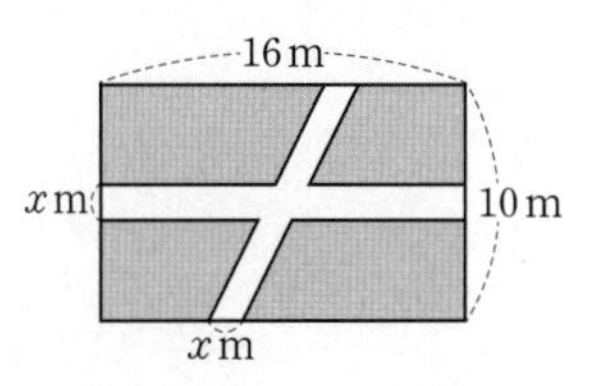

16
이차방정식 $x^2-ax-(a+1)=0$에서 일차항의 부호를 바꾸어서 풀었더니 한 근이 3이 되었다. 처음 이차방정식의 두 근의 차는? (단, a는 상수)

① 1 ② 2 ③ 3
④ 4 ⑤ 5

17

이차방정식 $6x^2-2x+2k+1=0$이 근을 갖지 않도록 하는 상수 k의 값의 범위는?

① $k<\frac{5}{12}$ ② $k>\frac{5}{12}$ ③ $k\ge\frac{5}{12}$

④ $k<-\frac{5}{12}$ ⑤ $k>-\frac{5}{12}$

18

이차방정식 $x^2+2x-2=0$을 $(x+a)^2=b$ 꼴로 고칠 때, 다음 중 a, b를 두 근으로 갖는 이차방정식은? (단, a, b는 상수)

① $(x-2)(x-3)=0$ ② $(x-1)(x-3)=0$

③ $(x-1)(x+2)=0$ ④ $(x+1)(x-2)=0$

⑤ $(x+1)(x+2)=0$

19

이차방정식 $(m+1)x^2-2mx-4=0$이 중근을 갖도록 하는 상수 m의 값을 구하시오.

20

n명의 학생 중 2명의 대표를 뽑는 방법의 수는 $\frac{n(n-1)}{2}$이다. 어떤 모임에서 2명의 학생을 대표로 뽑는 방법의 수가 66일 때, 이 모임의 학생 수는?

① 10명 ② 11명 ③ 12명

④ 13명 ⑤ 14명

21

이차방정식 $5x^2+ax+b=0$의 두 근이 $-\frac{1}{5}$, 1일 때, 이차방정식 $bx^2+ax+5=0$의 해를 구하시오. (단, a, b는 상수)

22

이차방정식 $x^2+2kx+k+2=0$의 일차항의 계수와 상수항을 바꾸어 풀었더니 한 근이 2이었다. 처음 이차방정식의 두 근은?

① $x=0$ 또는 $x=-4$ ② $x=0$ 또는 $x=2$

③ $x=0$ 또는 $x=4$ ④ $x=2$ 또는 $x=-2$

⑤ $x=2$ 또는 $x=5$

23

다음 두 이차방정식의 공통인 근은?

$$x^2-8x+15=0,\quad 2x^2-9x+9=0$$

① -3 ② 1 ③ $\frac{3}{2}$

④ 3 ⑤ 5

24

이차방정식 $x^2-ax-2a+1=0$의 한 근이 -1이고, 다른 한 근을 b라 할 때, $a+b$의 값을 구하시오. (단, a는 상수)

25

이차방정식 $x^2-8x-k=0$의 해가 정수가 되도록 하는 두 자리 자연수 k의 값 중에서 가장 작은 수는?

① 33　② 25　③ 24
④ 20　⑤ 10

26

다음 이차방정식 중 해가 다른 하나는?

① $(9x+1)(3x-1)=0$
② $\left(x-\frac{1}{3}\right)\left(x+\frac{1}{9}\right)=0$
③ $(2-6x)(2+18x)=0$
④ $\left(\frac{1}{9}+x\right)\left(\frac{1}{3}-x\right)=0$
⑤ $(9x-1)(3x+1)=0$

27

다음 중 x에 대한 이차방정식이 아닌 것은?

① $\frac{1}{2}x^2=0$　② $x(x-1)=x$
③ $(x-2)^2=x^2$　④ $(2x-1)^2=2x^2$
⑤ $x^2+x^2=2x+x^2$

28

지면으로부터 40 m 높이의 언덕에서 초속 35 m로 쏘아 올린 물체의 t초 후의 높이는 $(40+35t-5t^2)$ m라고 한다. 이 물체가 지면에 떨어지는 것은 쏘아 올리고 나서 몇 초 후인가?

① 1초　② 3초　③ 4초
④ 6초　⑤ 8초

29

이차방정식 $x^2-6x+1=0$의 한 근을 a라 할 때, $a^2+\frac{1}{a^2}$의 값을 구하시오.

30

이차방정식 $2x^2+9x-5=0$의 두 근 중 작은 근이 이차방정식 $x^2+3x+k=0$의 근일 때, 상수 k의 값을 구하시오.

31

두 이차방정식 $x^2+6x+p=0$, $x^2-2(p-4)x+q=0$이 모두 중근을 가질 때, q의 값을 구하시오. (단, p, q는 상수)

32

다음 이차방정식 중에서 근이 유리수인 것은?

① $x^2=18$　② $2x^2-60=0$
③ $3x^2-36=0$　④ $(x-3)^2=5$
⑤ $2(x+1)^2=18$

중단원 테스트 [서술형]

테스트한 날	맞은 개수
월 일	/8

01

이차방정식 $x^2+ax+6=0$의 두 근 중 한 근은 2이고, 다른 한 근은 이차방정식 $4x^2-3x+b=0$의 한 근일 때, $a-b$의 값을 구하시오. (단, a, b는 상수)

> 해결 과정

> 답

02

이차항의 계수가 1인 이차방정식이 있다. A는 일차항의 계수를 잘못 보고 풀어 $x=-4$ 또는 $x=-3$의 해를 얻었고, B는 상수항을 잘못 보고 풀어 $x=-5$ 또는 $x=-3$의 해를 얻었다. 처음 이차방정식의 두 근을 구하시오.

> 해결 과정

> 답

03

이차방정식 $x^2-6x+k=0$이 중근을 가질 때, 이차방정식 $(k-7)x^2-5x-3=0$의 근을 구하시오.

> 해결 과정

> 답

04

이차방정식 $x^2-6x+1=0$의 근이 $x=a$ 또는 $x=b$일 때, $\frac{1}{a}+\frac{1}{b}$의 값을 구하시오.

> 해결 과정

> 답

05

다음 두 이차방정식의 공통인 근을 구하시오.

$$2(x+3)^2=x(x+1),\quad \frac{1}{5}x^2-0.6x=2$$

> 해결 과정

> 답

06

이차방정식 $(x-2)^2+1=5(x-3)$의 두 근을 a, b라고 할 때, 이차방정식 $x^2+ax+b=0$의 해를 구하시오. (단, $a>b$)

> 해결 과정

> 답

07

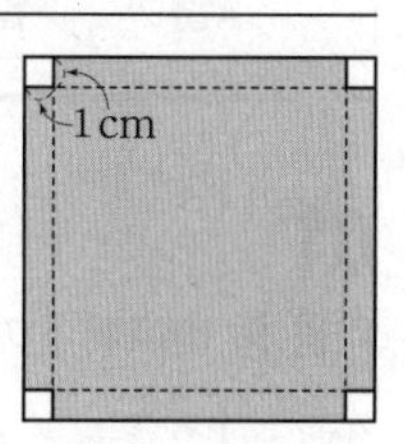

오른쪽 그림과 같이 정사각형 모양의 종이에서 네 귀퉁이를 한 변의 길이가 1 cm인 정사각형 모양으로 잘라 내어 뚜껑이 없는 상자를 만들려고 한다. 색칠된 전개도의 넓이가 140 cm^2일 때, 상자 밑면의 한 변의 길이를 구하시오.

> 해결 과정

> 답

08

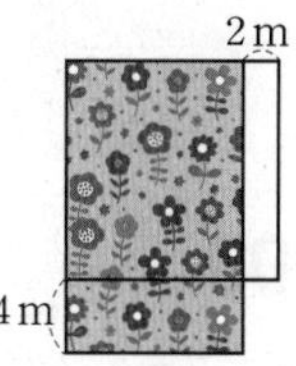

오른쪽 그림과 같이 정사각형 모양의 꽃밭에서 가로의 길이를 2 m 줄이고 세로의 길이는 4 m 늘여 직사각형 모양의 꽃밭으로 바꾸었더니 넓이가 160 m^2가 되었다. 처음 꽃밭의 한 변의 길이를 구하시오.

> 해결 과정

> 답

테스트한 날
월 일

대단원 테스트

맞은 개수
/ 80

01

다음 중 바르게 전개한 것은?

① $(x+2)^2=x^2+4$

② $(x-y)^2=x^2-xy+y^2$

③ $(-x+1)(x+1)=-x^2+1$

④ $(-a-b)^2=a^2-2ab+b^2$

⑤ $(x-3y)^2=x^2-9y^2$

02

$x=\sqrt{7}+\sqrt{3}$, $y=\sqrt{7}-\sqrt{3}$일 때, $\frac{6}{x}+\frac{6}{y}$의 값은?

① $\sqrt{7}-\sqrt{3}$ ② $3\sqrt{7}$ ③ $10-2\sqrt{14}$
④ $3\sqrt{3}$ ⑤ 4

03

$x-y=3$, $xy=4$일 때, $-x^2y+xy^2$의 값은?

① -4 ② -6 ③ -8
④ -10 ⑤ -12

04

이차방정식 $x^2-18x+6k+3=0$이 $x=m$을 중근으로 가질 때, $k+m$의 값을 구하시오. (단, k는 상수)

05

이차방정식 $x-\frac{x^2-1}{3}=0.2(x+3)$의 두 근을 α, β라고 할 때, $\alpha-5\beta$의 값은? (단, $\alpha>\beta$)

① $-\frac{12}{5}$ ② -1 ③ 0
④ 1 ⑤ $\frac{12}{5}$

06

$(x^2-6x)^2-2(x^2-6x)-35$가 x의 계수가 1인 네 일차식의 곱으로 인수분해될 때, 네 일차식의 합은?

① $4x-12$ ② $4x-8$ ③ $4x-4$
④ $4x+4$ ⑤ $4x+8$

07

$a=\sqrt{2}+1$, $b=\sqrt{2}-1$일 때, a^2-b^2의 값은?

① $-4\sqrt{2}$ ② $-2\sqrt{2}$ ③ $2\sqrt{2}$
④ $4\sqrt{2}$ ⑤ $4\sqrt{2}+2$

08

이차방정식 $x^2-5x+1=0$의 한 근을 a라 할 때, $a^2+\frac{1}{a^2}$의 값은?

① 19 ② 21 ③ 23
④ 25 ⑤ 27

09

$\frac{5}{\sqrt{17}+2\sqrt{3}}=A\sqrt{17}+B\sqrt{3}$일 때, $A+B$의 값은?

(단, A, B는 유리수)

① -3 ② -2 ③ -1

④ 0 ⑤ 1

10

$(2x+a)(bx-6)=6x^2+cx+18$일 때, 상수 a, b, c에 대하여 $a+b+c$의 값은?

① -21 ② -3 ③ 3

④ 6 ⑤ 21

11

이차방정식 $(x-3)^2=\frac{k}{2}+27$의 두 근이 모두 정수가 되도록 하는 모든 자연수 k의 값의 합은? (단, $30\le k\le 80$)

① 116 ② 117 ③ 118

④ 119 ⑤ 120

12

$\frac{8764\times 8766-8765^2+8763}{8762}$의 값은?

① -8765 ② -1 ③ 0

④ 1 ⑤ 8765

13

$x+y=3+\sqrt{3}$, $x-y=4$일 때, x^2-y^2-6x+9의 값은?

① $-\sqrt{3}$ ② $\sqrt{3}$ ③ $2\sqrt{3}$

④ 4 ⑤ 6

14

이차방정식 $(x+2)^2+3(x+2)+2=0$의 두 근을 α, β라 할 때, $2\alpha+\beta$의 값은? (단, $\alpha>\beta$)

① -10 ② -5 ③ -4

④ 2 ⑤ 5

15

이차항의 계수가 1인 어떤 이차방정식에서 A는 상수항을 잘못 보고 풀었더니 근이 -3과 4였고, B는 일차항의 계수를 잘못 보고 풀었더니 근이 -1과 6이었다. 처음 이차방정식의 해를 구하시오.

16

$25x^2-81y^2=60$, $5x-9y=5$일 때, $5x+9y$의 값은?

① 5 ② 10 ③ 12

④ 14 ⑤ 20

17

다항식 $x^2+ax+21$의 인수가 $x-3$, $x-b$일 때, 상수 a, b에 대하여 $a+b$의 값을 구하시오.

18

다음 중 $x^2(x+1)-4(x+1)$의 인수가 아닌 것은?

① $x+1$　② $x-2$　③ x^2-4
④ x^2-x-2　⑤ x^2+x-2

19

$a(a-b)-b(b-a)$가 a의 계수가 1인 두 일차식의 곱으로 인수분해될 때, 두 일차식의 합은?

① $2a$　② $2b$　③ 0
④ $2a+2b$　⑤ $2a-2b$

20

오른쪽 그림과 같이 가로의 길이가 30 m이고, 세로의 길이가 20 m인 직사각형 모양의 잔디밭에 폭이 일정한 길을 내었다. 길을 제외한 잔디밭의 넓이가 416 m^2가 되도록 할 때, 이 길의 폭은?

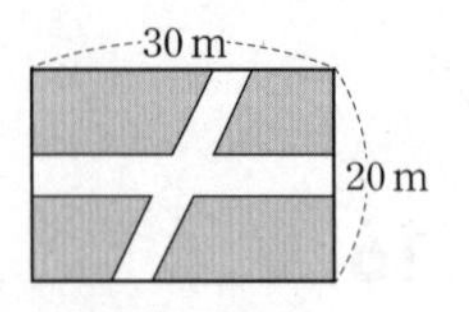

① 2 m　② 3 m　③ 4 m
④ 5 m　⑤ 6 m

21

다항식 $x^2-8x+12$가 x의 계수가 1인 두 일차식의 곱으로 인수분해될 때, 두 일차식의 합은?

① $2x-13$　② $2x-8$　③ $2x-7$
④ $2x+7$　⑤ $2x+8$

22

$x=\dfrac{1}{\sqrt{5}-2}$일 때, $2x^2-8x$의 값은?

① 1　② 2　③ 3
④ 4　⑤ 5

23

이차방정식 $(x-5)^2+3(x-5)-28=0$의 두 근의 곱은?

① -18　② -12　③ -6
④ 7　⑤ 14

24

이차방정식 $9x^2-12x-1=0$의 두 근 중 큰 근을 a라고 할 때, $3a-\sqrt{5}$의 값은?

① 2　② 3　③ 4
④ 5　⑤ 6

25

$(x+2a)(x-8)+4$가 완전제곱식이 되도록 하는 모든 상수 a의 값의 합은?

① -8　② -2　③ 4
④ 6　⑤ 12

26

다음 중 $2x+1$을 인수로 갖지 않는 것은?

① $4x^2-1$　② $4x^2+2x$
③ $2x^2+5x-3$　④ $2x^2+15x+7$
⑤ $4x^2+4x+1$

27

연속하는 세 자연수가 있다. 가장 큰 수의 제곱이 다른 두 수의 곱의 2배보다 31만큼 작다고 할 때, 세 자연수의 합을 구하시오.

28

$-2<a<1$일 때,
$\sqrt{a^2-2a+1}+\sqrt{a^2+12a+36}$을 간단히 하시오.

29

다음 중 x에 대한 이차방정식인 것은?

① $2x+3=-x+1$
② $x(x+1)=x^2+4x+5$
③ $x^2+3x=x^2-2x+1$
④ $2x(x^2+1)=2x^3-4x^2+1$
⑤ $x^3+3x+1=-x^3-5x^2+3$

30

다음 두 다항식의 공통인수는?

$$2x^2-18,\quad 6x^2-17x-3$$

① $x-3$　② $x+3$　③ $2x-3$
④ $2x+3$　⑤ $2x-9$

31

$x+y=3$, $x^2+y^2=15$일 때, $\frac{x}{y}+\frac{y}{x}$의 값은?

① -5　② -4　③ 3
④ 4　⑤ 5

32

이차방정식 $(x-3)(x-5)=24$를 $(x+p)^2=q$ 꼴로 나타낼 때, $p+q$의 값은? (단, p, q는 상수)

① 9　② 15　③ 21
④ 27　⑤ 37

33

두 이차방정식 $x^2-6x+5=0$, $2(x+2)^2=18$의 공통인 해를 구하시오.

34

다음 중 인수분해가 옳은 것은?

① $a^2-1=(a-1)^2$

② $-x^2+y^2=(x+y)(x-y)$

③ $10x^2-40=10(x+2)(x-2)$

④ $36a^2-25b^2=(6a+5b)(6a-b)$

⑤ $ax^2-16ay^2=(ax+4ay)(ax-4ay)$

35

이차방정식 $x^2-ax-8=0$의 한 근이 -2일 때, 다른 한 근은? (단, a는 상수)

① -8　② -4　③ 2

④ 4　⑤ 8

36

다항식 x^2-6x+a가 $(x+b)^2$으로 인수분해될 때, $a+b$의 값을 구하시오. (단, a, b는 상수)

37

다음 두 다항식이 완전제곱식이 될 때, □ 안에 알맞은 두 양수의 합은?

$$4x^2+20xy+\square y^2, \quad x^2+\square x+\frac{25}{4}$$

① $\frac{15}{2}$　② 20　③ 30

④ 35　⑤ 105

38

다음 두 이차방정식의 공통인 해는?

$$x^2-8x+15=0, \quad 3x^2-5x-12=0$$

① 2　② 3　③ 4

④ 5　⑤ 6

39

$x=4+\sqrt{2}$, $y=4-\sqrt{2}$일 때, $x^3+x^2y+xy^2+y^3$의 값을 구하시오.

40

$(a-b-1)(a-b-4)$을 전개하였을 때, ab항의 계수와 상수항의 합은?

① -6　② -4　③ -2

④ 2　⑤ 6

41

이차방정식 $4x^2-2x+3-k=0$의 근이 존재하지 않도록 하는 상수 k의 값 중 가장 큰 정수는?

① 0　② 1　③ 2　④ 3　⑤ 4

42

이차방정식 $x^2+(4k-3)x+9=0$이 중근을 가지도록 하는 모든 상수 k의 값의 곱은?

① $-\frac{13}{8}$　② $-\frac{27}{16}$　③ $-\frac{7}{4}$　④ $-\frac{29}{16}$　⑤ $-\frac{15}{8}$

43

$(x+3)(x+A)$의 전개식에서 x의 계수가 2일 때, 상수항은? (단, A는 상수)

① -6　② -3　③ -2　④ -1　⑤ 0

44

다음 그림에서 두 도형 A, B의 넓이가 같을 때, 도형 B의 가로의 길이를 구하시오.

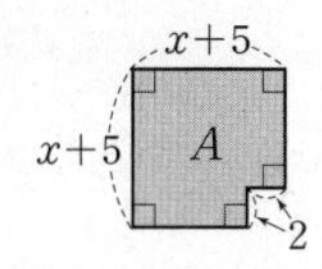

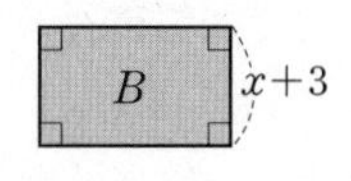

45

이차방정식 $(2x+1)^2+2(2x+1)-24=0$의 두 근을 α, β라고 할 때, $\alpha-\beta$의 값은? (단, $\alpha>\beta$)

① -5　② -2　③ 1　④ 2　⑤ 5

46

$x=\sqrt{2}-2$일 때, $(x-1)^2+6(x-1)+9$의 값은?

① $4-4\sqrt{2}$　② $6-8\sqrt{2}$　③ $6+8\sqrt{2}$　④ 2　⑤ 4

47

자연수가 적혀 있는 카드 중에서 연속하는 두 짝수를 선택하여 각각 제곱하여 더하였더니 452가 되었다. 두 짝수를 구하시오.

48

$x^2+Ax+18$을 인수분해한 식이 $(x+B)(x-2)$일 때, $A+B$의 값은? (단, A, B는 상수)

① -24　② -20　③ -18　④ -16　⑤ -14

49

$5x^2+mx+3$이 $(5x+a)(x+b)$로 인수분해 될 때, 다음 중 m의 값이 될 수 있는 것은? (단, a, b는 정수)

① -12　② -10　③ -8
④ 18　⑤ 25

50

이차방정식 $x^2+ax+b=0$의 두 근이 이차방정식 $4x^2-11x-3=0$의 두 근에 각각 1을 더한 값과 같을 때, $a+b$의 값은?

① $-\frac{11}{4}$　② $-\frac{7}{4}$　③ $-\frac{3}{4}$
④ $\frac{5}{2}$　⑤ $\frac{13}{4}$

51

사탕 135개를 학생들에게 남김없이 똑같이 나누어 주려고 한다. 학생 수는 한 학생이 받는 사탕의 수보다 6만큼 크다고 할 때, 한 학생이 받게 되는 사탕의 개수를 구하시오.

52

다음 중 x^3+x^2-x-1의 인수가 아닌 것은?

① $x+1$　② $x-1$　③ x^2+1
④ x^2-1　⑤ x^2+2x+1

53

다음 두 다항식의 공통인수는?

$$9x^2-36y^2,\quad 3x^2-12xy+12y^2$$

① $x+2y$　② $x-2y$　③ $x-4y$
④ $3x+2y$　⑤ $3x-2y$

54

이차방정식 $x^2+px+q=0$의 한 근이 $3+2\sqrt{2}$일 때, $p+q$의 값은? (단, p, q는 유리수)

① -7　② -5　③ -3
④ -1　⑤ 1

55

$x=1-\sqrt{3}$일 때, x^2-2x+3의 값은?

① $-2\sqrt{3}$　② 2　③ $4-\sqrt{3}$
④ $2\sqrt{3}$　⑤ 5

56

이차방정식 $5(x-2)^2=30$의 해가 $x=a\pm\sqrt{b}$일 때, $a+b$의 값은? (단, a, b는 유리수)

① 4　② 6　③ 8
④ 10　⑤ 12

57

이차방정식 $(x+1)(x-2)=2x-4$의 두 근 중 큰 근을 a, 작은 근을 b라 할 때, 이차방정식 $x^2+ax+b=0$을 풀면?

① $x=1$ (중근) ② $x=-1$ (중근) ③ $x=\frac{-1\pm\sqrt{3}}{2}$ ④ $x=\frac{1\pm\sqrt{3}}{2}$ ⑤ $x=1$ 또는 $x=2$

58

$(2x-1)(3x+1)=x(ax-5)$가 x에 대한 이차방정식이 되도록 하는 상수 a의 값의 조건을 구하시오.

59

$x-2$가 두 다항식 $x^2+Ax-14$, $2x^2-3x+B$의 공통인 수일 때, 상수 A, B에 대하여 $A+B$의 값은?

① 2 ② 3 ③ 4 ④ 5 ⑤ 6

60

초속 80 m로 지면에서 수직으로 쏘아 올린 물체의 t초 후의 높이는 $(80t-5t^2)$m라고 한다. 이 물체가 지면에 떨어지는 것은 쏘아 올리고 나서 몇 초 후인지 구하시오.

61

이차방정식 $x^2+ax+b=0$에서 일차항의 계수와 상수항을 바꾸어 풀었더니 그 해가 $x=-2$ 또는 $x=7$이었다. 처음 이차방정식의 해는? (단, a, b는 상수)

① $x=-7\pm\sqrt{6}$ ② $x=\frac{-7\pm3\sqrt{6}}{2}$ ③ $x=-7\pm3\sqrt{6}$ ④ $x=\frac{7\pm3\sqrt{6}}{2}$ ⑤ $x=7\pm3\sqrt{6}$

62

다음 식을 간단히 한 것은?

$$(x+y-z)(x-y+z)+(y-z)^2$$

① x^2 ② x^2-y^2 ③ $x^2-y^2+z^2$ ④ $x^2-2xz+z^2$ ⑤ y^2-z^2

63

이차방정식 $x^2+10x-k=0$의 해가 정수가 되도록 하는 두 자리 자연수 k의 개수는?

① 3개 ② 4개 ③ 5개 ④ 6개 ⑤ 7개

64

다음 □ 안에 알맞은 수가 가장 작은 것은?

① $(3-y)(3-y)=\square-y^2$

② $(x+2y)^2=x^2+4xy+\square y^2$

③ $(4x-y)^2=16x^2-\square xy+y^2$

④ $(x+\square y)(x+4y)=x^2+2xy-8y^2$

⑤ $(\square x+2)(2x-3)=-6x^2+13x-6$

65

x^2의 계수가 1인 이차식 A는 $(x+2)(x-12)$와 상수항이 같고, $(x+6)(x-8)$과 x의 계수가 같다. 이차식 A를 인수분해하면?

① $(x+3)(x-8)$ ② $(x+4)(x-6)$
③ $(x+6)(x-8)$ ④ $(x-10)(x+12)$
⑤ $(x-5)(x+3)$

66

이차방정식 $2x^2+ax-14=0$의 두 근이 $x=2$ 또는 $x=b$일 때, $a+b$의 값은? (단, a는 상수)

① $-\frac{5}{2}$ ② -2 ③ $-\frac{3}{2}$
④ -1 ⑤ $-\frac{1}{2}$

67

이차방정식 $x^2-7x+2=0$의 한 근이 a일 때,
$a+\frac{2}{a}$의 값은?

① -3 ② -2 ③ 5
④ 6 ⑤ 7

68

$(2x-1)^2-9x^2=(x+a)(bx+1)$일 때, $2a+b$의 값을 구하시오. (단, a, b는 상수)

69

형과 동생의 나이 차이는 3살이다. 형의 나이의 제곱은 동생의 나이의 10배보다 30살이 많다. 형의 나이를 구하시오.

70

이차방정식 $(2x-1)^2+2(2x-1)-35=0$의 해를 구하시오.

71

$x+y=6$, $xy=3$일 때, $x^2-2xy+y^2$의 값은?

① 21 ② 22 ③ 23
④ 24 ⑤ 25

72

다음 그림에서 □ABCD와 □DEFC는 닮음이고, □ABFE는 정사각형이다. $\overline{AD}=x$, $\overline{AB}=1$이라 할 때, x의 값을 구하시오.

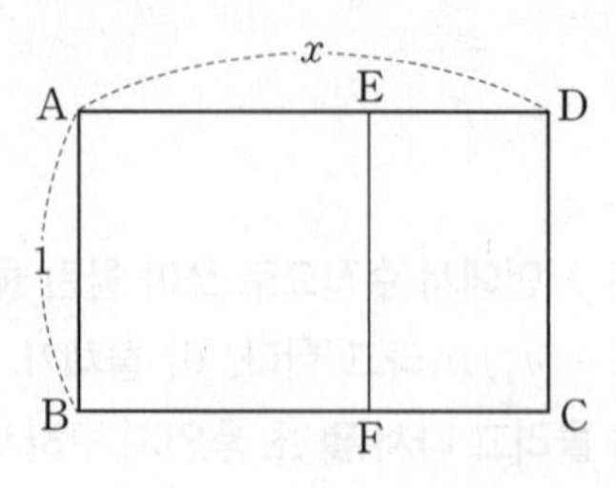

73

$(x+1)(x+2)(x-4)(x-5)$의 전개식에서 x^2의 계수와 x의 계수의 합을 구하시오.

74

이차방정식 $x^2-(k+2)x+(3k-3)=0$이 중근을 가질 때, k의 값과 그 중근의 합은? (단, k는 상수)

① 7 ② 8 ③ 9
④ 10 ⑤ 11

75

자연수 $2^{16}-1$은 10과 20 사이의 두 자연수에 대하여 나누어떨어진다고 한다. 이 두 자연수는? (정답 2개)

① 13 ② 14 ③ 15
④ 16 ⑤ 17

76

이차방정식 $4x^2+7x+A=0$의 근이 $x=\frac{-7\pm\sqrt{17}}{8}$일 때, 상수 A의 값은?

① -2 ② -1 ③ 1
④ 2 ⑤ 3

77

이차방정식 $x^2+5x+3=0$의 한 근이 a이고,
이차방정식 $x^2-3x-9=0$의 한 근이 b일 때,
$(a^2+5a+7)(2b^2-6b-10)$의 값을 구하시오.

78

$a+\frac{1}{a}=3$일 때, $a^4+\frac{1}{a^4}$의 값을 구하시오.

79

다항식 $4x^2+ax+b$가 $2x+3$, $2x-5$를 인수로 가질 때, ab의 값은? (단, a, b는 상수)

① -60 ② -15 ③ 15
④ 30 ⑤ 60

80

오른쪽 그림과 같이 한 변의 길이가 12 cm인 정사각형 모양의 두꺼운 도화지가 있다. 이 도화지의 네 귀퉁이에서 한 변의 길이가 x cm인 정사각형을 잘라 내어 상자를 만들려고 한다. 상자의 밑면의 넓이가 64 cm²일 때, 잘라 내는 정사각형의 한 변의 길이를 구하시오.

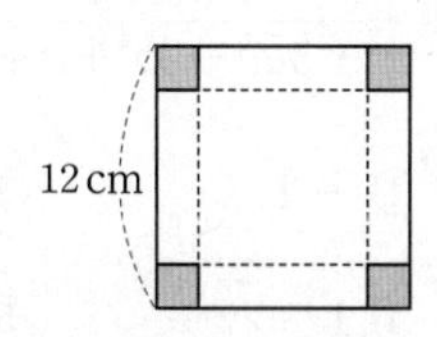

테스트한 날
월 일

대단원 테스트 [고난도]

맞은 개수
/ 24

01

$x^2+9x-10=0$일 때, $(x+3)(x+4)(x+5)(x+6)$의 값을 구하시오.

02

두 자연수 a, b에 대하여 $a^2-b^2=13$일 때, $2a-b$의 값을 구하시오.

03

$a=4-2\sqrt{3}$, $b=\sqrt{3}-3$일 때,

$\dfrac{a+b+1}{a^2+3ab+2b^2+a+2b}$의 값은?

① -1 ② $-\dfrac{1}{2}$ ③ $\dfrac{1}{3}$

④ 1 ⑤ 3

04

$x^2-4xy+3y^2-6x+2y-16$을 인수분해하였더니 $(x+ay+b)(x+cy+d)$가 되었다. $a+b+c+d$의 값을 구하시오. (단, a, b, c, d는 상수)

05

x^2의 계수가 6인 어떤 이차식을 A는 x의 계수를 잘못 보고 $(x+4)(6x-1)$로 인수분해하였고, B는 상수항을 잘못 보고 $(2x+1)(3x+1)$로 인수분해하였다. 처음 이차식을 바르게 인수분해하시오.

06

오른쪽 그림은 원기둥 모양의 휴지 안쪽과 바깥쪽 원의 반지름의 길이와 높이를 측정하여 나타낸 것이다. 남아 있는 휴지의 부피를 인수분해를 이용하여 구하시오.

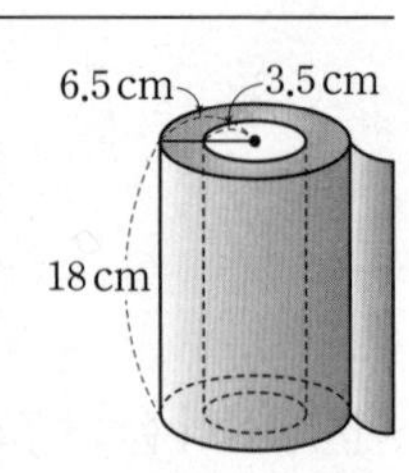

07

$-3<x<5$일 때,
$\sqrt{x^2+6x+9}+\sqrt{x^2-10x+25}$를 간단히 하면?

① -2 ② 2 ③ 8
④ $2x-2$ ⑤ $2x+2$

08

ax^2+8x+1이 x의 계수가 자연수인 두 일차식의 곱으로 인수분해될 때, 상수 a의 최댓값을 M, 최솟값을 N이라 하자. $M-N$의 값은?

① 7 ② 8 ③ 9
④ 10 ⑤ 11

09

두 다항식 $x^2+ax+18$과 x^2+3x+b의 공통인수가 $x-3$일 때, 다항식 x^2+ax-b를 인수분해하시오.

(단, a, b는 상수)

10

$a+b=5$, $ab=3$일 때, a^3b-ab^3의 값을 구하시오.

(단, $a>b$)

11

다음 4장의 카드에서 3장을 뽑아 a, b, c의 값을 정하여 $ax^2+bx+c=0$을 만들려고 한다. 이 중에서 $ax^2+bx+c=0$이 x에 대한 이차방정식이 되는 경우는 모두 몇 가지인지 구하시오.

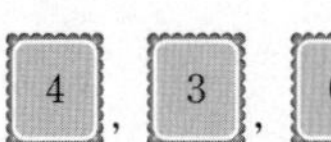

12

이차방정식 $x^2+4ax-5a+6=0$이 양수인 중근 $x=b$를 가질 때, $a+b$의 값을 구하시오. (단, a는 상수)

13

$\langle x \rangle$는 x보다 작은 소수의 개수를 나타낸다고 할 때, 다음 중 $\langle x \rangle^2-12=\langle x \rangle$를 만족시키는 x의 값이 아닌 것은?

① 7 ② 8 ③ 9
④ 10 ⑤ 11

14

$a+b=5$일 때, $a^2+2ab+b^2-2a-2b-3$의 값은?

① 7 ② 9 ③ 10
④ 12 ⑤ 14

15

$\sqrt{89\times91+1}=10\times a^2$일 때, 양수 a의 값을 구하시오.

16

$a>b$이고 $(a-b)^2-5(a-b)-24=0$일 때, $a-b$의 값은?

① 1 ② 2 ③ 4
④ 6 ⑤ 8

17

이차방정식 $x^2-(k+1)x+1=0$의 한 근이 $x=\frac{1}{2+\sqrt{3}}$일 때, 유리수 k의 값을 구하시오.

18

오른쪽 그림과 같이 한 변의 길이가 x cm인 정사각형이 있다. 이 정사각형의 가로의 길이와 세로의 길이를 각각 2 cm씩 줄였더니 넓이가 50 cm^2인 정사각형이 되었다. 처음 정사각형의 한 변의 길이를 구하시오.

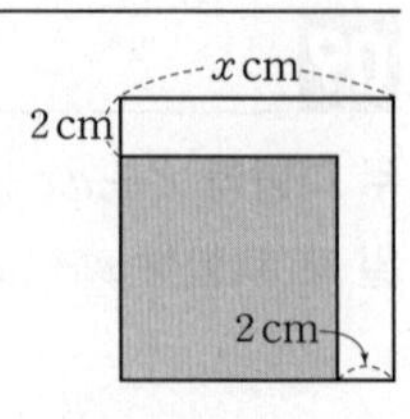

19

이차방정식 $(2x+1)^2=6k+1$의 해가 정수가 되도록 하는 자연수 k의 최솟값을 구하시오.

20

$(x+a)(x+b)=x^2+mx-26$일 때, m의 최댓값을 구하시오. (단, a, b, m은 정수)

21

$(x-3)(y+3)=24$, $xy=12$일 때, x^2+xy+y^2의 값을 구하시오.

22

오른쪽 그림과 같이 가로의 길이가 20 cm, 세로의 길이가 16 cm인 직사각형 ABCD에서 가로의 길이는 매초 1 cm씩 줄어들고, 세로의 길이는 매초 2 cm씩 늘어나고 있다. 이 직사각형의 넓이가 처음 직사각형의 넓이와 같아지는 데 걸리는 시간은?

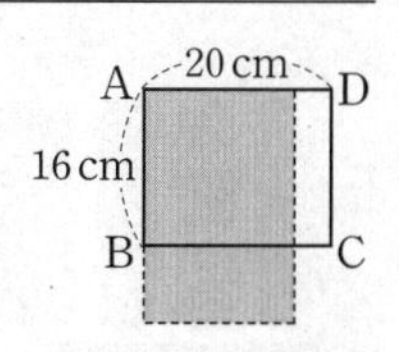

① 2초 ② 3초 ③ 4초
④ 6초 ⑤ 12초

23

오른쪽 그림과 같이 두 점 A, B를 지나는 직선 위에 있는 점 P에서 y축에 내린 수선의 발을 M이라 할 때, △MPO의 넓이는 △OAB의 넓이의 $\frac{1}{4}$이라 한다. 점 P의 좌표를 구하시오.

(단, 점 P는 제 1사분면 위의 점이다.)

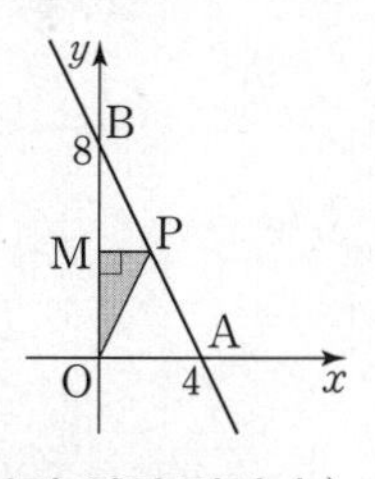

24

오른쪽 그림과 같이 ∠C=90°이고, $\overline{AC}=6$, $\overline{BC}=8$인 직각삼각형 ABC가 있다. $\overline{AB}$ 위의 한 점 P에서 $\overline{BC}$, $\overline{AC}$에 내린 수선의 발을 각각 Q, R라 할 때, □PQCR$=\frac{1}{3}$△ABC가 되도록 하는 $\overline{PQ}$의 길이를 구하시오. (단, $\overline{PQ}<3$)

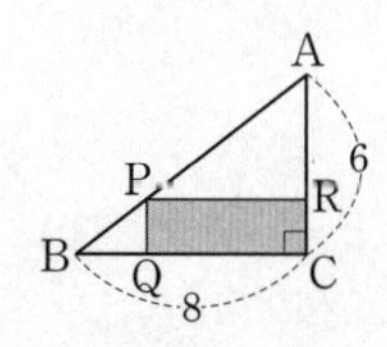

III. 이차함수

1. 이차함수의 그래프

01. $y=ax^2$의 그래프

02. $y=a(x-p)^2+q$의 그래프

03. $y=ax^2+bx+c$의 그래프

오늘의 테스트

1. 이차함수의 그래프 01. $y=ax^2$의 그래프 소단원 집중 연습 ___월 ___일	1. 이차함수의 그래프 01. $y=ax^2$의 그래프 소단원 테스트 [1회] ___월 ___일	1. 이차함수의 그래프 01. $y=ax^2$의 그래프 소단원 테스트 [2회] ___월 ___일
1. 이차함수의 그래프 02. $y=a(x-p)^2+q$의 그래프 소단원 집중 연습 ___월 ___일	1. 이차함수의 그래프 02. $y=a(x-p)^2+q$의 그래프 소단원 테스트 [1회] ___월 ___일	1. 이차함수의 그래프 02. $y=a(x-p)^2+q$의 그래프 소단원 테스트 [2회] ___월 ___일
1. 이차함수의 그래프 03. $y=ax^2+bx+c$의 그래프 소단원 집중 연습 ___월 ___일	1. 이차함수의 그래프 03. $y=ax^2+bx+c$의 그래프 소단원 테스트 [1회] ___월 ___일	1. 이차함수의 그래프 03. $y=ax^2+bx+c$의 그래프 소단원 테스트 [2회] ___월 ___일
1. 이차함수의 그래프 중단원 테스트 [1회] ___월 ___일	1. 이차함수의 그래프 중단원 테스트 [2회] ___월 ___일	1. 이차함수의 그래프 중단원 테스트 [서술형] ___월 ___일
Ⅲ. 이차함수 대단원 테스트 ___월 ___일	Ⅲ. 이차함수 대단원 테스트 [고난도] ___월 ___일	

소단원 집중 연습

1. 이차함수의 그래프 | 01. $y=ax^2$의 그래프

01 다음 중 이차함수인 것은 ○표, 이차함수가 아닌 것은 ×표 하시오.

(1) $y=-2x+1$ ( )

(2) $y=-x^2+x$ ( )

(3) $y=2(x-1)(x+4)$ ( )

(4) $y=x(x^2+1)-x+4$ ( )

02 다음 이차함수 $f(x)$에 대하여 $f(-1)$의 값을 구하시오.

(1) $f(x)=-x^2+3$

(2) $f(x)=x^2+x+4$

(3) $f(x)=2x^2-3x+6$

(4) $f(x)=\frac{1}{2}x^2+x-1$

03 이차함수 $y=x^2$의 그래프에 대한 설명으로 옳은 것은 ○표, 옳지 않은 것은 ×표 하시오.

(1) 꼭짓점의 좌표는 $(0, 0)$이다. ( )

(2) 축의 방정식은 $y=0$이다. ( )

(3) x의 값이 증가할 때 y의 값이 증가하는 x의 값의 범위는 $x<0$이다. ( )

(4) 그래프는 제1, 2사분면을 지난다. ( )

04 이차함수 $y=-x^2$의 그래프에 대한 설명으로 옳은 것은 ○표, 옳지 않은 것은 ×표 하시오.

(1) 꼭짓점의 좌표는 $(0, 1)$이다. ( )

(2) 축의 방정식은 $x=0$이다. ( )

(3) x의 값이 증가할 때 y의 값이 증가하는 x의 값의 범위는 $x<0$이다. ( )

(4) 아래로 볼록한 그래프이다. ( )

05 이차함수 $y=ax^2$의 그래프에 대한 설명으로 옳은 것은 ○표, 옳지 않은 것은 ×표 하시오.

(1) 꼭짓점의 좌표는 $(0, 0)$이다. ( )

(2) 축의 방정식은 $y=0$이다. ( )

(3) $a>0$이면 아래로 볼록하다. ( )

(4) $a<0$이면 아래로 볼록하다. ( )

(5) $x<0$일 때, x의 값이 증가하면 y의 값도 증가한다. ( )

(6) $x>0$일 때, x의 값이 증가하면 y의 값도 증가한다. ( )

(7) a의 절댓값이 클수록 그래프의 폭이 넓어진다. ( )

(8) 이차함수 $y=-ax^2$의 그래프와 x축에 대하여 대칭이다. ( )

06 이차함수 $y=ax^2$의 그래프가 다음 점을 지날 때, 상수 a의 값을 구하시오.

(1) $(1, 2)$

(2) $(-2, 4)$

(3) $(2, 6)$

(4) $(-1, 4)$

(5) $(-3, -6)$

07 보기의 이차함수의 그래프에 대하여 다음 물음에 답하시오.

보기

ㄱ. $y=2x^2$　　ㄴ. $y=-x^2$

ㄷ. $y=-3x^2$　　ㄹ. $y=\frac{1}{2}x^2$

ㅁ. $y=-\frac{1}{2}x^2$　　ㅂ. $y=4x^2$

(1) 위로 볼록한 그래프를 모두 고르시오.

(2) 가장 폭이 좁은 그래프를 고르시오.

(3) x축에 대하여 대칭인 두 그래프를 고르시오.

소단원 테스트 [1회]

1. 이차함수의 그래프 | 01. $y=ax^2$의 그래프

테스트한 날	맞은 개수
월 일	/ 16

01

다음 중 이차함수인 것은?

① $y=\frac{1}{4}x+1$

② $y=\frac{1}{x^2}+x^2$

③ $y=5x(x^2+1)$

④ $y=(x+1)+(x-1)+2$

⑤ $y=x(x^2-x)-x^3$

02

이차함수 $f(x)=-x^2+3x-7$에 대하여 $f(3)$의 값은?

① 5 ② 2 ③ -4
④ -6 ⑤ -7

03

이차함수 $f(x)=x^2-3x-4$에 대하여 $f(a)=6$을 만족시키는 모든 a의 값의 합은?

① -2 ② 0 ③ 3
④ 6 ⑤ 10

04

점 $(a, 9)$가 이차함수 $y=x^2$의 그래프 위에 있을 때, 양수 a의 값은?

① $\frac{1}{9}$ ② $\frac{1}{3}$ ③ 1
④ 3 ⑤ 9

05

다음 중 점 $(-3, -18)$을 지나는 그래프의 이차함수는?

① $y=-3x^2$ ② $y=-2x^2$ ③ $y=2x^2$
④ $y=3x^2$ ⑤ $y=6x^2$

06

다음 중 이차함수 $y=\frac{1}{2}x^2$의 그래프 위에 있는 점은?

① $\left(-3, -\frac{9}{2}\right)$ ② $(-2, 2)$ ③ $\left(-1, -\frac{1}{2}\right)$
④ $(2, 1)$ ⑤ $\left(3, \frac{3}{2}\right)$

07

이차함수 $y=ax^2$에 대한 설명으로 옳지 않은 것은?

① 원점을 꼭짓점, y축을 축으로 하는 포물선이다.
② $a>0$일 때는 아래로 볼록한 포물선이다.
③ $a<0$일 때는 위로 볼록한 포물선이다.
④ a의 절댓값이 클수록 그래프 폭이 좁아진다.
⑤ $y=-ax^2$의 그래프와 y축에 대하여 대칭이다.

08

다음 이차함수의 그래프 중 위로 볼록하고 폭이 가장 넓은 것은?

① $y=-3x^2$ ② $y=-x^2$ ③ $y=-\frac{1}{2}x^2$
④ $y=2x^2$ ⑤ $y=4x^2$

09

다음 중 이차함수 $y=-2x^2$의 그래프 위에 있지 않은 점은?

① $(-2, -8)$ ② $(-1, -2)$ ③ $(0, 0)$
④ $(3, 18)$ ⑤ $(4, -32)$

10

다음 이차함수 중 그 그래프가 아래로 볼록하면서 폭이 가장 좁은 것은?

① $y=3x^2$ ② $y=\frac{2}{3}x^2$ ③ $y=-\frac{2}{5}x^2$
④ $y=-\frac{2}{3}x^2$ ⑤ $y=-3x^2$

11

이차함수 $y=3x^2$의 그래프와 $y=ax^2$의 그래프가 오른쪽 그림과 같을 때, 실수 a의 값의 범위는?

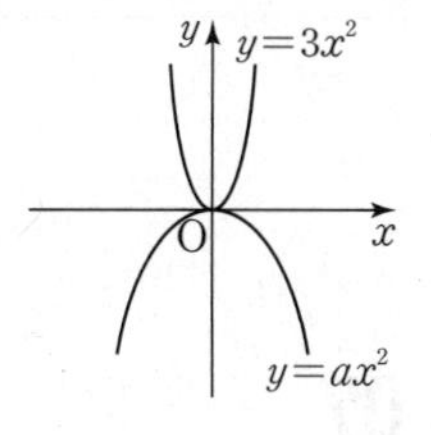

① $0<a<3$ ② $a<-3$
③ $-3<a<3$ ④ $a<0$
⑤ $-3<a<0$

12

이차함수 $y=5x^2$의 그래프는 점 $(2, a)$를 지나고, $y=bx^2$의 그래프와 x축에 대하여 대칭이다. $a+b$의 값은?

① 15 ② 17 ③ 19
④ 21 ⑤ 23

13

다음 중 이차함수 $y=-\frac{1}{2}x^2$의 그래프에 대한 설명으로 옳지 않은 것은?

① 점 $(0, 0)$을 지난다.
② 원점 이외의 부분은 모두 제3, 4사분면 위에 있다.
③ 직선 $x=0$에 대하여 대칭이다.
④ $y=2x^2$의 그래프와 x축에 대하여 대칭이다.
⑤ $x>0$일 때, x의 값이 증가하면 y의 값은 감소한다.

14

이차함수 $f(x)=-x^2+3x$에 대하여 $f(-1)+f(1)$의 값은?

① -2 ② -1 ③ 0
④ 1 ⑤ 2

15

이차함수 $f(x)=3x^2-ax+5$에 대하여 $f(-1)=14$일 때, 상수 a의 값은?

① -2 ② -1 ③ 0
④ 4 ⑤ 6

16

이차함수 $y=-x^2$의 그래프에 대한 설명으로 옳지 않은 것은?

① 위로 볼록한 포물선이다.
② 원점을 지난다.
③ 축의 방정식은 $x=0$이다.
④ x축에 대하여 대칭이다.
⑤ 점 $(2, -4)$를 지난다.

소단원 테스트 [2회]

1. 이차함수의 그래프 | 01. $y=ax^2$의 그래프

테스트한 날	맞은 개수
월 일	/ 16

01

이차함수 $f(x)=3x^2-4x+2$에 대하여 $\dfrac{f(-1)-f(1)}{f(0)}$의 값을 구하시오.

02

이차함수 $y=-x^2$의 그래프가 점 $\left(-\dfrac{1}{3},\ k\right)$를 지날 때, k의 값을 구하시오.

03

오른쪽 그림과 같은 그래프를 갖는 이차함수의 식을 구하시오.

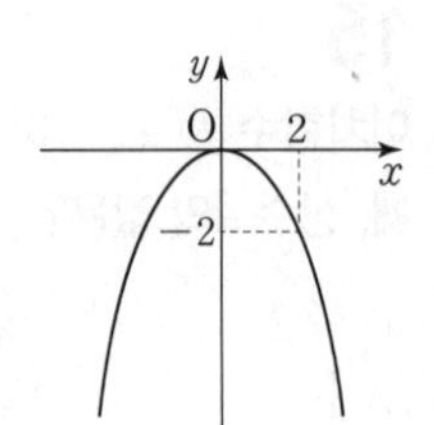

04

오른쪽 그림과 같이 원점을 꼭짓점으로 하고 점 $(-2,\ -6)$을 지나는 이차함수의 그래프가 점 $\left(k,\ -\dfrac{4}{3}\right)$를 지날 때, 모든 k의 값의 곱을 구하시오.

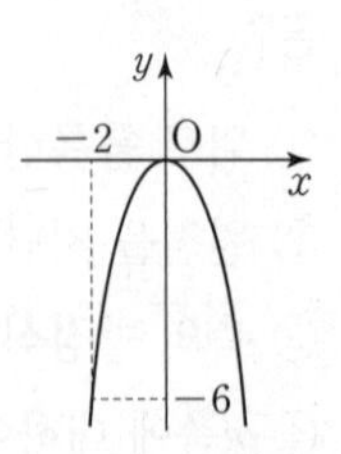

05

다음 이차함수 중 그 그래프가 위로 볼록한 것의 개수를 구하시오.

$$y=3x^2,\ y=-x^2,\ y=\frac{1}{2}x^2,\ y=-\frac{2}{5}x^2$$

06

보기에서 이차함수 $y=-2x^2$의 그래프에 대한 설명으로 옳지 않은 것을 모두 고르시오.

보기
- ㄱ. 점 $(-1,\ 2)$를 지난다.
- ㄴ. 원점을 꼭짓점으로 한다.
- ㄷ. 아래로 볼록한 포물선이다.
- ㄹ. $y=2x^2$의 그래프와 x축에 대하여 대칭이다.
- ㅁ. $y=-x^2$의 그래프보다 포물선의 폭이 좁다.

07

이차함수 $y=3x^2$의 그래프와 x축에 대하여 대칭인 그래프가 점 $(2a,\ 3a)$를 지날 때, a의 값을 구하시오. (단, $a\neq0$)

08

이차함수 $y=ax^2$의 그래프가 오른쪽 그림과 같을 때, 실수 a의 값의 범위를 구하시오.

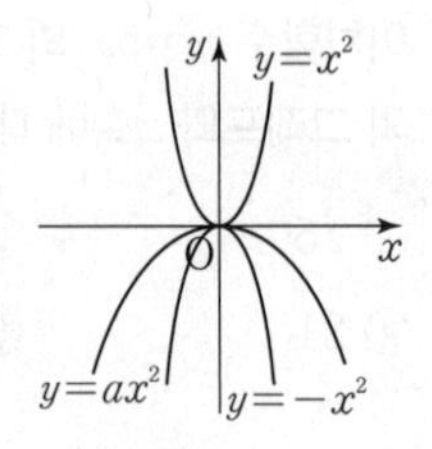

09

이차함수 $y=ax^2$의 그래프가 점 $(3,\ -6)$을 지나고 이 그래프와 x축에 대하여 대칭인 이차함수의 그래프의 식은 $y=bx^2$이다. 상수 a, b에 대하여 ab의 값을 구하시오.

10

이차함수 $f(x)=x^2-3x+2$에 대하여 $f(a)=0$을 만족시키는 모든 a의 값을 구하시오.

11

이차함수 $y=ax^2$의 그래프가 두 점 $(-1,\ -2)$, $(2,\ b)$를 지날 때, ab의 값을 구하시오. (단, a는 상수)

12

x의 각 값에 대하여 이차함수 $y=ax^2$의 함숫값이 이차함수 $y=x^2$의 함숫값의 2배이다. 또 이차함수 $y=ax^2$의 그래프와 이차함수 $y=bx^2$의 그래프가 x축에 대하여 대칭이다. 상수 a, b에 대하여 $a-b$의 값을 구하시오.

13

다음 이차함수 중 그 그래프의 폭이 좁은 것부터 차례로 나열하시오.

㉠ $y=-x^2$, ㉡ $y=\frac{1}{2}x^2$, ㉢ $y=\frac{3}{2}x^2$, ㉣ $y=-\frac{5}{3}x^2$

14

y는 x의 제곱에 정비례하고, $x=3$일 때 y의 값은 6이다. $x=2$일 때 y의 값을 구하시오.

15

두 이차함수 $y=ax^2$, $y=bx^2$의 그래프가 오른쪽 그림과 같을 때, 상수 a, b에 대하여 ab의 값을 구하시오.

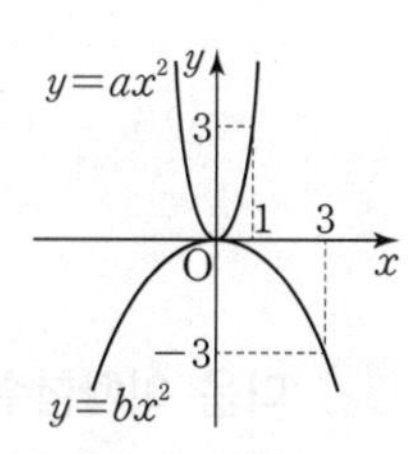

16

보기의 이차함수의 그래프 중에서 위로 볼록하고 폭이 가장 넓은 것을 고르시오.

보기

ㄱ. $y=-2x^2$
ㄴ. $y=\frac{2}{3}x^2$
ㄷ. $y=-\frac{1}{4}x^2$
ㄹ. $y=4x^2$
ㅁ. $y=-\frac{1}{2}x^2$

소단원 집중 연습

1. 이차함수의 그래프 | 02. $y=a(x-p)^2+q$의 그래프

01 다음 이차함수의 그래프를 y축의 방향으로 [ ] 안의 수만큼 평행이동한 그래프가 나타내는 이차함수의 식을 구하시오.

(1) $y=x^2$ [2]

(2) $y=-2x^2$ [−3]

(3) $y=-\frac{1}{2}x^2$ [−1]

(4) $y=3x^2$ [5]

(5) $y=\frac{1}{4}x^2$ [−7]

02 다음 이차함수의 그래프의 꼭짓점의 좌표와 축의 방정식을 차례로 구하시오.

(1) $y=2x^2-3$

(2) $y=\frac{1}{2}x^2+2$

(3) $y=-\frac{1}{3}x^2+3$

(4) $y=-x^2-4$

(5) $y=\frac{1}{5}x^2-1$

03 다음 이차함수의 그래프를 x축의 방향으로 [ ] 안의 수만큼 평행이동한 그래프가 나타내는 이차함수의 식을 구하시오.

(1) $y=-x^2$ [2]

(2) $y=2x^2$ [−3]

(3) $y=\frac{1}{2}x^2$ [−1]

(4) $y=-3x^2$ [5]

(5) $y=-\frac{1}{4}x^2$ [−7]

04 다음 이차함수의 그래프의 꼭짓점의 좌표와 축의 방정식을 차례로 구하시오.

(1) $y=-2(x-2)^2$

(2) $y=\frac{1}{3}(x+2)^2$

(3) $y=-\frac{1}{4}(x+1)^2$

(4) $y=-(x+5)^2$

(5) $y=\frac{1}{2}(x-5)^2$

05 다음 이차함수의 그래프를 x축의 방향으로 p만큼, y축의 방향으로 q만큼 평행이동한 그래프가 나타내는 이차함수의 식을 구하시오.

(1) $y=2x^2$ $[p=1,\ q=2]$

(2) $y=-x^2$ $[p=-3,\ q=2]$

(3) $y=\frac{3}{2}x^2$ $[p=-1,\ q=-2]$

(4) $y=-3x^2$ $\left[p=\frac{1}{2},\ q=-1\right]$

(5) $y=-\frac{1}{3}x^2$ $[p=-2,\ q=1]$

06 다음 이차함수의 그래프의 꼭짓점의 좌표와 축의 방정식을 차례로 구하시오.

(1) $y=(x-1)^2+2$

(2) $y=-\frac{1}{2}(x+2)^2-3$

(3) $y=-2(x-3)^2-1$

(4) $y=\frac{1}{3}(x+4)^2+3$

(5) $y=-(x-1)^2-2$

07 다음 중 이차함수 $y=-2(x+3)^2-1$의 그래프에 대한 설명으로 옳은 것은 ○표, 옳지 않은 것은 ×표 하시오.

(1) 이차함수 $y=-2(x+3)^2$의 그래프를 x축의 방향으로 -1만큼 평행이동한 것이다. ( )

(2) 이차함수 $y=-2x^2-1$의 그래프를 x축의 방향으로 3만큼 평행이동한 것이다. ( )

(3) 이차함수 $y=-2x^2$의 그래프를 x축의 방향으로 -3만큼, y축의 방향으로 -1만큼 평행이동한 것이다. ( )

(4) 꼭짓점의 좌표는 $(3,\ -1)$이다. ( )

(5) 축의 방정식은 $x=-3$이다. ( )

(6) 아래로 볼록한 포물선이다. ( )

(7) $x>-3$일 때, x의 값이 증가하면 y의 값도 증가한다. ( )

(8) 그래프는 제2, 3, 4사분면을 지난다. ( )

소단원 테스트 [1회]

1. 이차함수의 그래프 | 02. $y=a(x-p)^2+q$의 그래프

테스트한 날	맞은 개수
월 일	/ 16

01

이차함수 $y=-5x^2$의 그래프를 x축의 방향으로 1만큼, y축의 방향으로 -3만큼 평행이동한 그래프의 식은?

① $y=-5(x-1)^2-3$ ② $y=-5(x+1)^2-3$
③ $y=-5(x+1)^2+3$ ④ $y=5(x-1)^2-3$
⑤ $y=5(x+1)^2-3$

02

다음 이차함수 중 그 그래프의 꼭짓점의 y좌표가 가장 큰 것은?

① $y=x^2$ ② $y=\frac{1}{2}x^2+5$
③ $y=3(x-3)^2-5$ ④ $y=-(x-3)^2$
⑤ $y=2(x+3)^2+1$

03

다음 중 대칭축의 위치가 가장 오른쪽에 위치하는 그래프의 이차함수의 식은?

① $y=-2(x-1)^2$ ② $y=\frac{1}{2}(x+3)^2$
③ $y=(x-4)^2$ ④ $y=\frac{3}{4}(x+4)^2$
⑤ $y=-3(x+6)^2$

04

이차함수 $y=(x-5)^2+3$의 그래프에서 x의 값이 증가할 때, y의 값은 감소하는 x의 값의 범위는?

① $x<5$ ② $x>5$ ③ $x>3$
④ $x<3$ ⑤ $x>-5$

05

이차함수 $y=ax^2$의 그래프를 x축, y축의 방향으로 각각 b, c만큼 평행이동하면 $y=2(x-3)^2-7$의 그래프와 완전히 포개어질 때, $a+b+c$의 값은? (단, a, b, c는 상수)

① -8 ② -4 ③ -2
④ 2 ⑤ 4

06

오른쪽 그림과 같은 이차함수 $y=a(x-p)^2$의 그래프에서 $a+p$의 값은? (단, a, p는 상수)

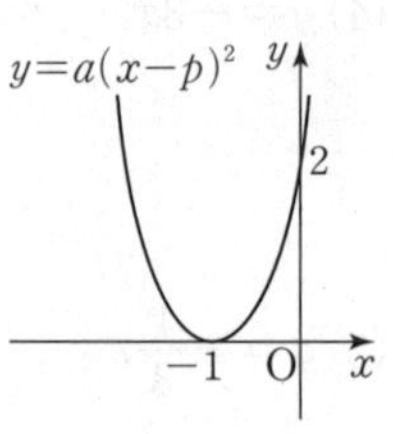

① -3 ② -2
③ -1 ④ 1
⑤ 2

07

이차함수 $y=(x-1)^2+2$의 그래프와 x축에 대하여 대칭인 포물선의 식은?

① $y=(x-1)^2-2$ ② $y=(x+1)^2-2$
③ $y=-(x-1)^2+2$ ④ $y=-(x-1)^2-2$
⑤ $y=-(x+1)^2-2$

08

이차함수 $y=4(x-2)^2-1$의 그래프가 지나지 않는 사분면은?

① 제1사분면 ② 제2사분면
③ 제3사분면 ④ 제4사분면
⑤ 제2, 3사분면

09

이차함수 $y=a(x+b)^2$의 그래프가 두 점 $(1, 8)$, $(-1, 32)$를 지날 때, 상수 a, b에 대하여 ab의 값은?

① -6 ② -2 ③ 2
④ 3 ⑤ 6

10

이차함수 $y=a(x-p)^2+q$의 그래프가 오른쪽 그림과 같을 때, 상수 a, p, q의 부호는?

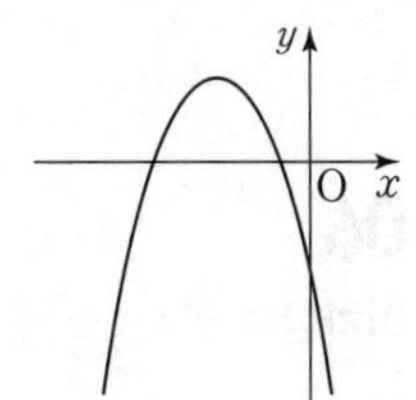

① $a<0$, $p<0$, $q<0$
② $a<0$, $p<0$, $q>0$
③ $a<0$, $p>0$, $q>0$
④ $a>0$, $p<0$, $q>0$
⑤ $a>0$, $p>0$, $q<0$

11

이차함수 $y=-(x+4)^2-7$의 그래프에 대한 다음 설명 중 옳지 않은 것은?

① 위로 볼록하다.
② 꼭짓점의 좌표는 $(4, -7)$이다.
③ 점 $(-2, -11)$을 지난다.
④ 축의 방정식은 $x=-4$이다.
⑤ 이차함수 $y=-x^2$의 그래프와 폭이 같다.

12

이차함수 $y=-2x^2$의 그래프를 y축의 방향으로 4만큼 평행이동하면 점 $(-2, a)$를 지난다고 한다. a의 값은?

① -12 ② -8 ③ -4
④ -2 ⑤ 0

13

이차함수 $y=-(x+2)^2+4$의 그래프는 이차함수 $y=-(x-1)^2-1$의 그래프를 x축의 방향으로 a만큼, y축의 방향으로 b만큼 평행이동한 것이다. $a+b$의 값은?

① -2 ② -1 ③ 0
④ 1 ⑤ 2

14

꼭짓점의 좌표가 $(-1, 2)$이고 x^2의 계수가 3인 이차함수의 식은?

① $y=(x-1)^2+2$ ② $y=(x+1)^2-2$
③ $y=3(x+1)^2+2$ ④ $y=3(x-1)^2+2$
⑤ $y=3(x-1)^2-2$

15

이차함수 $y=-\frac{1}{3}x^2$의 그래프를 x축에 대하여 대칭이동한 후, 다시 x축의 방향으로 -1만큼, y축의 방향으로 2만큼 평행이동한 그래프의 식은?

① $y=\frac{1}{3}(x+1)^2+2$ ② $y=-\frac{1}{3}(x+1)^2+2$
③ $y=\frac{1}{3}(x-1)^2+2$ ④ $y=-\frac{1}{3}(x-1)^2+2$
⑤ $y=\frac{1}{3}(x-1)^2-2$

16

이차함수 $y=ax^2+q$의 그래프가 오른쪽 그림과 같을 때, 이 포물선의 식은? (단, a, q는 상수)

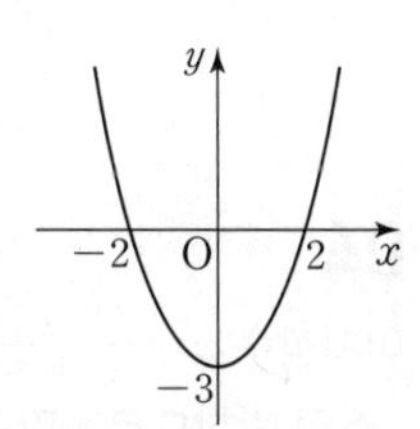

① $y=\frac{3}{4}x^2-3$
② $y=\frac{3}{4}x^2+3$
③ $y=x^2-3$
④ $y=x^2+3$
⑤ $y=3x^2-3$

소단원 테스트 [2회]

1. 이차함수의 그래프 | 02. $y=a(x-p)^2+q$의 그래프

테스트한 날	맞은 개수
월 일	/ 16

01

오른쪽 그래프의 식이 $y=a(x+b)^2$일 때, $a+b$의 값을 구하시오.
(단, a, b는 상수)

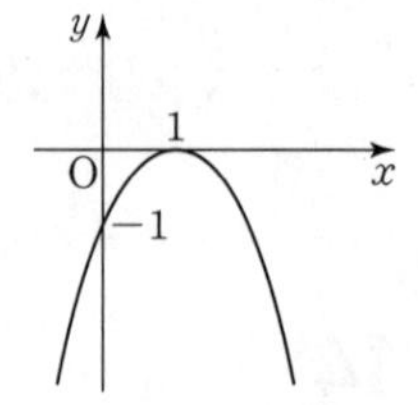

02

두 점 $(-3, 4)$와 $(2, a)$를 지나는 이차함수 $y=a(x+1)^2+b$의 그래프가 y축과 만나는 점의 y좌표를 구하시오. (단, a, b는 상수)

03

이차함수 $y=\frac{3}{2}x^2$의 그래프와 모양이 같고, 꼭짓점의 좌표가 $(2, -3)$인 이차함수의 식을 구하시오.

04

이차함수 $y=-x^2+3$의 그래프를 x축의 방향으로 m만큼, y축의 방향으로 n만큼 평행이동한 포물선의 식이 $y=-(x-2)^2+2$일 때, $m+n$의 값을 구하시오.

05

이차함수 $y=3x^2$의 그래프를 y축의 방향으로 m만큼 평행이동하면 점 $(1, 1)$을 지난다고 할 때, m의 값을 구하시오.

06

이차함수 $y=\frac{1}{2}x^2+c$의 그래프가 점 $(2, -1)$을 지날 때, 이 그래프의 꼭짓점의 좌표를 구하시오.

07

보기에서 이차함수 $y=-\frac{1}{2}(x-1)^2$의 그래프에 대한 설명으로 옳은 것을 모두 고르시오.

보기
ㄱ. 위로 볼록한 포물선이다.
ㄴ. 축의 방정식은 $x=-1$이다.
ㄷ. 꼭짓점의 좌표는 $(1, 0)$이다.
ㄹ. $y=-\frac{1}{2}x^2$의 그래프를 x축의 방향으로 -1만큼 평행이동한 것이다.

08

이차함수 $y=-x^2$의 그래프를 x축의 방향으로 -4만큼 평행이동하면 점 $(1, a)$를 지난다. a의 값을 구하시오.

09
이차함수 $y=(x-1)^2+3$의 그래프에서 x의 값이 증가할 때, y의 값은 감소하는 x의 값의 범위를 구하시오.

10
이차함수 $y=-x^2+q$의 그래프가 점 $(-3, 2)$를 지날 때, 이 그래프의 꼭짓점의 좌표를 구하시오. (단, q는 상수)

11
이차함수 $y=a(x-p)^2-3$의 그래프의 축의 방정식이 $x=-2$이고 점 $(1, 0)$을 지날 때, $3a+p$의 값을 구하시오.

(단, a, p는 상수)

12
이차함수 $y=2(x-p)^2$의 그래프가 점 $(2, 8)$을 지날 때, 이 포물선의 축의 방정식을 구하시오. (단, $p>0$)

13
이차함수 $y=a(x-p)^2+q$의 그래프가 오른쪽 그림과 같을 때, 상수 a, p, q의 부호를 구하시오.

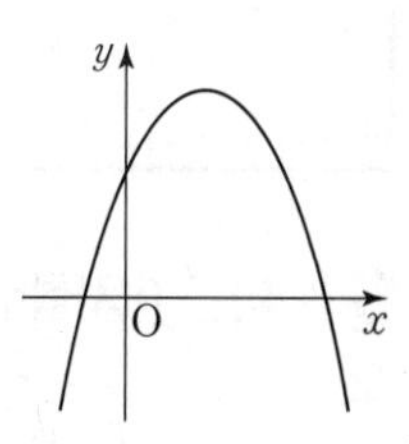

14
이차함수 $y=-3(x-6)^2-2$의 그래프의 꼭짓점의 좌표를 (a, b), 축의 방정식을 $x=c$라 할 때, $a+b+c$의 값을 구하시오.

15
이차함수 $y=\frac{2}{3}x^2$의 그래프를 x축의 방향으로 p만큼, y축의 방향으로 q만큼 평행이동한 그래프의 식이 $y=\frac{2}{3}(x+5)^2+2$일 때, pq의 값을 구하시오.

16
이차함수 $y=ax^2+q$의 그래프가 두 점 $(1, -1)$, $(-2, 8)$을 지날 때, $2a+q$의 값을 구하시오.

(단, a, q는 상수)

소단원 집중 연습

1. 이차함수의 그래프 | 03. $y=ax^2+bx+c$의 그래프

01 다음 이차함수를 $y=a(x-p)^2+q$ 꼴로 나타내시오.

(1) $y=x^2-2x+2$

(2) $y=-x^2-4x+1$

(3) $y=2x^2+6x$

(4) $y=-2x^2+8x-3$

(5) $y=-\frac{1}{2}x^2+3x+2$

02 다음 이차함수의 그래프의 꼭짓점의 좌표와 축의 방정식을 차례로 구하시오.

(1) $y=x^2-8x+1$

(2) $y=-x^2+2x$

(3) $y=3x^2+12x-2$

(4) $y=-2x^2-4x+1$

(5) $y=\frac{1}{3}x^2+2x-3$

03 다음 이차함수의 그래프가 x축과 만나는 점의 좌표를 구하시오.

(1) $y=x^2+8x+15$

(2) $y=-x^2+3x+4$

(3) $y=3x^2-4x+1$

(4) $y=-\frac{1}{2}x^2+6x$

04 이차함수 $y=-2x^2+8x-1$의 그래프에 대한 설명으로 옳은 것은 ○표, 옳지 않은 것은 ×표 하시오.

(1) 이차함수 $y=-2x^2$의 그래프를 x축의 방향으로 2만큼, y축의 방향으로 7만큼 평행이동한 것이다. ( )

(2) 위로 볼록한 포물선이다. ( )

(3) 꼭짓점의 좌표는 $(-2, 7)$이다. ( )

(4) 축의 방정식은 $x=2$이다. ( )

(5) y축과 점 $(0, 7)$에서 만난다. ( )

(6) 그래프는 제1, 3, 4사분면을 지난다. ( )

05 이차함수 $y=ax^2+bx+c$의 그래프가 다음과 같을 때, 상수 a, b, c의 부호를 구하시오.

(1)

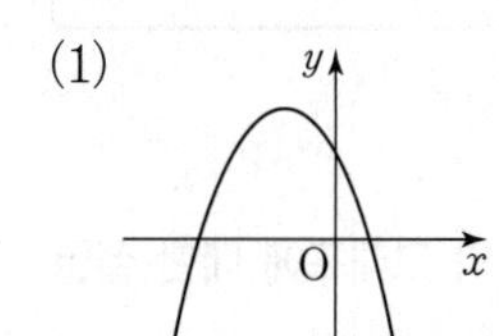

(2)

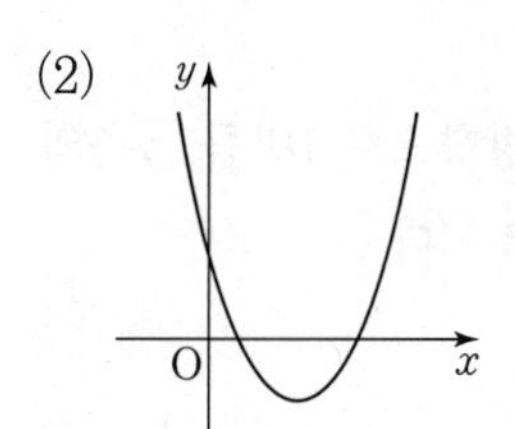

(3)

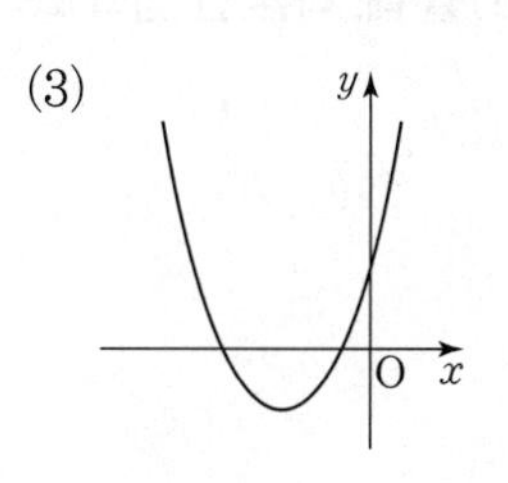

(4)

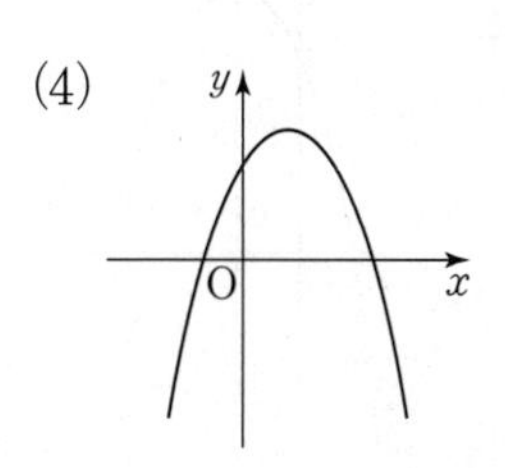

(5)

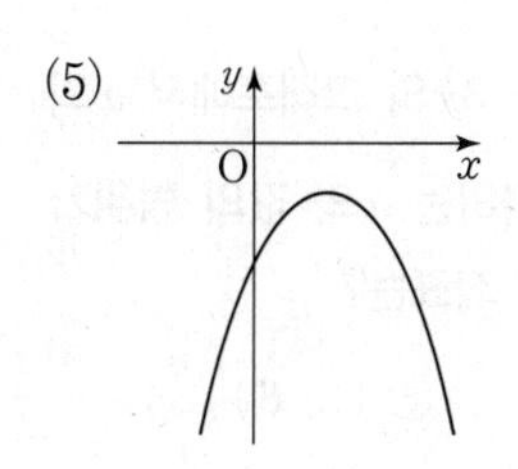

06 다음 그림과 같은 포물선을 그래프로 갖는 이차함수의 식을 $y=ax^2+bx+c$ 꼴로 나타내시오.

(1)

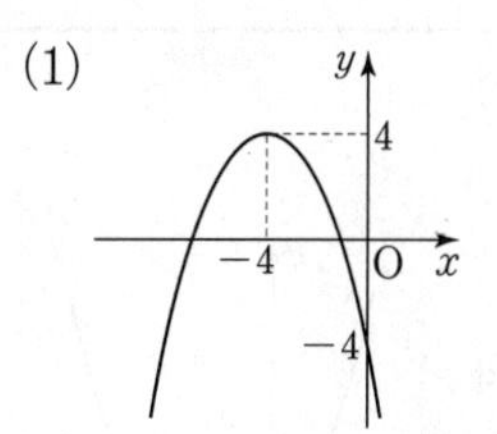

(2)

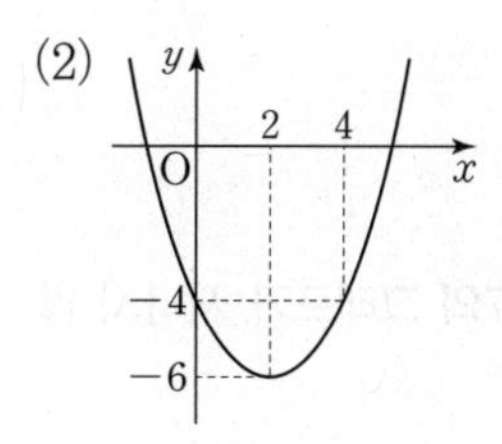

(3)

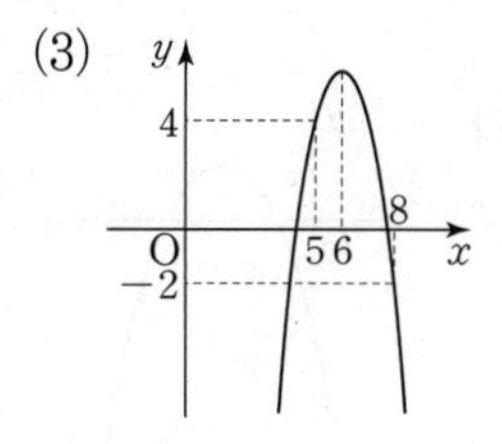

(4)

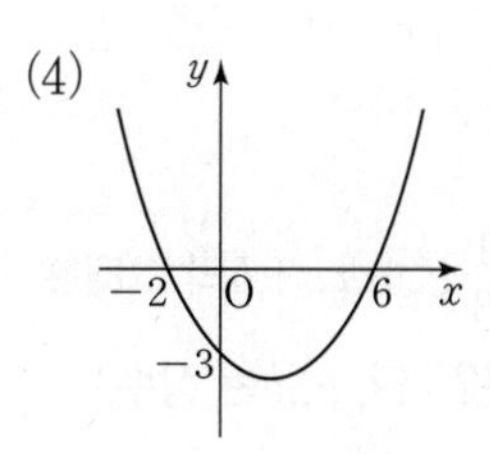

소단원 테스트 [1회]

1. 이차함수의 그래프 | 03. $y=ax^2+bx+c$의 그래프

테스트한 날	맞은 개수
월 일	/ 16

01

오른쪽 그림과 같이 이차함수 $y=\frac{1}{2}x^2-x-\frac{3}{2}$의 그래프가 x축과 만나는 점의 x좌표를 각각 a, b라 할 때, $a+b$의 값은?

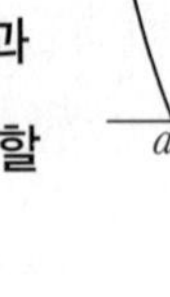

① 2 ② 4 ③ 6 ④ 8 ⑤ 12

02

다음 중 이차함수 $y=-x^2+6x-7$의 그래프가 지나지 않는 사분면은?

① 제1사분면 ② 제2사분면 ③ 제3사분면 ④ 제1, 2사분면 ⑤ 제3, 4사분면

03

이차함수 $y=ax^2+bx+c$의 그래프가 오른쪽 그림과 같을 때, 상수 a, b, c의 부호는?

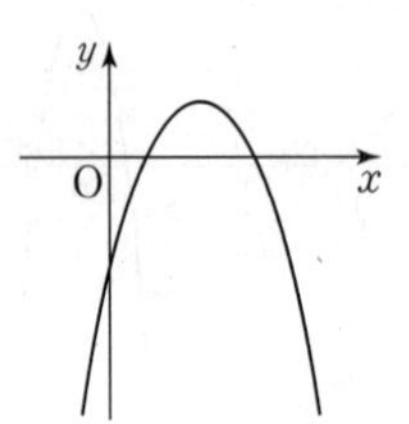

① $a>0$, $b>0$, $c<0$
② $a>0$, $b<0$, $c<0$
③ $a<0$, $b>0$, $c<0$
④ $a<0$, $b<0$, $c>0$
⑤ $a<0$, $b<0$, $c<0$

04

두 이차함수 $y=3x^2+6x+3$, $y=\frac{1}{3}x^2+ax+b$의 그래프의 꼭짓점이 일치할 때, $a+b$의 값은? (단, a, b는 상수)

① $\frac{4}{3}$ ② 1 ③ $\frac{1}{3}$ ④ 0 ⑤ $-\frac{1}{3}$

05

다음 중 이차함수 $y=-x^2+2x-3$의 그래프에 대한 설명으로 옳은 것은?

① 아래로 볼록하다.
② 직선 $x=-1$을 대칭축으로 한다.
③ 꼭짓점의 좌표는 $(1, -2)$이다.
④ 제1, 2, 4사분면을 지난다.
⑤ $y=-x^2$의 그래프를 x축의 방향으로 1만큼, y축의 방향으로 2만큼 평행이동한 것이다.

06

이차함수 $y=x^2-kx+12$의 그래프가 x축과 서로 다른 두 점에서 만나고 한 점의 좌표가 $(4, 0)$일 때, 다른 한 점의 좌표는?

① $(-1, 0)$ ② $(0, 0)$ ③ $(1, 0)$ ④ $(2, 0)$ ⑤ $(3, 0)$

07

오른쪽 그림은 이차함수 $y=ax^2+2x+3$의 그래프이다. 상수 a의 값은?

① -2 ② -1 ③ 0 ④ 1 ⑤ 2

08

이차함수 $y=-\frac{1}{3}x^2-(k+1)x-3k$의 그래프에서 x의 값이 증가함에 따라 y의 값도 증가하는 x의 값의 범위가 $x<3$일 때, 이 이차함수의 꼭짓점의 좌표는?

① $(-3, 2)$ ② $(-3, 9)$ ③ $(3, 6)$ ④ $(3, 12)$ ⑤ $(3, 15)$

09

이차함수 $y=ax^2$의 그래프를 x축에 대하여 대칭이동한 후 x축의 방향으로 -1만큼, y축의 방향으로 q만큼 평행이동한 그래프의 식이 $y=2x^2+px-1$일 때, $a+p+q$의 값은? (단, a는 상수)

① -2 ② -1 ③ 0
④ 1 ⑤ 2

10

이차함수 $y=2x^2-x+c$의 그래프가 점 $(1, -6)$을 지날 때, 이 그래프의 y절편은? (단, c는 상수)

① -7 ② -6 ③ -5
④ -4 ⑤ -3

11

이차함수 $y=-x^2+ax+5$의 그래프가 점 $(2, -3)$을 지날 때, 이 그래프의 꼭짓점의 좌표는? (단, a는 상수)

① $(-1, 5)$ ② $(-1, 6)$ ③ $(1, -6)$
④ $(1, 4)$ ⑤ $(1, 6)$

12

이차함수 $y=ax^2+bx+c$의 그래프가 두 점 $(-2, 3)$, $(-4, 3)$을 지날 때, 이 이차함수의 그래프의 축의 방정식은? (단, a, b, c는 상수)

① $x=-3$ ② $x=-1$ ③ $x=\frac{1}{2}$
④ $x=2$ ⑤ $x=\frac{5}{2}$

13

이차함수 $y=2x^2-4x+a$의 그래프의 꼭짓점의 좌표가 $(b, 3)$일 때, $a+b$의 값은? (단, a는 상수)

① 4 ② 6 ③ 8
④ 10 ⑤ 12

14

이차함수 $y=ax^2+bx+c$의 그래프가 세 점 $(0, -6)$, $(2, 0)$, $(-2, -16)$을 지날 때, abc의 값은?
(단, a, b, c는 상수)

① -12 ② -6 ③ 4
④ 6 ⑤ 12

15

오른쪽 그림과 같이 이차함수 $y=-x^2+2x+3$의 그래프가 x축과 만나는 두 점을 각각 A, B라 하고, y축과 만나는 점을 C라 할 때, $\triangle ABC$의 넓이는?

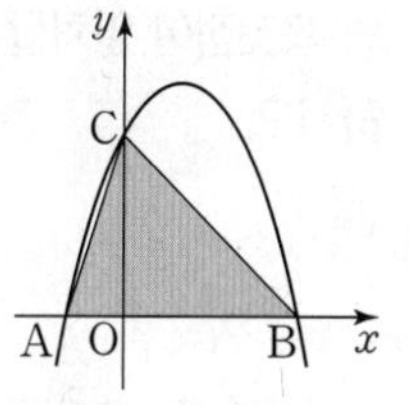

① 4 ② 6
③ 8 ④ 10
⑤ 12

16

이차방정식 $x^2+ax+b=0$의 두 근이 -3, 1일 때, 이차함수 $y=x^2+ax-b$의 그래프의 꼭짓점의 좌표는?
(단, a, b는 상수)

① $(-2, 1)$ ② $(-1, 2)$ ③ $(1, -2)$
④ $(1, 2)$ ⑤ $(2, -1)$

소단원 테스트 [2회]

1. 이차함수의 그래프 | 03. $y=ax^2+bx+c$의 그래프

테스트한 날	맞은 개수
월 일	/ 16

01

보기에서 이차함수 $y=2x^2-8x+5$의 그래프에 대한 설명으로 옳은 것을 모두 고르시오.

보기

ㄱ. 직선 $x=2$를 축으로 한다.

ㄴ. y축과 점 $(0, 5)$에서 만난다.

ㄷ. 꼭짓점의 좌표는 $(-2, -3)$이다.

ㄹ. 제2사분면과 제3사분면을 지나지 않는다.

ㅁ. $y=2x^2$의 그래프를 x축의 방향으로 2만큼, y축의 방향으로 -3만큼 평행이동한 것과 같다.

02

두 이차함수 $y=x^2+4x+a$와 $y=\frac{1}{2}x^2+bx+4$의 그래프의 꼭짓점이 일치할 때, 상수 a, b에 대하여 $a+b$의 값을 구하시오.

03

이차함수 $y=2x^2+bx+c$의 그래프가 두 점 $(1, 1)$, $(-1, 5)$를 지날 때, 상수 b, c에 대하여 $c-2b$의 값을 구하시오.

04

이차함수 $y=x^2+bx+c$의 그래프는 축의 방정식이 $x=-5$이고 점 $(-2, 3)$을 지나는 포물선이다. 상수 b, c에 대하여 $b+c$의 값을 구하시오.

05

이차함수 $y=x^2-6x+7$의 그래프가 지나지 않는 사분면을 구하시오.

06

이차함수 $y=x^2-2ax+b$의 그래프가 점 $(3, 5)$를 지나고 꼭짓점이 직선 $y=2x$ 위에 있을 때, 상수 a, b에 대하여 ab의 값을 구하시오.

07

이차함수 $y=-2x^2+4x+6$의 그래프가 x축과 만나는 두 점의 x좌표를 p, q라 할 때, $p-q$의 값을 구하시오.

(단, $p>q$)

08

이차함수 $y=x^2-6x+a$의 꼭짓점이 x축 위에 있을 때, 상수 a의 값을 구하시오.

09

이차함수 $y=x^2+ax-6$의 그래프가 점 $(1,\ -3)$을 지날 때, 이 그래프의 꼭짓점의 좌표를 구하시오. (단, a는 상수)

10

이차함수 $y=-x^2+2x+1$의 그래프를 x축의 방향으로 m만큼, y축의 방향으로 n만큼 평행이동시키면 $y=-x^2$의 그래프와 일치한다. $m+n$의 값을 구하시오.

11

이차함수 $y=ax^2+bx+c$의 그래프가 세 점 $(0, 1)$, $(-1,\ 6)$, $(3,\ 10)$을 지날 때, 상수 a, b, c에 대하여 $a+b+c$의 값을 구하시오.

12

이차함수 $y=-3x^2+6x-3$의 그래프에서 x의 값이 증가할 때, y의 값도 증가하는 x의 값의 범위를 구하시오.

13

이차함수 $y=ax^2+bx+c$의 그래프가 오른쪽 그림과 같을 때, $ab+c$의 부호를 구하시오. (단, a, b, c는 상수)

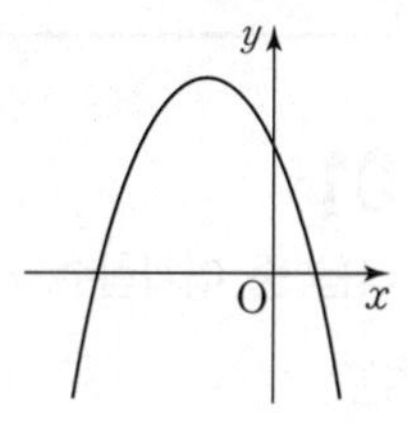

14

이차함수 $y=2x^2+8x+9$의 그래프는 $y=2x^2$의 그래프를 x축의 방향으로 p만큼, y축의 방향으로 q만큼 평행이동한 것일 때, $p+q$의 값을 구하시오.

15

오른쪽 그림과 같은 이차함수 $y=-x^2+4x+5$의 그래프에서 점 A는 꼭짓점이고, 두 점 B와 C는 x축과의 교점일 때, $\triangle$ABC의 넓이를 구하시오.

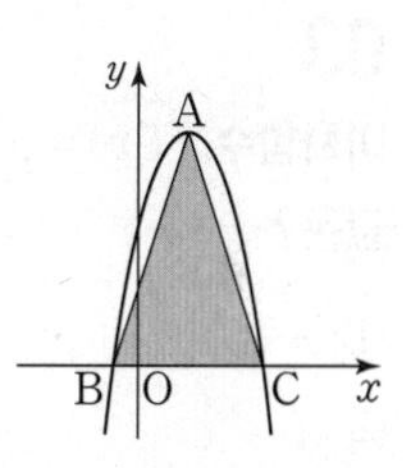

16

이차함수 $y=2x^2$의 그래프와 모양이 같고, x축과 두 점 $(-2, 0)$, $(1, 0)$에서 만나는 포물선을 그래프로 하는 이차함수의 식을 구하시오.

중단원 테스트 [1회]

테스트한 날	맞은 개수
월 일	/ 32

01

다음 중 이차함수 $y=-\frac{3}{2}x^2$의 그래프 위에 있지 않은 점은?

① $(4,\ -24)$ ② $(2,\ -6)$ ③ $(0,\ 0)$
④ $\left(-\frac{1}{2},\ -\frac{3}{8}\right)$ ⑤ $(-6,\ 54)$

02

다음 중 $y=kx(x-1)+2x^2+6$이 x에 대한 이차함수일 때, 실수 k의 값이 될 수 없는 것은?

① -2 ② -1 ③ 0
④ 1 ⑤ 2

03

이차함수 $f(x)=x^2-2x+1$에 대하여 $f(0)+f(-1)$의 값은?

① -3 ② 0 ③ 1
④ 3 ⑤ 5

04

x의 각 값에 대하여 이차함수 $y=ax^2$의 함숫값이 이차함수 $y=x^2$의 함숫값의 4배이다. 이차함수 $y=ax^2$의 그래프와 x축에 대하여 대칭인 함수의 그래프가 점 $(-1,\ b)$를 지난다고 할 때, b의 값은?

① -4 ② -2 ③ -1
④ 1 ⑤ 4

05

다음 중 y가 x에 대한 이차함수가 아닌 것은?

① $y=4x^2$ ② $y=x(x+1)$
③ $y=x^2-2x+1$ ④ $y=(x-2)^2$
⑤ $y=x(x-1)-x^2$

06

오른쪽 그림과 같은 포물선을 그래프로 하는 이차함수의 식은?

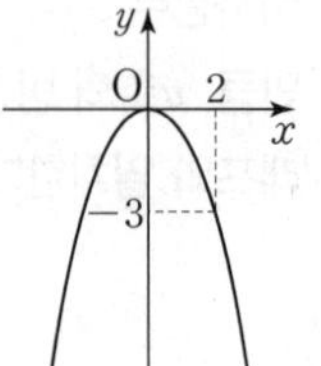

① $y=-\frac{3}{2}x^2$ ② $y=-\frac{3}{4}x^2$
③ $y=-\frac{2}{3}x^2$ ④ $y=\frac{3}{4}x^2$
⑤ $y=\frac{3}{2}x^2$

07

다음 중 $y=\frac{1}{4}x^2$의 그래프를 x축의 방향으로 2만큼 평행이동한 그래프가 지나지 않는 점은?

① $(-4,\ 9)$ ② $(-2,\ 4)$ ③ $(0,\ 2)$
④ $(2,\ 0)$ ⑤ $\left(3,\ \frac{1}{4}\right)$

08

보기에서 이차함수 $y=-2x^2$의 그래프를 x축의 방향으로만 평행이동하여 완전히 포갤 수 있는 그래프를 모두 고른 것은?

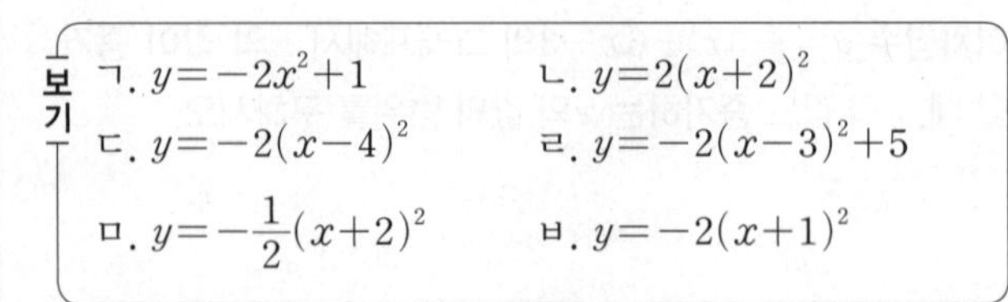

보기
ㄱ. $y=-2x^2+1$ ㄴ. $y=2(x+2)^2$
ㄷ. $y=-2(x-4)^2$ ㄹ. $y=-2(x-3)^2+5$
ㅁ. $y=-\frac{1}{2}(x+2)^2$ ㅂ. $y=-2(x+1)^2$

① ㄱ, ㅁ ② ㄴ, ㅁ ③ ㄷ, ㅂ
④ ㄴ, ㄷ, ㅂ ⑤ ㄱ, ㄷ, ㄹ, ㅂ

09

이차함수 $f(x)=ax^2-2x+5$에 대하여 $f(2)=3$일 때, 상수 a의 값을 구하시오.

10

이차함수 $y=3(x+p)^2$의 그래프의 축의 방정식이 $x=2$이고, 점 $(0,\ a)$를 지날 때, $a+p$의 값을 구하시오.

(단, p는 상수)

11

오른쪽 그림은 이차함수 $y=-x^2$의 그래프를 평행이동한 그래프이다. 이 그래프의 식을 구하시오.

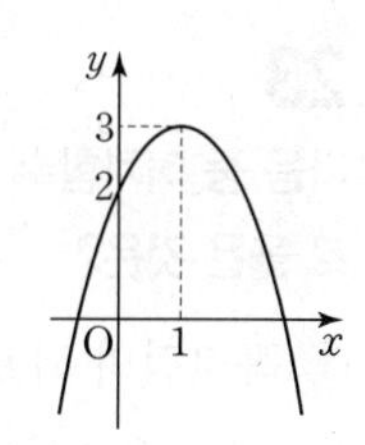

12

다음 중 평행이동하여 나머지 넷과 완전히 포개어질 수 없는 그래프의 식은?

① $y=4x^2$ ② $y=4x^2-1$
③ $y=4(x+3)^2$ ④ $y=-4(x^2+1)$
⑤ $y=4(x-2)^2+1$

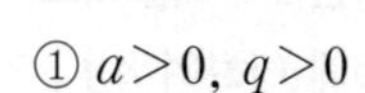

13

이차함수 $y=-(x-4)^2-3$의 그래프의 꼭짓점의 좌표는?

① $(-4,\ -3)$ ② $(-4,\ 3)$ ③ $(4,\ -3)$
④ $(4,\ 3)$ ⑤ $(-1,\ 4)$

14

이차함수 $y=2x^2$의 그래프와 모양이 같고, 꼭짓점의 좌표가 $(3,\ -6)$인 포물선이 점 $(1,\ a)$를 지날 때, a의 값을 구하시오.

15

오른쪽 그림과 같이 이차함수 $y=ax^2$의 그래프가 x축과 이차함수 $y=-\frac{3}{2}x^2$의 그래프 사이에 있을 때, 다음 중 실수 a의 값이 될 수 없는 것은?

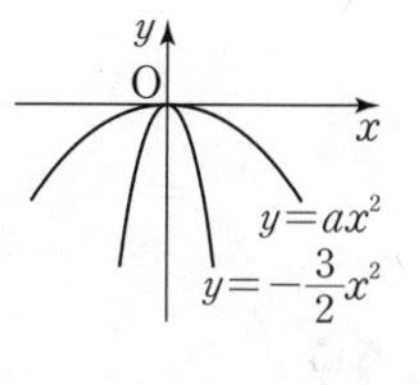

① -2 ② $-\frac{4}{3}$ ③ -1
④ $-\frac{4}{5}$ ⑤ $-\frac{1}{2}$

16

오른쪽 그림은 이차함수 $y=ax^2+q$의 그래프이다. 상수 a, q의 부호는?

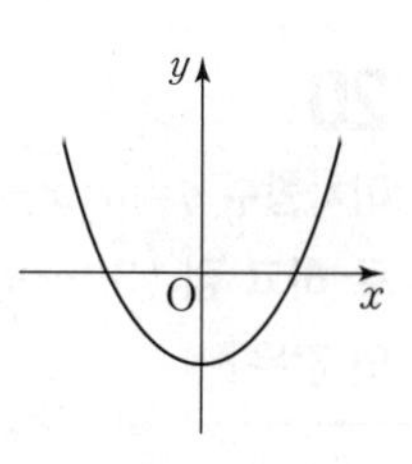

① $a>0,\ q>0$
② $a>0,\ q<0$
③ $a<0,\ q>0$
④ $a<0,\ q<0$
⑤ $a>0,\ q=0$

17

이차함수 $y=ax^2+q$의 그래프가 두 점 $(-1, -2)$, $(2, 4)$를 지날 때, 상수 a, q에 대하여 $a-q$의 값은?

① 2　② 3　③ 4　④ 5　⑤ 6

18

다음 이차함수 중 그 그래프가 위로 볼록하면서 폭이 가장 좁은 것은?

① $y=-6x^2$　② $y=-2x^2$　③ $y=-\frac{1}{2}x^2$　④ $y=x^2$　⑤ $y=6x^2$

19

이차함수 $y=-3x^2$의 그래프를 y축의 방향으로 4만큼 평행이동한 그래프가 점 $(-2, a)$를 지날 때, a의 값은?

① -12　② -8　③ -4　④ 12　⑤ 16

20

이차함수 $y=a(x-p)^2+3$의 그래프가 직선 $x=1$을 축으로 하고 점 $(3, -9)$를 지날 때, 상수 a, p에 대하여 $a+p$의 값은?

① -3　② -2　③ 3　④ 5　⑤ 6

21

이차함수 $f(x)=3x^2-ax-2$에 대하여 $f(1)=6$, $f(-2)=b$일 때, $a+b$의 값은? (단, a는 상수)

① -6　② -5　③ -4　④ -3　⑤ -2

22

이차함수 $y=-\frac{2}{3}(x+1)^2+6$에서 x의 값이 증가할 때, y의 값은 감소하는 x의 값의 범위는?

① $x>-1$　② $x<-1$　③ $x<1$　④ $x>\frac{2}{3}$　⑤ $-1<x<6$

23

다음 중 이차함수 $y=2x^2+8x-1$의 그래프에 대한 설명으로 옳은 것은?

① 꼭짓점의 좌표는 $(2, -9)$이다.
② y절편은 1이다.
③ 위로 볼록하다.
④ 직선 $x=2$를 축으로 한다.
⑤ 제4사분면을 지난다.

24

오른쪽 그림과 같은 이차함수 $y=-x^2-4x+4$의 그래프에서 꼭짓점을 A, y축과의 교점을 B라 할 때, $\triangle$OAB의 넓이를 구하시오.

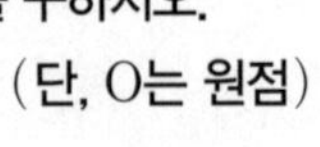
(단, O는 원점)

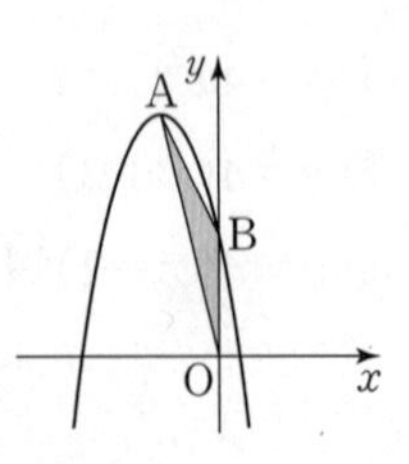

25

이차함수 $y=4x^2-16x+7$의 그래프는 축의 방정식이 $x=m$이고 점 $(1, n)$을 지날 때, $m+n$의 값을 구하시오.

26

이차함수 $y=2x^2+12x+20$의 그래프의 꼭짓점의 좌표가 (a, b)일 때, $a+b$의 값은?

① -2　② -1　③ 0
④ 1　⑤ 2

27

오른쪽 그림과 같이 이차함수 $y=-x^2-2x+k$의 그래프와 x축이 만나는 두 점을 A, B라 하자. $\overline{AB}=8$이고 그래프의 꼭짓점을 C라 할 때, $\triangle ABC$의 넓이는?

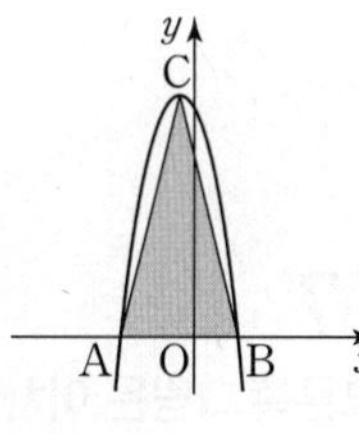

① 52　② 56　③ 60
④ 64　⑤ 68

28

다음 이차함수 중 그래프의 축의 방정식이 다른 하나는?

① $y=-x(x-2)$　② $y=x^2-2x+1$
③ $y=-2(x-1)^2+5$　④ $y=-x^2+1$
⑤ $y=3x^2-6x+9$

29

이차함수 $y=-x^2+4x+p$의 그래프의 꼭짓점이 직선 $2x+3y-1=0$ 위에 있을 때, 상수 p의 값을 구하시오.

30

이차함수 $y=x^2-2mx-8$의 그래프가 이차함수 $y=\frac{1}{2}x^2+5x-\frac{1}{2}$의 그래프의 꼭짓점을 지날 때, 상수 m의 값은?

① -3　② $-\frac{5}{2}$　③ -2
④ $\frac{3}{2}$　⑤ 3

31

이차함수 $y=-2x^2-8x-1$의 그래프를 x축의 방향으로 -2만큼, y축의 방향으로 -3만큼 평행이동한 그래프의 식은?

① $y=-2x^2+4$
② $y=-2x^2-16x-28$
③ $y=-2x^2-16x-22$
④ $y=-2x^2-4x-10$
⑤ $y=-2x^2+8x-28$

32

이차함수 $y=2x^2-4x+1$의 그래프가 지나지 않는 사분면은?

① 제1사분면　② 제2사분면
③ 제3사분면　④ 제4사분면
⑤ 모든 사분면을 지난다.

중단원 테스트 [2회]

테스트한 날	맞은 개수
월 일	/ 32

01

이차함수 $y=\frac{1}{3}(x-p)^2-q$의 그래프가 직선 $x=-2$를 축으로 하고 점 $(1, 0)$을 지날 때, 상수 p, q에 대하여 $p+q$의 값은?

① 1　　② 2　　③ 3
④ 4　　⑤ 5

02

이차함수 $y=f(x)$의 그래프가 오른쪽 그림과 같을 때, $f(-3)$의 값을 구하시오.

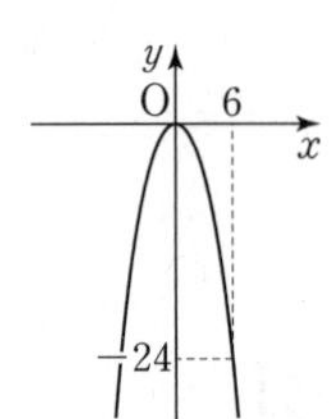

03

오른쪽 그림과 같이 이차함수 $y=\frac{1}{4}x^2$의 그래프 위의 점 $\mathrm{P}(x, y)$에 대하여 $\triangle\mathrm{POA}$의 넓이가 20일 때, 점 P의 좌표를 구하시오. (단, 점 P는 제1사분면에 있고, O는 원점이다.)

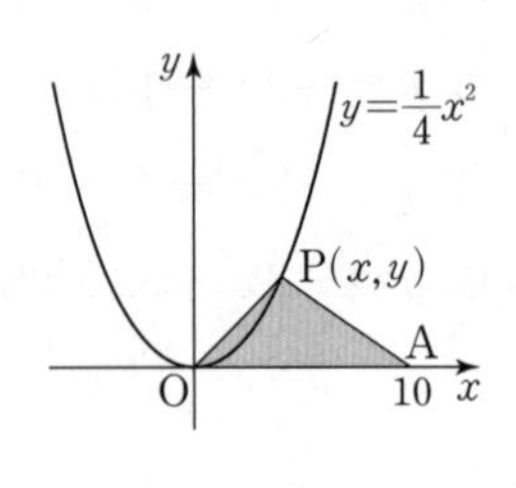

04

이차함수 $f(x)=2x^2-3x-1$에 대하여 $f(a)=1$을 만족시키는 정수 a의 값을 구하시오.

05

이차함수 $y=a(x-p)^2$의 그래프는 축이 직선 $x=-3$이고 점 $(0, -6)$을 지난다. 상수 a, p에 대하여 ap의 값을 구하시오.

06

이차함수 $y=x^2+2$의 그래프를 x축에 대하여 대칭이동한 후 다시 그 그래프를 y축에 대하여 대칭이동하고 x축의 방향으로 -1만큼, y축의 방향으로 -4만큼 평행이동했을 때, 다음 중 이 그래프가 지나는 점은?

① $(-4, -15)$　② $(-2, 1)$　③ $(0, -2)$
④ $(3, -10)$　⑤ $(4, -29)$

07

오른쪽 그림은 이차함수 $y=ax^2$의 그래프이다. 이 그래프 중 상수 a의 값이 가장 큰 것은?

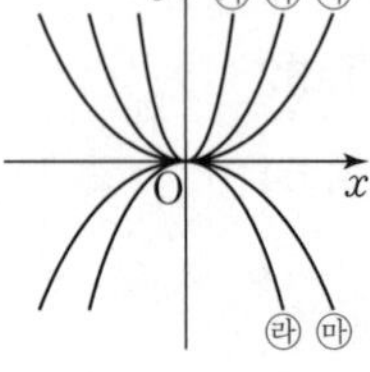
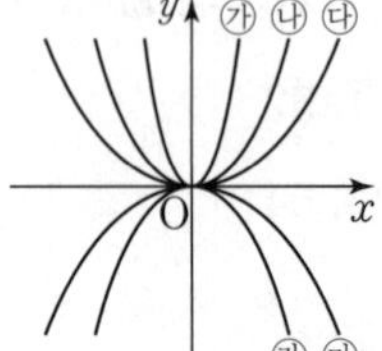

① ㉮　　② ㉯
③ ㉰　　④ ㉱
⑤ ㉲

08

이차함수 $y=-2x^2$의 그래프를 x축의 방향으로 1만큼, y축의 방향으로 -3만큼 평행이동하면 점 $(-2, m)$을 지난다. m의 값을 구하시오.

09

이차함수 $y=\frac{5}{4}x^2$의 그래프를 x축의 방향으로 평행이동한 그래프가 오른쪽 그림과 같을 때, c의 값은?

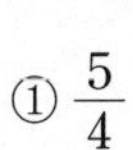

① $\frac{5}{4}$　② 2　③ $\frac{5}{2}$　④ 3　⑤ 5

10

두 이차함수 $y=ax^2+b$, $y=cx^2+d$의 그래프가 오른쪽 그림과 같이 두 점 $(3, 0)$, $(-3, 0)$에서 만날 때, $ab+cd$의 값을 구하시오.

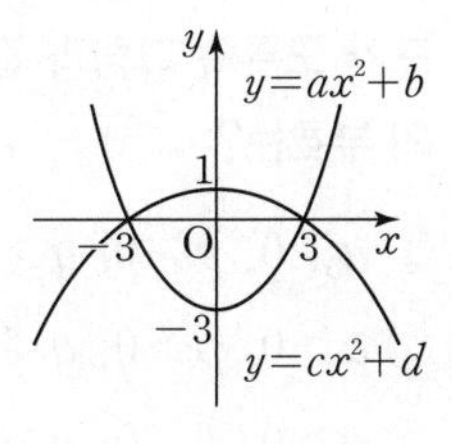

11

이차함수 $y=-\frac{1}{2}(x-4)^2-2$의 그래프가 지나지 않는 사분면은?

① 제1, 2사분면　② 제1, 3사분면　③ 제2, 3사분면　④ 제2, 4사분면　⑤ 제3, 4사분면

12

이차함수 $y=\frac{1}{4}(x-1)^2+3$의 그래프에서 x의 값이 증가할 때, y의 값도 증가하는 x의 값의 범위는?

① $x>-1$　② $x<-1$　③ $x>1$　④ $x<1$　⑤ $x>-3$

13

다음 이차함수 중 그 그래프의 꼭짓점이 제2사분면 위에 있는 것은?

① $y=6(x-5)^2$　② $y=-5(x-4)^2-3$　③ $y=4(x-3)^2+2$　④ $y=-3(x+2)^2-1$　⑤ $y=2(x+1)^2+2$

14

이차함수 $y=x^2$의 그래프가 오른쪽 그림과 같을 때, 다음 중 $y=f(x)$의 그래프의 식으로 알맞은 것은?

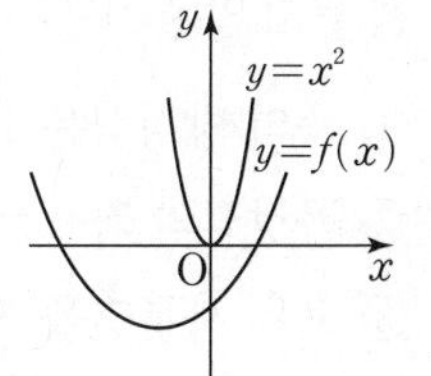

① $y=3(x+6)^2-4$
② $y=3(x+6)^2+4$
③ $y=\frac{1}{3}(x+6)^2-4$
④ $y=\frac{1}{3}(x-6)^2-4$
⑤ $y=-3(x-6)^2-4$

15

이차함수 $y=(x-3)^2+2$의 그래프를 x축의 방향으로 b만큼 평행이동하면 축의 방정식이 $x=4$가 된다. b의 값은?

① -2　② -1　③ 0　④ 1　⑤ 2

16

이차함수 $y=ax^2$의 그래프가 두 점 $(2, -1)$, $(-1, b)$를 지날 때, $a+b$의 값을 구하시오. (단, a는 상수)

17

오른쪽 그림은 이차함수 $y=-2(x+1)^2+12$의 그래프를 x축의 방향으로 a만큼, y축의 방향으로 b만큼 평행이동한 것이다. ab의 값을 구하시오.

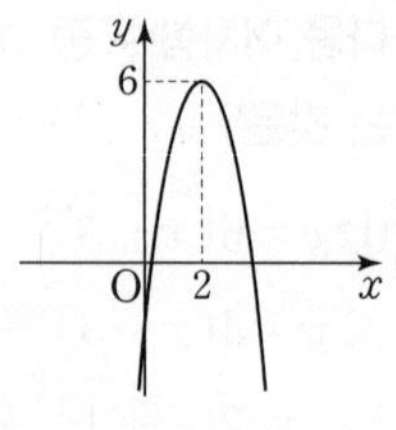

18

이차함수 $y=-\frac{1}{2}(x+2)^2+1$의 그래프에 대한 다음 설명 중 옳지 않은 것은?

① 축의 방정식은 $x=-2$이다.
② 꼭짓점의 좌표는 $(-2,\ 1)$이다.
③ 모든 사분면을 지난다.
④ $x>-2$에서 x의 값이 증가하면 y의 값은 감소한다.
⑤ $y=-\frac{1}{2}x^2$의 그래프를 x축의 방향으로 -2만큼, y축의 방향으로 1만큼 평행이동한 것이다.

19

원점을 꼭짓점으로 하고, y축을 축으로 하는 포물선이 두 점 $(-3,\ 6)$, $(k,\ 2)$를 지날 때, 양수 k의 값을 구하시오.

20

보기에서 이차함수의 그래프를 폭이 좁은 것부터 차례대로 나열한 것은?

보기
ㄱ. $y=\frac{1}{2}x^2$　　ㄴ. $y=-\frac{1}{3}x^2$
ㄷ. $y=-\frac{5}{2}x^2$　　ㄹ. $y=x^2$

① ㄱ, ㄷ, ㄹ, ㄴ　② ㄱ, ㄹ, ㄷ, ㄴ
③ ㄴ, ㄱ, ㄷ, ㄹ　④ ㄷ, ㄴ, ㄹ, ㄱ
⑤ ㄷ, ㄹ, ㄱ, ㄴ

21

다음 이차함수의 그래프 중 $y=\frac{1}{4}x^2$의 그래프를 평행이동하여 완전히 포갤 수 있는 것은?

① $y=4(x+2)^2$　② $y=-4x^2-3$
③ $y=\frac{1}{4}(x-2)^2+1$　④ $y=-\frac{1}{4}(x-1)^2$
⑤ $y=-\frac{1}{4}x^2$

22

이차함수 $y=a(x-p)^2+q$의 그래프가 오른쪽 그림과 같을 때, a, p, q의 부호는?

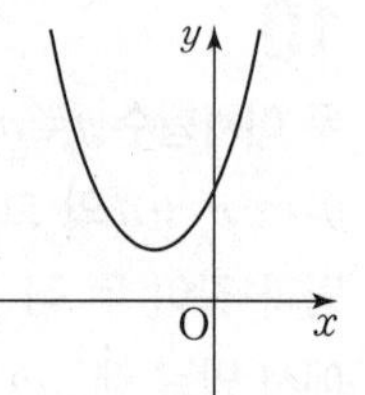

① $a>0,\ p>0,\ q>0$
② $a>0,\ p>0,\ q<0$
③ $a>0,\ p<0,\ q>0$
④ $a<0,\ p>0,\ q<0$
⑤ $a<0,\ p<0,\ q>0$

23

두 이차함수 $y=x^2-ax+1$과 $y=\frac{1}{2}x^2-3x+b$의 그래프의 꼭짓점이 일치할 때, ab의 값을 구하시오.
(단, a, b는 상수)

24

이차함수 $y=-3x^2-12x-4$를 $y=a(x-p)^2+q$ 꼴로 고칠 때, $a+p+q$의 값은? (단, a, p, q는 상수)

① -13　② -9　③ 3
④ 7　⑤ 13

25

오른쪽 그림과 같이 이차함수 $y=-x^2+6x+16$의 그래프가 x축과 만나는 두 점을 A, B라 하고 y축과 만나는 점을 C, 꼭짓점을 P라 하자. △ABC와 △ABP의 넓이의 비를 가장 간단한 자연수의 비로 나타내시오.

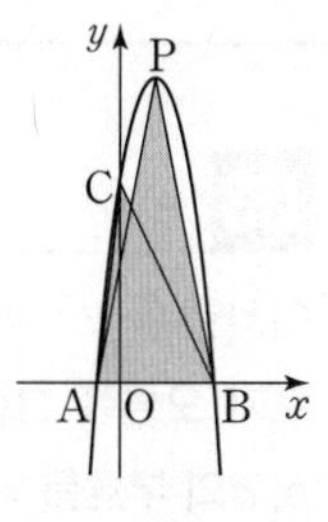

26

오른쪽 그림과 같은 포물선을 그래프로 가지는 이차함수의 식으로 적당한 것은?

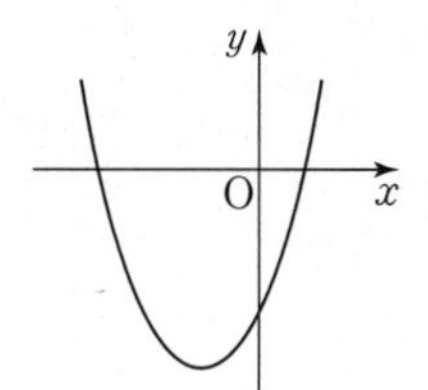

① $y=-x^2-4x$
② $y=x^2+8x+16$
③ $y=2x^2-4x-1$
④ $y=-3x^2+6x+5$
⑤ $y=4x^2+8x-5$

27

이차함수 $y=-x^2+6x+c$의 그래프가 모든 사분면을 지나도록 하는 상수 c의 값의 범위는?

① $c>0$ ② $c>-1$ ③ $c>-3$
④ $c>-6$ ⑤ $c>-9$

28

이차함수 $y=ax^2+bx+c$의 그래프가 오른쪽 그림과 같을 때, a, b, c의 부호는?

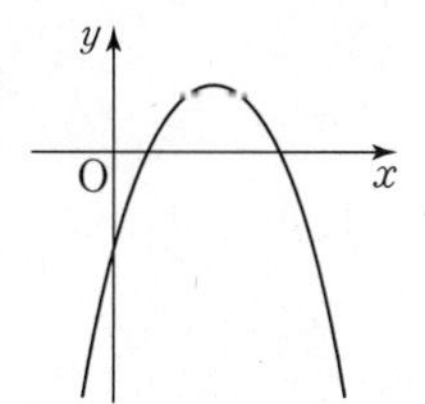

① $a>0$, $b>0$, $c>0$
② $a>0$, $b<0$, $c>0$
③ $a<0$, $b>0$, $c>0$
④ $a<0$, $b>0$, $c<0$
⑤ $a<0$, $b<0$, $c<0$

29

이차함수 $y=-x^2-2ax+1$의 그래프에서 축의 방정식이 $x=1$일 때, 이 그래프의 꼭짓점의 y좌표를 구하시오.

30

이차함수 $y=-3x^2-6x-1$의 그래프에서 x의 값이 증가할 때, y의 값은 감소하는 x의 값의 범위는?

① $x<-3$ ② $x>-2$ ③ $x<-2$
④ $x>-1$ ⑤ $x<-1$

31

다음 중 이차함수 $y=-2x^2+8x-3$의 그래프에 대한 설명으로 옳지 않은 것은?

① 위로 볼록한 포물선이다.
② 꼭짓점의 좌표는 $(2,\ 5)$이다.
③ y축과 만나는 점의 y좌표는 -3이다.
④ $y=-x^2$의 그래프보다 폭이 넓다.
⑤ $y=-2x^2-8x-3$의 그래프와 y축에 대하여 대칭이다.

32

이차함수 $y=a(x+b)^2$의 그래프가 오른쪽 그림과 같을 때, 다음 중 일차함수 $y=ax+b$의 그래프로 적당한 것은?

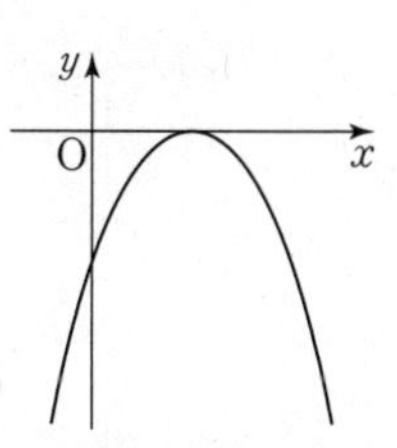

①
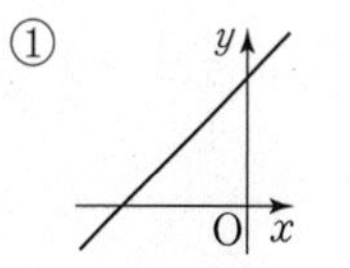

②
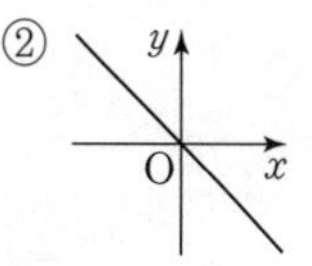

③
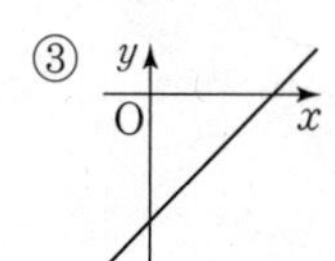

④
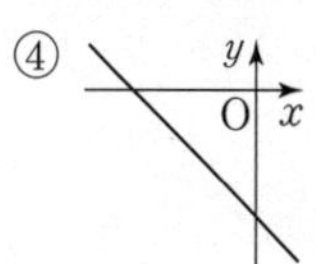

⑤
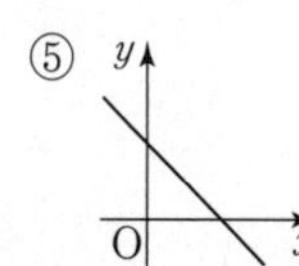

중단원 테스트 [서술형]

테스트한 날	맞은 개수
월 일	/8

01

점 $(2,\ -12)$를 지나는 이차함수 $y=ax^2$의 그래프와 x축에 대하여 대칭인 이차함수의 그래프가 점 $(3,\ b)$를 지날 때, $a+b$의 값을 구하시오. (단, a는 상수)

> 해결 과정

> 답

02

이차함수 $y=3(x+2)^2+1$의 그래프를 x축의 방향으로 4만큼, y축의 방향으로 5만큼 평행이동한 그래프가 점 $(1,\ a)$를 지날 때, a의 값을 구하시오.

> 해결 과정

> 답

03

이차함수 $y=a(x-p)^2+q$의 그래프가 오른쪽 그림과 같을 때, 상수 a, p, q의 부호를 각각 구하시오.

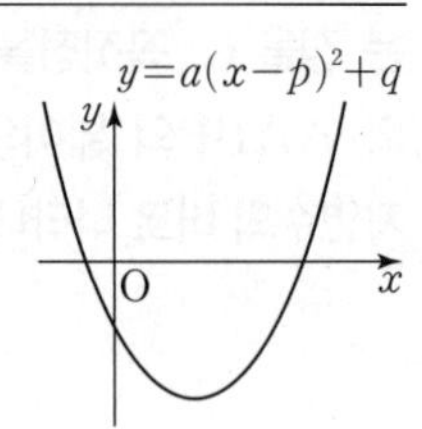

> 해결 과정

> 답

04

이차함수 $y=-2(x-1)^2+3$의 그래프를 x축의 방향으로 a만큼 평행이동하면 점 $(-1,\ -15)$를 지나고, y축의 방향으로 b만큼 평행이동하면 점 $(3,\ -1)$을 지난다. $a+b$의 값을 구하시오. (단, $a<0$)

> 해결 과정

> 답

05

이차함수 $y=-2(x-1)^2$의 그래프를 x축의 방향으로 a만큼, y축의 방향으로 $3-a$만큼 평행이동한 그래프의 꼭짓점이 제4사분면 위에 있을 때, 실수 a의 값의 범위를 구하시오.

> 해결 과정

> 답

06

이차함수 $y=2x^2$의 그래프를 x축의 방향으로 3만큼, y축의 방향으로 a만큼 평행이동하였더니 이차함수 $y=2x^2-bx+10$의 그래프와 일치하였다. $a+b$의 값을 구하시오. (단, b는 상수)

> 해결 과정

> 답

07

오른쪽 그림과 같이 이차함수 $y=-x^2+4x+5$의 그래프가 x축과 만나는 두 점을 A, B라 하고 꼭짓점을 C라 할 때, △ABC의 넓이를 구하시오.

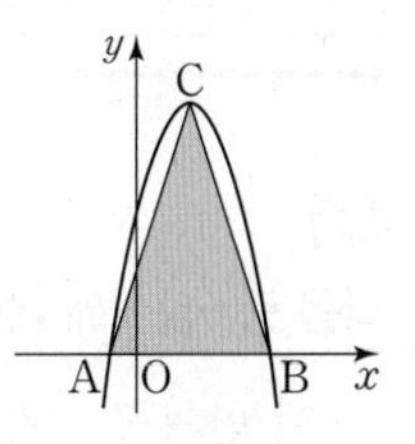

> 해결 과정

> 답

08

오른쪽 그림은 이차함수 $y=ax^2+bx+c$의 그래프이다. 상수 a, b, c에 대하여 $a+b+c$의 값을 구하시오.

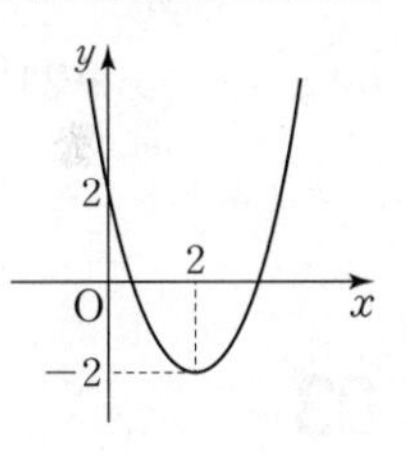

> 해결 과정

> 답

테스트한 날
월　　일

대단원 테스트

맞은 개수
/ 80

01

다음 중 y를 x에 대한 식으로 나타낼 때, 이차함수인 것은?

① 한 변의 길이가 x인 정사각형의 둘레의 길이 y
② 한 모서리의 길이가 x인 정육면체의 부피 y
③ 반지름의 길이가 x인 원의 넓이 y
④ 10 km의 거리를 시속 x km의 속력으로 갈 때, 걸리는 시간 y시간
⑤ x %인 소금물 300 g 속의 소금의 양 y g

02

오른쪽 그림과 같은 그래프가 나타내는 이차함수의 식은?

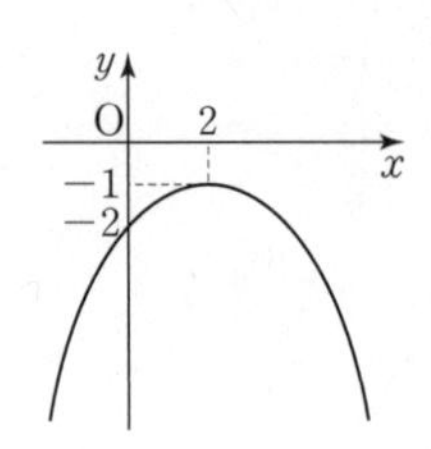

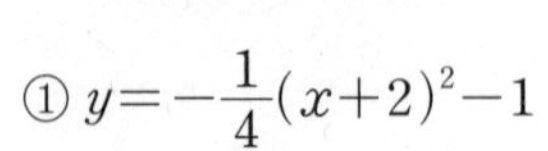
① $y=-\frac{1}{4}(x+2)^2-1$
② $y=-\frac{1}{4}(x-2)^2-1$
③ $y=-\frac{1}{2}(x+2)^2-1$
④ $y=-\frac{1}{2}(x-2)^2-1$
⑤ $y=-(x+2)^2-1$

03

이차함수 $y=-x^2+3$의 그래프를 x축의 방향으로 -2만큼, y축의 방향으로 1만큼 평행이동한 그래프가 y축과 만나는 점의 y좌표를 구하시오.

04

x축과의 교점이 $(1, 0)$, $(3, 0)$이고, 점 $(0, 6)$을 지나는 이차함수의 그래프의 꼭짓점의 좌표는?

① $(-2, 2)$　② $(-2, -2)$　③ $(2, 2)$
④ $(2, -2)$　⑤ $(2, -4)$

05

이차함수 $y=-\frac{1}{2}(x+3)^2+2$의 그래프에서 x의 값이 증가할 때 y의 값도 증가하는 x의 값의 범위는?

① $x<3$　② $x>3$　③ $x<0$
④ $x<-3$　⑤ $x>-3$

06

다음 이차함수의 그래프 중 제1, 2사분면을 지나지 않는 것은?

① $y=-x^2$　② $y=2x^2-1$
③ $y=(x+3)^2$　④ $y=-(x+1)^2+5$
⑤ $y=3(x-4)^2-2$

07

이차함수 $y=4x^2-8x+5k+2$의 그래프의 꼭짓점이 직선 $3x-2y=-3$ 위에 있을 때, 상수 k의 값을 구하시오.

08

이차함수 $f(x)=2x^2-3x+a$에서 $f(-2)=16$일 때, $f(1)$의 값은?

① -2　② -1　③ 1
④ 2　⑤ 3

09

다음 중 $y=ax^2-x(x-2)$가 이차함수가 되기 위한 상수 a의 값이 아닌 것은?

① 1　② 2　③ 3
④ 4　⑤ 5

10

이차함수 $y=a(x-p)^2+3$의 그래프는 축이 직선 $x=-3$이고, 점 $(-2, 1)$을 지날 때, ap의 값은?
(단, a, p는 상수)

① -6　② -4　③ 0
④ 4　⑤ 6

11

오른쪽 그림과 같은 그래프를 가지는 이차함수의 식은?

① $y=2x^2+2$
② $y=-2x^2-5$
③ $y=2(x-4)^2$
④ $y=-2x^2+4$
⑤ $y=-\frac{1}{2}(x+4)^2+2$

12

이차함수 $y=ax^2+bx+c$의 그래프가 오른쪽 그림과 같을 때, $a+b+c$의 값을 구하시오. (단, a, b, c는 상수)

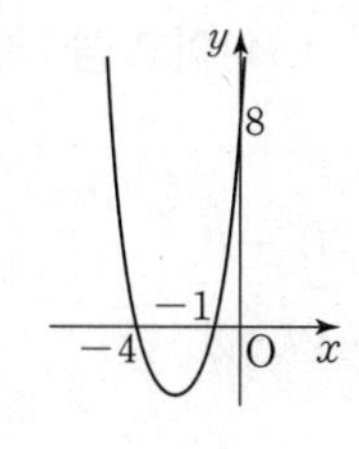

13

오른쪽 그림은 이차함수 $y=\frac{1}{2}x^2+q$의 그래프이다. 이 그래프에 대한 설명으로 옳지 않은 것은?
(단, q는 상수)

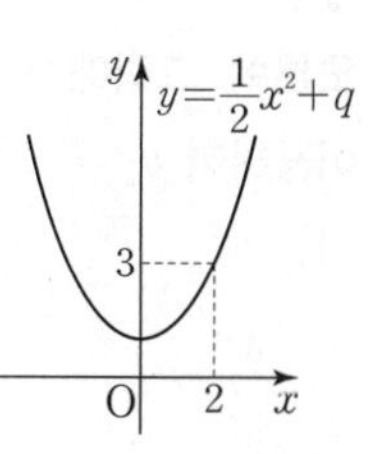

① $y=\frac{1}{2}x^2$의 그래프를 평행이동한 그래프이다.
② 점 $(-2, 3)$을 지난다.
③ q의 값은 1이다.
④ 꼭짓점의 좌표는 $(2, 3)$이다.
⑤ y의 값은 항상 양수이다.

14

보기에서 y가 x에 대한 이차함수인 것의 개수는?

보기
ㄱ. $y=-3x$　ㄴ. $y=\frac{5}{x^2}$
ㄷ. $y=2x(x-1)$　ㄹ. $y=-(x+1)^2$
ㅁ. $x^2+4x+1=0$　ㅂ. $y=\frac{x^2}{2}+1$

① 1개　② 2개　③ 3개
④ 4개　⑤ 5개

15

이차함수 $y=-2x^2$에서 x의 값이 증가할 때, y의 값이 감소하는 x의 값의 범위는?

① $x>0$　② $x<0$　③ $x>-2$
④ $x<-2$　⑤ $-2<x<2$

16

이차함수 $y=2x^2$의 그래프를 y축의 방향으로 q만큼 평행이동하면 점 $(3, 11)$을 지난다고 할 때, q의 값은?

① -7　② -5　③ -3
④ -1　⑤ 1

17

오른쪽 그림에서 $y=x^2$의 그래프를 이용하여 $y=-2x^2$의 그래프를 고르면?

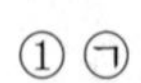

① ㉠ ② ㉡

③ ㉢ ④ ㉣

⑤ ㉤

18

이차함수 $y=a(x-p)^2+q$의 그래프가 제1사분면과 제2사분면만을 지나기 위한 상수 a, p, q의 조건으로 알맞은 것은?

① $a>0$, $p>0$, $q\geq 0$

② $a>0$, $p<0$, $q\leq 0$

③ $a<0$, $p>0$, $q\geq 0$

④ $a>0$, p는 모든 실수, $q\geq 0$

⑤ $a<0$, p는 모든 실수, $q\leq 0$

19

이차함수 $y=x^2+2x+k$의 그래프가 x축과 한 점에서 만나도록 하는 상수 k의 값을 구하시오.

20

다음 이차함수 중 그 그래프가 제1사분면을 지나지 않는 것은? (정답 2개)

① $y=(x+2)^2-3$ ② $y=-(x-2)^2-4$

③ $y=-2(x-1)^2+3$ ④ $y=\frac{1}{2}(x-1)^2$

⑤ $y=-(x+1)^2+1$

21

오른쪽 그림과 같이 두 이차함수 $y=ax^2+q$와 $y=2(x-2)^2$의 그래프가 서로의 꼭짓점을 지날 때, $a+q$의 값은? (단, a, q는 상수)

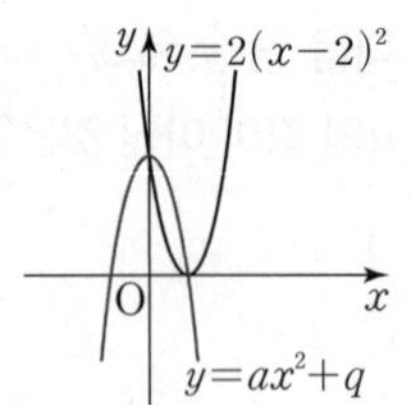

① 2 ② 4

③ 6 ④ 8

⑤ 10

22

이차함수 $y=ax^2$의 그래프가 두 점 $(-2,\ -18)$, $(4,\ k)$를 지날 때, $k-2a$의 값을 구하시오. (단, a는 상수)

23

다음 중 이차함수 $y=\frac{5}{2}x^2$의 그래프와 x축에 대하여 대칭인 그래프가 지나는 점은?

① $\left(-3,\ -\frac{15}{2}\right)$ ② $(-2,\ 10)$ ③ $\left(-1,\ -\frac{5}{2}\right)$

④ $\left(0,\ \frac{5}{2}\right)$ ⑤ $(2,\ -5)$

24

이차함수 $y=a(x-p)^2+q$의 그래프의 꼭짓점의 좌표가 $(1,\ 4)$이고 점 $(3,\ -4)$를 지날 때, $a+p-q$의 값은?

(단, a, p, q는 상수)

① -6 ② -5 ③ -4

④ -3 ⑤ -2

25

다음 중 이차함수 $y=-\frac{1}{3}x^2-3$의 그래프에 대한 설명으로 옳지 않은 것은?

① 꼭짓점의 좌표는 $(0,\ -3)$이다.
② 직선 $x=0$을 축으로 하는 포물선이다.
③ 모든 사분면을 지난다.
④ 위로 볼록한 포물선이다.
⑤ $y=-\frac{1}{3}x^2$의 그래프를 평행이동한 그래프이다.

26

오른쪽 그림과 같이 이차함수 $y=ax^2$의 그래프가 $y=\frac{1}{2}x^2$과 $y=3x^2$의 그래프 사이에 있을 때, 다음 중 상수 a의 값으로 옳지 않은 것은?

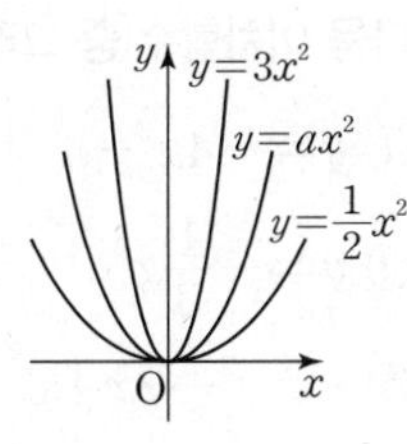

① $\frac{1}{3}$　② $\frac{2}{3}$　③ 1
④ $\frac{3}{2}$　⑤ 2

27

일차함수 $y=ax+b$의 그래프가 오른쪽 그림과 같을 때, 이차함수 $y=ax^2+2x+b$의 그래프의 꼭짓점의 좌표를 구하시오. (단, a, b는 상수)

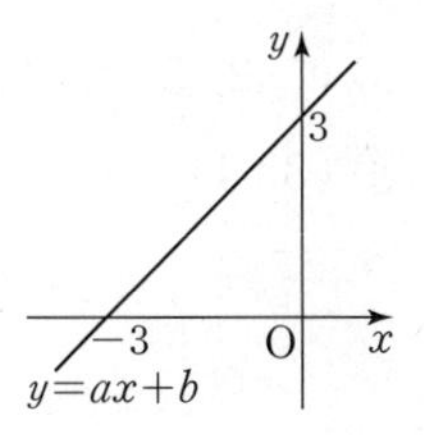

28

오른쪽 그림과 같은 그래프를 갖는 이차함수의 식을 구하시오.

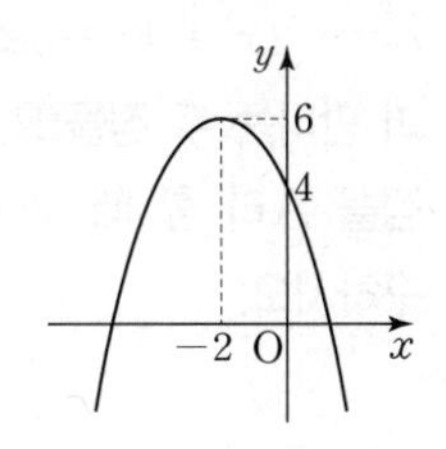

29

이차함수 $y=x^2+1$의 그래프를 x축의 방향으로 a만큼, y축의 방향으로 b만큼 평행이동하면 $y=x^2+6x+8$의 그래프와 일치한다. $a+b$의 값은?

① -7　② -5　③ -3
④ -1　⑤ 1

30

이차함수 $y=(x+2)^2+5$의 그래프를 y축의 방향으로 k만큼 평행이동하면 점 $(1,\ 6)$을 지난다. k의 값을 구하시오.

31

이차함수 $y=ax^2+bx+c$의 그래프가 오른쪽 그림과 같을 때, abc의 값은? (단, a, b, c는 상수)

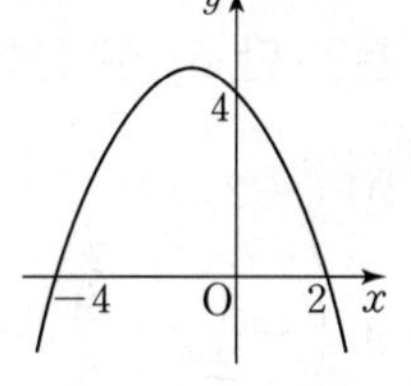

① -2　② -1
③ 1　④ 2
⑤ 4

32

이차함수 $y=-3(x+1)^2+4$의 그래프를 x축의 방향으로 5만큼, y축의 방향으로 -5만큼 평행이동하면 점 $(k,\ -4)$를 지난다. 모든 k의 값을 구하시오.

33

이차함수 $y=\frac{1}{3}x^2$의 그래프와 x축에 대하여 대칭인 그래프가 점 $(a, -3)$을 지날 때, 양수 a의 값은?

① 1 ② 2 ③ 3
④ 4 ⑤ 5

34

이차함수 $y=3x^2$의 그래프를 x축의 방향으로 1만큼 평행이동한 그래프가 점 $(k, 3)$을 지날 때, 양수 k의 값은?

① 1 ② $\frac{3}{2}$ ③ 2
④ $\frac{5}{2}$ ⑤ 3

35

이차함수 $y=x^2+bx+c$의 그래프와 x축이 만나는 점의 좌표가 $(-2, 0)$, $(1, 0)$일 때, 이 그래프의 꼭짓점의 좌표는? (단, b, c는 상수)

① $(-2, 1)$ ② $(-1, -1)$ ③ $\left(-\frac{1}{2}, \frac{7}{4}\right)$
④ $\left(-\frac{1}{2}, -\frac{9}{4}\right)$ ⑤ $\left(\frac{1}{2}, \frac{7}{4}\right)$

36

다음 중 이차함수 $y=-3(x-2)^2+8$의 그래프에 대한 설명으로 옳지 않은 것은?

① $x>2$일 때, x의 값이 증가하면 y의 값은 감소한다.
② 꼭짓점의 좌표는 $(2, 8)$이다.
③ 위로 볼록한 포물선이다.
④ $y=-3x^2$의 그래프를 x축의 방향으로 -2만큼, y축의 방향으로 8만큼 평행이동한 그래프이다.
⑤ 축의 방정식은 $x=2$이다.

37

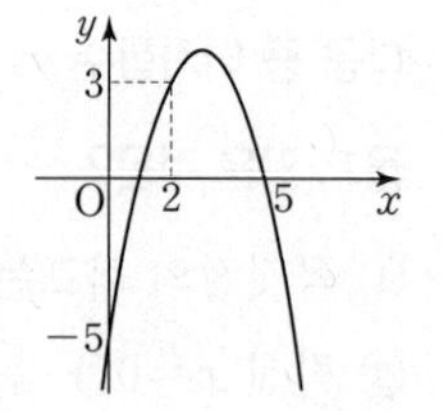

오른쪽 그림과 같은 이차함수 $y=ax^2+bx+c$의 그래프가 점 $(-1, k)$를 지날 때, k의 값은?
(단, a, b, c는 상수)

① -14 ② -12
③ -10 ④ -8
⑤ -6

38

다음 이차함수 중 그래프의 폭이 가장 넓은 것은?

① $y=-4x^2-1$ ② $y=2x^2+6x+1$
③ $y=-\frac{1}{3}x^2$ ④ $y=\frac{1}{2}x^2+x-1$
⑤ $y=x^2-2x+6$

39

다음 중 꼭짓점의 좌표가 $(2, 1)$이고, 점 $(1, 2)$를 지나는 이차함수의 그래프 위의 점인 것은?

① $(-2, 5)$ ② $(-1, 8)$ ③ $(0, 4)$
④ $(3, 4)$ ⑤ $(4, 5)$

40

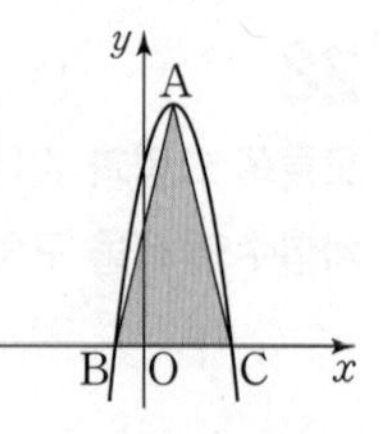

오른쪽 그림과 같이 이차함수 $y=-2x^2+4x+6$의 그래프가 x축과 만나는 두 점을 B, C라 하고 꼭짓점을 A라 할 때, △ABC의 넓이를 구하시오.

41

이차함수 $y=f(x)$의 그래프가 오른쪽 그림과 같을 때, $f(-1)$의 값을 구하시오.

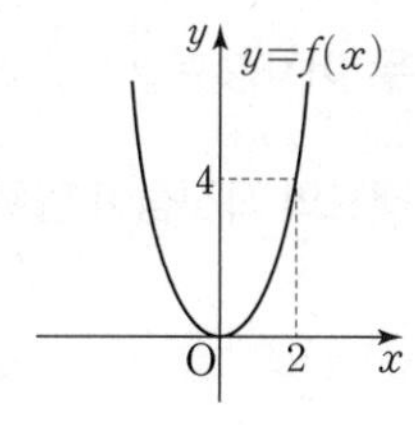

42

이차함수 $y=-\frac{1}{3}(x-p)^2+q$의 그래프는 꼭짓점의 좌표가 $(2, 4)$이고 점 $\left(\frac{1}{2}, a\right)$를 지날 때, $a+p+q$의 값은?

(단, p, q는 상수)

① $\frac{29}{4}$ ② $\frac{31}{4}$ ③ $\frac{33}{4}$
④ $\frac{35}{4}$ ⑤ $\frac{37}{4}$

43

세 점 $(2, 0)$, $(-1, 3)$, $(-4, 0)$을 지나는 포물선을 그래프로 갖는 이차함수의 식을 $y=ax^2+bx+c$ 꼴로 나타내시오.

44

이차함수 $y=x^2-ax-3$의 그래프가 점 $(-2, -5)$를 지날 때, 이 그래프의 축의 방정식은? (단, a는 상수)

① $x=-3$ ② $x=-\frac{3}{2}$ ③ $x=-1$
④ $x=\frac{3}{2}$ ⑤ $x=3$

45

$b<0$, $c<0$일 때, 이차함수 $y=x^2+bx+c$의 그래프의 꼭짓점의 위치로 적당한 것은?

① 제1사분면 ② 제2사분면
③ 제3사분면 ④ 제4사분면
⑤ 원점

46

이차함수 $y=-3x^2+6x$의 그래프가 지나는 모든 사분면을 구한 것은?

① 제1, 2사분면 ② 제3, 4사분면
③ 제1, 3, 4사분면 ④ 제2, 3, 4사분면
⑤ 모든 사분면

47

이차함수 $y=-3(x+2)^2$의 그래프를 x축의 방향으로 k만큼 평행이동하면 이차함수 $y=a(x-4)^2$의 그래프와 일치한다고 할 때, $a+k$의 값은? (단, a는 상수)

① -9 ② -6 ③ -3
④ 3 ⑤ 9

48

이차함수 $y=x^2-2ax+4$의 꼭짓점의 좌표가 $(3, b)$일 때, $a+b$의 값은? (단, a는 상수)

① -5 ② -4 ③ -3
④ -2 ⑤ -1

49

다음 중 이차함수 $y=ax^2$의 그래프에 대한 설명으로 옳은 것은?

① a의 값에 따라 일차함수가 되기도 한다.
② $x>0$에서는 x의 값이 증가할 때 y의 값이 증가한다.
③ $a<0$이면 아래로 볼록하고, $a>0$이면 위로 볼록하다.
④ $|a|$의 값이 작을수록 그래프의 폭이 넓어진다.
⑤ $y=-ax^2$의 그래프와 y축에 대하여 대칭이다.

50

오른쪽 그림은 이차함수 $y=a(x-p)^2+q$의 그래프이다. apq의 값을 구하시오.

(단, a, p, q는 상수)

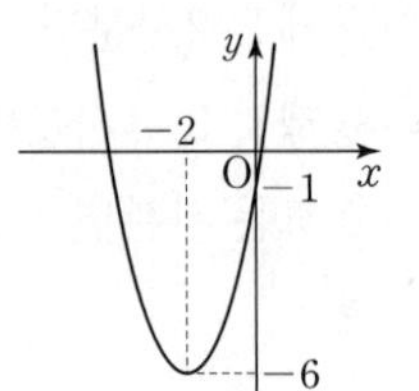

51

오른쪽 그림은 이차함수 $f(x)=ax^2+bx+c$의 그래프이다. 다음 중 옳지 않은 것은?

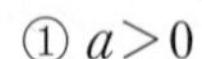

① $a>0$
② $b>0$
③ $c>0$
④ $a+b+c=-1$
⑤ $a-b+c>0$

52

다음 이차함수의 그래프 중 모든 사분면을 지나는 것은?

① $y=-x^2-8$　② $y=2(x-1)^2$
③ $y=2(x+1)^2-1$　④ $y=-(x-3)^2+1$
⑤ $y=-\frac{1}{4}(x-2)^2+5$

53

두 이차함수 $y=\frac{1}{2}x^2-ax+3$과 $y=-2x^2+4x+b$의 그래프의 꼭짓점이 일치할 때, $\frac{b}{a}$의 값은? (단, a, b는 상수)

① -2　② $-\frac{1}{2}$　③ $\frac{1}{2}$
④ 2　⑤ 4

54

다음 이차함수 중 그 그래프의 폭이 가장 좁은 것은?

① $y=-4x^2$　② $y=-\frac{1}{3}x^2$　③ $y=\frac{1}{2}x^2$
④ $y=x^2$　⑤ $y=3x^2$

55

이차함수 $y=2x^2-12x+11$의 그래프의 축의 방정식은?

① $x=-2$　② $x=-1$　③ $x=1$
④ $x=2$　⑤ $x=3$

56

이차함수 $y=-2x^2+4x+3$의 그래프를 x축의 방향으로 a만큼, y축의 방향으로 b만큼 평행이동하면 이차함수 $y=-2x^2-12x-11$의 그래프가 될 때, $a+b$의 값은?

① -4　② -2　③ 1
④ 2　⑤ 4

57

이차함수 $y=\frac{2}{3}x^2$의 그래프는 점 $(-3, a)$를 지나고, 이차함수 $y=bx^2$의 그래프와 x축에 대하여 대칭이다. ab의 값을 구하시오. (단, b는 상수)

58

다음 중 $y=-\frac{1}{2}x^2$의 그래프를 x축의 방향으로 -3만큼 평행이동한 그래프에 대한 설명으로 옳은 것은?

① 그래프의 식은 $y=-\frac{1}{2}x^2+3$이다.

② 축의 방정식은 $x=-3$이다.

③ 꼭짓점의 좌표는 $(3, 0)$이다.

④ 모든 사분면을 지난다.

⑤ $x=0$일 때 y의 값은 양수이다.

59

이차함수 $y=-3x^2+12x-8$의 그래프를 x축의 방향으로 m만큼, y축의 방향으로 n만큼 평행이동하면 이차함수 $y=-3x^2-6x+5$의 그래프와 일치할 때, $m+n$의 값을 구하시오.

60

오른쪽 그림에서 두 점 A, D는 각각 이차함수 $y=-\frac{1}{2}x^2$의 그래프 위의 두 점 B, C에서 x축에 내린 수선의 발이다. 직사각형 ABCD의 넓이를 구하시오.

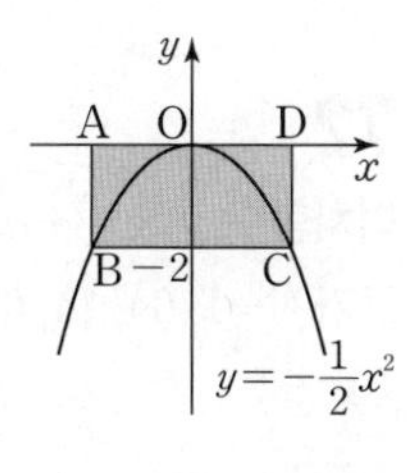

61

이차함수 $y=-2x^2+bx+c$의 그래프의 꼭짓점의 좌표가 $(1, 2)$일 때, 이 그래프가 y축과 만나는 점의 좌표는? (단, b, c는 상수)

① $(-4, 0)$ ② $(0, -4)$ ③ $(0, 0)$
④ $(1, -2)$ ⑤ $(2, 2)$

62

이차함수 $f(x)=ax^2+3$에 대하여 $f(2)=-5$일 때, $f(3)$의 값은? (단, a는 상수)

① -21 ② -18 ③ -15
④ -12 ⑤ -9

63

보기에서 이차함수 $y=x^2+4x+3$의 그래프에 대한 설명으로 옳은 것을 모두 고른 것은?

보기
ㄱ. 위로 볼록하다.
ㄴ. 꼭짓점의 좌표는 $(-2, -1)$이다.
ㄷ. y축과 만나는 점의 y좌표는 3이다.
ㄹ. 축의 방정식은 $x=2$이다.

① ㄱ, ㄴ ② ㄱ, ㄷ ③ ㄴ, ㄷ
④ ㄴ, ㄹ ⑤ ㄷ, ㄹ

64

이차함수 $y=x^2-6$의 그래프를 x축의 방향으로 -2만큼, y축의 방향으로 -10만큼 평행이동한 그래프는 x축과 두 점 A, B에서 만난다. $\overline{AB}$의 길이를 구하시오.

65

이차함수 $y=-2x^2$의 그래프와 x축에 대하여 대칭인 이차함수의 그래프가 점 $(3, k)$를 지날 때, k의 값은?

① -10 ② -8 ③ -2
④ 6 ⑤ 18

66

오른쪽 그림은 이차함수 $y=ax^2$의 그래프를 평행이동한 그래프이다. 이 그래프가 점 $(5, k)$를 지날 때, k의 값을 구하시오. (단, a는 상수)

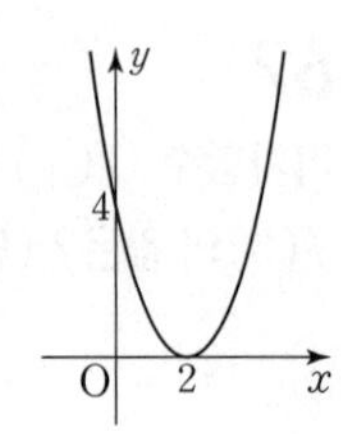

67

오른쪽 그림과 같이 이차함수 $y=-x^2+4x-3$의 그래프가 x축과 만나는 두 점을 각각 A, B라 하고 꼭짓점을 C라 할 때, △ABC의 넓이는?

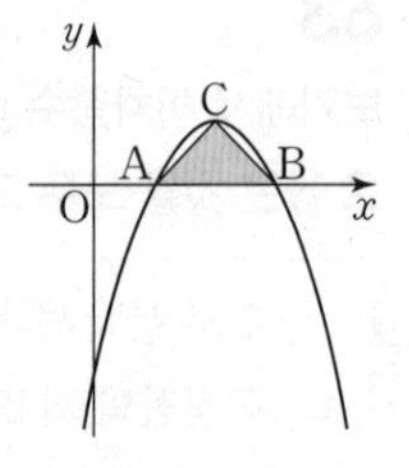

① $\frac{1}{2}$ ② 1
③ 2 ④ $\frac{5}{2}$
⑤ 3

68

오른쪽 그림과 같은 이차함수의 그래프에서 선분 AB는 x축에 평행하고 $\overline{AB}=4$이다. 이 그래프가 점 $(4, k)$를 지날 때, k의 값을 구하시오.

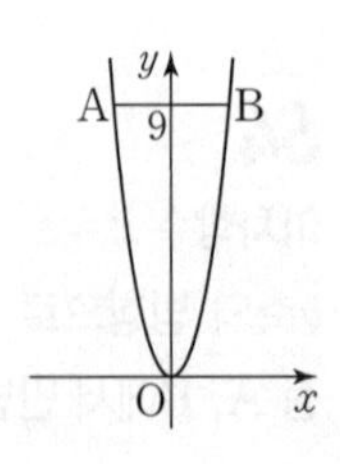

69

이차함수 $y=x^2+bx+c$의 그래프와 x축이 만나는 점의 좌표가 $(-3, 0)$, $(3, 0)$일 때, 이 그래프의 꼭짓점의 좌표는? (단, b, c는 상수)

① $(-2, -9)$ ② $(-1, -9)$ ③ $(0, -9)$
④ $(1, 9)$ ⑤ $(2, 9)$

70

다음 중 이차함수 $y=-2x^2+4x-4$의 그래프에 대한 설명으로 옳지 않은 것은?

① 위로 볼록한 포물선이다.
② 꼭짓점의 좌표는 $(1, -2)$이다.
③ y축과 점 $(0, -4)$에서 만난다.
④ 그래프는 제1, 3, 4사분면을 지난다.
⑤ $y=-2x^2$의 그래프를 평행이동한 것이다.

71

이차함수 $y=x^2+4x+3$의 그래프가 오른쪽 그림과 같을 때, 다음 중 옳지 않은 것은?
(단, $\overline{DE}$는 x축에 평행하다.)

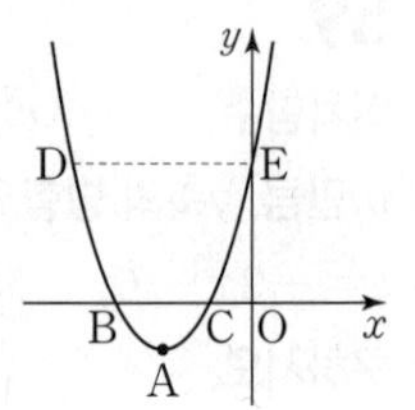

① $A(-2, -1)$ ② $B(-3, 0)$
③ $C(-1, 0)$ ④ $D(-5, 3)$
⑤ $E(0, 3)$

72

이차함수 $y=x^2+ax+b$의 그래프와 x축의 두 교점의 좌표가 $(-1, 0)$, $(4, 0)$일 때, $a+b$의 값은? (단, a, b는 상수)

① -7 ② -4 ③ -3
④ 3 ⑤ 4

73

이차함수 $y=-\frac{1}{4}x^2$의 그래프를 y축의 방향으로 a만큼 평행이동하면 점 $(2,\ -3)$을 지날 때, a의 값을 구하시오.

74

오른쪽 그림과 같은 그래프가 나타내는 이차함수가 $y=ax^2+bx+c$일 때, abc의 값을 구하시오.

(단, a, b, c는 상수)

75

이차함수 $y=ax^2+bx+c$의 그래프가 오른쪽 그림과 같을 때, 상수 a, b, c의 부호는?

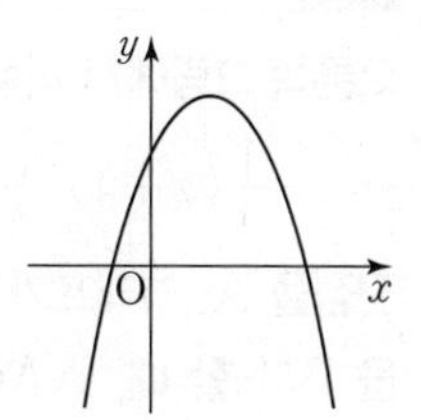

① $a<0,\ b<0,\ c<0$

② $a<0,\ b<0,\ c>0$

③ $a<0,\ b>0,\ c>0$

④ $a>0,\ b>0,\ c>0$

⑤ $a>0,\ b<0,\ c>0$

76

오른쪽 그림은 두 이차함수 $y=2x^2$과 $y=-\frac{1}{2}x^2$의 그래프를 나타낸 것이다. 다음 이차함수 중 그 그래프가 색칠한 부분에 있지 않은 것은?

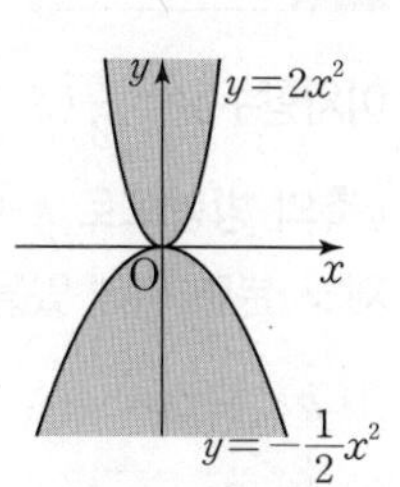

① $y=-4x^2$　② $y=-3x^2$

③ $y=-x^2$　④ $y=x^2$

⑤ $y=3x^2$

77

이차함수 $y=x^2+ax+b$의 그래프가 두 점 $(1,\ -7)$, $(-1,\ -1)$을 지날 때, 꼭짓점의 좌표는? (단, a, b는 상수)

① $\left(\frac{3}{2},\ -\frac{29}{4}\right)$　② $\left(-\frac{3}{2},\ -\frac{29}{4}\right)$

③ $(3,\ -14)$　④ $(-3,\ -14)$

⑤ $\left(\frac{3}{4},\ \frac{29}{4}\right)$

78

이차함수 $y=ax^2+bx+c$의 그래프의 꼭짓점의 좌표가 $(-2,\ -5)$이고 점 $(-1,\ -2)$를 지날 때, $a+b+c$의 값을 구하시오. (단, a, b, c는 상수)

79

이차함수 $y=(1+x)^2+4(1+x)+2$의 그래프의 꼭짓점의 좌표가 $(a,\ b)$일 때, $a-b$의 값은?

① -5　② -3　③ -1

④ 1　⑤ 3

80

이차함수 $y=a(x+2)^2-5$의 그래프가 모든 사분면을 지나도록 하는 실수 a의 값의 범위를 구하시오.

테스트한 날
월 일

대단원 테스트 [고난도]

맞은 개수
/ 24

01

오른쪽 그림과 같이 두 이차함수 $y=\frac{4}{3}x^2$, $y=ax^2$의 그래프와 직선 $y=3$의 교점을 각각 A, E, B, D라 하고, y축과 직선 $y=3$의 교점을 C라 하자. $\overline{AB}=\overline{BC}=\overline{CD}=\overline{DE}$가 성립할 때, 상수 a의 값을 구하시오.

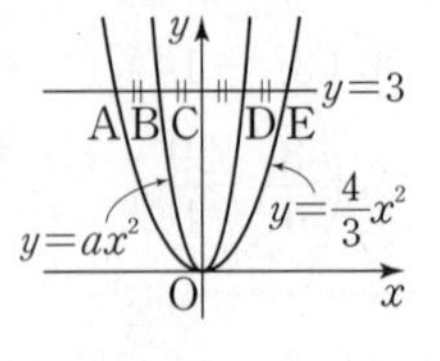

02

오른쪽 그림과 같이 두 점 A, D는 이차함수 $y=\frac{1}{4}x^2$의 그래프 위에 있는 점이다. 직사각형 ABCD에서 $\overline{AD}=2\overline{AB}$일 때, 점 A의 좌표를 구하시오.

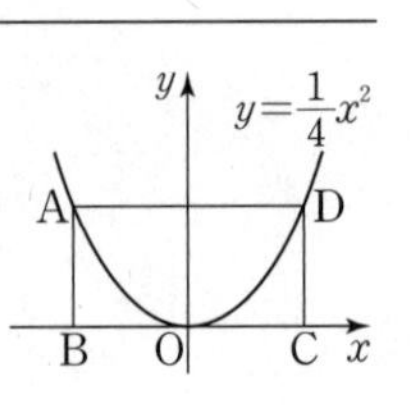

03

오른쪽 그림과 같이 일차함수 $y=\frac{2}{3}x+4$의 그래프와 이차함수 $y=ax^2$의 그래프가 점 A에서 만난다. 점 A의 x좌표가 -3일 때, 상수 a의 값을 구하시오.

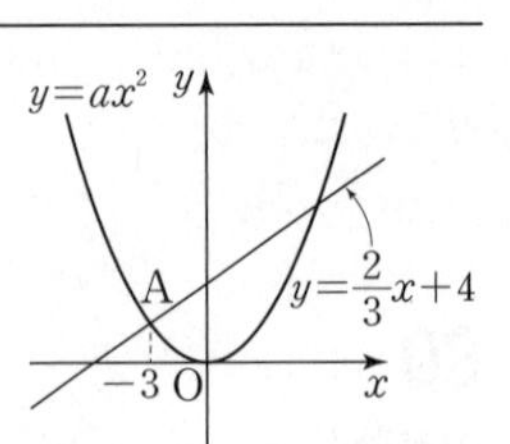

04

점 $(0,\ -3)$을 꼭짓점으로 하는 이차함수의 그래프가 두 점 $(-3,\ 0)$, $(6,\ k)$를 지난다고 할 때, k의 값을 구하시오.

05

오른쪽 그림에서 이차함수 $y=-\frac{1}{4}(x+4)^2+6$의 그래프의 꼭짓점을 A, 그래프가 y축과 만나는 점을 B라 할 때, △AOB의 넓이를 구하시오. (단, O는 원점)

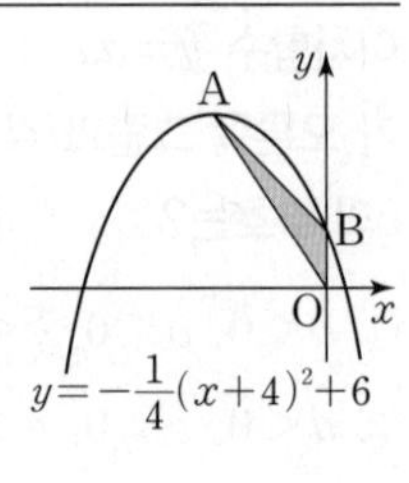

06

이차함수 $y=\frac{1}{2}(x+1)^2$의 그래프를 x축의 방향으로 k만큼, y축의 방향으로 $k+2$만큼 평행이동한 그래프의 꼭짓점이 제2사분면 위에 있을 때, k의 값의 범위는?

① $k<-2$ ② $-2<k<1$ ③ $-2<k<3$
④ $k<1$ ⑤ $k>1$

07

오른쪽 그림에서 두 점 A, B는 각각 이차함수 $y=(x+2)^2$, $y=(x-2)^2$의 그래프의 꼭짓점일 때, 색칠한 부분의 넓이를 구하시오. (단, $\overline{\mathrm{CD}}$는 x축에 평행하다.)

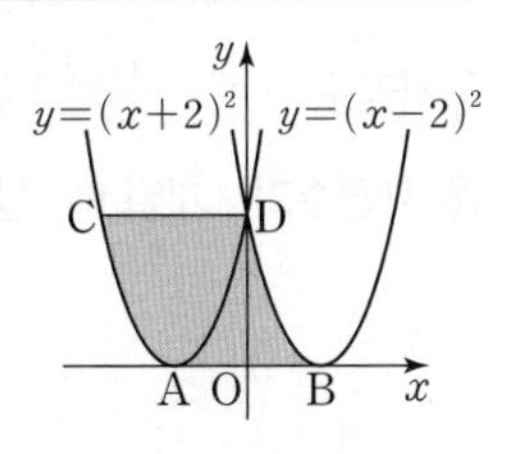

08

오른쪽 그림과 같이 단면이 이차함수의 그래프 모양인 호수가 있다. 호수 중앙의 물의 깊이는 8 m이고, 호수의 두 지점 A, B 사이의 거리는 40 m이다. 호수의 중앙 M에서 B의 방향으로 5 m 떨어진 곳의 물의 깊이를 구하시오.

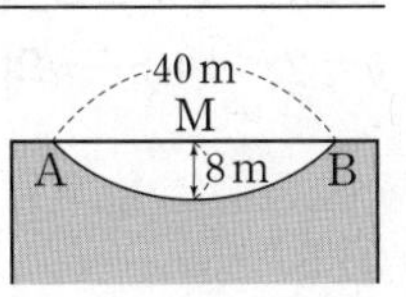

09

축의 방정식이 $x=-2$이고 y축과 만나는 점의 y좌표가 1인 이차함수의 그래프가 두 점 $(-5,\ 6)$, $(-1,\ k)$를 지날 때, k의 값을 구하시오.

10

이차함수 $y=ax^2+bx+c$의 그래프가 오른쪽 그림과 같을 때, 다음 중 옳은 것은? (단, a, b, c는 상수)

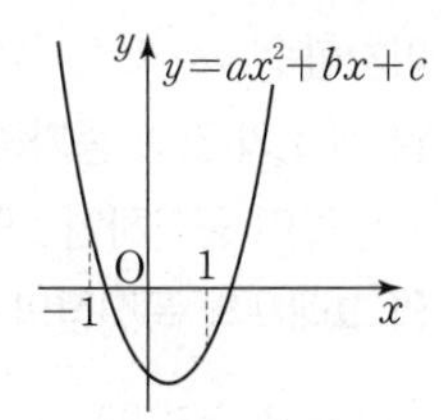

① $ac>0$

② $bc<0$

③ $a-b+c>0$

④ $a+b+c>0$

⑤ $4a-2b+c<0$

11

오른쪽 그림은 이차함수 $y=2x^2+ax+b$의 그래프이다. 상수 a, b에 대하여 $a-b$의 값은?

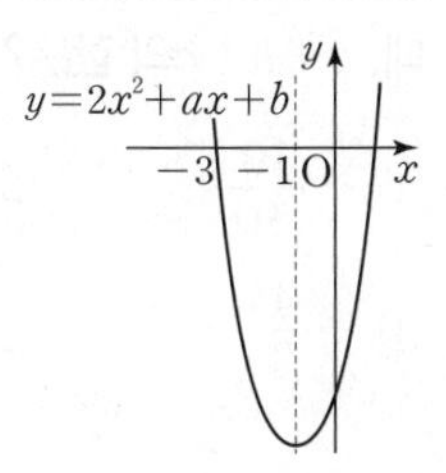

① 4 ② 6

③ 10 ④ 12

⑤ 15

12

이차함수 $y=ax^2-6ax+9a+5$의 그래프가 모든 사분면을 지나도록 하는 실수 a의 값의 범위를 구하시오.

13

이차함수 $y=2x^2+4mx+2m+1$의 그래프에서 $x<-3$일 때 x의 값이 증가하면 y의 값은 감소하고, $x>-3$일 때 x의 값이 증가하면 y의 값도 증가한다고 한다. 이 이차함수의 그래프의 꼭짓점의 좌표는?

① $(-3,\ -23)$ ② $(-3,\ -11)$ ③ $(3,\ 0)$
④ $(3,\ 11)$ ⑤ $(3,\ 23)$

14

이차함수 $y=ax^2+bx+c$의 그래프는 꼭짓점의 좌표가 $(2,\ -1)$이고, x축과 두 점 A, B에서 만난다. $\overline{\mathrm{AB}}=6$일 때, $a+b+c$의 값은? (단, a, b, c는 상수)

① $-\frac{10}{9}$ ② $-\frac{8}{9}$ ③ $-\frac{5}{9}$
④ $-\frac{4}{9}$ ⑤ $-\frac{2}{9}$

15

두 이차함수 $y=-3x^2$, $y=-3(x-1)^2+3$의 그래프가 오른쪽 그림과 같을 때, 색칠한 부분의 넓이를 구하시오.

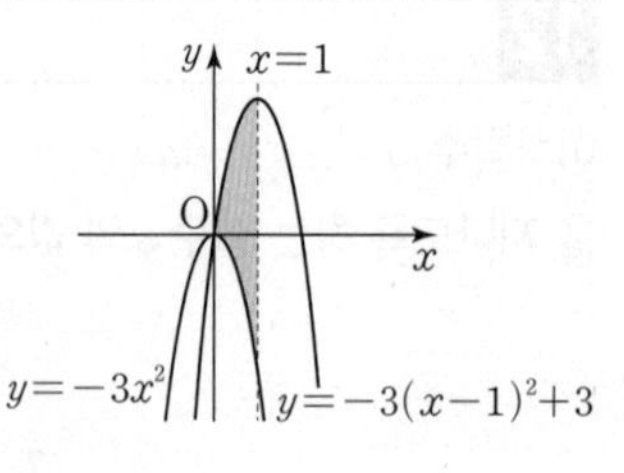

16

이차함수 $y=-\frac{1}{2}x^2+3x+c$의 함숫값에 속하는 서로 다른 자연수가 4개일 때, 실수 c의 값의 범위는?

① $c<-\frac{1}{2}$ ② $c>\frac{1}{2}$
③ $-\frac{1}{2}<c<\frac{1}{2}$ ④ $-\frac{1}{2}\le c<\frac{1}{2}$
⑤ $-\frac{1}{2}<c\le\frac{1}{2}$

17

이차함수 $y=2x^2-4x+1$의 그래프를 x축의 방향으로 m만큼, y축의 방향으로 -4만큼 평행이동하였더니 이차함수 $y=2x^2+8x+n$의 그래프가 되었다. m^2+n^2의 값은? (단, n은 상수)

① 5 ② 10 ③ 15
④ 18 ⑤ 34

18

이차함수 $y=ax^2+bx+c$의 그래프의 꼭짓점의 좌표가 $(2,\ 8)$이고, 이 이차함수의 그래프가 제2사분면을 지나지 않을 때, a의 값의 범위는? (단, a, b, c는 상수)

① $a<0$ ② $a\le-1$ ③ $a\le-2$
④ $a\le-4$ ⑤ $a\le-8$

19

일차함수 $y=ax+b$의 그래프가 오른쪽 그림과 같을 때, 다음 중 이차함수 $y=ax^2+bx-a+b$의 그래프로 알맞은 것은? (단, a, b는 상수)

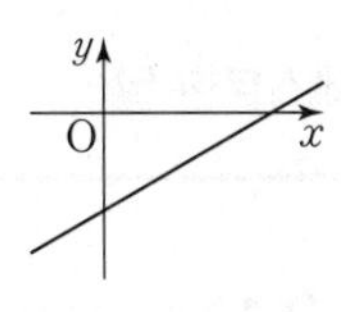

①
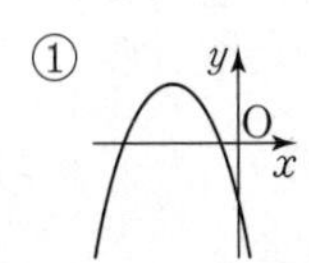

②
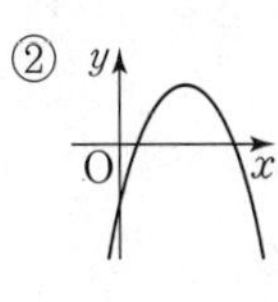

③
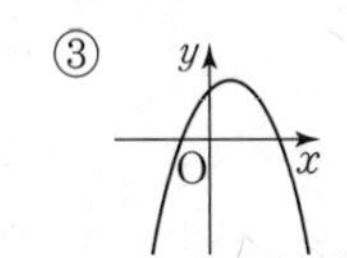

④
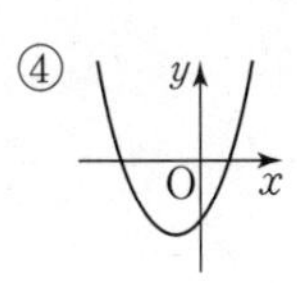

⑤
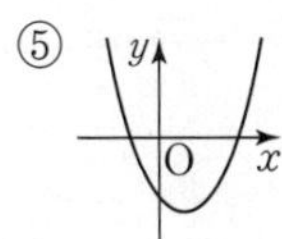

20

이차함수 $y=-x^2+4x+1$의 그래프를 x축의 방향으로 m만큼 평행이동하였더니, 처음 그래프와 평행이동한 그래프가 y축에서 만났다. m의 값은? (단, $m\neq0$)

① -6 ② -4 ③ -2
④ 2 ⑤ 4

21

오른쪽 그림과 같이 축의 방정식이 $x=2$인 이차함수 $y=-x^2+bx$의 그래프의 꼭짓점을 A, x축과의 교점을 각각 O, B라 할 때, △AOB의 넓이를 구하시오. (단, b는 상수)

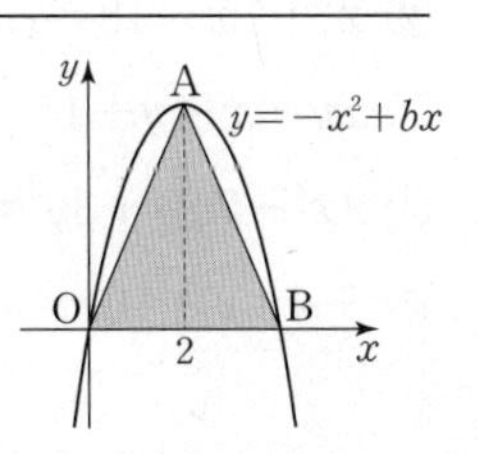

22

오른쪽 그림에서 이차함수 $y=ax^2$의 그래프가 직사각형 ABCD의 둘레 위의 점에서 만나기 위한 실수 a의 값의 범위는?

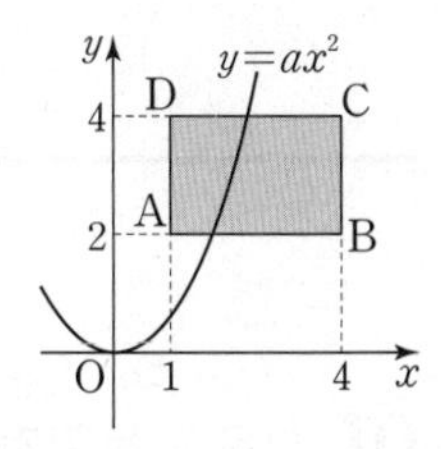

① $\frac{1}{8}\leq a\leq2$ ② $\frac{1}{8}\leq a\leq4$
③ $\frac{1}{4}\leq a\leq2$ ④ $1\leq a\leq4$
⑤ $2\leq a\leq4$

23

오른쪽 그림과 같이 $y=x^2-15$의 그래프 위의 두 점 A, B와 x축 위의 두 점 C, D에 대하여 □ABCD가 정사각형일 때, □ABCD의 넓이를 구하시오.

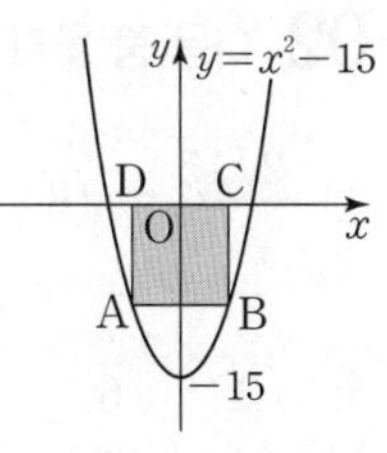

24

세 이차함수 $y=x^2-9$, $y=(x+3)^2$, $y=(x-3)^2$의 그래프로 둘러싸인 부분의 넓이를 구하시오.

중학교 3학년 1학기

학업성취도 테스트 [1회]

테스트한 날: 월 일 맞은 개수: / 24

선다형

01 다음 중 옳은 것은?

① $\sqrt{(-2)^2}=-2$ ② $-(-\sqrt{2})^2=2$
③ $\sqrt{49}-\sqrt{(-3)^2}=10$ ④ $\sqrt{5^2}\times\sqrt{(-6)^2}=-30$
⑤ $(\sqrt{5})^2+(-\sqrt{7})^2=12$

02 다음 중 옳지 않은 것은?

① $\frac{2\sqrt{15}}{\sqrt{10}}=\sqrt{6}$ ② $2\sqrt{15}\div\sqrt{3}=2\sqrt{5}$
③ $\frac{\sqrt{3}}{\sqrt{2}}\times\frac{\sqrt{7}}{\sqrt{6}}=\frac{\sqrt{14}}{2}$ ④ $2\sqrt{3}\times\frac{\sqrt{5}}{\sqrt{2}}=\sqrt{30}$
⑤ $\sqrt{12}\times\sqrt{32}=8\sqrt{6}$

03 세 수 $a=3\sqrt{3}-1$, $b=\sqrt{3}+2$, $c=2\sqrt{3}+1$의 대소 관계가 옳은 것은?

① $a<b<c$ ② $a<c<b$ ③ $b<a<c$
④ $b<c<a$ ⑤ $c<a<b$

04 $a^2=9$, $b^2=16$일 때, $\left(\frac{1}{3}a+\frac{3}{4}b\right)\left(\frac{1}{3}a-\frac{3}{4}b\right)$의 값은?

① -9 ② -8 ③ -7
④ -6 ⑤ -5

05 $x-y=4$, $x^2+y^2=12$일 때, xy의 값은?

① -3 ② -2 ③ 2
④ 3 ⑤ 5

06 다음 중 옳지 않은 것은?

① $4x^2+4x+1=(2x+1)^2$
② $x^2+7x-18=(x-2)(x+9)$
③ $xy-x-y+1=(x-1)(y-1)$
④ $2x^2-7xy+3y^2=(2x-y)(x-3y)$
⑤ $-4x^2y+16xy^3=-4xy(x+2y)(x-2y)$

07 $(x-2)(x+6)+k$가 완전제곱식이 될 때, 상수 k의 값은?

① 12 ② 13 ③ 14
④ 15 ⑤ 16

08 x에 대한 이차방정식 $2x^2-px-6=0$의 근이 $x=\frac{-5\pm\sqrt{q}}{4}$일 때, $q-p$의 값은? (단, p, q는 유리수)

① 68 ② 73 ③ 78
④ 83 ⑤ 88

09 다음 그림은 수직선 위에 한 변의 길이가 1인 정사각형들을 그린 것이다. 수직선에서 무리수 $1+\sqrt{2}$에 대응하는 점은?

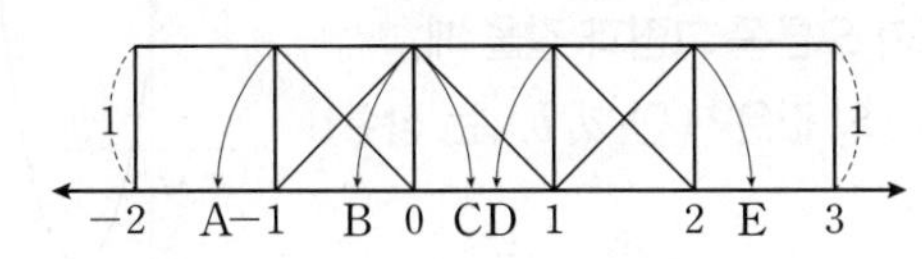

① A ② B ③ C
④ D ⑤ E

10 이차방정식 $4x^2-2ax+a-1=0$의 근이 $x=3$ 또는 $x=b$일 때, 상수 a, b에 대하여 $a-b$의 값은?

① $\frac{13}{2}$ ② $\frac{11}{2}$ ③ $\frac{9}{2}$
④ $\frac{7}{2}$ ⑤ $\frac{5}{2}$

11 준희와 유림이가 이차식 x^2+Ax+B를 인수분해하는데 준희는 일차항의 계수를 잘못 보고 인수분해하여 $(x-6)(x+4)$가 되었고, 유림이는 상수항을 잘못 보고 인수분해하여 $(x+2)(x-7)$이 되었다. 처음 주어진 이차식을 바르게 인수분해한 것은?

① $(x+2)(x-6)$ ② $(x+3)(x-8)$
③ $(x+4)(x+3)$ ④ $(x+6)(x-1)$
⑤ $(x-6)(x-1)$

12 연속하는 세 자연수가 있다. 가장 큰 수의 제곱이 나머지 두 수의 제곱의 합보다 21만큼 작을 때, 가장 큰 수는?

① 5 ② 6 ③ 7
④ 8 ⑤ 10

13 다음 두 다항식의 공통인수는?

$$x^2y^2-16y^2,\quad 2x^2-3x-20$$

① $x-4$　② $x+4$　③ $2x+5$
④ $x-4y$　⑤ $x+4y$

14 이차방정식 $x^2-4x-k=0$의 해가 정수가 되도록 하는 두 자리 자연수 k의 개수는?

① 5개　② 6개　③ 7개
④ 8개　⑤ 9개

15 x에 대한 이차방정식 $x^2+6x+a=0$은 중근을 가지고, x에 대한 이차방정식 $x^2-bx+c=0$은 해가 $x=1$ 또는 $x=4$이다. $a-b-c$의 값은? (단, a, b, c는 상수)

① -5　② -3　③ 0
④ 1　⑤ 3

16 이차함수 $y=x^2+8x+15$의 그래프를 x축의 방향으로 p만큼, y축의 방향으로 q만큼 평행이동하면 이차함수 $y=x^2+2x-5$의 그래프와 완전히 포개어질 때, $p+q$의 값은?

① -2　② -5　③ -9
④ -12　⑤ -15

17 다음 중 이차함수 $y=-(x+2)^2-3$의 그래프에 대한 설명으로 옳은 것은?

① 꼭짓점의 좌표는 $(2,\ 3)$이다.
② 직선 $x=2$를 축으로 한다.
③ 아래로 볼록한 포물선이다.
④ y축과 점 $(0,\ -3)$에서 만난다.
⑤ $y=-x^2$의 그래프를 x축의 방향으로 -2만큼, y축의 방향으로 -3만큼 평행이동한 것이다.

18 이차함수 $y=ax^2+bx+c$의 그래프가 오른쪽 그림과 같을 때, $a+b+c$의 값은? (단, a, b, c는 상수)

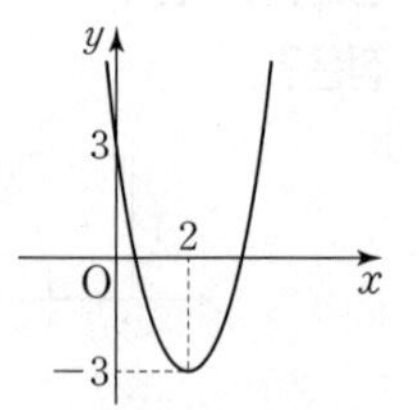

① $-\frac{3}{2}$　② $-\frac{1}{2}$
③ 0　④ $\frac{1}{2}$
⑤ $\frac{3}{2}$

서답형

19 오른쪽 그림과 같은 사다리꼴의 넓이를 구하시오.

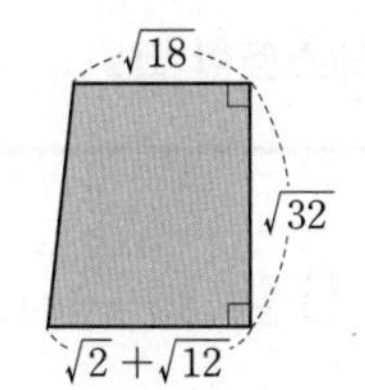

20 다음 그림에서 두 도형 (가), (나)의 넓이가 같을 때, 도형 (나)의 가로의 길이를 구하시오.

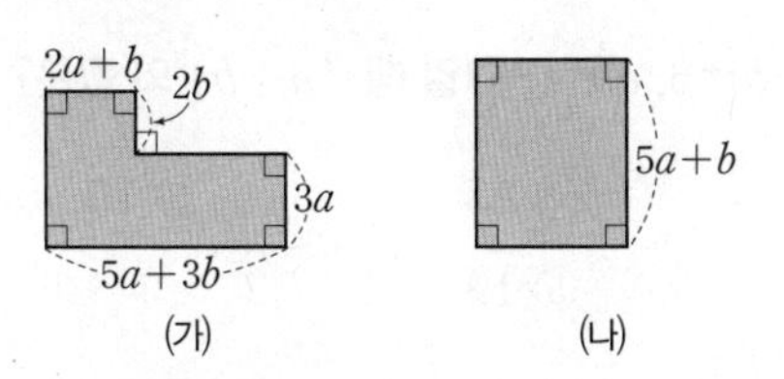

21 이차방정식 $2x^2+ax+b=0$의 두 근의 합이 3이고, 큰 근이 작은 근의 2배일 때, 상수 a, b에 대하여 $b-a$의 값을 구하시오.

22 두 이차함수 $y=\frac{1}{2}x^2-2ax+2$, $y=-x^2+8x+b$의 그래프의 꼭짓점이 서로 같을 때, 상수 a, b에 대하여 $a+b$의 값을 구하시오.

23 두 이차함수 $y=x^2-2x-3$, $y=x^2-8x+12$의 그래프의 꼭짓점을 각각 P, Q라고 할 때, $\overline{PQ}$의 길이를 구하시오.

24 이차방정식 $x^2-(10-k)x+k^2+\frac{13}{4}=0$이 중근 $x=a$를 가질 때, $2ak$의 값을 구하는 풀이 과정과 답을 쓰시오. (단, $k>0$)

중학교 3학년 1학기

학업성취도 테스트 [2회]

테스트한 날: 월 일 맞은 개수: / 24

선다형

01 다음 설명 중 옳은 것은?

① 제곱근 25는 ±5이다.
② $\sqrt{16}$의 제곱근은 ±4이다.
③ 0.4의 양의 제곱근은 0.2이다.
④ $\sqrt{(-3)^2}$의 제곱근은 $\pm\sqrt{3}$이다.
⑤ 양수가 아닌 실수의 제곱근은 없다.

02 $a=\sqrt{2}$, $b=\sqrt{3}$일 때, $\sqrt{0.54}=\square ab$이다. □ 안에 들어갈 알맞은 수는?

① $\frac{1}{10}$ ② $\frac{1}{5}$ ③ $\frac{3}{10}$
④ $\frac{1}{2}$ ⑤ $\frac{3}{5}$

03 $A=5\sqrt{3}-\sqrt{2}$, $B=3\sqrt{2}-2\sqrt{3}$일 때, $3A-4B$의 값은?

① $-3\sqrt{2}-5\sqrt{3}$ ② $-5\sqrt{2}-3\sqrt{3}$
③ $-12\sqrt{2}-8\sqrt{3}$ ④ $-15\sqrt{2}+7\sqrt{3}$
⑤ $-15\sqrt{2}+23\sqrt{3}$

04 $(3x+5y)(4x-9y)$를 바르게 전개한 것은?

① $7x^2-7xy-4y^2$ ② $7x^2+20xy-45y^2$
③ $12x^2-45y^2$ ④ $12x^2-20xy-45y^2$
⑤ $12x^2-7xy-45y^2$

05 $a-b=5$, $ab=-3$일 때, $(a+b)^2$의 값은?

① 11 ② 13 ③ 15
④ 17 ⑤ 19

06 이차방정식 $x^2-2kx+3k+4=0$이 중근을 갖도록 하는 모든 상수 k의 값의 합은?

① -3 ② -1 ③ 3
④ 4 ⑤ 5

07 다음 세 다항식 A, B, C에 공통으로 들어 있는 인수가 있을 때, 상수 a의 값은?

$A=(x+1)(8x-2)-3$
$B=4xy-2x-2y+1$
$C=6x^2-x+a$

① -2　② -1　③ 1
④ 2　⑤ 3

08 $a^2+2ab+b^2-9$를 인수분해하면?

① $(a+b-3)(a+b-3)$
② $(a+b+3)(a+b-3)$
③ $(a+b+3)(a-b+3)$
④ $(a+b+1)(a+b-9)$
⑤ $(a+b+9)(a+b-1)$

09 $x=\sqrt{3}+\sqrt{2}$, $y=\sqrt{3}-\sqrt{2}$일 때, $x^2+2xy+y^2$의 값은?

① 4　② 6　③ $6\sqrt{2}$
④ $6\sqrt{3}$　⑤ 12

10 인수분해 공식을 이용하여 $\frac{1014\times1015+1014}{1015^2-1}$를 계산하면?

① $\frac{1}{2}$　② 1　③ 2
④ $\frac{1015}{1016}$　⑤ $\frac{1016}{1014}$

11 이차방정식 $2x^2+x-5=0$의 근이 $x=\frac{a\pm\sqrt{b}}{4}$일 때, $a+b$의 값은? (단, a, b는 유리수이고 $b>0$)

① -41　② -40　③ -38
④ 39　⑤ 40

12 지면에서 초속 40 m로 똑바로 위로 쏘아 올린 물체의 t초 후의 높이를 $(40t-8t^2)$ m라고 할 때, 물체가 32 m 이상의 높이에서 머무는 것은 몇 초 동안인가?

① 1초　② 2초　③ 3초
④ 4초　⑤ 5초

13 $x+y=3$, $x-y=5$일 때, $x^2-y^2+4x-4y$의 값은?

① 25　② 30　③ 35　④ 40　⑤ 45

14 이차방정식 $3x^2+ax+b=0$의 두 근이 -2, 1일 때, $a-b$의 값은? (단, a, b는 상수)

① -9　② -5　③ -3　④ 6　⑤ 9

15 이차방정식 $x^2-(k+1)x+k=0$의 일차항의 계수와 상수항을 바꾸어 풀었더니 한 근이 $x=-5$이었다. 처음 이차방정식의 모든 근의 합은? (단, k는 상수)

① 3　② 4　③ 5　④ 6　⑤ 7

16 오른쪽 그림과 같은 그래프가 나타내는 이차함수의 식은?

① $y=x^2+2$

② $y=\frac{1}{2}(x-2)^2$

③ $y=\frac{1}{2}(x+2)^2+2$

④ $y=(x-2)^2$

⑤ $y=(x+2)^2$

17 이차함수 $y=-(x+3)^2$의 그래프를 x축의 방향으로 4만큼, y축의 방향으로 -2만큼 평행이동한 그래프를 나타내는 이차함수의 식은?

① $y=-(x-1)^2-2$

② $y=-(x-1)^2+2$

③ $y=-(x-4)^2-2$

④ $y=-(x-4)^2+2$

⑤ $y=-(x+7)^2-2$

18 오른쪽 그림은 이차함수 $y=a(x-p)^2+q$의 그래프이다. 상수 a, p, q의 부호는?

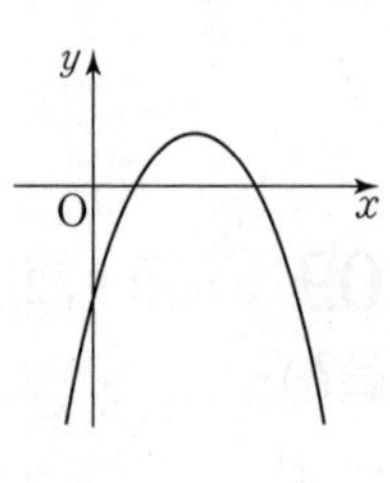

① $a>0$, $p>0$, $q>0$

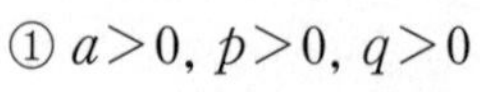

② $a>0$, $p>0$, $q<0$

③ $a<0$, $p>0$, $q>0$

④ $a<0$, $p>0$, $q<0$

⑤ $a<0$, $p<0$, $q<0$

서답형

19 오른쪽 그림은 한 칸의 가로, 세로의 길이가 각각 1인 모눈종이 위에 정사각형 ABCD와 수직선을 그린 것이다. $\overline{AB}=\overline{AQ}$, $\overline{AD}=\overline{AP}$일 때, 점 P에 대응하는 수를 a, 점 Q에 대응하는 수를 b라 하자. $a-2b$의 값을 구하시오.

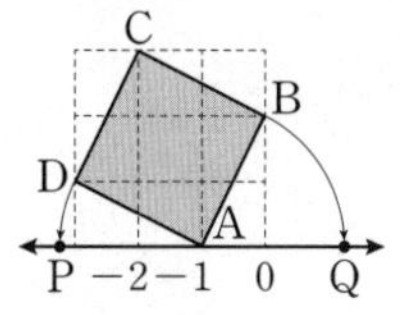

20 다음 그림과 같은 삼각형과 직사각형의 넓이가 서로 같을 때, x의 값을 구하시오.

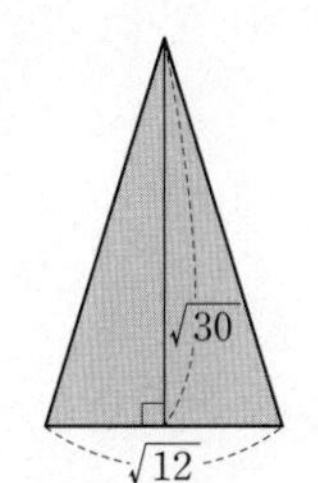

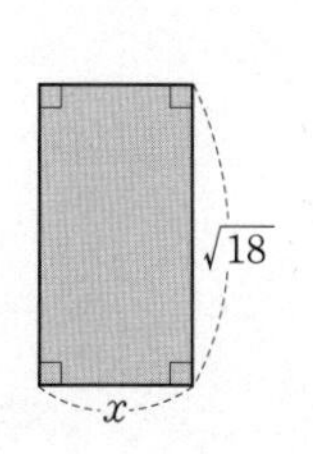

21 이차함수 $y=-\frac{1}{3}x^2$의 그래프를 x축의 방향으로 2만큼, y축의 방향으로 a만큼 평행이동한 그래프가 두 점 $(-1, b)$, $(8, -4)$를 지난다. $a+b$의 값을 구하시오.

22 이차방정식 $5x^2+Ax+1=0$의 한 근이 $x=-1$일 때, 이차방정식 $3x^2+Ax+1=0$의 근은 $x=\frac{-3\pm\sqrt{C}}{B}$이다. $A+B-C$의 값을 구하시오. (단, A, B, C는 유리수)

23 이차함수 $y=ax^2+2x+3$의 그래프가 오른쪽 그림과 같을 때, x축과 만나는 두 점 A, B 사이의 거리를 구하시오. (단, a는 상수)

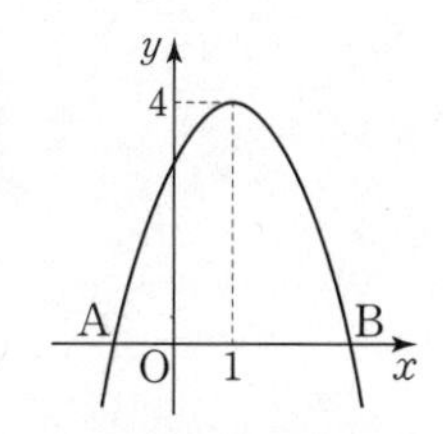

24 다항식 x^2+ax+b를 인수분해하는데 종광이는 x의 계수를 잘못 보고 풀어서 $(x+2)(x+5)$가 되었고, 병욱이는 상수항을 잘못 보고 풀어서 $(x-4)(x-3)$이 되었다. 처음 이차식을 바르게 인수분해하는 풀이 과정과 답을 쓰시오.

꾸준한 연습의 힘!

이제 실전에서 발휘하세요.

풍산자 라인업

중학 풍산자로 개념과 문제를 꼼꼼히 풀면

성적이 지속적으로 향상됩니다

상위권으로의 도약을 위한 중학 풍산자 로드맵

중학 풍산자 교재		하	중하	중	상
	원리 개념서 **풍산자 개념완성**	필수 문제로 개념 정복, 개념 학습 완성			
	기초 반복훈련서 **풍산자 반복수학**	개념 및 기본 연산 정복, 기초 실력 완성			
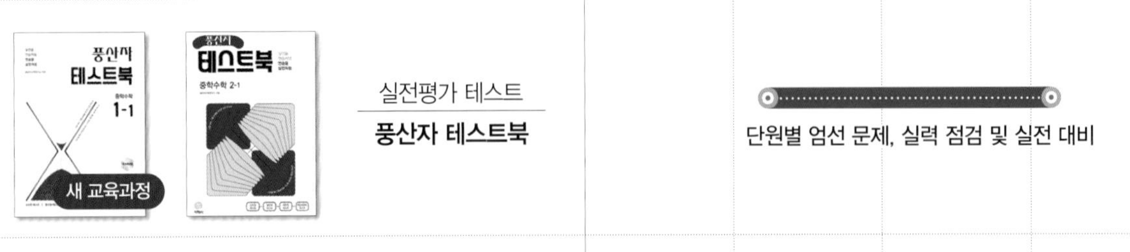	실전평가 테스트 **풍산자 테스트북**		단원별 엄선 문제, 실력 점검 및 실전 대비		
  	실전 문제유형서 **풍산자 필수유형**			모든 기출 유형 정복, 시험 준비 완료	

풍산자 테스트북

실전을
연습처럼
연습을
실전처럼

중학수학 3-1

풍산자수학연구소 지음

지학사

정답과
해설

풍산자 테스트북

중학수학 3-1

정답과 해설

Ⅰ. 실수와 그 계산

1. 제곱근과 실수

01. 제곱근의 뜻과 성질

소단원 집중 연습 008-009쪽

01 (1) ± 4 (2) 없다 (3) $\pm\frac{1}{3}$ (4) $\pm\frac{6}{7}$

02 (1) 0 (2) ± 3 (3) $\pm\frac{2}{5}$ (4) ± 5

03 (1) $\pm\sqrt{3}$ (2) $\sqrt{8}$
(3) $-\sqrt{\frac{1}{2}}$ (4) $\sqrt{13}$

04 (1) 3 (2) ± 8 (3) 0.7 (4) $-\frac{5}{9}$
(5) 2 (6) 5 (7) -0.8 (8) -13
(9) 9 (10) 10 (11) -0.4 (12) $-\frac{2}{7}$

05 (1) $3a$ (2) $-\frac{x}{2}$ (3) a (4) $x-1$

06 (1) 7 (2) 2 (3) 3 (4) 10

07 (1) $<$ (2) $<$ (3) $<$ (4) $<$

08 (1) 1, 2, 3, 4 (2) 1
(3) 1, 2, 3 (4) 1, 2, 3

소단원 테스트 [1회] 010-011쪽

01 ③	**02** ④	**03** ②	**04** ⑤	**05** ⑤
06 ④	**07** ③	**08** ③	**09** ⑤	**10** ②
11 ④	**12** ②	**13** ⑤	**14** ③	**15** ③
16 ②				

01 ①, ②, ④, ⑤ $\pm\sqrt{7}$ ③ $\sqrt{7}$

02 ④ $\sqrt{4}+\sqrt{4}=2+2=4\neq\sqrt{8}$

03 $a=\sqrt{36}=6$, $b=-\sqrt{(-4)^2}=-4$이므로
$a+b=2$

04 ① $\sqrt{a^2}=a$
② $\sqrt{-a^2}$에서 $-a^2<0$이므로 $\sqrt{-a^2}$의 값은 없다.
③ $(-\sqrt{a})^2=(-\sqrt{a})\times(-\sqrt{a})=a$
④ $\sqrt{(-a)^2}=\sqrt{a^2}=a$

05 ① $\sqrt{5}<\sqrt{7}$
② $4=\sqrt{16}$이므로 $\sqrt{8}<\sqrt{4}$
③ $-3=-\sqrt{9}$이므로 $-3<-\sqrt{6}$
④ $0.5=\sqrt{0.25}$이므로 $0.5<\sqrt{0.5}$
⑤ $\frac{1}{2}=\sqrt{\frac{1}{4}}$이고, $\frac{2}{3}>\frac{1}{4}$이므로 $\sqrt{\frac{2}{3}}>\frac{1}{2}$

06 근호 안이 제곱수가 되어야 한다.
이때 x가 자연수이므로 $5+x\geq 6$
따라서 6 이상인 최소의 제곱수는 9이므로
$5+x=9$ $\therefore x=4$

07 ① $\sqrt{7^2}=7$ ② $(-\sqrt{8})^2=8$
④ $\sqrt{16}=4$ ⑤ $-\sqrt{12^2}=-12$

08 $\sqrt{80a}$가 자연수가 되려면 $80a$는 제곱수가 되어야 한다.
$\sqrt{80a}=\sqrt{2^4\times 5\times a}$
① 5 ② $20=2^2\times 5$
③ $50=2\times 5^2$ ④ $80=2^4\times 5$
⑤ $500=2^2\times 5^3$
따라서 ③ $50=2\times 5^2$이면 $\sqrt{80a}$의 값이 자연수가 되지 않는다.

09 $\sqrt{2x}<5$에서 $2x<25$
$\therefore x<\frac{25}{2}$
따라서 이를 만족시키는 자연수 x는 1, 2, 3, ⋯, 12이다.

10 $\sqrt{(-2a)^2}-\sqrt{(3a)^2}=2a-3a=-a$

11 ① $(\sqrt{5})^2=5$ ② $\sqrt{5^2}=5$
③ $(-\sqrt{5})^2=5$ ④ $-\sqrt{(-5)^2}=-5$
⑤ $\sqrt{(-5)^2}=5$

12 $\sqrt{4x^2}+\sqrt{(-x)^2}-(-\sqrt{x})^2=2x+x-x=2x$

13 ③ $\sqrt{1.44}=\sqrt{(1.2)^2}=1.2$의 제곱근은 $\pm\sqrt{1.2}$이다.
④ $\sqrt{64}=\sqrt{8^2}=8$의 제곱근은 $\pm\sqrt{8}$이다.
⑤ $\sqrt{625}=\sqrt{25^2}=25$의 제곱근은 ± 5이다.

14 작은 수부터 차례로 나열하면
$-4, -\sqrt{10}, -3, -\sqrt{5}, -\sqrt{\frac{3}{2}}$
따라서 두 번째로 작은 수는 $-\sqrt{10}$이다.

15 $\sqrt{75a}$가 정수가 되려면 $75a$는 제곱수가 되어야 한다.
$\sqrt{75a}=\sqrt{5^2\times 3\times a}$
따라서 가장 작은 a의 값은 3이다.

16 $x>0$이므로 $\sqrt{x^2}=x$, $x<2$이므로 $x-2<0$
$\therefore \sqrt{x^2}+\sqrt{(x-2)^2}=x-(x-2)=2$

소단원 테스트 [2회] 012-013쪽

01 ㄷ, ㅁ	**02** 90	**03** 5개	**04** 15	**05** 5
06 $3a$	**07** -2	**08** 34	**09** 3, 12	
10 ㄷ, ㅁ	**11** 12개	**12** 13	**13** $2a-3b$	
14 $A<B<C$		**15** 4	**16** $x+3$	

01 ㄱ. 제곱근 9는 $\sqrt{9}=3$이다.
ㄴ. $\sqrt{36}=6$의 제곱근은 $\pm\sqrt{6}$이다.
ㄷ. $\sqrt{(-4)^2}=4$의 제곱근은 $\pm\sqrt{4}=\pm2$이다.
ㄹ. $(-7)^2=49$의 제곱근은 $\pm\sqrt{49}=\pm7$이다.

02 $\sqrt{360a}=\sqrt{2^3\times3^2\times5\times a}$가 자연수이려면
$a=10k^2$(단, k는 자연수)이어야 하므로
$a=10, 40, 90, 160 \cdots$
따라서 가장 큰 두 자리 자연수 a는 90이다.

03 $\sqrt{\frac{a}{2}}<\frac{5}{3}$에서 $\frac{a}{2}<\frac{25}{9}$ $\quad\therefore a<\frac{50}{9}$
따라서 자연수 a는 1, 2, 3, 4, 5의 5개이다.

04 $\sqrt{3x}<4$이므로 $3x<16$
$\therefore x<\frac{16}{3}$
따라서 자연수 x는 1, 2, 3, 4, 5이므로
그 합은 $1+2+3+4+5=15$

05 $\sqrt{14}<\sqrt{(-4)^2}$이므로 $a=\sqrt{(-4)^2}=4$
$-\sqrt{11}<-3$이므로 $b=-\sqrt{11}$
$\therefore a^2-b^2=4^2-(-\sqrt{11})^2=5$

06 $\sqrt{a^2}+\sqrt{(-2a)^2}=a+2a=3a$

07 $(-2)^2=4$이므로 $a=\sqrt{4}=2$, $b=-\sqrt{16}=-4$
$\therefore a+b=2+(-4)=-2$

08 $f(11)=f(12)=\cdots=f(15)=f(16)=3$
$f(17)=f(18)=\cdots=f(20)=4$
$\therefore$ (주어진 식)$=3\times6+4\times4=34$

09 $\sqrt{13+x}$가 자연수가 되려면 $13+x$는 제곱수이어야 한다.
x가 1 이상 20 이하의 자연수이므로
$13+x$는 14 이상 33 이하의 제곱수이다.
(i) $13+x=16$에서 $x=3$
(ii) $13+x=25$에서 $x=12$
따라서 자연수 x는 3, 12이다.

10 ㄱ. 0의 제곱근은 0이다.
ㄴ. 제곱근 16, 즉 4의 제곱근은 ±2이다.
ㄹ. 넓이가 5인 정사각형의 한 변의 길이는 $\sqrt{5}$이다.

11 $\sqrt{n}<4$에서 $n<16$
즉, $\sqrt{n}$ 중 무리수는 $n=1, 4, 9$일 때를 제외한 12개이다.

12 $5=\sqrt{25}<\sqrt{28}<\sqrt{36}=6$이므로
$\sqrt{28}$보다 작은 자연수는 1, 2, 3, 4, 5의 5개이다.
$\therefore a=5$
$8=\sqrt{64}<\sqrt{76}<\sqrt{81}=9$이므로
$\sqrt{76}$보다 작은 자연수는 1, 2, 3, $\cdots$, 8의 8개이다.
$\therefore b=8$
$\therefore a+b=5+8=13$

13 $a-b>0$, $ab<0$이므로 $a>0$, $b<0$
따라서 $a>0$, $a-b>0$, $b-2a<0$, $-3b>0$이므로
(주어진 식)$=a-(a-b)-(b-2a)+(-3b)$
$=2a-3b$

14 $A=\frac{1}{2}=\sqrt{\frac{1}{4}}=\sqrt{\frac{3}{12}}$,
$B=\sqrt{\frac{2}{3}}=\sqrt{\frac{8}{12}}$, $C=\sqrt{\frac{3}{4}}=\sqrt{\frac{9}{12}}$
$\therefore A<B<C$

15 $\sqrt{64}=8$이므로 $\sqrt{64}$의 양의 제곱근은 $\sqrt{8}$
$\therefore a=\sqrt{8}$
$(-\sqrt{16})^2=16$이므로 $(-\sqrt{16})^2$의 음의 제곱근은 -4
$\therefore b=-4$
$\therefore a^2+b=(\sqrt{8})^2+(-4)=8-4=4$

16 $0<x<3$일 때, $x-3<0$, $-x<0$이므로
(주어진 식)$=(-x+3)+x+x=x+3$

02. 무리수와 실수

소단원 집중 연습 014-015쪽

01 (1) 유 (2) 유 (3) 무 (4) 무 (5) 무
(6) 유

02 (1) × (2) ○ (3) × (4) × (5) ○

03 (1) 2, $\sqrt{36}$ (2) 2, -8, $\sqrt{36}$, 0, $-\frac{10}{5}$
(3) 2, 2.4, $1.\dot{2}5\dot{2}$, -8, $\sqrt{36}$, 0, $\frac{2}{5}$, $-\frac{10}{5}$, $0.2\dot{7}$
(4) $-\sqrt{7}$, $1-\sqrt{2}$, $\sqrt{20}$
(5) 2, $-\sqrt{7}$, 2.4, $1.\dot{2}5\dot{2}$, -8, $\sqrt{36}$, $1-\sqrt{2}$, 0,
$\frac{2}{5}$, $-\frac{10}{5}$, $0.2\dot{7}$, $\sqrt{20}$

04 $-\sqrt{0.3}$, $\sqrt{2}+1$, $-\sqrt{3}$, $\pi+1$, 제곱근 2

05 (1) × (2) ○ (3) ○ (4) ○ (5) ○

06 (1) $\mathrm{P}(2-\sqrt{2})$, $\mathrm{Q}(2+\sqrt{2})$
(2) $\mathrm{P}(-1-\sqrt{5})$, $\mathrm{Q}(-1+\sqrt{5})$

07 (1) $<$ (2) $>$ (3) $<$ (4) $<$ (5) $>$

08 (1) 점 C (2) 점 D (3) 점 E (4) 점 A (5) 점 F
(6) 점 B

소단원 테스트 [1회] 016쪽

01 ④	02 ④	03 ④	04 ①	05 ③
06 ②	07 ④	08 ②, ③		

01 ① 순환소수는 유리수이다.
② 유리수에는 유한소수도 있다.
③ 무한소수 중 순환소수는 유리수이다.
⑤ 유한소수는 유리수이다.

02 ④ $\sqrt{7}-1=2.646-1=1.646$

03 $a-b=3-\sqrt{5}-1=\sqrt{4}-\sqrt{5}<0$ $\quad\therefore a<b$
$a-c=3-\sqrt{5}-3+\sqrt{6}=-\sqrt{5}+\sqrt{6}>0$ $\quad\therefore a>c$
$\therefore c<a<b$

04 $\overline{AB}=\overline{AE}=\sqrt{2}$
따라서 점 E에 대응하는 수는 $4+\sqrt{2}$이다.

05 $a-b=(\sqrt{5}+\sqrt{3})-(\sqrt{5}+1)=\sqrt{3}-1>0$
$\therefore a>b$
$c-a=(3+\sqrt{3})-(\sqrt{5}+\sqrt{3})=3-\sqrt{5}=\sqrt{9}-\sqrt{5}>0$
$\therefore c>a$
$\therefore b<a<c$

06 ② 원주율 π는 무리수이므로 실수이다.

07 작은 정사각형의 한 변의 길이는
$\sqrt{1^2+2^2}=\sqrt{5}$
큰 정사각형의 한 변의 길이는
$\sqrt{1^2+3^2}=\sqrt{10}$
$\therefore A(-4-\sqrt{5}),\ B(-4+\sqrt{5}),$
$C(2-\sqrt{10}),\ D(2+\sqrt{10})$

08 ② $\sqrt{16}=4$이므로 무리수가 아니다.

소단원 테스트 [2회] 017쪽

01 $2-\sqrt{5}$	02 9, $>$	03 ㄱ, ㄴ, ㄷ
04 $a<b$	05 ㄴ, ㄹ, ㅁ	06 3개
07 $b<a<c$	08 $5-\sqrt{2}$	

01 직각삼각형 ABC에서
$\overline{AC}=\sqrt{2^2+1^2}=\sqrt{5}$이므로 $\overline{AP}=\sqrt{5}$
따라서 점 P에 대응하는 수는 $2-\sqrt{5}$이다.

03 ㄱ. 순환하지 않는 무한소수는 무리수이다.
ㄴ. 유리수와 무리수를 통틀어 실수라 한다.
ㄷ. $\sqrt{8}$은 무리수이므로 순환하지 않는 무한소수이다.
ㄹ. 2에 가장 가까운 무리수는 찾을 수 없다.
ㅁ. 2와 3 사이에는 무수히 많은 무리수가 있다.

04 $a-b=(3-\sqrt{6})-1=2-\sqrt{6}$
$=\sqrt{4}-\sqrt{6}<0$
$\therefore a<b$

05 ㄱ. 근호가 있는 수 중 유리수인 것도 있다.
예를 들면, $\sqrt{4}=2$
ㄷ. 순환소수는 유리수이므로 무한소수가 모두 무리수는 아니다.

06 $\sqrt{121}=11,\ -\sqrt{4}=-2$
따라서 무리수는 $1-\sqrt{3},\ \sqrt{0.1},\ \pi+0.1$의 3개이다.

07 $a-b=(\sqrt{5}+\sqrt{3})-(2+\sqrt{3})=\sqrt{5}-\sqrt{4}>0$
$\therefore a>b$
$a-c=(\sqrt{5}+\sqrt{3})-(\sqrt{5}+2)=\sqrt{3}-\sqrt{4}<0$
$\therefore a<c$
$\therefore b<a<c$

08 $\overline{AC}=\sqrt{2}$
따라서 점 C(5)에서 왼쪽으로 $\sqrt{2}$만큼 떨어진 점 P에 대응하는 수는 $5-\sqrt{2}$이다.

중단원 테스트 [1회] 018-021쪽

01 ②	02 ②	03 ⑤	04 ②	05 ④
06 ③	07 $P(3+\sqrt{2}),\ Q(3-\sqrt{2})$			08 2
09 ③	10 $-4x+1$		11 ④	12 ①
13 ③	14 ③	15 ③, ④	16 ③	17 11개
18 ⑤	19 ③	20 ⑤	21 ④	22 ④
23 ⑤	24 5	25 ③	26 90	27 ③
28 0	29 1	30 $c<a<b$		31 ③
32 72				

01 ① $(\sqrt{11})^2=11$ ③ $\sqrt{(-10)^2}=10$
④ $(-\sqrt{0.2})^2=0.2$ ⑤ $\sqrt{8^2}=8$

02 순환하지 않는 무한소수는 무리수이므로
$\pi+1,\ -\sqrt{2},\ 5-\sqrt{5}$의 3개이다.

03 $x+1>0,\ x-1<0$이므로
$\sqrt{(x+1)^2}-\sqrt{(x-1)^2}=(x+1)-(-x+1)=2x$

04 $\frac{16}{25}$의 양의 제곱근 $a=\sqrt{\frac{16}{25}}=\frac{4}{5}$
$\sqrt{\frac{1}{81}}=\frac{1}{9}$의 음의 제곱근 $b=-\sqrt{\frac{1}{9}}=-\frac{1}{3}$
$\sqrt{(-4)^2}=4$의 양의 제곱근 $c=\sqrt{4}=2$
$\therefore \frac{ab}{c}=\frac{4}{5}\times\left(-\frac{1}{3}\right)\div 2=-\frac{2}{15}$

05 ④ $\sqrt{7}+0.001$은 $\sqrt{7}$보다 크다.

06 $\sqrt{144xy}=\sqrt{2^4\times3^2\times xy}$가 자연수이려면 xy가 제곱수이어야 한다.
이를 만족시키는 (x, y)는
$(1, 1), (1, 4), (2, 2), (3, 3), (4, 1),$
$(4, 4), (5, 5), (6, 6)$
이므로 $\sqrt{144xy}$가 자연수가 될 확률은 $\frac{8}{36}=\frac{2}{9}$

07 정사각형 OABC의 한 변의 길이가 $\sqrt{2}$이므로
점 P에 대응하는 수는 $3+\sqrt{2}$,
점 Q에 대응하는 수는 $3-\sqrt{2}$

08 $\sqrt{25}-\sqrt{(-6)^2}+(-\sqrt{3})^2=5-6+3=2$

09 $\sqrt{16}=4$의 제곱근은 ±2
3의 제곱근은 $\pm\sqrt{3}$
$\sqrt{121}=11$의 제곱근은 $\pm\sqrt{11}$
$(-7)^2=49$의 제곱근은 ±7
25의 제곱근은 ±5
따라서 근호를 사용하지 않고 나타낼 수 있는 것은 3개이다.

10 $0<x<3$일 때, $-4<x-4<-1$, $1<x+1<4$
$\therefore$ (주어진 식)$=(-x+4)-3(x+1)=-4x+1$

11 ① $\sqrt{0}=0$ ② $\sqrt{100}=10$
③ $-\sqrt{0.09}=-0.3$ ⑤ $\sqrt{\frac{4}{9}}=\frac{2}{3}$

13 $\sqrt{7}$은 무리수이므로 순환하지 않는 무한소수이다.

14 100의 양의 제곱근은 10이므로 $a=10$
$\sqrt{81}=9$의 음의 제곱근은 -3이므로 $b=-3$
$\therefore a+b=10+(-3)=7$

15 무리수는 π, $\sqrt{0.4}$이다.

16 $\sqrt{100+a}$가 자연수가 되려면 $100+a$는 100보다 큰 제곱인 자연수이어야 하므로
$100+a=121, 144, 169, 196, 225, \cdots$
$\therefore a=21, 44, 69, 96, 125, \cdots$
따라서 두 자리 자연수 a의 개수는 4개이다.

17 $\sqrt{2x+1}<5$에서 $\sqrt{2x+1}<\sqrt{25}$
$2x+1<25$, $2x<24$
$\therefore x<12$
따라서 자연수 x의 개수는 $1, 2, 3, \cdots, 11$의 11개이다.

18 $\sqrt{144}=12$의 양의 제곱근은 $a=\sqrt{12}$
$(-0.4)^2=0.16$의 음의 제곱근은 $b=-0.4$
$\therefore a^2-10b=12+4=16$

19 $a<0$이므로
$\sqrt{(-3a)^2}-\sqrt{4a^2}+\sqrt{a^2}=(-3a)-(-2a)-a$
$=-2a$

20 ① $\sqrt{0.1^2}=0.1$ ② 0.02
③ $-\sqrt{0.04}=-0.2$ ④ $(-\sqrt{0.01})^2=0.01$
⑤ $\sqrt{(-0.2)^2}=0.2$

21 $\sqrt{16^2}=16$, $\sqrt{(-16)^2}=16$이므로 $a=\pm16$

22 $a-c=\sqrt{7}+2-3=\sqrt{7}-1>0$이므로
$a>c$
$b-c=\sqrt{21}-2-3=\sqrt{21}-5<0$이므로
$b<c$
$\therefore b<c<a$

23 ① 1.21의 제곱근은 ±1.1
② $(-5)^2$의 제곱근은 ±5
③ $\frac{25}{16}$의 제곱근은 $\pm\frac{5}{4}$
④ 0.04의 제곱근은 ±0.2

24 $\sqrt{81}-\sqrt{(-5)^2}+\sqrt{2^4}-(-\sqrt{3})^2$
$=9-5+4-3=5$

25 ③ $\sqrt{17}-1-3=\sqrt{17}-4=\sqrt{17}-\sqrt{16}>0$
$\therefore \sqrt{17}-1>3$

26 $a>0$이므로 $\sqrt{a^2}=a=81$
$b<0$이고, b는 a의 제곱근이므로 $b=-9$
$\therefore a-b=81-(-9)=90$

27 ① $\mathrm{A}(-1-\sqrt{2})$ ② $\mathrm{B}(-2+\sqrt{2})$
④ $\mathrm{D}(2-\sqrt{2})$ ⑤ $\mathrm{E}(1+\sqrt{2})$

28 $\sqrt{(3-\sqrt{6})^2}-\sqrt{(\sqrt{6}-3)^2}$
$=(3-\sqrt{6})-(3-\sqrt{6})=0$

29 제곱근 64는 $\sqrt{64}=8$이므로 $A=8$
$(-7)^2=49$의 음의 제곱근은 $-\sqrt{49}=-7$이므로
$B=-7$
$\therefore A+B=8+(-7)=1$

30 (i) a와 b의 대소 비교
$-2\sqrt{2}<-\sqrt{6}$이므로 $3-2\sqrt{2}<3-\sqrt{6}$
$\therefore a<b$
(ii) a와 c의 대소 비교
$3>\sqrt{6}$이므로 $3-2\sqrt{2}>\sqrt{6}-2\sqrt{2}$
$\therefore a>c$
$\therefore c<a<b$

31 마름모의 넓이는 $\frac{1}{2}\times6\times5=15(\mathrm{m}^2)$
즉, 구하는 정사각형의 한 변의 길이는 $\sqrt{15}$ m이다.

32 $\sqrt{\frac{1800}{n}}=\sqrt{\frac{2^3\times3^2\times5^2}{n}}$이 자연수가 되도록 하는 가장 큰 두 자리 자연수 n은
$n=2^3\times3^2=72$

중단원 테스트 [2회] 022-025쪽

01 ⑤	02 ③	03 ④	04 ④	05 ④
06 ①	07 ①	08 ③	09 ④	10 ④
11 ⑤	12 ⑤	13 ②	14 $\sqrt{5}+\sqrt{2}-3$	
15 ②	16 ③	17 ⑤	18 ④	19 ⑤
20 ⑤	21 ④	22 ③	23 ④	24 6개
25 ②	26 -1			
27 $\mathrm{P}(-1-\sqrt{10})$, $\mathrm{Q}(-1+\sqrt{10})$				28 ⑤
29 ③, ⑤	30 10	31 $\frac{25}{3}$	32 ③	

01 ① 제곱근 9는 $\sqrt{9}=3$이다.
② $(-1)^2=1$이므로 -1은 1의 제곱근이다.
③ 1의 제곱근은 $\pm\sqrt{1}=\pm1$이다.
④ $-\sqrt{4}$는 음수이고, 음수의 제곱근은 없다.
⑤ 양수의 제곱근은 양수와 음수 2개이다.

02 ③ $\pm\sqrt{\frac{121}{36}}=\pm\frac{11}{6}$

03 ① $-\sqrt{7^2}=-7$
② $-\sqrt{(-7)^2}=-\sqrt{7^2}=-7$
③ $-(\sqrt{7})^2=-7$
④ $(-\sqrt{7})^2=(\sqrt{7})^2=7$
⑤ $-(-\sqrt{7})^2=-(\sqrt{7})^2=-7$

04 ① $\sqrt{\frac{1}{9}}=\frac{1}{3}$
② $\sqrt{\left(-\frac{1}{5}\right)^2}=\sqrt{\left(\frac{1}{5}\right)^2}=\frac{1}{5}$
③ $\left(-\frac{1}{3}\right)^2=\frac{1}{9}$
④ $\left(-\sqrt{\frac{1}{2}}\right)^2=\left(\sqrt{\frac{1}{2}}\right)^2=\frac{1}{2}$
⑤ $\sqrt{\left(\frac{1}{8}\right)^2}=\frac{1}{8}$

05 21의 제곱근이 a이므로 $a^2=21$
13의 제곱근이 b이므로 $b^2=13$
$\therefore a^2+b^2=21+13=34$

06 ① 제곱근 3은 $\sqrt{3}$이고, 3의 제곱근은 $\pm\sqrt{3}$이다.
② 음수의 제곱근은 없다.
③ $\sqrt{4}=2$
④, ⑤ 음수의 제곱근은 없다.

07 $a>0$, $b<0$에서 $2a>0$, $4a>0$, $3b<0$
$\therefore (-\sqrt{2a})^2-\sqrt{(-4a)^2}+\sqrt{9b^2}$
$=(\sqrt{2a})^2-\sqrt{(4a)^2}+\sqrt{(3b)^2}$
$=2a-4a-3b$
$=-2a-3b$

08 ③ $\sqrt{3.24}=1.8$ (유리수)
④ $\sqrt{4.9}=\sqrt{\frac{49}{10}}=\frac{7}{\sqrt{10}}=\frac{7\sqrt{10}}{10}$ (무리수)
⑤ $\sqrt{2}+\sqrt{9}=\sqrt{2}+3$ (무리수)

09 주어진 수의 제곱근은 각각 다음과 같다.
① $\pm\sqrt{2}$　② $\pm\sqrt{7}$　③ $\pm\sqrt{90}$
④ $\pm\sqrt{256}=\pm16$　⑤ $\pm\sqrt{300}$

10 ① $\sqrt{5}>\sqrt{3}$이므로 $-\sqrt{5}<-\sqrt{3}$
② $(\sqrt{6})^2=6$, $3^2=9$이므로 $\sqrt{6}<3$
③ $(\sqrt{35})^2=35$, $6^2=36$이므로 $\sqrt{35}<6$
$\therefore -\sqrt{35}>-6$
④ $(\sqrt{0.4})^2=0.4$, $0.2^2=0.04$이므로 $\sqrt{0.4}>0.2$
⑤ $\left(\frac{1}{3}\right)^2=\frac{1}{9}$, $\left(\sqrt{\frac{1}{3}}\right)^2=\frac{1}{3}$이므로 $\frac{1}{3}<\sqrt{\frac{1}{3}}$

11 $\overline{\mathrm{AB}}=\sqrt{5}$이므로 점 P에 대응하는 수는 $\mathrm{P}(-\sqrt{5})$,
점 Q에 대응하는 수는 $\mathrm{Q}(\sqrt{5})$이다.
또 $-\sqrt{6}<-\sqrt{5}$이므로 두 점 P, Q 사이에 $-\sqrt{6}$은 없다.

12 ⑤ $\sqrt{3}$은 무리수이므로 분모, 분자가 정수인 분수로 나타낼 수 없다.

13 $\sqrt{10}+1$, 4, $\sqrt{8}+1$은 양수이고, $-\sqrt{2}-1$, $-\sqrt{2}$는 음수이다.
(i) $(\sqrt{10}+1)-4=\sqrt{10}-3=\sqrt{10}-\sqrt{9}>0$
이므로 $\sqrt{10}+1>4$
(ii) $4-(\sqrt{8}+1)=3-\sqrt{8}=\sqrt{9}-\sqrt{8}>0$
이므로 $4>\sqrt{8}+1$
$\therefore -\sqrt{2}-1<-\sqrt{2}<\sqrt{8}+1<4<\sqrt{10}+1$
따라서 수직선 위에 나타낼 때, 오른쪽에서 두 번째에 위치하는 수는 4이다.

14 (i) $(\sqrt{5}+1)-3=\sqrt{5}-2=\sqrt{5}-\sqrt{4}>0$
이므로 $\sqrt{5}+1>3$
(ii) $(\sqrt{5}+1)-(\sqrt{5}+\sqrt{2})=1-\sqrt{2}<0$
이므로 $\sqrt{5}+1<\sqrt{5}+\sqrt{2}$
$\therefore 3<\sqrt{5}+1<\sqrt{5}+\sqrt{2}$
따라서 $M=\sqrt{5}+\sqrt{2}$, $m=3$이므로
$M-m=\sqrt{5}+\sqrt{2}-3$

15 ② 무한소수 중 순환소수는 유리수이고, 순환하지 않는 무한소수는 무리수이다.

16 $\sqrt{504x}=\sqrt{2^3\times3^2\times7\times x}$가 자연수가 되려면 소인수의 지수가 모두 짝수이어야 하므로 가장 작은 자연수 x는 $x=2\times7=14$

17 $\sqrt{\frac{540}{x}}=\sqrt{\frac{2^2\times3^3\times5}{x}}$가 자연수가 되려면 분자의 소인수의 지수가 모두 짝수이어야 하므로 가장 작은 자연수 x는 $x=3\times5=15$

18 $(-6)^2=36$의 양의 제곱근은 $\sqrt{36}=6$이므로

$A=6$

$\sqrt{81}=9$의 음의 제곱근은 $-\sqrt{9}=-3$이므로

$B=-3$

$\therefore A+B=6+(-3)=3$

19 ① $3<\sqrt{12}<4$이므로 $1<\sqrt{12}-2<2$

$\therefore \sqrt{12}-2<3$

② $2<\sqrt{10}$이므로 $2+\sqrt{7}<\sqrt{10}+\sqrt{7}$

③ $-1>-\sqrt{2}$이므로 $\sqrt{6}-1>\sqrt{6}-\sqrt{2}$

④ $4<\sqrt{20}$이므로 $4-\sqrt{5}<\sqrt{20}-\sqrt{5}$

⑤ $3<\sqrt{15}<4$이므로 $5<\sqrt{15}+2<6$

$\therefore \sqrt{15}+2<6$

20 음수의 제곱근은 없으므로 제곱근을 구할 수 없는 수는 ⑤이다.

21 ① $(-3)^2=9$이므로 -3은 9의 제곱근이다.

② 0의 제곱근은 0이다.

③ 제곱근 0.25는 $\sqrt{0.25}=0.5$이다.

④ $\sqrt{9+16}=\sqrt{25}=5$

⑤ $\frac{1}{4}$의 양의 제곱근은 $\sqrt{\frac{1}{4}}=\frac{1}{2}$이다.

22 $-7<a<7$일 때,

$a+7>0,\ a-7<0$

$\therefore \sqrt{(a+7)^2}-\sqrt{(a-7)^2}=a+7-\{-(a-7)\}$

$=2a$

23 $\sqrt{4a}\le 8$에서 $(\sqrt{4a})^2\le 8^2$

$4a\le 64 \qquad \therefore a\le 16$

따라서 자연수 a는 1, 2, 3, ⋯, 16의 16개이다.

24 $32-n$이 32보다 작은 제곱수이어야 하므로

$32-n=0,\ 1,\ 4,\ 9,\ 16,\ 25$

$\therefore n=32,\ 31,\ 28,\ 23,\ 16,\ 7$

따라서 자연수 n은 6개이다.

25 $-\sqrt{(-5)^2}=-\sqrt{5^2}=-5$는 음수이므로 주어진 수 중 가장 작은 수이다.

나머지 양수를 비교하면 $\frac{3}{2}=\sqrt{\frac{9}{4}}$이므로

$\sqrt{4}>\sqrt{3}>\frac{3}{2}>\sqrt{\frac{1}{2}}>-\sqrt{(-5)^2}$

따라서 세 번째로 큰 수는 $\frac{3}{2}$이다.

26 $\sqrt{4}>\sqrt{2}$에서 $2>\sqrt{2}$이므로 $2-\sqrt{2}>0$

$\sqrt{2}<\sqrt{9}$에서 $\sqrt{2}<3$이므로 $\sqrt{2}-3<0$

$\therefore \sqrt{(2-\sqrt{2})^2}-\sqrt{(\sqrt{2}-3)^2}$

$=(2-\sqrt{2})-\{-(\sqrt{2}-3)\}$

$=-1$

27 $\overline{AP}=\overline{AB}=\sqrt{10}$이므로

점 P에 대응하는 수는 $-1-\sqrt{10}$

$\overline{AQ}=\overline{AD}=\sqrt{10}$이므로

점 Q에 대응하는 수는 $-1+\sqrt{10}$

28 $2\le n\le 12$이므로 $5\le 2n+1\le 25$

(i) $2n+1=9$일 때, $n=4$이므로 합이 4가 되는 경우는 (1, 3), (2, 2), (3, 1)의 3가지

(ii) $2n+1=16$일 때, $n=\frac{15}{2}$이므로 합이 $\frac{15}{2}$가 되는 경우는 없다.

(iii) $2n+1=25$일 때, $n=12$이므로 합이 12가 되는 경우는 (6, 6)의 1가지

따라서 $\sqrt{2n+1}$이 자연수가 될 확률은

$\frac{4}{36}=\frac{1}{9}$

29 ① 순환소수는 유리수이다.

② $\sqrt{9}=3$과 같이 근호 안의 수가 제곱수이면 유리수이다.

③ 무한소수 중 순환소수는 유리수이다.

④ 0은 유리수이므로 무리수가 아니다.

⑤ 유리수는 분모, 분자가 정수인 분수로 나타낼 수 있다.

30 $x<\sqrt{20}$에서 $x^2<(\sqrt{20})^2$

$\therefore x^2<20$

따라서 자연수 x는 1, 2, 3, 4이므로 그 합은

$1+2+3+4=10$

31 $\sqrt{256}+\left(\sqrt{\frac{1}{3}}\right)^2\times(-\sqrt{7})^2-2\sqrt{(-5)^2}$

$=\sqrt{16^2}+\left(\sqrt{\frac{1}{3}}\right)^2\times(\sqrt{7})^2-2\sqrt{5^2}$

$=16+\frac{1}{3}\times 7-2\times 5$

$=16+\frac{7}{3}-10=\frac{25}{3}$

32 ① $\sqrt{25}+\sqrt{(-3)^2}=\sqrt{5^2}+\sqrt{3^2}=5+3=8$

② $(-\sqrt{6})^2-\sqrt{(-2)^2}=(\sqrt{6})^2-\sqrt{2^2}=6-2=4$

③ $\sqrt{\left(-\frac{1}{3}\right)^2}\times(-\sqrt{36})=\sqrt{\left(\frac{1}{3}\right)^2}\times(-\sqrt{6^2})$

$=\frac{1}{3}\times(-6)=-2$

④ $(-\sqrt{10})^2\div\sqrt{5^2}=(\sqrt{10})^2\div\sqrt{5^2}=10\div 5=2$

⑤ $-\sqrt{\frac{9}{16}}\div(-\sqrt{4})^2=-\sqrt{\left(\frac{3}{4}\right)^2}\div(\sqrt{4})^2$

$=-\frac{3}{4}\div 4$

$=-\frac{3}{4}\times\frac{1}{4}$

$=-\frac{3}{16}$

중단원 테스트 [서술형] 026-027쪽

01 $-2a+4$ **02** 9 **03** 12 **04** 17개
05 3 **06** 4 **07** 149 **08** 13

01 $a<b<2$이므로

$a-2<0$, $a-b<0$, $2-b>0$

$\sqrt{(a-2)^2}=-(a-2)=-a+2$ ...... ❶

$\sqrt{(a-b)^2}=-(a-b)=-a+b$ ...... ❷

$\sqrt{(2-b)^2}=2-b$ ...... ❸

$\therefore \sqrt{(a-2)^2}+\sqrt{(a-b)^2}+\sqrt{(2-b)^2}$

$=(-a+2)+(-a+b)+(2-b)$

$=-2a+4$ ...... ❹

채점 기준	배점
❶ $\sqrt{(a-2)^2}$ 간단히 하기	30 %
❷ $\sqrt{(a-b)^2}$ 간단히 하기	30 %
❸ $\sqrt{(2-b)^2}$ 간단히 하기	30 %
❹ 주어진 식 간단히 하기	10 %

02 $0.3=\sqrt{0.09}$, $6=\sqrt{36}$이므로

$\sqrt{0.09}<\sqrt{0.9}<\sqrt{3}<\sqrt{36}$ ...... ❶

가장 큰 수는 6이므로 $a=6$ ...... ❷

가장 작은 수는 0.3이므로 $b=0.3$ ...... ❸

$\therefore a+10b=6+10\times0.3=9$ ...... ❹

채점 기준	배점
❶ 주어진 수의 대소 관계 알기	30 %
❷ a의 값 구하기	30 %
❸ b의 값 구하기	30 %
❹ $a+10b$의 값 구하기	10 %

03 조건 (가)에서 $\sqrt{a}$는 무리수이다.

조건 (나)에서 $\sqrt{a}<\sqrt{17}$이므로 a는 17보다 작은 자연수 중에서 제곱인 수가 아닌 수이다. ...... ❶

따라서 17보다 작은 자연수 중 제곱인 수는 1, 4, 9, 16의 4개이므로 a는 $16-4=12$(개) ...... ❷

채점 기준	배점
❶ a의 조건 구하기	50 %
❷ a의 개수 구하기	50 %

04 $\sqrt{x-1}\le4$의 각 변을 제곱하면

$x-1\le16$

$\therefore x\le17$ ...... ❶

따라서 자연수 x는 1, 2, 3, …, 17의 17개이다. ...... ❷

채점 기준	배점
❶ x의 값의 범위 구하기	50 %
❷ 자연수 x의 개수 구하기	50 %

05 $\sqrt{4^2}=4$에서 4의 음의 제곱근은 -2이므로

$a=-2$ ...... ❶

$\sqrt{81}=9$에서 9의 양의 제곱근은 3이므로

$b=3$ ...... ❷

제곱근 4는 $\sqrt{4}=2$이므로 $c=2$ ...... ❸

$\therefore a+b+c=-2+3+2=3$ ...... ❹

채점 기준	배점
❶ a의 값 구하기	30 %
❷ b의 값 구하기	30 %
❸ c의 값 구하기	30 %
❹ $a+b+c$의 값 구하기	10 %

06 $a+b=(5-\sqrt{10})+2=7-\sqrt{10}$

$=\sqrt{49}-\sqrt{10}>0$

$\therefore a+b>0$ ...... ❶

$a-b=(5-\sqrt{10})-2=3-\sqrt{10}$

$=\sqrt{9}-\sqrt{10}<0$

$\therefore a-b<0$ ...... ❷

$\therefore \sqrt{(a+b)^2}+\sqrt{(a-b)^2}=a+b-(a-b)=2b$

$=2\times2=4$ ...... ❸

채점 기준	배점
❶ $a+b$의 부호 정하기	30 %
❷ $a-b$의 부호 정하기	30 %
❸ 식의 값 구하기	40 %

07 $\sqrt{34-x}$가 정수가 되려면 $34-x$는 제곱수이어야 한다. ...... ❶

자연수 x에 대하여 $34-x=0$, 1, 4, 9, 16, 25이므로

x는 34, 33, 30, 25, 18, 9 ...... ❷

따라서 모든 x의 값의 합은

$34+33+30+25+18+9=149$ ...... ❸

채점 기준	배점
❶ 근호 안의 수가 제곱수이어야 함을 알기	30 %
❷ 모든 x의 값 구하기	30 %
❸ 모든 x의 값의 합 구하기	40 %

08 $6=\sqrt{36}<\sqrt{39}<\sqrt{49}=7$이므로

$\sqrt{39}$보다 작은 자연수는 1, 2, 3, 4, 5, 6의 6개이다.

$\therefore a=6$ ...... ❶

$7=\sqrt{49}<\sqrt{57}<\sqrt{64}=8$이므로

$\sqrt{57}$보다 작은 자연수는 1, 2, 3, 4, 5, 6, 7의 7개이다.

$\therefore b=7$ ...... ❷

$\therefore a+b=6+7=13$ ...... ❸

채점 기준	배점
❶ a의 값 구하기	40 %
❷ b의 값 구하기	40 %
❸ $a+b$의 값 구하기	20 %

2. 근호를 포함한 식의 계산

01. 제곱근의 곱셈과 나눗셈

소단원 집중 연습 028-029쪽

01 (1) $\sqrt{15}$ (2) $\sqrt{3}$ (3) $\sqrt{10}$ (4) $12\sqrt{0.24}$ (5) $10\sqrt{\frac{3}{2}}$

02 (1) $\sqrt{3}$ (2) $\sqrt{7}$ (3) $\sqrt{7}$ (4) $\sqrt{5}$

03 (1) $\sqrt{5}$ (2) $2\sqrt{3}$ (3) $12\sqrt{3}$

04 (1) $\sqrt{2}$ (2) $\sqrt{2}$ (3) $\sqrt{12}$

05 (1) $4\sqrt{2}$ (2) $2\sqrt{10}$ (3) $3\sqrt{5}$ (4) $4\sqrt{5}$

06 (1) $\frac{\sqrt{7}}{6}$ (2) $\frac{\sqrt{14}}{10}$ (3) $\frac{\sqrt{6}}{10}$ (4) $\frac{\sqrt{19}}{10}$

07 (1) $\sqrt{50}$ (2) $\sqrt{\frac{3}{100}}$ (3) $\sqrt{48}$ (4) $\sqrt{40}$ (5) $\sqrt{240}$

08 (1) $\frac{\sqrt{5}}{5}$ (2) $-\frac{11\sqrt{5}}{5}$ (3) $\frac{\sqrt{6}}{2}$ (4) $-\frac{\sqrt{30}}{6}$ (5) $\frac{\sqrt{5}}{10}$ (6) $\frac{\sqrt{35}}{7}$

09 (1) $\sqrt{6}$ (2) $\frac{\sqrt{7}}{2}$ (3) $-\frac{3}{2}$ (4) $\frac{5\sqrt{6}}{6}$

소단원 테스트 [1회] 030-031쪽

01 ②	**02** ④	**03** ③	**04** ⑤	**05** ④
06 ①	**07** ②	**08** ①	**09** ①	**10** ⑤
11 ②	**12** ④	**13** ③	**14** ⑤	**15** ①
16 ④				

01 ① $\sqrt{2}\times\sqrt{2}=\sqrt{4}=2$

② $\frac{\sqrt{28}}{\sqrt{7}}=\sqrt{\frac{28}{7}}=\sqrt{4}=2$

③ $\sqrt{\frac{12}{5}}\times\sqrt{\frac{10}{4}}=\sqrt{\frac{12}{5}\times\frac{10}{4}}=\sqrt{6}$

④ $\sqrt{12}\div\sqrt{2}=\frac{\sqrt{12}}{\sqrt{2}}=\sqrt{\frac{12}{2}}=\sqrt{6}$

⑤ $\sqrt{2}\times\sqrt{3}\times\sqrt{5}=\sqrt{2\times3\times5}=\sqrt{30}$

02 $\sqrt{2000}=10\sqrt{20}=10b$

03 ① $\sqrt{a^2b}=a\sqrt{b}$

② $-a\sqrt{b}=-\sqrt{a^2b}$

④ $\sqrt{\frac{b}{a^2}}=\frac{\sqrt{b}}{a}$

04 $\frac{\sqrt{52}}{\sqrt{84}\sqrt{3}}=\frac{\sqrt{52}}{\sqrt{84\times3}}=\sqrt{\frac{13}{3^2\times7}}=\frac{\sqrt{13}}{3\sqrt{7}}$

즉, 분모를 유리화하기 위해 분자, 분모에 곱해야 할 가장 작은 무리수는 $\sqrt{7}$이다.

05 $\frac{\sqrt{75}}{\sqrt{2}}\div\frac{\sqrt{32}}{\sqrt{3}}\times\frac{\sqrt{8}}{\sqrt{27}}=\frac{5\sqrt{3}}{\sqrt{2}}\times\frac{\sqrt{3}}{4\sqrt{2}}\times\frac{2\sqrt{2}}{3\sqrt{3}}$

$=\frac{5\sqrt{3}}{6\sqrt{2}}=\frac{5\sqrt{6}}{12}$

06 $\sqrt{28}+\sqrt{14}=\sqrt{2^2\times7}+\sqrt{2\times7}$

$=a^2b+ab=ab(a+1)$

07 $\sqrt{96}=\sqrt{2^5\times3}=4\sqrt{6}$이므로 $a=4$, $b=6$

$\therefore a+b=10$

08 ① $\frac{8}{\sqrt{2}}=\frac{8\times\sqrt{2}}{\sqrt{2}\times\sqrt{2}}=\frac{8\sqrt{2}}{2}=4\sqrt{2}$

09 $\sqrt{3}\times\sqrt{7}\times\sqrt{a}\times\sqrt{112}\times\sqrt{3a^2}\times\sqrt{125}$

$=\sqrt{2^4\times3^2\times5^3\times7^2\times a^3}$

$=(2^2\times3\times5\times7\times a)\sqrt{5a}$

$=420a\sqrt{5a}$

즉, $420a\sqrt{5a}=10b\sqrt{15}$이므로

$5a=15$ $\therefore a=3$

$10b=420a=1260$ $\therefore b=126$

$\therefore a+b=129$

10 $\frac{a}{\sqrt{180}}=\frac{a}{6\sqrt{5}}=\frac{a\sqrt{5}}{30}=\frac{\sqrt{5}}{9}$에서

$\frac{a}{30}=\frac{1}{9}$, $9a=30$

$\therefore a=\frac{10}{3}$

11 $\sqrt{0.08}\times\sqrt{0.5}=\sqrt{0.08\times0.5}=\sqrt{0.04}=0.2$

12 $\sqrt{18}\times\sqrt{12}\times\sqrt{50}=3\sqrt{2}\times2\sqrt{3}\times5\sqrt{2}$

$=30\sqrt{12}=60\sqrt{3}$

$\therefore a=60$

13 $\sqrt{a^2b}=\sqrt{a^2}\times\sqrt{b}=-a\sqrt{b}$

14 ① $\sqrt{12}=\sqrt{2^2\times3}=2\sqrt{3}$

② $\sqrt{15}\div\sqrt{3}=\sqrt{\frac{15}{3}}=\sqrt{5}$

③ $\sqrt{2}\times\sqrt{5}=\sqrt{2\times5}=\sqrt{10}$

④ $5\sqrt{2}\times4\sqrt{3}=(5\times4)\sqrt{2\times3}=20\sqrt{6}$

⑤ $\frac{\sqrt{3}}{\sqrt{2}}\times\sqrt{10}=\sqrt{\frac{3}{2}}\times\sqrt{10}=\sqrt{\frac{3}{2}\times10}=\sqrt{15}$

15 $\sqrt{0.3}=\sqrt{\frac{30}{100}}=\frac{\sqrt{30}}{10}$이므로 $A=10$

$\sqrt{0.24}=\sqrt{\frac{24}{100}}=\frac{2\sqrt{6}}{10}=\frac{\sqrt{6}}{5}$이므로 $B=6$

$\therefore A-\frac{5}{2}B=10-\frac{5}{2}\times6=-5$

16 $\sqrt{24}=2\sqrt{6}$이므로 $a=2$

$\sqrt{48}=4\sqrt{3}$이므로 $b=4$

$\therefore a+b=2+4=6$

소단원 테스트 [2회] 032-033쪽

01 $\frac{1}{5}$ **02** $-\frac{2}{3}$ **03** ㄷ, ㄹ **04** a^2b **05** 5
06 $\sqrt{10}$ **07** -43 **08** $2\sqrt{10}$ **09** $\frac{a}{10}+100b$
10 $\frac{1}{7}$ **11** $\frac{1}{5}ab$ **12** 9 **13** 4 **14** 35
15 $\sqrt{a^2+b^2}$ **16** $\sqrt{2}$

01 $\sqrt{0.12}=\sqrt{\frac{12}{100}}=\sqrt{\frac{4}{100}\times3}=\frac{2}{10}\sqrt{3}$
$=\frac{1}{5}\sqrt{3}=k\sqrt{3}$
$\therefore k=\frac{1}{5}$

02 $\frac{1}{\sqrt{2}}\times\frac{\sqrt{8}}{\sqrt{5}}\div\left(-\frac{\sqrt{6}}{\sqrt{10}}\right)=\frac{1}{\sqrt{2}}\times\frac{\sqrt{8}}{\sqrt{5}}\times\left(-\frac{\sqrt{10}}{\sqrt{6}}\right)$
$=-\frac{2}{\sqrt{3}}=-\frac{2}{3}\sqrt{3}$
$\therefore a=-\frac{2}{3}$

03 $\sqrt{42}\div\sqrt{7}=\sqrt{6}$
ㄱ. $\sqrt{2}+\sqrt{4}=\sqrt{2}+2$
ㄴ. $\sqrt{48}\div\sqrt{6}=\sqrt{8}=2\sqrt{2}$
ㄷ. $\sqrt{54}-2\sqrt{6}=3\sqrt{6}-2\sqrt{6}=\sqrt{6}$
ㄹ. $\sqrt{3}\times\sqrt{2}=\sqrt{6}$
ㅁ. $\frac{2\sqrt{6}}{\sqrt{8}}=\frac{2\sqrt{6}}{2\sqrt{2}}=\sqrt{3}$
ㅂ. $3\sqrt{2}\times2\sqrt{3}=6\sqrt{6}$

04 $\sqrt{12}=\sqrt{2^2\times3}=a^2b$

05 $\sqrt{24}=2\sqrt{6}$이므로 $a=2$
$\frac{\sqrt{24}}{2\sqrt{2}}=\frac{2\sqrt{6}}{2\sqrt{2}}=\sqrt{3}$이므로 $b=3$
$\therefore a+b=5$

06 $\sqrt{800}=\sqrt{10^2\times2^2\times2}$
$=20\sqrt{2}=a\sqrt{2}$
이므로 $a=20$
$\sqrt{0.75}=\sqrt{\frac{75}{100}}=\sqrt{\frac{5^2}{10^2}\times3}=\frac{5}{10}\sqrt{3}$
$=\frac{1}{2}\sqrt{3}=b\sqrt{3}$
이므로 $b=\frac{1}{2}$
$\therefore \sqrt{ab}=\sqrt{20\times\frac{1}{2}}=\sqrt{10}$

07 $\sqrt{32}=\sqrt{2^5}=4\sqrt{2}$ $\therefore a=2$
$3\sqrt{5}=\sqrt{3^2\times5}=\sqrt{45}$ $\therefore b=45$
$\therefore a-b=-43$

08 $4\sqrt{11}\div\sqrt{22}\times\sqrt{5}=\frac{4\sqrt{11}\times\sqrt{5}}{\sqrt{22}}=\frac{4\sqrt{5}}{\sqrt{2}}$
$=\frac{4\sqrt{10}}{2}$
$=2\sqrt{10}$

09 $\sqrt{0.0554}+\sqrt{554000}=\sqrt{\frac{5.54}{100}}+\sqrt{10^4\times55.4}$
$=\frac{1}{10}\sqrt{5.54}+100\sqrt{55.4}$
$=\frac{a}{10}+100b$

10 $a>0$, $b>0$, $ab=49$이므로
$\frac{2}{3a}\sqrt{\frac{a}{b}}+\frac{1}{3b}\sqrt{\frac{b}{a}}=\frac{2}{3}\sqrt{\frac{a}{b}\times\frac{1}{a^2}}+\frac{1}{3}\sqrt{\frac{b}{a}\times\frac{1}{b^2}}$
$=\frac{2}{3}\sqrt{\frac{1}{ab}}+\frac{1}{3}\sqrt{\frac{1}{ab}}$
$=\sqrt{\frac{1}{ab}}=\sqrt{\frac{1}{49}}=\frac{1}{7}$

11 $\sqrt{0.54}+\frac{3}{\sqrt{6}}-\sqrt{2.16}=\sqrt{\frac{54}{100}}+\frac{3\sqrt{6}}{6}-\sqrt{\frac{216}{100}}$
$=\frac{3\sqrt{6}}{10}+\frac{\sqrt{6}}{2}-\frac{6\sqrt{6}}{10}$
$=\frac{1}{5}\sqrt{6}=\frac{1}{5}ab$

12 $\sqrt{2}\times\sqrt{3}\times\sqrt{a}\times\sqrt{24}=36$에서
$\sqrt{2\times3\times a\times(6\times4)}=\sqrt{36^2}$
$\sqrt{36\times a\times4}=\sqrt{36^2}$
$a\times4=36$ $\therefore a=9$

13 $\sqrt{48}=\sqrt{4^2\times3}=4\sqrt{3}$이므로
$a=4$
$2\sqrt{5}=\sqrt{2^2\times5}=\sqrt{20}$이므로
$b=20$
$\sqrt{0.025}=\sqrt{\frac{1}{40}}=\frac{1}{2\sqrt{10}}=\frac{\sqrt{10}}{20}$이므로
$c=\frac{1}{20}$
$\therefore abc=4\times20\times\frac{1}{20}=4$

14 분모를 유리화하면
$\sqrt{\frac{5}{63}}=\frac{\sqrt{5}}{3\sqrt{7}}=\frac{\sqrt{35}}{21}$
$\therefore a=35$

15 $\sqrt{5}=\sqrt{2+3}=\sqrt{a^2+b^2}$

16 $\sqrt{\frac{15}{2}}\div\sqrt{10}\times\sqrt{\frac{8}{3}}=\sqrt{\frac{15}{2}}\times\frac{1}{\sqrt{10}}\times\sqrt{\frac{8}{3}}$
$=\sqrt{\frac{15}{2}\times\frac{1}{10}\times\frac{8}{3}}$
$=\sqrt{2}$

02. 제곱근의 덧셈과 뺄셈

소단원 집중 연습 034-035쪽

01 (1) $5\sqrt{3}$ (2) $4\sqrt{11}$ (3) $6\sqrt{6}$ (4) $-2\sqrt{7}$
(5) $-\sqrt{10}$ (6) $6\sqrt{5}$ (7) $3\sqrt{2}$ (8) $\sqrt{7}$
(9) $-2\sqrt{3}$ (10) $5\sqrt{2}$

02 (1) $3\sqrt{2}+\sqrt{3}$ (2) $3\sqrt{2}-\sqrt{6}$
(3) $2\sqrt{3}-3\sqrt{2}$ (4) $6+6\sqrt{5}$

03 (1) $3+\sqrt{2}$ (2) $\sqrt{3}-2$
(3) $6+4\sqrt{3}$ (4) $24-2\sqrt{15}$

04 (1) $-\sqrt{2}$ (2) $7\sqrt{2}$
(3) $4\sqrt{6}$ (4) -9

05 (1) $\frac{\sqrt{6}+\sqrt{15}}{3}$ (2) $\frac{\sqrt{30}-5}{5}$
(3) $\frac{\sqrt{14}-2}{4}$ (4) $\frac{7\sqrt{2}+3\sqrt{14}}{7}$

06 (1) 2.538 (2) 2.557
(3) 2.600 (4) 2.621

07 (1) 14.14 (2) 44.72
(3) 0.1414 (4) 0.4472

소단원 테스트 [1회] 036-037쪽

01 ④	**02** ②	**03** ④	**04** ③	**05** ⑤
06 ②	**07** ④	**08** ③	**09** ⑤	**10** ②
11 ③	**12** ①	**13** ⑤	**14** ⑤	**15** ②
16 ②				

01 ① $3\sqrt{7}-\sqrt{7}=2\sqrt{7}$
② $\sqrt{18}-\sqrt{8}=3\sqrt{2}-2\sqrt{2}=\sqrt{2}$
③ $2\sqrt{3}+5\sqrt{3}=7\sqrt{3}$
④ $\frac{\sqrt{5}}{2}+\frac{5}{\sqrt{5}}=\frac{\sqrt{5}}{2}+\sqrt{5}=\frac{3\sqrt{5}}{2}$
⑤ $\sqrt{10}+2\sqrt{10}-3\sqrt{10}=0$

02 $\sqrt{50}+\sqrt{32}-3\sqrt{2}=5\sqrt{2}+4\sqrt{2}-3\sqrt{2}$
$=6\sqrt{2}$
$\therefore a=6$

03 ④ $2\sqrt{3}(\sqrt{6}-\sqrt{12})=2\sqrt{18}-12$
$=6\sqrt{2}-12$

04 $7\sqrt{a}-4=-3\sqrt{a}+6$에서
$10\sqrt{a}=10 \quad \therefore \sqrt{a}=1$
a는 유리수이므로 $a=1$

05 $x=\frac{5-\sqrt{3}}{\sqrt{12}}=\frac{5-\sqrt{3}}{2\sqrt{3}}=\frac{5\sqrt{3}-3}{6}$
$y=\sqrt{48}-2\sqrt{3}=4\sqrt{3}-2\sqrt{3}=2\sqrt{3}$
$\therefore x-y=\frac{-3-7\sqrt{3}}{6}$

06 $\frac{2\sqrt{3}-\sqrt{2}}{\sqrt{2}}-\frac{3\sqrt{2}+\sqrt{3}}{\sqrt{3}}=\frac{2\sqrt{6}-2}{2}-\frac{3\sqrt{6}+3}{3}$
$=\sqrt{6}-1-(\sqrt{6}+1)$
$=-2$

07 $4\sqrt{3}-4\sqrt{6}-2\sqrt{3}+\frac{6}{\sqrt{6}}=2\sqrt{3}-4\sqrt{6}+\sqrt{6}$
$=2\sqrt{3}-3\sqrt{6}$
즉, $a=2$, $b=-3$이므로
$a-b=5$

08 $\sqrt{(-2)^2}-\sqrt{2}(2-\sqrt{2})+2\sqrt{18}$
$=2-2\sqrt{2}+2+6\sqrt{2}=4+4\sqrt{2}$

09 $\sqrt{27}-a\sqrt{3}+3\sqrt{12}-\sqrt{48}$
$=3\sqrt{3}-a\sqrt{3}+6\sqrt{3}-4\sqrt{3}$
$=(3-a+6-4)\sqrt{3}$
$=(5-a)\sqrt{3}$
이 수가 유리수가 되려면
$5-a=0 \quad \therefore a=5$

10 ① $\sqrt{300}=10\sqrt{3}$
③ $\sqrt{0.03}=\frac{1}{10}\sqrt{3}$
④ $\sqrt{30000}=100\sqrt{3}$
⑤ $\sqrt{0.0003}=\frac{1}{100}\sqrt{3}$

11 $2<\sqrt{7}<3$이므로 $k=\sqrt{7}-2$
$\therefore \sqrt{7}k+\frac{14}{\sqrt{7}}=\sqrt{7}(\sqrt{7}-2)+2\sqrt{7}$
$=7-2\sqrt{7}+2\sqrt{7}$
$=7$

12 (i) $(1+\sqrt{5})-3=-2+\sqrt{5}>0$이므로
$1+\sqrt{5}>3$
(ii) $3-(4-\sqrt{2})=\sqrt{2}-1>0$이므로
$3>4-\sqrt{2}$
(iii) $(4-\sqrt{2})-(3-\sqrt{5})=1-\sqrt{2}+\sqrt{5}>0$이므로
$4-\sqrt{2}>3-\sqrt{5}$
$\therefore 1+\sqrt{5}>3>4-\sqrt{2}>3-\sqrt{5}$
따라서 가장 큰 수는 $a=1+\sqrt{5}$, 가장 작은 수는
$b=3-\sqrt{5}$이므로
$a-b=(1+\sqrt{5})-(3-\sqrt{5})=-2+2\sqrt{5}$

13 $\frac{2\sqrt{3}+3}{\sqrt{3}}-\sqrt{2}(\sqrt{6}-\sqrt{2})$

$=\frac{6+3\sqrt{3}}{3}-\sqrt{12}+2$

$=2+\sqrt{3}-2\sqrt{3}+2$

$=4-\sqrt{3}$

따라서 $a=4$, $b=-1$이므로

$a-b=4-(-1)=5$

14 $2\sqrt{6}\left(\frac{1}{\sqrt{3}}-\sqrt{6}\right)-\frac{a}{\sqrt{2}}(3\sqrt{2}-2)$

$=(2\sqrt{2}-12)-(3a-a\sqrt{2})$

$=-12-3a+(2+a)\sqrt{2}$

이 수가 무리수가 되려면 $2+a\neq0$

$\therefore a\neq-2$

15 넓이가 $8\,\text{cm}^2$인 정사각형의 한 변의 길이는

$\overline{AB}=\sqrt{8}=2\sqrt{2}\,(\text{cm})$

넓이가 $18\,\text{cm}^2$인 정사각형의 한 변의 길이는

$\overline{BC}=\sqrt{18}=3\sqrt{2}\,(\text{cm})$

$\therefore \overline{AC}=\overline{AB}+\overline{BC}=2\sqrt{2}+3\sqrt{2}=5\sqrt{2}\,(\text{cm})$

16 $1<\sqrt{2}<2$이므로 $2<4-\sqrt{2}<3$ $\therefore a=2$

$2<\sqrt{8}<3$이므로 $5<2\sqrt{2}+3<6$

$\therefore b=(2\sqrt{2}+3)-5=2\sqrt{2}-2$

$\therefore a+b=2\sqrt{2}$

소단원 테스트 [2회] 038-039쪽

01 2 **02** $\sqrt{2}$ **03** $7\sqrt{2}$ **04** $\sqrt{3}+\sqrt{5}$
05 0 **06** $\sqrt{6}$ **07** 8 **08** $c<b<a$
09 4 **10** $(6\sqrt{3}+9\sqrt{2})\,\text{cm}^2$
11 $2-5\sqrt{2}-\sqrt{6}$ **12** -4 **13** 0
14 77.7049 **15** 6 **16** $\sqrt{2}-2$

01 $f(1)+f(2)+f(3)+\cdots+f(8)$

$=(\sqrt{2}-1)+(\sqrt{3}-\sqrt{2})+(\sqrt{4}-\sqrt{3})+\cdots+(\sqrt{9}-\sqrt{8})$

$=-\sqrt{1}+\sqrt{9}=-1+3=2$

02 $\sqrt{2}(4-2\sqrt{3})-\sqrt{3}(\sqrt{6}-2\sqrt{2})$

$=4\sqrt{2}-2\sqrt{6}-\sqrt{18}+2\sqrt{6}$

$=4\sqrt{2}-3\sqrt{2}$

$=\sqrt{2}$

03 $\frac{\sqrt{18}}{3}+\frac{2\sqrt{6}}{\sqrt{3}}+\sqrt{32}=\frac{3\sqrt{2}}{3}+\frac{6\sqrt{2}}{3}+4\sqrt{2}$

$=\sqrt{2}+2\sqrt{2}+4\sqrt{2}$

$=7\sqrt{2}$

04 $\sqrt{45}-\sqrt{48}-\sqrt{20}+\sqrt{75}$

$=3\sqrt{5}-4\sqrt{3}-2\sqrt{5}+5\sqrt{3}$

$=\sqrt{3}+\sqrt{5}$

05 $3\sqrt{2}-\sqrt{3}-(2\sqrt{3}-\sqrt{2})=4\sqrt{2}-3\sqrt{3}>0$이므로

$A=2\sqrt{3}-\sqrt{2}$, $B=3\sqrt{2}-\sqrt{3}$

$\frac{A}{\sqrt{2}}-\frac{B}{\sqrt{3}}=\frac{\sqrt{2}A}{2}-\frac{\sqrt{3}B}{3}$

$=\frac{\sqrt{2}(2\sqrt{3}-\sqrt{2})}{2}-\frac{\sqrt{3}(3\sqrt{2}-\sqrt{3})}{3}$

$=\frac{2\sqrt{6}-2}{2}-\frac{3\sqrt{6}-3}{3}$

$=\sqrt{6}-1-(\sqrt{6}-1)$

$=0$

06 $\frac{\sqrt{1+x}}{\sqrt{1-x}}+\frac{\sqrt{1-x}}{\sqrt{1+x}}$

$=\frac{(\sqrt{1+x})^2}{\sqrt{1-x}\sqrt{1+x}}+\frac{(\sqrt{1-x})^2}{\sqrt{1+x}\sqrt{1-x}}$

$=\frac{1+x}{\sqrt{1-x^2}}+\frac{1-x}{\sqrt{1-x^2}}$

$=\frac{2}{\sqrt{1-x^2}}$

이때 $x^2=\left(\frac{1}{\sqrt{3}}\right)^2=\frac{1}{3}$이므로

$(\text{주어진 식})=\frac{2}{\sqrt{1-\frac{1}{3}}}=2\div\sqrt{\frac{2}{3}}$

$=2\times\frac{\sqrt{3}}{\sqrt{2}}=\sqrt{6}$

07 $\frac{6\sqrt{3}}{\sqrt{2}}-\frac{\sqrt{3}-3\sqrt{2}}{\sqrt{3}}\div\frac{1}{\sqrt{6}}$

$=\frac{6\sqrt{6}}{2}-\frac{\sqrt{3}-3\sqrt{2}}{\sqrt{3}}\times\sqrt{6}$

$=3\sqrt{6}-(\sqrt{3}-3\sqrt{2})\sqrt{2}$

$=3\sqrt{6}-\sqrt{6}+6=6+2\sqrt{6}$

따라서 $a=6$, $b=2$이므로 $a+b=8$

08 (i) $a-b=(3\sqrt{2}-\sqrt{5})-(2\sqrt{5}-\sqrt{8})$

$=3\sqrt{2}-\sqrt{5}-2\sqrt{5}+2\sqrt{2}$

$=5\sqrt{2}-3\sqrt{5}=\sqrt{50}-\sqrt{45}>0$

이므로 $a>b$

(ii) $b-c=(2\sqrt{5}-\sqrt{8})-(2\sqrt{5}-3)$

$=2\sqrt{5}-2\sqrt{2}-2\sqrt{5}+3$

$=-2\sqrt{2}+3=-\sqrt{8}+\sqrt{9}>0$

이므로 $b>c$

$\therefore c<b<a$

09 $\sqrt{48}-a\sqrt{12}+4\sqrt{3}+2$

$=4\sqrt{3}-2a\sqrt{3}+4\sqrt{3}+2=2+(8-2a)\sqrt{3}$

이 수가 유리수가 되려면

$8-2a=0$, $2a=8$ $\therefore a=4$

10 (사다리꼴의 넓이)

$=(2\sqrt{3}+3\sqrt{2}+\sqrt{3})\times 2\sqrt{6}\times\frac{1}{2}$

$=(3\sqrt{2}+3\sqrt{3})\times\sqrt{6}$

$=3\sqrt{12}+3\sqrt{18}$

$=6\sqrt{3}+9\sqrt{2}\,(\text{cm}^2)$

11 $A=3\sqrt{2}-\sqrt{3}$

$B=(3\sqrt{2}-\sqrt{3})\sqrt{2}-2\sqrt{2}$

$=6-\sqrt{6}-2\sqrt{2}$

$C=-3\sqrt{2}+(6-\sqrt{6}-2\sqrt{2})\sqrt{2}$

$=-3\sqrt{2}+6\sqrt{2}-2\sqrt{3}-4$

$=3\sqrt{2}-2\sqrt{3}-4$

$\therefore -2A+B+C$

$=-2(3\sqrt{2}-\sqrt{3})+6-\sqrt{6}-2\sqrt{2}+3\sqrt{2}-2\sqrt{3}-4$

$=2-5\sqrt{2}-\sqrt{6}$

12 $\sqrt{48}-2\sqrt{2}(\sqrt{2}+\sqrt{6})=4\sqrt{3}-4-2\sqrt{12}$

$=4\sqrt{3}-4-4\sqrt{3}$

$=-4$

13 $1<\sqrt{3}<2$이고 $-2<-\sqrt{3}<-1$이므로

$3<5-\sqrt{3}<4$ $\therefore a=3$

$a=3$이므로 $b=(5-\sqrt{3})-3=2-\sqrt{3}$

$\therefore a-(b-2)^2=3-(2-\sqrt{3}-2)^2$

$=3-(-\sqrt{3})^2$

$=3-3=0$

14 $\sqrt{0.06}=\sqrt{\frac{6}{100}}=\frac{\sqrt{6}}{10}=0.2449$

$\sqrt{6000}=\sqrt{60\times100}=10\sqrt{60}=77.46$

$\therefore \sqrt{0.06}+\sqrt{6000}=77.7049$

15 $\sqrt{3}(5\sqrt{3}-6)-a(1-\sqrt{3})=15-6\sqrt{3}-a+a\sqrt{3}$

$=15-a+(a-6)\sqrt{3}$

이 수가 유리수가 되려면

$a-6=0$ $\therefore a=6$

16 $4<\sqrt{18}<5$이므로

$f(18)=\sqrt{18}-4=3\sqrt{2}-4$

$2<\sqrt{8}<3$이므로

$f(8)=\sqrt{8}-2=2\sqrt{2}-2$

$\therefore f(18)-f(8)=(3\sqrt{2}-4)-(2\sqrt{2}-2)$

$=\sqrt{2}-2$

중단원 테스트 [1회] 040-043쪽

01 ③	**02** ④	**03** $-\sqrt{2}-\sqrt{6}$		**04** ②
05 ⑤	**06** ④	**07** ②	**08** $4\sqrt{5}$	**09** ①
10 ③	**11** -1	**12** ④	**13** ②	**14** ⑤
15 $2\sqrt{5}$	**16** $(\sqrt{6}+\sqrt{14})$ cm²		**17** ③	**18** ③
19 ④	**20** $2+5\sqrt{2}$		**21** ②	**22** ③
23 ③	**24** ④	**25** ②	**26** ④	**27** ④
28 ②	**29** ②	**30** $B<A<C$		**31** ④
32 ①				

01 $\sqrt{10}\sqrt{15}=\sqrt{150}=5\sqrt{6}$

$\therefore a=5$

02 ④ $2\sqrt{12}\div3\sqrt{6}=\frac{2\sqrt{2}}{3}$

03 $\sqrt{2}(2-\sqrt{12})+\sqrt{3}(\sqrt{2}-\sqrt{6})$

$=2\sqrt{2}-2\sqrt{6}+\sqrt{6}-3\sqrt{2}$

$=-\sqrt{2}-\sqrt{6}$

04 ② $\sqrt{8}-\sqrt{2}=2\sqrt{2}-\sqrt{2}=\sqrt{2}$

05 $\sqrt{18}=3\sqrt{2}$이므로 $a=3$

$\sqrt{75}=5\sqrt{3}$이므로 $b=5$

$\therefore a+b=3+5=8$

06 $\overline{AP}=\overline{PC}=\sqrt{2}$

이므로 두 점 B, D가 나타내는 수는 각각

$-1-\sqrt{2}$, $-1+\sqrt{2}$

따라서 $\overline{BD}$의 길이는

$(-1+\sqrt{2})-(-1-\sqrt{2})=2\sqrt{2}$

07 ① $\sqrt{5}\times\sqrt{5}=5$ ③ $\sqrt{\frac{18}{7}}\sqrt{\frac{7}{2}}=3$

④ $\sqrt{21}\div\sqrt{3}=\sqrt{7}$ ⑤ $\sqrt{2}\sqrt{3}\sqrt{5}=\sqrt{30}$

08 $4\sqrt{5}=\sqrt{4^2\times5}=\sqrt{80}$, $6\sqrt{2}=\sqrt{6^2\times2}=\sqrt{72}$

$3\sqrt{7}=\sqrt{3^2\times7}=\sqrt{63}$

에서 $\sqrt{80}>\sqrt{72}>\sqrt{63}$

따라서 가장 큰 수는 $4\sqrt{5}$이다.

09 $\frac{\sqrt{15}}{\sqrt{8}}\div\frac{\sqrt{5}}{2\sqrt{2}}\times(-\sqrt{30})$

$=\frac{\sqrt{15}}{2\sqrt{2}}\times\frac{2\sqrt{2}}{\sqrt{5}}\times(-\sqrt{30})$

$=\sqrt{3}\times(-\sqrt{30})$

$=-3\sqrt{10}$

10 $\frac{1}{\sqrt{2}}-\frac{2}{\sqrt{32}}=\frac{\sqrt{2}}{2}-\frac{\sqrt{2}}{4}$

$=\frac{\sqrt{2}}{4}$

11 $2\sqrt{3}+\sqrt{45}-2\sqrt{48}+2\sqrt{5}$
$=2\sqrt{3}+3\sqrt{5}-8\sqrt{3}+2\sqrt{5}$
$=-6\sqrt{3}+5\sqrt{5}$
따라서 $a=-6$, $b=5$이므로 $a+b=-1$

12 $\frac{\sqrt{80}}{2\sqrt{3}}=\frac{4\sqrt{5}}{2\sqrt{3}}=\frac{2\sqrt{5}}{\sqrt{3}}=\sqrt{\frac{20}{3}}$이므로
$a=2$, $b=20$ $\quad\therefore b-a=18$

13 $\sqrt{0.0012}=\sqrt{\frac{12}{10000}}=\frac{\sqrt{12}}{100}=\frac{2\sqrt{3}}{100}=\frac{1}{50}\sqrt{3}$
$\therefore k=\frac{1}{50}$

14 ⑤ $\sqrt{0.003}=\frac{\sqrt{30}}{100}=0.05477$

15 $\overline{AD}=\sqrt{5}$이므로 $P(2-\sqrt{5})$
$\overline{AB}=\sqrt{5}$이므로 $Q(2+\sqrt{5})$
$\therefore \overline{PQ}=(2+\sqrt{5})-(2-\sqrt{5})=2\sqrt{5}$

16 (사다리꼴의 넓이)$=(\sqrt{3}+\sqrt{7})\times\sqrt{8}\times\frac{1}{2}$
$=(\sqrt{3}+\sqrt{7})\times 2\sqrt{2}\times\frac{1}{2}$
$=\sqrt{6}+\sqrt{14}\ (\text{cm}^2)$

17 $1<\sqrt{3}<2$이므로 $a=\sqrt{3}-1$
$3<5-\sqrt{3}<4$이므로
$b=(5-\sqrt{3})-3=2-\sqrt{3}$
$\therefore a+b=1$

18 $f(x)=\sqrt{x}-\sqrt{x+2}$이므로
$f(1)+f(2)+f(3)+\cdots+f(48)$
$=(\sqrt{1}-\sqrt{3})+(\sqrt{2}-\sqrt{4})+(\sqrt{3}-\sqrt{5})+\cdots$
$+(\sqrt{47}-\sqrt{49})+(\sqrt{48}-\sqrt{50})$
$=\sqrt{1}+\sqrt{2}-\sqrt{49}-\sqrt{50}=-6-4\sqrt{2}$

19 ④ $\frac{4}{\sqrt{3}}(\sqrt{2}-\sqrt{3})+\frac{\sqrt{27}}{\sqrt{3}}=\frac{4\sqrt{2}-4\sqrt{3}+3\sqrt{3}}{\sqrt{3}}$
$=\frac{4\sqrt{2}-\sqrt{3}}{\sqrt{3}}=\frac{4\sqrt{6}}{3}-1$

20 $\sqrt{3}\left(2\sqrt{6}-\sqrt{\frac{1}{3}}\right)-(\sqrt{6}-\sqrt{27})\div\sqrt{3}$
$=6\sqrt{2}-1-\sqrt{2}+3$
$=2+5\sqrt{2}$

21 ① $\sqrt{500}=10\sqrt{5}$
② $\sqrt{5000}=50\sqrt{2}$
③ $\sqrt{0.2}=\sqrt{\frac{1}{5}}=\frac{\sqrt{5}}{5}$
④ $\sqrt{20}=2\sqrt{5}$
⑤ $\sqrt{0.0005}=\sqrt{\frac{5}{10000}}=\frac{\sqrt{5}}{100}$

22 ① $(2\sqrt{3}+1)-(3\sqrt{2}+1)=2\sqrt{3}+1-3\sqrt{2}-1$
$=2\sqrt{3}-3\sqrt{2}$
$=\sqrt{12}-\sqrt{18}<0$
$\therefore 2\sqrt{3}+1<3\sqrt{2}+1$
② $(5\sqrt{3}-1)-(4\sqrt{5}-1)=5\sqrt{3}-1-4\sqrt{5}+1$
$=\sqrt{75}-\sqrt{80}<0$
$\therefore 5\sqrt{3}-1<4\sqrt{5}-1$
③ $(2\sqrt{3}-3\sqrt{2})-(3\sqrt{2}-3\sqrt{3})$
$=2\sqrt{3}-3\sqrt{2}-3\sqrt{2}+3\sqrt{3}=5\sqrt{3}-6\sqrt{2}$
$=\sqrt{75}-\sqrt{72}>0$
$\therefore 2\sqrt{3}-3\sqrt{2}>3\sqrt{2}-3\sqrt{3}$
④ $(\sqrt{15}+1)-5=\sqrt{15}-4=\sqrt{15}-\sqrt{16}<0$
$\therefore \sqrt{15}+1<5$
⑤ $(\sqrt{5}+\sqrt{7})-(2\sqrt{2}+\sqrt{5})=\sqrt{5}+\sqrt{7}-2\sqrt{2}-\sqrt{5}$
$=\sqrt{7}-2\sqrt{2}$
$=\sqrt{7}-\sqrt{8}<0$
$\therefore \sqrt{5}+\sqrt{7}<2\sqrt{2}+\sqrt{5}$

23 $\sqrt{98}=\sqrt{2\times 7^2}=\sqrt{2}\times(\sqrt{7})^2=ab^2$

24 정사각형의 한 변의 길이가 각각
$\sqrt{2}$ cm, $\sqrt{8}$ cm, $\sqrt{32}$ cm이므로
$\overline{AD}=\sqrt{2}+\sqrt{8}+\sqrt{32}$
$=\sqrt{2}+2\sqrt{2}+4\sqrt{2}$
$=7\sqrt{2}$ (cm)

25 $4\sqrt{6}\div 2\sqrt{2}\times 5\sqrt{3}=\frac{4\sqrt{6}\times 5\sqrt{3}}{2\sqrt{2}}$
$=\frac{60\sqrt{2}}{2\sqrt{2}}=30$

26 $\sqrt{0.5}=\sqrt{\frac{1}{2}}=\frac{\sqrt{2}}{2}=\frac{a}{2}$

27 $\frac{\sqrt{b}}{b\sqrt{a}}+a\sqrt{\frac{b}{a}}=\sqrt{\frac{b}{ab^2}}+\sqrt{\frac{a^2b}{a}}$
$=\sqrt{\frac{1}{ab}}+\sqrt{ab}$
$=\sqrt{\frac{1}{4}}+\sqrt{4}$
$=\frac{1}{2}+2=\frac{5}{2}$

28 $\sqrt{20}\left(\sqrt{10}-\frac{1}{\sqrt{5}}\right)-\frac{a}{\sqrt{2}}(4-\sqrt{8})$
$=\sqrt{200}-\sqrt{4}-\frac{4a}{\sqrt{2}}+\sqrt{4}a$
$=10\sqrt{2}-2-2\sqrt{2}a+2a$
$=-2+2a+(10-2a)\sqrt{2}$
이때 유리수가 되어야 하므로
$10-2a=0$, $2a=10$
$\therefore a=5$

29 $\sqrt{3}(2+\sqrt{18})-\dfrac{a\sqrt{3}+\sqrt{150}}{\sqrt{2}}$

$=\sqrt{3}(2+3\sqrt{2})-\dfrac{a\sqrt{6}+\sqrt{300}}{2}$

$=2\sqrt{3}+3\sqrt{6}-\dfrac{a\sqrt{6}}{2}-5\sqrt{3}$

$=-3\sqrt{3}+\left(3-\dfrac{a}{2}\right)\sqrt{6}=b\sqrt{3}+\sqrt{6}$

즉, $b=-3$, $3-\dfrac{a}{2}=1$에서 $a=4$

$\therefore a+b=1$

30 $A-B=3+\sqrt{2}-3\sqrt{2}=3-2\sqrt{2}>0$

이므로 $A>B$

$C-A=2+\sqrt{8}-3-\sqrt{2}=\sqrt{2}-1>0$

이므로 $C>A$

$\therefore B<A<C$

31 $\sqrt{0.03}+\sqrt{0.3}=\sqrt{\dfrac{3}{100}}+\sqrt{\dfrac{30}{100}}$

$=\dfrac{1}{10}\sqrt{3}+\dfrac{1}{10}\sqrt{30}$

$=\dfrac{\sqrt{3}+\sqrt{30}}{10}=\dfrac{a+b}{10}$

32 점 A에 대응하는 수는

$-1-\sqrt{2}$

점 B에 대응하는 수는

$1+\sqrt{2}$

따라서 두 점 A, B 사이의 거리는

$(1+\sqrt{2})-(-1-\sqrt{2})=2+2\sqrt{2}$

중단원 테스트 [2회] 044-047쪽

01 ② **02** ③ **03** ③ **04** $3\sqrt{2}$ cm

05 $\sqrt{2}+1$ **06** $4\sqrt{3}$ **07** $3\sqrt{2}+6$

08 $9+3\sqrt{6}$ **09** $2\sqrt{15}-2\sqrt{5}+6\sqrt{3}$

10 $\dfrac{7\sqrt{6}}{2}-8$ **11** ② **12** ② **13** ①

14 ② **15** ② **16** ④ **17** 10.49

18 $\dfrac{2\sqrt{5}}{5}$ **19** $\dfrac{1}{3}$ **20** ② **21** -6

22 $C<B<A$ **23** ③ **24** 5 **25** C

26 $8\sqrt{2}\pi$ **27** ③ **28** ② **29** ⑤ **30** ④

31 ④ **32** 10

01 $A=(\sqrt{6})^2=6$, $B=2\sqrt{5}$, $C=3\sqrt{3}$이고

$6=\sqrt{36}$, $2\sqrt{5}=\sqrt{20}$, $3\sqrt{3}=\sqrt{27}$이므로

$2\sqrt{5}<3\sqrt{3}<6$

$\therefore B<C<A$

02 $4\sqrt{5}\div2\sqrt{18}\times3\sqrt{6}=4\sqrt{5}\div6\sqrt{2}\times3\sqrt{6}$

$=4\sqrt{5}\times\dfrac{1}{6\sqrt{2}}\times3\sqrt{6}$

$=2\sqrt{15}$

03 ③ $\sqrt{32000}=100a$

04 (높이)$=12\sqrt{30}\div\sqrt{12}\div\sqrt{20}$

$=\dfrac{12\sqrt{30}}{\sqrt{12}\times\sqrt{20}}=\dfrac{12\sqrt{30}}{4\sqrt{15}}=3\sqrt{2}$ (cm)

05 $\sqrt{2}+1$의 정수 부분은 $a=2$

소수 부분은 $b=\sqrt{2}+1-2=\sqrt{2}-1$

$\therefore \sqrt{2}a-b=2\sqrt{2}-(\sqrt{2}-1)=\sqrt{2}+1$

06 $\sqrt{27}-\sqrt{12}+\dfrac{6}{\sqrt{3}}+\sqrt{3}=3\sqrt{3}-2\sqrt{3}+2\sqrt{3}+\sqrt{3}$

$=4\sqrt{3}$

07 (넓이)$=\dfrac{1}{2}\times(\sqrt{12}+\sqrt{24})\times\sqrt{6}$

$=\dfrac{1}{2}\times(6\sqrt{2}+12)=3\sqrt{2}+6$

08 $\sqrt{2}(3\sqrt{8}+\sqrt{12})-\dfrac{\sqrt{3}(\sqrt{6}-2)}{\sqrt{2}}$

$=\sqrt{2}(6\sqrt{2}+2\sqrt{3})-\dfrac{\sqrt{6}(\sqrt{6}-2)}{2}$

$=12+2\sqrt{6}-(3-\sqrt{6})$

$=9+3\sqrt{6}$

09 $\sqrt{3}A-\sqrt{5}B=\sqrt{3}(2\sqrt{5}+1)-\sqrt{5}(2-\sqrt{15})$

$=2\sqrt{15}+\sqrt{3}-2\sqrt{5}+5\sqrt{3}$

$=2\sqrt{15}-2\sqrt{5}+6\sqrt{3}$

10 $\dfrac{6}{\sqrt{2}}(\sqrt{3}-\sqrt{2})-\dfrac{2\sqrt{2}-\sqrt{3}}{\sqrt{2}}$

$=3\sqrt{6}-6-2+\dfrac{\sqrt{6}}{2}=\dfrac{7\sqrt{6}}{2}-8$

11 $\sqrt{10}=3.162$이므로

$\dfrac{\sqrt{2}}{2\sqrt{5}}=\dfrac{\sqrt{10}}{10}=\dfrac{3.162}{10}=0.3162$

12 $\sqrt{0.7}=\sqrt{\dfrac{70}{100}}=\dfrac{\sqrt{70}}{10}=\dfrac{1}{10}b$

13 $3\sqrt{3}-3\sqrt{5}-7\sqrt{3}+5\sqrt{5}=-4\sqrt{3}+2\sqrt{5}$

따라서 $a=-4$, $b=2$이므로

$a-b=-6$

14 $A=\sqrt{2}\times\sqrt{3}\times\sqrt{4}=2\sqrt{6}$

$B=\sqrt{8}\times\sqrt{12}=4\sqrt{6}$

$\therefore A+B=2\sqrt{6}+4\sqrt{6}=6\sqrt{6}$

15 $a>0$, $b>0$이고 $ab=2$이므로

$\sqrt{6ab}+a\sqrt{\dfrac{b}{6a}}-\dfrac{\sqrt{6b}}{b\sqrt{a}}$

$=\sqrt{6ab}+\sqrt{\dfrac{b}{6a}\times a^2}-\sqrt{\dfrac{6b}{ab^2}}$

$=\sqrt{6ab}+\sqrt{\dfrac{ab}{6}}-\sqrt{\dfrac{6}{ab}}=\sqrt{12}+\sqrt{\dfrac{1}{3}}-\sqrt{3}$

$=2\sqrt{3}+\dfrac{\sqrt{3}}{3}-\sqrt{3}=\dfrac{4\sqrt{3}}{3}$

16 $2\sqrt{5}-5a-3\sqrt{5}(\sqrt{5}+2a)$

$=2\sqrt{5}-5a-15-6a\sqrt{5}$

$=(2-6a)\sqrt{5}-5a-15$

이 수가 유리수이려면 $2-6a=0$

$\therefore a=\dfrac{1}{3}$

17 $\sqrt{110}=10\sqrt{1.1}=10\times1.049=10.49$

18 $2\sqrt{5}=\sqrt{20}$이고, $4<\sqrt{20}<5$이므로

$a=4$, $b=2\sqrt{5}-4$

$\therefore \dfrac{a}{b+4}=\dfrac{4}{(2\sqrt{5}-4)+4}=\dfrac{4}{2\sqrt{5}}$

$=\dfrac{4\times\sqrt{5}}{2\sqrt{5}\times\sqrt{5}}=\dfrac{2\sqrt{5}}{5}$

19 $(3\sqrt{14}-1)a+14-\sqrt{14}$

$=3a\sqrt{14}-a+14-\sqrt{14}$

$=(-a+14)+(3a-1)\sqrt{14}$

이 수가 유리수가 되려면 $3a-1=0$

$\therefore a=\dfrac{1}{3}$

20 $\sqrt{700}=\sqrt{2^2\times5^2\times7}=2\times(\sqrt{5})^2\times\sqrt{7}=2a^2b$

21 $3\sqrt{5}\times\sqrt{\dfrac{128}{5}}\div(-4\sqrt{2})$

$=3\sqrt{5}\times\dfrac{\sqrt{128}}{\sqrt{5}}\times\left(-\dfrac{1}{4\sqrt{2}}\right)$

$=3\times8\sqrt{2}\times\left(-\dfrac{\sqrt{2}}{8}\right)=-6$

22 $A-B=(2+\sqrt{6})-4=\sqrt{6}-2>0$

이므로 $A>B$

$B-C=4-(\sqrt{24}-1)=5-2\sqrt{6}>0$

이므로 $B>C$

$\therefore C<B<A$

23 $\dfrac{3\sqrt{a}}{2\sqrt{6}}=\dfrac{3\sqrt{a}\times\sqrt{6}}{2\sqrt{6}\times\sqrt{6}}=\dfrac{3\sqrt{6a}}{12}=\dfrac{\sqrt{6a}}{4}$이므로

$\dfrac{\sqrt{6a}}{4}=\dfrac{3\sqrt{2}}{4}$, $\sqrt{6a}=3\sqrt{2}$, $6a=18$

$\therefore a=3$

24 $\sqrt{20}\left(\sqrt{10}-\dfrac{1}{\sqrt{5}}\right)-\dfrac{a}{\sqrt{2}}(4-\sqrt{8})$

$=10\sqrt{2}-2-2a\sqrt{2}+2a$

$=(10-2a)\sqrt{2}+(2a-2)$

이 수가 유리수이려면 $10-2a=0$

$\therefore a=5$

25 $A-B=(5\sqrt{2}-2)-5=5\sqrt{2}-7$

$=\sqrt{50}-\sqrt{49}>0$

이므로 $A>B$

$B-C=5-(4\sqrt{2}-2)=7-4\sqrt{2}$

$=\sqrt{49}-\sqrt{32}>0$

이므로 $B>C$

$A-C=(5\sqrt{2}-2)-(4\sqrt{2}-2)$

$=\sqrt{2}>0$

이므로 $A>C$

따라서 $C<B<A$이므로 가장 작은 수는 C이다.

26 (원뿔의 부피)$=\dfrac{1}{3}\times\pi\times(\sqrt{8})^2\times3\sqrt{2}$

$=8\sqrt{2}\pi$

27 $\sqrt{\dfrac{18}{75}}=\dfrac{\sqrt{18}}{\sqrt{75}}=\dfrac{3\sqrt{2}}{5\sqrt{3}}=\dfrac{3\sqrt{2}\times\sqrt{3}}{5\sqrt{3}\times\sqrt{3}}$

$=\dfrac{3\sqrt{6}}{15}=\dfrac{\sqrt{6}}{5}$

즉, $a=5$, $b=3$, $c=\dfrac{1}{5}$이므로

$abc=3$

28 $\sqrt{169}=13$이므로

① $\dfrac{\sqrt{169}}{100}=0.13$　③ $\dfrac{\sqrt{169}}{10}=1.3$

④ 13　⑤ $10\sqrt{169}=130$

29 ① $(4\sqrt{5}-2)-(3\sqrt{5}+2)$

$=\sqrt{5}-4=\sqrt{5}-\sqrt{16}<0$

$\therefore 4\sqrt{5}-2<3\sqrt{5}+2$

② $(2\sqrt{3}+4)-(\sqrt{11}+4)$

$=2\sqrt{3}-\sqrt{11}=\sqrt{12}-\sqrt{11}>0$

$\therefore 2\sqrt{3}+4>\sqrt{11}+4$

③ $(5\sqrt{2}+3\sqrt{2})-(3\sqrt{2}+7)$

$=5\sqrt{2}-7=\sqrt{50}-\sqrt{49}>0$

$\therefore 5\sqrt{2}+3\sqrt{2}>3\sqrt{2}+7$

④ $(3\sqrt{5}-1)-(4\sqrt{3}-1)$

$=3\sqrt{5}-4\sqrt{3}=\sqrt{45}-\sqrt{48}<0$

$\therefore 3\sqrt{5}-1<4\sqrt{3}-1$

⑤ $(2\sqrt{5}+\sqrt{7})-(\sqrt{7}+3\sqrt{2})$

$=2\sqrt{5}-3\sqrt{2}=\sqrt{20}-\sqrt{18}>0$

$\therefore 2\sqrt{5}+\sqrt{7}>\sqrt{7}+3\sqrt{2}$

30 $\dfrac{\sqrt{3}+1}{\sqrt{2}}=\dfrac{(\sqrt{3}+1)\times\sqrt{2}}{\sqrt{2}\times\sqrt{2}}=\dfrac{\sqrt{6}+\sqrt{2}}{2}$

$=\dfrac{2.449+1.414}{2}=\dfrac{3.863}{2}$

$=1.9315$

31 ① $\sqrt{18}=3\sqrt{2}$

② $\frac{18}{\sqrt{18}}=\frac{18}{3\sqrt{2}}=\frac{18\times\sqrt{2}}{3\sqrt{2}\times\sqrt{2}}=\frac{18\sqrt{2}}{6}=3\sqrt{2}$

③ $\frac{6}{\sqrt{2}}=\frac{6\times\sqrt{2}}{\sqrt{2}\times\sqrt{2}}=3\sqrt{2}$

④ $\frac{2\sqrt{6}}{\sqrt{2}}=\frac{2\sqrt{6}\times\sqrt{2}}{\sqrt{2}\times\sqrt{2}}=\sqrt{12}=2\sqrt{3}$

⑤ $\frac{6\sqrt{3}}{\sqrt{6}}=\frac{6\sqrt{3}\times\sqrt{6}}{\sqrt{6}\times\sqrt{6}}=\sqrt{18}=3\sqrt{2}$

32 $\sqrt{32}=\sqrt{4^2\times2}=4\sqrt{2}$이므로 $a=4$

$5\sqrt{3}=\sqrt{5^2\times3}=\sqrt{75}$이므로 $b=75$

$\sqrt{108}=\sqrt{6^2\times3}=6\sqrt{3}$이므로 $c=3$

$\therefore \sqrt{\frac{ab}{c}}=\sqrt{\frac{4\times75}{3}}=\sqrt{100}=10$

중단원 테스트 [서술형] 048-049쪽

01 1 **02** $\frac{8\sqrt{5}}{5}$ **03** 3 **04** $\frac{5}{3}$
05 $2\sqrt{5}$ cm **06** 5 **07** $34\sqrt{2}$ cm
08 $-15+8\sqrt{5}$

01 $\sqrt{2000}=\sqrt{20}\times A$에서

$A=\frac{\sqrt{2000}}{\sqrt{20}}=\sqrt{\frac{2000}{20}}=\sqrt{100}=10$ …… ❶

$\sqrt{0.3}=\sqrt{30}\times B$에서

$B=\frac{\sqrt{0.3}}{\sqrt{30}}=\sqrt{\frac{0.3}{30}}=\sqrt{\frac{1}{100}}=\frac{1}{10}$ …… ❷

$\therefore AB=10\times\frac{1}{10}=1$ …… ❸

채점 기준	배점
❶ A의 값 구하기	40 %
❷ B의 값 구하기	40 %
❸ AB의 값 구하기	20 %

02 (직각삼각형의 넓이) $=\frac{1}{2}\times\sqrt{32}\times\sqrt{20}$

$=\frac{1}{2}\times4\sqrt{2}\times2\sqrt{5}$

$=4\sqrt{10}$ …… ❶

(직사각형의 넓이) $=\sqrt{50}\times x$

$=5\sqrt{2}\times x=5\sqrt{2}x$ …… ❷

직사각형의 넓이가 직각삼각형의 넓이의 2배이므로

$5\sqrt{2}x=2\times4\sqrt{10}$

$\therefore x=\frac{8\sqrt{10}}{5\sqrt{2}}=\frac{8\sqrt{5}}{5}$ …… ❸

채점 기준	배점
❶ 직각삼각형의 넓이 구하기	30 %
❷ 직사각형의 넓이 구하기	30 %
❸ x의 값 구하기	40 %

03 $\sqrt{2}\left(\frac{1}{\sqrt{2}}+\frac{1}{\sqrt{3}}\right)-\sqrt{3}\left(-\frac{2\sqrt{2}}{3}-\frac{1}{\sqrt{3}}\right)$

$=1+\frac{\sqrt{2}}{\sqrt{3}}+\frac{2\sqrt{6}}{3}+1$

$=2+\frac{\sqrt{6}}{3}+\frac{2\sqrt{6}}{3}$

$=2+\sqrt{6}$

이므로 $a=2$, $b=1$ …… ❶

$\therefore a+b=2+1=3$ …… ❷

채점 기준	배점
❶ a, b의 값 각각 구하기	70 %
❷ $a+b$의 값 구하기	30 %

04 $\sqrt{10}\left(\sqrt{2}-\frac{1-\sqrt{5}}{\sqrt{2}}\right)-\frac{a}{\sqrt{5}}(6\sqrt{5}+3)$

$=(\sqrt{20}-\sqrt{5}+5)-\left(6a+\frac{3a}{\sqrt{5}}\right)$

$=2\sqrt{5}-\sqrt{5}+5-6a-\frac{3a}{5}\sqrt{5}$

$=5-6a+\left(1-\frac{3a}{5}\right)\sqrt{5}$ …… ❶

이 수가 유리수가 되려면

$1-\frac{3a}{5}=0$, $5-3a=0$ $\quad\therefore a=\frac{5}{3}$ …… ❷

채점 기준	배점
❶ 주어진 식을 간단히 하기	50 %
❷ 유리수 a의 값 구하기	50 %

05 정사각형의 넓이는

$2\sqrt{5}\times2\sqrt{5}=20(\text{cm}^2)$ …… ❶

사다리꼴의 높이를 h라 하면 사다리꼴의 넓이는

$\frac{1}{2}(\sqrt{5}+\sqrt{45})h=\frac{1}{2}(\sqrt{5}+3\sqrt{5})h$

$=2\sqrt{5}h(\text{cm}^2)$ …… ❷

사다리꼴의 넓이와 정사각형의 넓이가 같으므로

$2\sqrt{5}h=20$

$\therefore h=\frac{20}{2\sqrt{5}}=2\sqrt{5}(\text{cm})$

따라서 사다리꼴의 높이는

$2\sqrt{5}$ cm이다. …… ❸

채점 기준	배점
❶ 정사각형의 넓이 구하기	30 %
❷ 사다리꼴의 넓이 구하기	30 %
❸ 사다리꼴의 높이 구하기	40 %

06 직각삼각형 ABC에서 $\overline{AC}=\sqrt{3^2+3^2}=\sqrt{18}$이므로
$\overline{PC}=\sqrt{18}=3\sqrt{2}$
점 P에 대응하는 수는
$a=1-3\sqrt{2}$ ······ ❶
직각삼각형 DEF에서 $\overline{DF}=\sqrt{2^2+2^2}=\sqrt{8}$이므로
$\overline{QF}=\sqrt{8}=2\sqrt{2}$
점 Q에 대응하는 수는
$b=3+2\sqrt{2}$ ······ ❷
$\therefore a+\sqrt{2}b=(1-3\sqrt{2})+\sqrt{2}(3+2\sqrt{2})$
$=1-3\sqrt{2}+3\sqrt{2}+4$
$=5$ ······ ❸

채점 기준	배점
❶ a의 값 구하기	40 %
❷ b의 값 구하기	40 %
❸ $a+\sqrt{2}b$의 값 구하기	20 %

07 세 정사각형의 한 변의 길이를 큰 순서대로 나열하면
$\sqrt{50}=5\sqrt{2}$(cm), $\sqrt{32}=4\sqrt{2}$(cm),
$\sqrt{18}=3\sqrt{2}$ cm ······ ❶
따라서 구하는 도형의 둘레의 길이는
$4\times5\sqrt{2}+2\times4\sqrt{2}+2\times3\sqrt{2}$
$=20\sqrt{2}+8\sqrt{2}+6\sqrt{2}$
$=34\sqrt{2}$(cm) ······ ❷

채점 기준	배점
❶ 세 정사각형의 한 변의 길이 각각 구하기	50 %
❷ 도형의 둘레의 길이 구하기	50 %

08 $6<\sqrt{45}<7$이므로
$a=\sqrt{45}-6=3\sqrt{5}-6$ ······ ❶
$2<\sqrt{5}<3$이고 $-3<-\sqrt{5}<-2$이므로
$1<4-\sqrt{5}<2$
$\therefore b=4-\sqrt{5}-1=3-\sqrt{5}$ ······ ❷
$\therefore 3a+b=3(3\sqrt{5}-6)+(3-\sqrt{5})$
$=9\sqrt{5}-18+3-\sqrt{5}$
$=-15+8\sqrt{5}$ ······ ❸

채점 기준	배점
❶ a의 값 구하기	30 %
❷ b의 값 구하기	30 %
❸ $3a+b$의 값 구하기	40 %

대단원 테스트

050-059쪽

01 ③ **02** ② **03** ⑤ **04** ② **05** -6
06 $\frac{15\sqrt{2}}{2}$ cm^2 **07** ⑤ **08** $2+2\sqrt{5}$
09 ① **10** ④ **11** ③ **12** ② **13** ④
14 ⑤ **15** ① **16** ③ **17** 6 **18** ②
19 ⑤ **20** ③ **21** ⑤ **22** ④ **23** 100
24 $6\sqrt{2}$ cm **25** ② **26** ③ **27** ④
28 6 **29** ④ **30** ④ **31** ② **32** ④
33 ① **34** ② **35** ④ **36** ② **37** 5
38 3 **39** ⑤ **40** ④ **41** 20
42 $8\sqrt{5}$ cm **43** ⑤ **44** ② **45** $\frac{3}{10}$
46 ⑤ **47** ② **48** ② **49** $\frac{17}{5}$ **50** 3
51 3 **52** -3 **53** ② **54** ① **55** 6
56 ② **57** $\sqrt{5}$ **58** ③ **59** ② **60** ④
61 10 **62** ③ **63** $-6\sqrt{2}+11\sqrt{3}$ **64** ③
65 $-1+2\sqrt{2}$ **66** ③ **67** 5개
68 8.944 **69** $24\sqrt{5}-4\sqrt{15}$ **70** ② **71** ⑤
72 ⑤ **73** ④ **74** ⑤ **75** ② **76** ⑤
77 ② **78** $\frac{1}{2}$ **79** ③ **80** 2

01 ① $-a>0$이므로 $\sqrt{(-a)^2}=-a$
② $x-2>0$, $5-x>0$이므로
$\sqrt{(x-2)^2}+\sqrt{(5-x)^2}=x-2+5-x=3$
③ $\sqrt{2^2+3^2}=\sqrt{13}$

02 $\frac{4\sqrt{6}-3\sqrt{18}}{\sqrt{8}}=\frac{4\sqrt{6}-9\sqrt{2}}{2\sqrt{2}}=2\sqrt{3}-\frac{9}{2}$

03 ① $\sqrt{220}=10\sqrt{2.2}=14.83$
② $\sqrt{2200}=10\sqrt{22}=46.9$
③ $\sqrt{0.22}=\frac{\sqrt{22}}{10}=0.469$
④ $\sqrt{0.022}=\frac{\sqrt{2.2}}{10}=0.1483$
⑤ $\sqrt{0.0022}=\frac{\sqrt{22}}{100}=0.0469$

04 $\sqrt{120x}=\sqrt{2^3\times3\times5\times x}$가 자연수가 되려면
$2^3\times3\times5\times x$가 제곱수이어야 하므로
x는 $2\times3\times5$, $2^3\times3\times5$, $2\times3^3\times5$, $2\times3\times5^3$, ⋯
$\sqrt{\frac{270}{x}}=\sqrt{\frac{2\times3^3\times5}{x}}$가 자연수가 되려면
$\frac{2\times3^3\times5}{x}$가 제곱수이어야 하므로
x는 $2\times3\times5$, $2\times3^3\times5$

따라서 가장 작은 자연수 x는 $x=2\times3\times5=30$

05 $\sqrt{81}=9$의 제곱근이 ±3이므로 $a=3$
$4b=36$이므로 $b=9$
$\therefore a-b=3-9=-6$

06 $(\text{사다리꼴의 넓이})=\frac{1}{2}\times(\sqrt{12}+\sqrt{27})\times\sqrt{6}$
$=\frac{1}{2}\times(2\sqrt{3}+3\sqrt{3})\times\sqrt{6}$
$=\frac{1}{2}\times5\sqrt{3}\times\sqrt{6}$
$=\frac{15\sqrt{2}}{2}(\text{cm}^2)$

07 $3\sqrt{5}=\sqrt{45}$이므로 $6<3\sqrt{5}<7$
$\therefore a=3\sqrt{5}-6$
$-3<-\sqrt{5}<-2$이므로 $3<6-\sqrt{5}<4$
$\therefore b=6-\sqrt{5}-3=3-\sqrt{5}$
$\therefore 2a+b=2(3\sqrt{5}-6)+(3-\sqrt{5})=5\sqrt{5}-9$

08 $2<\sqrt{7}<3$이므로 $6<4+\sqrt{7}<7$
$\therefore a=6$
$4<\sqrt{20}<5$이므로 $1<\sqrt{20}-3<2$
$\therefore b=\sqrt{20}-3-1=\sqrt{20}-4=2\sqrt{5}-4$
$\therefore a+b=6+2\sqrt{5}-4=2+2\sqrt{5}$

09 $\sqrt{9a^2}=\sqrt{(3a)^2}$이고,
$-3a>0$, $a-2<0$, $3a<0$이므로
$(\text{주어진 식})=-3a-\{-(a-2)\}-3a$
$=-3a+a-2-3a=-5a-2$

10 $\sqrt{777}=\sqrt{100\times7.77}=10\sqrt{7.77}=27.87$

11 $(\text{주어진 식})=2\sqrt{6}\left(\frac{1}{\sqrt{2}}-\sqrt{3}\right)-\sqrt{2}(3\sqrt{6}-2)$
$=2\sqrt{3}-6\sqrt{2}-6\sqrt{3}+2\sqrt{2}$
$=-4\sqrt{2}-4\sqrt{3}$

12 $\frac{4+2\sqrt{2}}{3\sqrt{8}}=\frac{4+2\sqrt{2}}{6\sqrt{2}}=\frac{4\sqrt{2}+4}{12}=\frac{\sqrt{2}}{3}+\frac{1}{3}$
따라서 $a=\frac{1}{3}$, $b=\frac{1}{3}$이므로 $a+b=\frac{2}{3}$

13 $(\text{주어진 식})=\frac{2\sqrt{3}}{\sqrt{2}}\times\frac{2}{\sqrt{5}}\times\frac{\sqrt{6}}{3}$
$=\frac{4\sqrt{18}}{3\sqrt{10}}=\frac{4\times3\sqrt{2}\times\sqrt{10}}{3\sqrt{10}\times\sqrt{10}}$
$=\frac{4\sqrt{20}}{10}=\frac{4\sqrt{5}}{5}$

14 $1<\sqrt{2}<2$이므로 $-2<-\sqrt{2}<-1$
$\therefore 2<4-\sqrt{2}<3$
따라서 $a=2$, $b=4-\sqrt{2}-2=2-\sqrt{2}$이므로
$a+(b-2)^2=2+(2-\sqrt{2}-2)^2$
$=2+(-\sqrt{2})^2$
$=2+2=4$

15 직사각형 모양의 꽃밭의 넓이는 $3\times5=15(\text{m}^2)$이므로
정사각형 모양의 꽃밭의 한 변의 길이를 x m라 하면
$x^2=15$ $\quad\therefore x=\sqrt{15}\ (\text{m})\ (\because x>0)$

16 $a\sqrt{\frac{12b}{a}}+b\sqrt{\frac{3a}{b}}=\sqrt{\frac{12a^2b}{a}}+\sqrt{\frac{3b^2a}{b}}$
$=\sqrt{12ab}+\sqrt{3ab}$
$=2\sqrt{3ab}+\sqrt{3ab}$
$=3\sqrt{3ab}$
$=3\sqrt{3^2}$
$=9$

17 $\sqrt{54x}=\sqrt{3^2\times6\times x}$가 자연수가 되려면
$x=6\times(\text{자연수})^2$ 꼴이어야 하므로 가장 작은 수는 6이다.

18 $1.\dot{7}=\frac{16}{9}$, $\sqrt{1.96}=1.4$, $\frac{\sqrt{4}}{5}=\frac{2}{5}$이므로
무리수는 $-\sqrt{\frac{1}{3}}$, $\frac{\pi}{2}$의 2개이다.

19 ① $\sqrt{11}$과 $\sqrt{13}$ 사이에는 무수히 많은 유리수가 존재한다.
② $\sqrt{5}$와 $\sqrt{7}$ 사이에는 무수히 많은 무리수가 존재한다.
③ $\sqrt{4}=2$처럼 근호를 사용하여 나타낸 수 중 유리수도 존재한다.
④ 수직선은 유리수와 무리수에 대응하는 점들로 완전히 메울 수 있다.

20 ① 2.5의 제곱근은 $\pm\sqrt{2.5}$
② $\sqrt{169}=13$의 제곱근은 $\pm\sqrt{13}$
③ $(-9)^2=81$의 제곱근은 $\pm\sqrt{81}=\pm\sqrt{9^2}=\pm9$
④ 0.4의 제곱근은 $\pm\sqrt{0.4}$
⑤ $\frac{27}{100}$의 제곱근은 $\pm\sqrt{\frac{27}{100}}$

21 $\frac{\sqrt{50}}{\sqrt{180}}=\frac{\sqrt{5}}{\sqrt{18}}=\frac{\sqrt{5}}{3\sqrt{2}}=\frac{1}{6}\sqrt{10}$이므로
$a=3$, $b=5$, $c=\frac{1}{6}$
$\therefore abc=3\times5\times\frac{1}{6}=\frac{5}{2}$

22 $3<2\sqrt{3}<4$이고 $-4<-2\sqrt{3}<-3$이므로
$1<5-2\sqrt{3}<2$
따라서 $a=1$, $b=5-2\sqrt{3}-1=4-2\sqrt{3}$이므로
$4a-b=4-4+2\sqrt{3}=2\sqrt{3}$

23 $\sqrt{0.07}=\sqrt{\frac{7}{100}}=\frac{\sqrt{7}}{10}$,
$\sqrt{7000}=\sqrt{70\times100}=10\sqrt{70}$이므로
$\sqrt{0.07}+\sqrt{7000}=\frac{\sqrt{7}}{10}+10\sqrt{70}=\frac{1}{10}a+10b$
따라서 $x=\frac{1}{10}$, $y=10$이므로 $\frac{y}{x}=100$

24 색칠한 정사각형의 넓이는 큰 정사각형의 넓이의 $\frac{1}{2}$이므로 72 cm^2이다. 따라서 색칠한 정사각형의 한 변의 길이는 $\sqrt{72}=6\sqrt{2}$(cm)

25 ② $(-\sqrt{3})^2+\sqrt{6^2}=3+6=9$

26 $9\sqrt{3}=\sqrt{243}$이므로
$3+8x=243$, $8x=240$
$\therefore x=30$

27 ① $3+\sqrt{2}-5=\sqrt{2}-2=\sqrt{2}-\sqrt{4}<0$
$\therefore 3+\sqrt{2}<5$
② $\frac{1}{2}=0.5=\sqrt{0.25}$이므로 $\sqrt{0.25}<\sqrt{0.64}$
$\therefore \frac{1}{2}<\sqrt{0.64}$
③ $\sqrt{144}>\sqrt{140}$이므로 $12>\sqrt{140}$
$\therefore -12<-\sqrt{140}$
④ $(\sqrt{3}-2)-(\sqrt{3}-\sqrt{5})=\sqrt{3}-2-\sqrt{3}+\sqrt{5}$
$=-2+\sqrt{5}$
$=-\sqrt{4}+\sqrt{5}>0$
$\therefore \sqrt{3}-2>\sqrt{3}-\sqrt{5}$
⑤ $\sqrt{(-5)^2}=5$, $\sqrt{4^2}=4$
$\therefore \sqrt{(-5)^2}>\sqrt{4^2}$

28 $\sqrt{10+n}$이 자연수가 되려면 $10+n$이 어떤 자연수의 제곱이 되어야 한다.
n이 자연수일 때, $10+n$이 될 수 있는 수는 16, 25, 36, …이고, 가장 작은 자연수는 $10+n=16$
$\therefore n=6$

29 $\sqrt{252}=\sqrt{2^2\times3^2\times7}$
$=(\sqrt{2})^2\times(\sqrt{3})^2\times\sqrt{7}$
$=3a^2b$

30 (밑넓이)$=(\sqrt{2}+2\sqrt{3})\times\sqrt{3}=\sqrt{6}+6$
(옆넓이)$=2(\sqrt{2}+2\sqrt{3}+\sqrt{3})\times3\sqrt{2}=12+18\sqrt{6}$
$\therefore$ (겉넓이)$=2(\sqrt{6}+6)+(12+18\sqrt{6})$
$=24+20\sqrt{6}$

31 ② 서로 다른 두 정수 사이에는 다른 정수가 없을 수도 있다. 예를 들어 1과 2 사이에는 정수가 없다.

32 $-4<x<1$이므로
$x+4>0$, $x-1<0$
$\therefore \sqrt{(x+4)^2}-\sqrt{(x-1)^2}=x+4-\{-(x-1)\}$
$=x+4+x-1=2x+3$

33 ① 무한소수 중에 순환소수는 유리수이다.

34 $2\sqrt{7}=\sqrt{28}$이고 $5<\sqrt{28}<6$이므로
$4<2\sqrt{7}-1<5$
따라서 $2\sqrt{7}-1$에 대응하는 점은 구간 B에 있다.

35 $\sqrt{18}\left(\frac{1}{3}-\sqrt{6}\right)-\frac{6}{\sqrt{2}}(\sqrt{6}-2)$
$=3\sqrt{2}\left(\frac{1}{3}-\sqrt{6}\right)-3\sqrt{2}(\sqrt{6}-2)$
$=\sqrt{2}-6\sqrt{3}-6\sqrt{3}+6\sqrt{2}$
$=7\sqrt{2}-12\sqrt{3}$
이므로 $a=7$, $b=-12$
$\therefore a+2b=7-24=-17$

36 $\sqrt{24}=\sqrt{2^3\times3}=2\sqrt{2\times3}$
$=2\sqrt{2}\sqrt{3}=2ab$

37 $\frac{3}{\sqrt{24}}=\frac{3}{2\sqrt{6}}=\frac{3\sqrt{6}}{12}=\frac{\sqrt{6}}{4}$ $\quad\therefore a=\frac{1}{4}$
$\frac{\sqrt{15}}{2\sqrt{3}}=\frac{\sqrt{5}}{2}$ $\quad\therefore b=\frac{1}{2}$
$\therefore 40ab=40\times\frac{1}{4}\times\frac{1}{2}=5$

38 $\sqrt{3}(\sqrt{6}-\sqrt{3})-\sqrt{2}(a+3\sqrt{2})$
$=3\sqrt{2}-3-a\sqrt{2}-6$
$=-9+(3-a)\sqrt{2}$
이 수가 유리수가 되기 위해서는
$3-a=0$ $\quad\therefore a=3$

39 $0<a<3$이므로 $a-3<0$
$\therefore$ (주어진 식)$=-(a-3)+a$
$=-a+3+a=3$

40 $a-c=\sqrt{7}+2-3=\sqrt{7}-1>0$이므로 $a>c$
$b-c=\sqrt{21}-2-3=\sqrt{21}-5<0$이므로 $b<c$
$\therefore b<c<a$

41 x가 유리수의 제곱이 아닌 수일 때, $\sqrt{x}$는 무리수이다.
25 이하의 자연수 중에서 유리수의 제곱인 수는 1, 4, 9, 16, 25이므로 조건을 만족시키는 x의 개수는
$25-5=20$

42 정사각형의 한 변의 길이를 x cm라 하면
$x^2=5\times4=20$
$x>0$이므로 $x=\sqrt{20}=2\sqrt{5}$
따라서 정사각형의 둘레의 길이는
$4\times2\sqrt{5}=8\sqrt{5}$(cm)

43 $a>0$, $b>0$이고 $ab=9$이므로
$a\sqrt{\frac{25b}{a}}-b\sqrt{\frac{9a}{b}}=\sqrt{25ab}-\sqrt{9ab}=15-9=6$

44 $\sqrt{2}\times\sqrt{a}$가 자연수가 되려면 $a=2\times k^2$ (k는 자연수) 꼴이어야 한다.
따라서 50 이하의 자연수 a는
2×1^2, 2×2^2, 2×3^2, 2×4^2, 2×5^2
즉, 2, 8, 18, 32, 50의 5개이다.

45 $\frac{\sqrt{18}}{\sqrt{5}}\times\frac{\sqrt{10}}{4}\div\frac{\sqrt{20}}{\sqrt{12}}$
$=\frac{\sqrt{18}}{\sqrt{5}}\times\sqrt{\frac{10}{16}}\times\frac{\sqrt{12}}{\sqrt{20}}$
$=\sqrt{\frac{18}{5}\times\frac{10}{16}\times\frac{12}{20}}=\sqrt{\frac{27}{20}}$
$=\frac{3\sqrt{3}}{2\sqrt{5}}=\frac{3\sqrt{3}\times\sqrt{5}}{2\sqrt{5}\times\sqrt{5}}$
$=\frac{3}{10}\sqrt{15}$
$\therefore a=\frac{3}{10}$

46 ① $(2-\sqrt{7})-(\sqrt{3}-\sqrt{7})=2-\sqrt{3}=\sqrt{4}-\sqrt{3}>0$
$\therefore 2-\sqrt{7}>\sqrt{3}-\sqrt{7}$
② $4-\sqrt{2}-2=2-\sqrt{2}=\sqrt{4}-\sqrt{2}>0$
$\therefore 4-\sqrt{2}>2$
③ $(-\sqrt{3}-\sqrt{6})-(-\sqrt{6}-3)=-\sqrt{3}+3$
$=-\sqrt{3}+\sqrt{9}>0$
$\therefore -\sqrt{3}-\sqrt{6}>-\sqrt{6}-3$
④ $3-\sqrt{3}-\sqrt{3}=3-2\sqrt{3}=\sqrt{9}-\sqrt{12}<0$
$\therefore 3-\sqrt{3}<\sqrt{3}$
⑤ $1+\sqrt{5}-(6-\sqrt{5})=-5+2\sqrt{5}$
$=-\sqrt{25}+\sqrt{20}<0$
$\therefore 1+\sqrt{5}<6-\sqrt{5}$

47 $\sqrt{45}+\sqrt{a}-2\sqrt{125}=3\sqrt{5}+\sqrt{a}-10\sqrt{5}$
$=-7\sqrt{5}+\sqrt{a}$
$=-5\sqrt{5}$
에서 $\sqrt{a}=2\sqrt{5}$이므로 $\sqrt{a}=\sqrt{20}$
$\therefore a=20$

48 $\sqrt{2}\left(\sqrt{3}-\frac{4}{\sqrt{6}}\right)+\left(\frac{12}{\sqrt{2}}+1\right)\div\sqrt{3}$
$=\sqrt{2}\left(\sqrt{3}-\frac{4}{\sqrt{6}}\right)+\left(\frac{12}{\sqrt{2}}+1\right)\times\frac{1}{\sqrt{3}}$
$=\left(\sqrt{6}-\frac{4}{\sqrt{3}}\right)+\left(\frac{12}{\sqrt{6}}+\frac{1}{\sqrt{3}}\right)$
$=\sqrt{6}-\frac{4\sqrt{3}}{3}+2\sqrt{6}+\frac{\sqrt{3}}{3}$
$=3\sqrt{6}-\sqrt{3}$
따라서 $a=3$, $b=-1$이므로 $a+b=2$

49 $\sqrt{256}=16$의 제곱근은 ±4이므로 $a=4$
$\frac{9}{25}$의 제곱근은 $\pm\sqrt{\frac{9}{25}}=\pm\frac{3}{5}$이므로 $b=-\frac{3}{5}$
$\therefore a+b=4+\left(-\frac{3}{5}\right)=\frac{17}{5}$

50 $2<\sqrt{8}<3$이므로 $-3<-\sqrt{8}<-2$
$2\sqrt{3}=\sqrt{12}$이므로 $3<\sqrt{12}<4$
따라서 $-\sqrt{8}$과 $2\sqrt{3}$ 사이에 있는 정수는 $-2, -1, 0, 1, 2, 3$이므로 그 합은 3이다.

51 $\frac{\sqrt{10}+\sqrt{2}}{\sqrt{2}}=\frac{\sqrt{20}+2}{2}=\frac{2\sqrt{5}+2}{2}$
$=\sqrt{5}+1$
$2<\sqrt{5}<3$이므로 $3<\sqrt{5}+1<4$
따라서 $\frac{\sqrt{10}+\sqrt{2}}{\sqrt{2}}$의 정수 부분은 3이다.

52 $\sqrt{27}-\sqrt{12}-\sqrt{48}=3\sqrt{3}-2\sqrt{3}-4\sqrt{3}=-3\sqrt{3}$이므로 $k=-3$

53 $\frac{8}{\sqrt{24}}=\frac{8}{2\sqrt{6}}=\frac{4}{\sqrt{6}}=\frac{2\sqrt{6}}{3}$　　$\therefore a=\frac{2}{3}$
$\frac{\sqrt{60}}{2\sqrt{3}}=\frac{2\sqrt{15}}{2\sqrt{3}}=\sqrt{5}$　　$\therefore b=1$
$\therefore 3a-b=3\times\frac{2}{3}-1=1$

54 $\sqrt{0.047}+\sqrt{4700}=\sqrt{\frac{4.7}{100}}+\sqrt{100\times47}$
$=\frac{\sqrt{4.7}}{10}+10\sqrt{47}$
$=\frac{1}{10}a+10b$

55 $\sqrt{5}(a-2\sqrt{5})-\sqrt{20}(3-\sqrt{5})$
$=a\sqrt{5}-10-3\sqrt{20}+\sqrt{100}$
$=a\sqrt{5}-10-6\sqrt{5}+10$
$=(a-6)\sqrt{5}$
이 수가 유리수가 되려면 $a-6=0$　　$\therefore a=6$

56 $a<0$이므로 $-3a>0$
$\therefore \sqrt{16a^2}-\sqrt{(-3a)^2}+\sqrt{a^2}$
$=\sqrt{(4a)^2}-\sqrt{(-3a)^2}+\sqrt{a^2}$
$=-4a-(-3a)-a=-2a$

57 작은 정사각형의 한 변의 길이는 $\sqrt{2}$이고,
큰 정사각형의 한 변의 길이는 $\sqrt{5}$이다.
따라서 점 A에 대응하는 수가 $-1-\sqrt{2}$이므로 점 B에 대응하는 수는 $\sqrt{5}$이다.

58 $\sqrt{0.0612}+\sqrt{612000}=\frac{1}{10}\sqrt{6.12}+100\sqrt{61.2}$
$=\frac{1}{10}a+100b$

59 $4<\sqrt{18}<5$이므로 $a=\sqrt{18}-4=3\sqrt{2}-4$
$1<\sqrt{2}<2$이므로 $4<3+\sqrt{2}<5$
$\therefore b=3+\sqrt{2}-4=\sqrt{2}-1$
$\therefore a+b=3\sqrt{2}-4+\sqrt{2}-1=-5+4\sqrt{2}$

60 ④ $\sqrt{(-2)^2}\times\sqrt{3^4}=2\times9=18$

61 $\sqrt{405a}=9\sqrt{5a}=b\sqrt{5}$
$a+b$의 값이 가장 작아야 하므로 $a=1$, $b=9$
$\therefore a+b=10$

62 $a>0$, $b<0$이므로 $-3a<0$, $-b>0$
$\therefore$ (주어진 식)$=a-(-2b)-\{-(-3a)\}-b$
$=a+2b-3a-b=-2a+b$

63 $B=A\sqrt{2}+\sqrt{6}=(2\sqrt{2}-\sqrt{3})\sqrt{2}+\sqrt{6}=4$
$C=B\sqrt{2}-4\sqrt{3}=4\sqrt{2}-4\sqrt{3}$
$\therefore A+B\sqrt{3}-2C=(2\sqrt{2}-\sqrt{3})+4\sqrt{3}-2(4\sqrt{2}-4\sqrt{3})$
$=2\sqrt{2}-\sqrt{3}+4\sqrt{3}-8\sqrt{2}+8\sqrt{3}$
$=-6\sqrt{2}+11\sqrt{3}$

64 $\frac{2}{3\sqrt{10}}=\frac{2\times\sqrt{10}}{3\sqrt{10}\times\sqrt{10}}=\frac{2\sqrt{10}}{30}=\frac{\sqrt{10}}{15}$ $\quad\therefore a=\frac{1}{15}$
$\frac{4}{\sqrt{12}}=\frac{4}{2\sqrt{3}}=\frac{2\times\sqrt{3}}{\sqrt{3}\times\sqrt{3}}=\frac{2\sqrt{3}}{3}$ $\quad\therefore b=\frac{2}{3}$
$\therefore a+b=\frac{1}{15}+\frac{2}{3}=\frac{11}{15}$

65 $\overline{AC}=\overline{BD}=\sqrt{2}$이므로 $P(2-\sqrt{2})$, $Q(1+\sqrt{2})$
$\therefore \overline{PQ}=(1+\sqrt{2})-(2-\sqrt{2})=-1+2\sqrt{2}$

66 직사각형의 가로의 길이를 a cm라 하면
$4\sqrt{3}\times a=120$
$\therefore a=\frac{120}{4\sqrt{3}}=\frac{30}{\sqrt{3}}=\frac{30\sqrt{3}}{3}=10\sqrt{3}\ (\text{cm})$
따라서 직사각형의 둘레의 길이는
$2(10\sqrt{3}+4\sqrt{3})=2\times14\sqrt{3}=28\sqrt{3}\ (\text{cm})$

67 $\sqrt{3x}<\sqrt{16}$이므로 $3x<16$
$\therefore x<\frac{16}{3}$
따라서 자연수 x의 값은 1, 2, 3, 4, 5의 5개이다.

68 $\sqrt{80}=\sqrt{4\times20}=2\sqrt{20}=2\times4.472=8.944$

69 넓이가 45인 정사각형의 한 변의 길이는
$\sqrt{45}=3\sqrt{5}$
겹쳐진 부분은 넓이가 15인 정사각형이므로
겹쳐진 부분의 한 변의 길이는 $\sqrt{15}$이다.
∴ (전체 도형의 둘레의 길이)
$=4\times3\sqrt{5}+4\times(3\sqrt{5}-\sqrt{15})$
$=24\sqrt{5}-4\sqrt{15}$

70 (주어진 식)$=\sqrt{6}-2+\frac{2}{3}\sqrt{6}-3=\frac{5}{3}\sqrt{6}-5$
이므로 $a=\frac{5}{3}$, $b=-5$
$\therefore ab=\frac{5}{3}\times(-5)=-\frac{25}{3}$

71 $\sqrt{0.6}=\sqrt{\frac{60}{100}}=\frac{\sqrt{60}}{10}$이므로
$\frac{\sqrt{0.6}}{10}=\frac{\sqrt{60}}{100}=\frac{7.746}{100}=0.07746$

72 $\sqrt{12}-\sqrt{48}+\sqrt{108}=2\sqrt{3}-4\sqrt{3}+6\sqrt{3}=4\sqrt{3}$
$\therefore k=4$

73 $\frac{\sqrt{a}}{2\sqrt{3}}=\frac{\sqrt{a}\times\sqrt{3}}{2\sqrt{3}\times\sqrt{3}}=\frac{\sqrt{3a}}{6}$
즉, $\frac{\sqrt{3a}}{6}=\frac{\sqrt{15}}{6}$이므로 $3a=15$
$\therefore a=5$

74 $3\sqrt{3}=\sqrt{27}$에서 $5<\sqrt{27}<6$이므로
$7<3\sqrt{3}+2<8$ $\quad\therefore 7<A<8$
$2\sqrt{5}=\sqrt{20}$에서 $4<\sqrt{20}<5$이므로
$6<2\sqrt{5}+2<7$ $\quad\therefore 6<B<7$
$\therefore C<B<A$

75 (주어진 식)$=6\sqrt{3}+10\sqrt{2}-6\sqrt{3}+2\sqrt{2}$
$=12\sqrt{2}$

76 ⑤ $\sqrt{(-7)^2}=7$의 제곱근은 $\pm\sqrt{7}$이다.

77 $1<\sqrt{2}<2$이므로 $-2<-\sqrt{2}<-1$,
$-1<-\sqrt{2}+1<0$, $0<\sqrt{2}-1<1$
따라서 작은 것부터 순서대로 나열하면
$-\sqrt{2}$, -1, $-\sqrt{2}+1$, $\sqrt{2}-1$, $\sqrt{2}$
이므로 세 번째에 오는 수는 $-\sqrt{2}+1$이다.

78 (주어진 식)$=3\div10+\frac{1}{5}=\frac{3}{10}+\frac{1}{5}=\frac{5}{10}=\frac{1}{2}$

79 $\sqrt{\frac{24}{x}}=\sqrt{\frac{2^2\times6}{x}}$이 자연수가 되도록 하는 가장 작은 자연수는 $x=6$이다.

80 $\sqrt{2}\times\sqrt{3}\times\sqrt{a}\times\sqrt{5}\times\sqrt{6}\times\sqrt{5a}$
$=\sqrt{2\times3\times a\times5\times6\times5a}=\sqrt{30^2\times a^2}=\sqrt{(30a)^2}$
$=30a$
따라서 $30a=60$이므로 $a=2$

대단원 테스트 [고난도] 060-063쪽

01 ⑤ **02** ⑤ **03** $-4a$ **04** $a=10$, $b=2$
05 ④ **06** ④ **07** ② **08** 24 **09** ①
10 $4-\sqrt{5}$ **11** 9개 **12** 37 **13** 7
14 9 **15** -4 **16** $\frac{14}{3}\sqrt{30}$ cm **17** 30
18 2 cm **19** 19 **20** 53
21 $(24+24\sqrt{2})$ cm **22** 8 **23** ④
24 $3-\sqrt{6}$

01 $108x=2^2\times3^3\times x$에서 소인수의 지수가 모두 짝수이려면 $x=3\times$(자연수)^2
즉, 가장 작은 두 자리의 자연수 x는
$x=3\times2^2=12$
290보다 작은 제곱인 수는 289, 256, 225, ⋯
이때 y는 1, 34, 65, ⋯이므로 가장 작은 두 자리 자연수 y는 34이다.
$\therefore y-x=34-12=22$

02 반지름의 길이가 1인 원의 둘레의 길이는 2π이므로 원을 한 바퀴 반을 굴렸을 때, 점 P가 수직선 위에 닿는 점에 대응하는 수는 $-3+3\pi$이다.

03 $0<a<1$에서 $0<a<1<\frac{1}{a}$이므로 $a-\frac{1}{a}<0$

$\therefore$ (주어진 식)$=-\left(a-\frac{1}{a}\right)-\left(a+\frac{1}{a}\right)-2a=-4a$

04 a가 가장 작은 자연수일 때, b는 최댓값을 가지므로

$\sqrt{\frac{40}{a}}=\sqrt{\frac{2^3\times5}{a}}$에서 $a=2\times5=10$일 때, b는 가장 큰 값을 갖는다.

$\therefore b=\sqrt{\frac{40}{a}}=\sqrt{\frac{40}{10}}=\sqrt{4}=2$

05 ④ 수직선은 유리수에 대응하는 점으로 완전히 메울 수 없다.

06 $\sqrt{121}<\sqrt{136}<\sqrt{144}$에서 $11<\sqrt{136}<12$

$\therefore f(136)=11$

$\sqrt{49}<\sqrt{50}<\sqrt{64}$에서 $7<\sqrt{50}<8$

$\therefore f(50)=7$

$\sqrt{4}=2$이므로 $f(4)=2$

$\therefore f(136)-f(50)+f(4)=11-7+2=6$

07 $a-b=\sqrt{5}+\sqrt{3}-\sqrt{5}-1=\sqrt{3}-1=\sqrt{3}-\sqrt{1}>0$

$\therefore a>b$

$a-c=\sqrt{5}+\sqrt{3}-3-\sqrt{3}=\sqrt{5}-3=\sqrt{5}-\sqrt{9}<0$

$\therefore a<c$

$\therefore b<a<c$

08 $\sqrt{108a}=6\sqrt{3a}$이고 $6\sqrt{3a}=b\sqrt{2}$를 만족시키는 가장 작은 자연수 a의 값은 $a=3\times2=6$이므로

$6\sqrt{3\times6}=18\sqrt{2}=b\sqrt{2}\qquad\therefore b=18$

따라서 $a+b$의 값 중에서 가장 작은 것은 $6+18=24$

09 $a=\sqrt{24}-2\sqrt{5}=2\sqrt{6}-2\sqrt{5}$

$b=\frac{3}{\sqrt{6}}-\sqrt{5}=\frac{\sqrt{6}}{2}-\sqrt{5}$

$\therefore \sqrt{5}a+\sqrt{6}b$

$=\sqrt{5}(2\sqrt{6}-2\sqrt{5})+\sqrt{6}\left(\frac{\sqrt{6}}{2}-\sqrt{5}\right)$

$=2\sqrt{30}-10+3-\sqrt{30}$

$=\sqrt{30}-7$

10 $\overline{AB}=\overline{AD}=\sqrt{1^2+2^2}=\sqrt{5}$

점 P에 대응하는 수는 $-1+\sqrt{5}$

$2<\sqrt{5}<3$이므로 $1<-1+\sqrt{5}<2$

$\therefore a=1$

점 Q에 대응하는 수는 $-1-\sqrt{5}$

$-3<-\sqrt{5}<-2$이므로 $-4<-1-\sqrt{5}<-3$

$\therefore b=(-1-\sqrt{5})-(-4)=3-\sqrt{5}$

$\therefore a+b=4-\sqrt{5}$

11 $4<\sqrt{19}<5$이므로 $-5<-\sqrt{19}<-4$

$2<\sqrt{5}<3$이므로 $4<2+\sqrt{5}<5$

따라서 $-\sqrt{19}$와 $2+\sqrt{5}$ 사이에 있는 정수는

$-4, -3, -2, -1, 0, 1, 2, 3, 4$의 9개이다.

12 $f(1)=0$, $f(2)=f(3)=f(4)=1$,

$f(5)=f(6)=f(7)=f(8)=f(9)=2$,

$f(10)=f(11)=\cdots=f(16)=3$,

$f(17)=f(18)=f(19)=f(20)=4$

$\therefore f(10)+f(11)+\cdots+f(20)$

$=3\times7+4\times4=21+16=37$

13 $\sqrt{50-a}$는 최대이고 $\sqrt{30+b}$는 최소가 되어야 한다.

50보다 작은 가장 큰 제곱인 수는 49이므로

$50-a=49\qquad\therefore a=1$

30보다 큰 가장 작은 제곱인 수는 36이므로

$30+b=36\qquad\therefore b=6$

$\therefore a+b=1+6=7$

14 $3+\frac{6}{\sqrt{3}}=3+2\sqrt{3}$

$2\sqrt{3}=\sqrt{12}$이고, $3<\sqrt{12}<4$이므로 $6<3+2\sqrt{3}<7$

$\therefore a=6$, $b=(3+2\sqrt{3})-6=-3+2\sqrt{3}$

$\therefore \sqrt{3}a-3b=\sqrt{3}\times6-3\times(-3+2\sqrt{3})$

$=6\sqrt{3}+9-6\sqrt{3}=9$

15 한 변의 길이가 1인 정사각형의 대각선의 길이는 $\sqrt{2}$이므로

$\overline{CA}=\overline{CP}=\overline{BD}=\overline{BE}=\overline{EF}=\overline{EQ}=\sqrt{2}$

따라서 점 P에 대응하는 수는 $-1-\sqrt{2}$, 점 E에 대응하는 수는 $-2+\sqrt{2}$이다.

점 Q는 점 E에서 오른쪽으로 $\sqrt{2}$만큼 이동한 점이므로

$(-2+\sqrt{2})+\sqrt{2}=-2+2\sqrt{2}$

따라서 $a=-1-\sqrt{2}$, $b=-2+2\sqrt{2}$이므로

$2a+b=2(-1-\sqrt{2})+(-2+2\sqrt{2})=-4$

16 작은 직사각형의 가로의 길이를 x, 세로의 길이를 y라 하면

$7xy=280$에서 $xy=40$

$3x=4y$에서 $y=\frac{3}{4}x$를

$xy=40$에 대입하면

$\frac{3}{4}x^2=40$, $x^2=\frac{160}{3}$

$\therefore x=\frac{\sqrt{160}}{\sqrt{3}}=\frac{4\sqrt{10}}{\sqrt{3}}=\frac{4\sqrt{30}}{3}$ (cm), $y=\sqrt{30}$ (cm)

따라서 작은 직사각형 1개의 둘레의 길이는

$2(x+y)=2\left(\frac{4\sqrt{30}}{3}+\sqrt{30}\right)$

$=\frac{14\sqrt{30}}{3}$ (cm)

17 $ab=36$이므로

$$a\sqrt{\frac{4b}{b}}+b\sqrt{\frac{9a}{b}}=\sqrt{\frac{4a^2b}{a}}+\sqrt{\frac{9ab^2}{b}}$$
$$=\sqrt{4ab}+\sqrt{9ab}$$
$$=2\sqrt{ab}+3\sqrt{ab}=5\sqrt{ab}=5\sqrt{36}=30$$

18 처음 정사각형의 넓이는 $8^2=64(\text{cm}^2)$

1단계, 2단계, 3단계, 4단계에서 만들어지는 정사각형의 넓이는 각각

$64\times\frac{1}{2}=32(\text{cm}^2)$, $32\times\frac{1}{2}=16(\text{cm}^2)$,

$16\times\frac{1}{2}=8(\text{cm}^2)$, $8\times\frac{1}{2}=4(\text{cm}^2)$

따라서 4단계에서 생기는 정사각형의 한 변의 길이는 $\sqrt{4}=2(\text{cm})$이다.

19 $1\le x<4$일 때, $1\le\sqrt{x}<2$이므로

$N(1)=N(2)=N(3)=1$

$4\le x<9$일 때, $2\le\sqrt{x}<3$이므로

$N(4)=N(5)=N(6)=N(7)=N(8)=2$

$9\le x<16$일 때, $3\le\sqrt{x}<4$이므로

$N(9)=N(10)=3$

$\therefore N(1)+N(2)+N(3)+\cdots+N(10)$

$=1\times3+2\times5+3\times2=19$

20 직사각형의 가로의 길이는

$$240\div3\sqrt{15}=240\times\frac{1}{3\sqrt{15}}=\frac{80}{\sqrt{15}}$$
$$=\frac{80\sqrt{15}}{15}=\frac{16\sqrt{15}}{3}$$

따라서 직사각형의 둘레의 길이는

$$2\left(3\sqrt{15}+\frac{16\sqrt{15}}{3}\right)=2\times\frac{25}{3}\sqrt{15}=\frac{50}{3}\sqrt{15}$$

이므로 $p=3$, $q=50$

$\therefore p+q=53$

21 ① 밑변의 길이가 6 cm, 빗변의 길이가 $6\sqrt{2}$ cm인 직각이등변삼각형이므로 둘레의 길이는 $(12+6\sqrt{2})$ cm

② ①과 합동이므로 둘레의 길이는 $(12+6\sqrt{2})$ cm

③ 한 변의 길이가 $3\sqrt{2}$ cm인 정사각형이므로 둘레의 길이는 $12\sqrt{2}$ cm

따라서 색칠한 부분의 둘레의 길이는

$2(12+6\sqrt{2})+12\sqrt{2}=24+24\sqrt{2}$ (cm)

22 $2<\sqrt{7}<3$이고 $-3<-\sqrt{7}<-2$이므로

$3<6-\sqrt{7}<4$ $\quad\therefore a=3$

이때 $0<b<1$이므로

$0<b^2<1$에서 $-1<-b^2<0$

$a=3$이므로 $a^2-b^2=9-b^2$

따라서 $8<a^2-b^2<9$이므로

$n=8$

23 $f(n)=8$에서 $\sqrt{n}$의 정수 부분이 8이므로

$8\le\sqrt{n}<9$ $\quad\therefore 64\le n<81$

따라서 n은 자연수이므로 64부터 80까지의 자연수는 17개이다.

24 $6<\sqrt{37}<7$이므로 $\sqrt{37}$의 정수 부분은 6 $\quad\therefore a=6$

$6<9-\sqrt{6}<7$에서 $9-\sqrt{6}$의 정수 부분이 6이므로

소수 부분은 $(9-\sqrt{6})-6=3-\sqrt{6}$

$\therefore b=3-\sqrt{6}$

$\therefore$ (주어진 식)$=|8-a|-|b-2|$

$=|8-6|-|3-\sqrt{6}-2|$

$=2-|1-\sqrt{6}|$

$=2-\{-(1-\sqrt{6})\}$ $(\because 1-\sqrt{6}<0)$

$=2+1-\sqrt{6}=3-\sqrt{6}$

Ⅱ. 인수분해와 이차방정식

1. 다항식의 곱셈과 인수분해

01. 곱셈공식

소단원 집중 연습 066-067쪽

01 (1) $ab+3a-b-3$
(2) $xy-5x+4y-20$
(3) $2ac+ad-4bc-2bd$
(4) $3ax-12ay-bx+4by$
(5) $-15ax+10bx+3ay-2by$

02 (1) 3 (2) -10
(3) -38

03 (1) a^2+6a+9 (2) $x^2+14x+49$
(3) $4b^2+4b+1$ (4) $25y^2+20y+4$

04 (1) $a^2-8a+16$ (2) $x^2-18x+81$
(3) $9b^2-12b+4$ (4) $36y^2-12y+1$

05 (1) a^2-9 (2) x^2-64
(3) $1-b^2$ (4) $25-4y^2$

06 (1) $a^2+7a+10$ (2) x^2-x-12
(3) $a^2+3ab-70b^2$ (4) $x^2-14xy+48y^2$

07 (1) $6a^2+7a+2$ (2) $5x^2-11x-12$
(3) $12a^2-25ab-7b^2$
(4) $28x^2-59xy+30y^2$

08 (1) 5 (2) 차례로 4,9
(3) 차례로 4,6 (4) 차례로 2,5

소단원 테스트 [1회] 068-069쪽

01 ③	**02** ②	**03** ④	**04** ②	**05** ④
06 ③	**07** ③	**08** ⑤	**09** ③	**10** ①
11 ①	**12** ⑤	**13** ④	**14** ④	**15** ①
16 ②				

01 ① $(x-3y)^2=x^2-6xy+9y^2$
② $(x+4)(x-5)=x^2-x-20$
④ $(5x-3y)(3x+8y)=15x^2+31xy-24y^2$
⑤ $(-x+2y)(x+2y)=-x^2+4y^2$

03 $(x-4)(x-6)=x^2-10x+24$이므로
$A=-10,\ B=24\quad \therefore A+B=14$

04 $(2x-3)(3x+7)=6x^2+5x-21$이므로 x의 계수는 5이다.

05 $(x+y)(x-y)=x^2-y^2$
① $-x^2-2xy-y^2$ ②, ③ y^2-x^2
⑤ $-y^2+2xy-x^2$

06 $(x+1)^2-(x-1)^2=(x^2+2x+1)-(x^2-2x+1)$
$=4x$

07 $(2x+Ay)^2=4x^2+4Axy+A^2y^2$
$=Bx^2-12xy+9y^2$
이므로 $B=4,\ 4A=-12,\ A^2=9$
따라서 $A=-3,\ B=4$이므로
$A+B=1$

08 $(-3a-5b)(-3a+5b)=(-3a)^2-(5b)^2$
$=9a^2-25b^2$

09 ③ $(x-3)(x+2)=x^2-x-6$

10 $(5x-8)(3-y)=-5xy+15x+8y-24$
$=axy+bx+cy-24$
이므로 $a=-5,\ b=15,\ c=8\quad \therefore a+b-c=2$

11 $\left(-\frac{1}{2}x-3y\right)^2=\left\{-\frac{1}{2}(x+6y)\right\}^2=\frac{1}{4}(x+6y)^2$

12 ① -4 ② -8
③ -16 ④ $-\frac{5}{6}$
⑤ -19

13 $\left(x+\frac{1}{4}y\right)\left(x-\frac{1}{2}y\right)=x^2-\frac{1}{4}xy-\frac{1}{8}y^2$
$=x^2+axy+by^2$
이므로 $a=-\frac{1}{4},\ b=-\frac{1}{8}\quad \therefore ab=\frac{1}{32}$

14 $(a-1)(a+1)(a^2+1)(a^4+1)$
$=(a^2-1)(a^2+1)(a^4+1)$
$=(a^4-1)(a^4+1)$
$=a^8-1$
따라서 □ 안에 알맞은 수는 8이다.

15 $(2x+1)(x+2)-(x+1)(x-1)-(x+2)^2$
$=(2x^2+5x+2)-(x^2-1)-(x^2+4x+4)$
$=2x^2+5x+2-x^2+1-x^2-4x-4$
$=x-1$

16 $(a+b)(a-b)=a^2-b^2$

소단원 테스트 [2회] 070-071쪽

01 $ac+3ad+2bc+6bd$

02 $x^4-\frac{1}{16}$ **03** 7 **04** 12 **05** 1

06 33 **07** 2 **08** 7 **09** 2 **10** 23

11 6 **12** 58 **13** -15 **14** 2 **15** 4

16 -22

01 $(a+2b)(c+3d)=ac+3ad+2bc+6bd$

02 $\left(x-\frac{1}{2}\right)\left(x+\frac{1}{2}\right)\left(x^2+\frac{1}{4}\right)=\left(x^2-\frac{1}{4}\right)\left(x^2+\frac{1}{4}\right)$

$=x^4-\frac{1}{16}$

03 xy가 나오는 항만 전개하면

$2x\times4y-y\times x=8xy-xy=7xy$

04 $(ax+2b)^2=a^2x^2+4abx+4b^2$이므로

$a^2=9,\ 4b^2=4$ $\quad\therefore a=3,\ b=1\ (\because a>0,\ b>0)$

따라서 x의 계수는 $4ab=12$

05 $(x+6)(x-7)=x^2-x-42$

$\therefore a=-1$

$\left(x-\frac{2}{3}\right)\left(x+\frac{3}{2}\right)=x^2+\frac{5}{6}x-1$

$\therefore b=-1$

$\therefore ab=(-1)\times(-1)=1$

06 $(x+5y)(Ax+9y)=Ax^2+(5A+9)xy+45y^2$

$=4x^2+Bxy+45y^2$

이므로 $A=4,\ 5A+9=B$

$\therefore A=4,\ B=29$ $\quad\therefore A+B=33$

07 $(7x+a)(5x-2)=35x^2+(5a-14)x-2a$이므로

$5a-14=-2a,\ 7a=14$

$\therefore a=2$

08 $(1-x)(1+x)(1+x^2)(1+x^4)$

$=(1-x^2)(1+x^2)(1+x^4)$

$=(1-x^4)(1+x^4)$

$=1-x^8$

따라서 $a=1,\ b=8$이므로 $b-a=7$

09 $(x+a)^2=x^2+2ax+a^2=x^2-bx+\frac{4}{9}$이므로

$2a=-b,\ a^2=\frac{4}{9}$

$a>0$이므로 $a=\frac{2}{3},\ b=-\frac{4}{3}$

$\therefore a-b=\frac{2}{3}-\left(-\frac{4}{3}\right)=2$

10 $(x+7)(x+a)=x^2+(7+a)x+7a$이므로

$7a=56$ $\quad\therefore a=8$

x의 계수는 $7+a=7+8=15$

따라서 구하는 값은 $8+15=23$

11 $\left(a-\frac{1}{5}x\right)\left(\frac{1}{5}x+a\right)=-\frac{1}{25}x^2+a^2$이므로

$a^2=36$

$\therefore a=6\ (\because a>0)$

12 $(ax+5)(5x+b)=5ax^2+(ab+25)x+5b$이므로

$ab+25=46$ $\quad\therefore ab=21$

따라서 $a=3,\ b=7$ 또는 $a=7,\ b=3$이므로

$a^2+b^2=9+49=58$

13 $(x+4)(x+A)=x^2+(4+A)x+4A$이므로

$4+A=1,\ 4A=B$

$\therefore A=-3,\ B=-12$

$\therefore A+B=-15$

14 $(Ax+1)(x+B)=Ax^2+(AB+1)x+B$

$=-2x^2+Cx-3$

이므로 $A=-2,\ AB+1=C,\ B=-3$

따라서 $A=-2,\ B=-3,\ C=7$이므로

$A+B+C=2$

15 $(2x-1)^2-(2x+1)(2x-3)$

$=(4x^2-4x+1)-(4x^2-4x-3)$

$=4$

16 $(3x+a)(2x+5)=6x^2+(2a+15)x+5a$이므로

$2a+15=7,\ 2a=-8$ $\quad\therefore a=-4$

바르게 계산하면

$(3x-4)(5x+2)=15x^2-14x-8$

따라서 x의 계수는 -14, 상수항은 -8이므로

그 합은 -22이다.

02. 곱셈공식의 활용

소단원 집중 연습 072-073쪽

01 (1) 10609 (2) 2401 (3) 50.41
(4) 96.04 (5) 9996 (6) 9975
(7) 8.99 (8) 2652 (9) 38.43

02 (1) $5+2\sqrt{6}$ (2) $9+4\sqrt{5}$
(3) $9-2\sqrt{14}$ (4) $33-12\sqrt{6}$
(5) 2 (6) 7 (7) 11
(8) 1 (9) 17

03 (1) $2+\sqrt{3}$ (2) $3-2\sqrt{2}$
(3) $\sqrt{15}-2\sqrt{3}$ (4) $\sqrt{26}+2\sqrt{6}$
(5) $3+2\sqrt{2}$ (6) $3-2\sqrt{2}$
(7) $7+5\sqrt{2}$ (8) $31+8\sqrt{15}$

04 (1) 19 (2) 14 (3) 45 (4) 21
(5) 20 (6) 44 (7) 61 (8) 8

소단원 테스트 [1회]				074-075쪽
01 ④	02 ③	03 ③	04 ①	05 ⑤
06 ④	07 ②	08 ③	09 ⑤	10 ④
11 ②	12 ⑤	13 ④	14 ①	15 ③
16 ⑤				

01 $202\times203=(200+2)(200+3)$이므로
$(x+a)(x+b)=x^2+(a+b)x+ab$를 이용하는 것이 가장 편리하다.

02 $(\sqrt{3}+\sqrt{2})^2+(\sqrt{3}-\sqrt{2})^2-(\sqrt{3}+\sqrt{2})(\sqrt{3}-\sqrt{2})$
$=(5+2\sqrt{6})+(5-2\sqrt{6})-1$
$=9$

03 $\dfrac{\sqrt{3}}{\sqrt{6}-\sqrt{2}}-\dfrac{\sqrt{3}}{\sqrt{2}+\sqrt{6}}$
$=\dfrac{\sqrt{3}(\sqrt{6}+\sqrt{2})}{4}-\dfrac{\sqrt{3}(\sqrt{6}-\sqrt{2})}{4}$
$=\dfrac{\sqrt{6}}{2}$

04 $(x+y)^2=(x-y)^2+4xy$이므로
$(-3)^2=1+4xy$, $4xy=8$
$\therefore xy=2$

05 $y+1=A$로 놓으면
$(-2x+y+1)(-2x-y-1)$
$=(-2x+A)(-2x-A)$
$=4x^2-A^2$
$=4x^2-(y+1)^2$
$=4x^2-(y^2+2y+1)$
$=4x^2-y^2-2y-1$

06 $\dfrac{\sqrt{3}-1}{\sqrt{3}+1}=\dfrac{(\sqrt{3}-1)^2}{2}=\dfrac{4-2\sqrt{3}}{2}=2-\sqrt{3}$
따라서 $a=2$, $b=-1$이므로
$a+b=2+(-1)=1$

07 $a^2+\dfrac{1}{a^2}=\left(a+\dfrac{1}{a}\right)^2-2\times a\times\dfrac{1}{a}$
$=25-2$
$=23$

08 $x(x+1)(x+2)(x+3)=x(x+3)(x+1)(x+2)$
$=(x^2+3x)(x^2+3x+2)$
$x^2+3x=A$로 놓으면
$(x^2+3x)(x^2+3x+2)=A(A+2)$
$=A^2+2A$
$=(x^2+3x)^2+2(x^2+3x)$
$=x^4+6x^3+11x^2+6x$
따라서 $a=6$, $b=11$이므로
$a+b=17$

09 $\dfrac{x^2+1}{x}=\dfrac{x^2}{x}+\dfrac{1}{x}=x+\dfrac{1}{x}$
$=3-2\sqrt{2}+\dfrac{1}{3-2\sqrt{2}}$
$=3-2\sqrt{2}+\dfrac{3+2\sqrt{2}}{(3-2\sqrt{2})(3+2\sqrt{2})}$
$=3-2\sqrt{2}+3+2\sqrt{2}=6$

10 $a^2+b^2=(a-b)^2+2ab$이므로
$8=2^2+2ab$, $2ab=4$
$\therefore ab=2$
$\therefore \dfrac{b}{a}+\dfrac{a}{b}=\dfrac{a^2+b^2}{ab}=\dfrac{8}{2}=4$

11 $\left(x-\dfrac{1}{x}\right)^2=\left(x+\dfrac{1}{x}\right)^2-4\times x\times\dfrac{1}{x}$
$=6^2-4=32$

12 ① $x^2=(1+\sqrt{3})^2=4+2\sqrt{3}$
② $\dfrac{y}{x}=\dfrac{1-\sqrt{3}}{1+\sqrt{3}}=\dfrac{(1-\sqrt{3})(1-\sqrt{3})}{(1+\sqrt{3})(1-\sqrt{3})}=-2+\sqrt{3}$
③ $\dfrac{x}{y}=\dfrac{1+\sqrt{3}}{1-\sqrt{3}}=\dfrac{(1+\sqrt{3})(1+\sqrt{3})}{(1-\sqrt{3})(1+\sqrt{3})}=-2-\sqrt{3}$
④ $xy=(1+\sqrt{3})(1-\sqrt{3})=-2$
⑤ $x^2+y^2=(x+y)^2-2xy=2^2-2\times(-2)=8$

13 $x=\dfrac{\sqrt{3}+\sqrt{2}}{\sqrt{3}-\sqrt{2}}=\dfrac{(\sqrt{3}+\sqrt{2})^2}{(\sqrt{3}-\sqrt{2})(\sqrt{3}+\sqrt{2})}=5+2\sqrt{6}$
$y=\dfrac{\sqrt{3}-\sqrt{2}}{\sqrt{3}+\sqrt{2}}=\dfrac{(\sqrt{3}-\sqrt{2})^2}{(\sqrt{3}+\sqrt{2})(\sqrt{3}-\sqrt{2})}=5-2\sqrt{6}$
$\therefore x-y=(5+2\sqrt{6})-(5-2\sqrt{6})=4\sqrt{6}$

14 $\dfrac{4}{\sqrt{5}+\sqrt{3}}-\dfrac{2}{\sqrt{5}-\sqrt{3}}$
$=\dfrac{4(\sqrt{5}-\sqrt{3})-2(\sqrt{5}+\sqrt{3})}{(\sqrt{5}+\sqrt{3})(\sqrt{5}-\sqrt{3})}$
$=2(\sqrt{5}-\sqrt{3})-(\sqrt{5}+\sqrt{3})$
$=2\sqrt{5}-2\sqrt{3}-\sqrt{5}-\sqrt{3}$
$=-3\sqrt{3}+\sqrt{5}$
따라서 $a=-3$, $b=1$이므로
$a-b=-3-1=-4$

15 $(a+2b)(a-b)=a^2+ab-2b^2$

16 $2x+1=A$로 놓으면
$(2x+1+\sqrt{3})(2x+1-\sqrt{3})=(A+\sqrt{3})(A-\sqrt{3})$
$=A^2-3$
$=(2x+1)^2-3$
$=4x^2+4x-2$
따라서 $a=4$, $b=-2$이므로
$a-b=4-(-2)=6$

소단원 테스트 [2회]			076-077쪽
01 $-11+4\sqrt{7}$	**02** 10	**03** 49	
04 ㄷ, ㄹ	**05** 79		
06 $1-x^2+2xy-y^2$	**07** 1	**08** -1	
09 x^4-13x^2+36	**10** $2\sqrt{2}$	**11** $\frac{4}{3}$	**12** 34
13 22	**14** $6x^2+24x+22$	**15** $15a^2+11a+2$	
16 62			

01 $(\sqrt{7}-2)^2(2-\sqrt{5})(2+\sqrt{5})$
$=(\sqrt{7}-2)^2\{(2-\sqrt{5})(2+\sqrt{5})\}$
$=(\sqrt{7}-2)^2(4-5)$
$=(7-4\sqrt{7}+4)\times(-1)$
$=-11+4\sqrt{7}$

02 $\frac{1-\sqrt{3}}{2+\sqrt{3}}+\frac{1+\sqrt{3}}{2-\sqrt{3}}$
$=\frac{(1-\sqrt{3})(2-\sqrt{3})+(1+\sqrt{3})(2+\sqrt{3})}{(2+\sqrt{3})(2-\sqrt{3})}$
$=\frac{2-\sqrt{3}-2\sqrt{3}+3+2+\sqrt{3}+2\sqrt{3}+3}{4-3}$
$=10$

03 $x=5\sqrt{2}-3$에서 $x+3=5\sqrt{2}$의 양변을 제곱하면
$x^2+6x+9=50$ $\quad\therefore x^2+6x=41$
$\therefore (x+2)(x+4)=x^2+6x+8=41+8=49$

04 ㄱ. $1.01^2=(1+0.01)^2$
ㄴ. $91\times94=(90+1)(90+4)$
ㄷ. $4.98\times5.02=(5-0.02)(5+0.02)$
ㄹ. $67\times73=(70-3)(70+3)$

05 $a^2+\frac{1}{a^2}=\left(a+\frac{1}{a}\right)^2-2\times a\times\frac{1}{a}$
$=9^2-2=79$

06 $(1+x-y)(1-x+y)=\{1+(x-y)\}\{1-(x-y)\}$
이므로 $x-y=A$로 놓으면
$\{1+(x-y)\}\{1-(x-y)\}=(1+A)(1-A)$
$=1-A^2$
$=1-(x-y)^2$
$=1-x^2+2xy-y^2$

07 $x^2+y^2=(x+y)^2-2xy$이므로
$24=6^2-2xy$ $\quad\therefore xy=6$
$\therefore \frac{1}{x}+\frac{1}{y}=\frac{x+y}{xy}=\frac{6}{6}=1$

08 $(3-1)(3+1)(3^2+1)(3^4+1)$
$=(3^2-1)(3^2+1)(3^4+1)$
$=(3^4-1)(3^4+1)=3^8-1$
$\therefore a=-1$

09 $(x+2)(x+3)(x-2)(x-3)$
$=\{(x+2)(x-2)\}\{(x+3)(x-3)\}$
$=(x^2-4)(x^2-9)$
$=x^4-13x^2+36$

10 $x=\frac{1}{2\sqrt{2}+\sqrt{6}}=\frac{2\sqrt{2}-\sqrt{6}}{2}$
$y=\frac{1}{2\sqrt{2}-\sqrt{6}}=\frac{2\sqrt{2}+\sqrt{6}}{2}$
$\therefore x+y=\frac{2\sqrt{2}-\sqrt{6}}{2}+\frac{2\sqrt{2}+\sqrt{6}}{2}=2\sqrt{2}$

11 $(2\sqrt{3}+3)(a\sqrt{3}-2)=6a-4\sqrt{3}+3a\sqrt{3}-6$
$=6a-6+(3a-4)\sqrt{3}$
이 수가 유리수가 되려면 $3a-4=0$
$\therefore a=\frac{4}{3}$

12 $a^2+\frac{1}{a^2}=\left(a-\frac{1}{a}\right)^2+2\times a\times\frac{1}{a}=2^2+2=6$
이므로
$a^4+\frac{1}{a^4}=\left(a^2+\frac{1}{a^2}\right)^2-2\times a^2\times\frac{1}{a^2}=6^2-2=34$

13 $3x+2=A$로 놓으면
$(3x+2-\sqrt{3})(3x+2+\sqrt{3})=(A-\sqrt{3})(A+\sqrt{3})$
$=A^2-3$
$=(3x+2)^2-3$
$=9x^2+12x+1$
따라서 $a=9$, $b=12$, $c=1$이므로
$a+b+c=22$

14 (겉넓이)
$=2\{(x+1)(x+2)+(x+2)(x+3)+(x+1)(x+3)\}$
$=2(x^2+3x+2+x^2+5x+6+x^2+4x+3)$
$=2(3x^2+12x+11)$
$=6x^2+24x+22$

15 $(5a+4-2)(3a+5-4)=(5a+2)(3a+1)$
$=15a^2+11a+2$

16 $x^2-8x+1=0$의 양변을 x로 나누면
$x-8+\frac{1}{x}=0$
$\therefore x+\frac{1}{x}=8$
$\therefore x^2+\frac{1}{x^2}=\left(x+\frac{1}{x}\right)^2-2\times x\times\frac{1}{x}$
$=8^2-2=62$

03. 인수분해

소단원 집중 연습 078-079쪽

01 (1) x, y, y^2, xy (2) $a+2$, $a+4$
(3) 2, a, ab, $b(a-5b)$

02 (1) a^2+ab (2) $4a^2+20a+25$
(3) $9x^2-4$ (4) $4x^2-16x-9$

03 (1) $x(x-y)$ (2) $a^2(a-5)$
(3) $2ab(a+2b)$ (4) $2x(2x-y-4)$

04 (1) $(x-2)^2$ (2) $(x-7)^2$
(3) $\left(x+\frac{1}{2}\right)^2$ (4) $(3x-1)^2$
(5) $3(x-6y)^2$

05 (1) 16 (2) 81 (3) ±16 (4) ±10

06 (1) $(x+2)(x-2)$ (2) $(8+x)(8-x)$
(3) $(x+4y)(x-4y)$ (4) $5(x+3)(x-3)$

07 (1) $(x+1)(x+3)$ (2) $(x-2)(x+4)$
(3) $(x-3y)(x+4y)$ (4) $3(x+3)(x-5)$

08 (1) $(x-2)(3x+1)$ (2) $(2x+1)(4x+3)$
(3) $(2x-3y)(3x+4y)$ (4) $2(2x-1)(3x-1)$

소단원 테스트 [1회] 080-081쪽

01 ② **02** ③ **03** ④ **04** ②
05 ①, ④ **06** ④ **07** ③ **08** ④ **09** ④
10 ③ **11** ② **12** ③ **13** ④ **14** ③
15 ④ **16** ③

01 $2ax-4ay=2a(x-2y)$이므로 4는 인수가 아니다.

02 $y(x-1)+3(x-1)=(x-1)(y+3)$

03 $4x^2-5x-6=(x-2)(4x+3)$

04 $(x-3)(x+1)+a=x^2-2x-3+a$가 완전제곱식이 되어야 하므로 $-3+a=1$
$\therefore a=4$

05 $16x^2+(7k-2)x+25=(4x\pm5)^2$이 되어야 하므로
$7k-2=\pm40$에서 $7k=42$ 또는 $7k=-38$
$\therefore k=6$ 또는 $k=-\frac{38}{7}$

06 $a^2x-b^2x=x(a+b)(a-b)$이므로 a^2x는 인수가 아니다.

07 $-5<a<2$일 때, $-7<a-2<0$, $0<a+5<7$
$\therefore \sqrt{a^2-4a+4}-\sqrt{a^2+10a+25}$
$=\sqrt{(a-2)^2}-\sqrt{(a+5)^2}$
$=-a+2-(a+5)=-2a-3$

08 $3x^2y^2-6x^2y-9x^2=3x^2(y^2-2y-3)$
$=3x^2(y+1)(y-3)$

09 $x^2+6x+a=(x+2)(x+b)$라 하면
$6=2+b$, $a=2b$에서 $b=4$, $a=8$

10 ① $(x+2)(x-2)$ ② $(x+1)(x+2)$
③ $(x-2)(x+3)$ ④ $(x+2)(2x-1)$
⑤ $(x+2)(3x+1)$
따라서 $x+2$를 공통인수로 갖지 않는 것은
③ x^2+x-6이다.

11 ② $2x^2+4x=2x(x+2)$

12 ① $(x+y)^2=x^2+2xy+y^2$
② $(x-y)^2=x^2-2xy+y^2$
④ $(-x-y)^2=(x+y)^2$
⑤ $-(x+y)^2=-(-x-y)^2$

13 $x+2=A$, $x-1=B$라 하면
(주어진 식)$=A^2-B^2=(A+B)(A-B)$
$=(x+2+x-1)(x+2-x+1)$
$=3(2x+1)$

14 $x^2-6x+a=(x-3)^2$에서
$a=(-3)^2=9$, $b=-3$
$\therefore a+b=6$

15 $-\frac{1}{36}x^2+\frac{25}{4}y^2=-\left\{\left(\frac{1}{6}x\right)^2-\left(\frac{5}{2}y\right)^2\right\}$
$=-\left(\frac{1}{6}x+\frac{5}{2}y\right)\left(\frac{1}{6}x-\frac{5}{2}y\right)$

16 $x^2-3x-18=(x-6)(x+3)$
$3x^2+7x-6=(3x-2)(x+3)$
따라서 공통인수는 $x+3$이다.

소단원 테스트 [2회] 082-083쪽

01 21 **02** $x-2y$ **03** ㄱ, ㄷ, ㄹ **04** 6개
05 10 **06** $(x-1)(y+1)$ **07** $2a$
08 ㄱ, ㄷ **09** $x-1$ **10** 6 **11** $3x-6$ **12** 5
13 3, -2 **14** $x-1$ **15** $2x+2$ **16** 1

01 $ax^2+24x+b=(3x+c)^2$이므로
$a=9$, $2\times3\times c=24$ $\therefore c=4$
$b=c^2=4^2=16$
$\therefore a+b-c=9+16-4=21$

02 $x^2-2xy=x(x-2y)$

$xy-2y^2=y(x-2y)$

따라서 공통인수는 $x-2y$이다.

03 ㄱ. $\left(\frac{A}{2}\right)^2=36$이 되어야 하므로 $A^2=144$

$\therefore A=\pm 12$

ㄴ. $B=\left(\frac{6}{2}\right)^2=9$

ㄷ. $Cx^2+54xy+81y^2=(3x+9y)^2$ $\quad \therefore C=3^2=9$

ㄹ. $(x-2)(x+6)+D=x^2+4x+(-12+D)$에서

$\left(\frac{4}{2}\right)^2=-12+D$ $\quad \therefore D=16$

04 $x^2+Ax+18=(x+m)(x+n)$으로 인수분해될 때

$A=m+n$, $mn=18$

(i) $m=1$, $n=18$이면 $A=19$

(ii) $m=-1$, $n=-18$이면 $A=-19$

(iii) $m=2$, $n=9$이면 $A=11$

(iv) $m=-2$, $n=-9$이면 $A=-11$

(v) $m=3$, $n=6$이면 $A=9$

(vi) $m=-3$, $n=-6$이면 $A=-9$

따라서 A의 값의 개수는 6개이다.

05 $25x^2-49=(5x)^2-7^2=(5x-7)(5x+7)$

$\therefore a+b+c+d=5+(-7)+5+7=10$

06 $xy+x-y-1=x(y+1)-(y+1)$

$=(x-1)(y+1)$

07 $-1<a<0$이므로 $a-\frac{1}{a}>0$, $a+\frac{1}{a}<0$

$\therefore \sqrt{\left(a+\frac{1}{a}\right)^2-4}-\sqrt{\left(a-\frac{1}{a}\right)^2+4}$

$=\sqrt{\left(a-\frac{1}{a}\right)^2}-\sqrt{\left(a+\frac{1}{a}\right)^2}$

$=a-\frac{1}{a}+a+\frac{1}{a}=2a$

08 ㄴ. $x^2-9y^2=(x+3y)(x-3y)$

ㄹ. $5x^2-2x-3=(5x+3)(x-1)$

ㅁ. $4x^2-20xy+25y^2=(2x-5y)^2$

09 (주어진 식)

$=\frac{(x+1)(x-1)}{x+4}\times\frac{(x+4)(x-2)}{(x+1)(x+3)}\times\frac{(x+3)(x-1)}{(x-1)(x-2)}$

$=x-1$

10 $ax^2+bx-15=(x-3)(2x+c)$

$=2x^2+(c-6)x-3c$

즉, $a=2$, $b=c-6$, $-15=-3c$이므로

$a=2$, $c=5$, $b=-1$

$\therefore a+b+c=6$

11 $2x-3>0$, $x-3<0$이므로

$\sqrt{4x^2-12x+9}-\sqrt{x^2-6x+9}$

$=\sqrt{(2x-3)^2}-\sqrt{(x-3)^2}$

$=2x-3+x-3=3x-6$

12 $2x^2+bx-3=(x+3)(2x+a)$라 하면

$2x^2+bx-3=2x^2+(a+6)x+3a$

즉, $3a=-3$에서 $a=-1$

$\therefore b=a+6=5$

13 $x^2+(4k-2)x+25=(x\pm 5)^2$에서

$4k-2=\pm 10$

$4k=12$ 또는 $4k=-8$

$\therefore k=3$ 또는 $k=-2$

14 $x^2-4x+3=(x-1)(x-3)$

$2x^2-5x+3=(2x-3)(x-1)$

따라서 공통인수는 $x-1$이다.

15 $x^2+2x-3=(x-1)(x+3)$이므로

두 일차식은 $x-1$, $x+3$이다.

따라서 두 일차식의 합은

$(x-1)+(x+3)=2x+2$

16 $x^2+Ax-21=(x-3)(x+p)$에서

$-3p=-21$ $\quad \therefore p=7$

$\therefore A=7+(-3)=4$

$2x^2-5x+B=(x-3)(2x+q)$에서

$q-6=-5$ $\quad \therefore q=1$

$\therefore B=-3\times 1=-3$

$\therefore A+B=4+(-3)=1$

04. 인수분해의 활용

소단원 집중 연습 084-085쪽

01 (1) $(a+1)(a-7)$

(2) $(x-2y+3)(x-2y-2)$

(3) $(x+4)^2$

(4) $(a+4)^2$

(5) $(a+b-3)^2$

(6) $(x+y-1)(x+y-2)$

(7) $(2a-2b-1)(a-b-2)$

(8) $x(x+6)$

(9) $(a+2b-1)(a+2b-3)$

02 (1) $(x+2)(y-2)$

(2) $(a+b)(a-c)$

(3) $(a+b)(a-b+c)$

(4) $(x-y+4)(x-y-4)$

(5) $(x-1)(y-1)$

(6) $(a-b)(x+y)$

(7) $(a+c)(b-a)$

(8) $(x+y)(x-y+1)$

(9) $(x+y+3)(x+y-3)$

03 (1) 190 (2) 530 (3) 400 (4) 100

(5) 399 (6) 10000 (7) 4000 (8) 5000

04 (1) 10000 (2) 10000 (3) 190 (4) $\sqrt{2}$

(5) $\sqrt{3}$ (6) 2 (7) 5 (8) $16\sqrt{2}$

소단원 테스트 [1회]

086-087쪽

01 ③	**02** ④	**03** ⑤	**04** ③	**05** ①
06 ⑤	**07** ①	**08** ③	**09** ③	**10** ③
11 ②	**12** ②	**13** ⑤	**14** ①	**15** ④
16 ③				

01 $a^4-81=(a^2)^2-9^2$
$=(a^2+9)(a^2-9)$
$=(a^2+9)(a+3)(a-3)$

02 ④ $a^2-2ab+4b-2a=a(a-2b)-2(a-2b)$
$=(a-2b)(a-2)$

03 $x^2-yz+xy-xz=(x^2-xz)+(xy-yz)$
$=x(x-z)+y(x-z)$
$=(x-z)(x+y)$

따라서 두 일차식의 합은
$(x-z)+(x+y)=2x+y-z$

04 ① $(95+5)^2=100^2$

② $(31.5-1.5)^2=30^2$

④ $2020(2020+2)+1=2020^2+2\times2020+1$
$=(2020+1)^2=2021^2$

⑤ $(200-3)^2=197^2$

05 $4.15\times53^2-4.15\times47^2$
$=4.15(53^2-47^2)$ …… ㄱ
$=4.15(53+47)(53-47)$ …… ㄴ

06 A는 x의 계수를 잘못 보았으므로
어떤 이차식의 상수항은 -28이고,
B는 상수항을 잘못 보았으므로
어떤 이차식의 일차항의 계수는 -3이다.
따라서 이차식은 $x^2-3x-28$이므로 인수분해하면
$(x+4)(x-7)$

07 $2x-3=A$로 놓으면
$2(2x-3)^2-5(3-2x)-12$
$=2A^2+5A-12$
$=(A+4)(2A-3)$
$=(2x-3+4)\{2(2x-3)-3\}$
$=(2x+1)(4x-6-3)$
$=(2x+1)(4x-9)$

08 ㄱ. $2x^2-x-1=(2x+1)(x-1)$

ㄴ. x^2-12는 인수분해할 수 없다.

ㄷ. $xy-y+3x-3=y(x-1)+3(x-1)$
$=(x-1)(y+3)$

ㄹ. x^2-5x-4는 인수분해할 수 없다.

ㅁ. $6xy+1-9x^2-y^2=1-(9x^2-6xy+y^2)$
$=1-(3x-y)^2$
$=(1+3x-y)(1-3x+y)$

ㅂ. $x^2y^2-x^2-y^2+1=x^2(y^2-1)-(y^2-1)$
$=(x^2-1)(y^2-1)$
$=(x+1)(x-1)(y+1)(y-1)$

09 도형 (가)의 넓이는
$(2x+4)^2-3^2=\{(2x+4)+3\}\{(2x+4)-3\}$
$=(2x+7)(2x+1)$
도형 (가), (나)의 넓이가 같고, 도형 (나)의 세로의 길이가 $2x+1$이므로 도형 (나)의 가로의 길이는 $2x+7$이다.

10 $3<\sqrt{10}<4$이므로 $2<\sqrt{10}-1<3$
즉, $\sqrt{10}-1$의 정수 부분은 2,
소수 부분은 $x=(\sqrt{10}-1)-2=\sqrt{10}-3$
$\therefore (x-1)^2+8(x-1)+16=\{(x-1)+4\}^2$
$=(x+3)^2$
$=(\sqrt{10}-3+3)^2$
$=(\sqrt{10})^2=10$

11 $a^2-2ab+4b-2a=a(a-2b)-2(a-2b)$
$=(a-2)(a-2b)$
따라서 인수인 것은 ② $a-2b$이다.

12 $a^2+b^2-2ab-8a+8b=(a-b)^2-8(a-b)$
$=(a-b)(a-b-8)$
$=12\times4=48$

13 $x-3y=t$로 놓으면
$(x-3y)(x-3y-1)-6$
$=t(t-1)-6=t^2-t-6$
$=(t+2)(t-3)=(x-3y+2)(x-3y-3)$
$\therefore |A-B|=|(x-3y+2)-(x-3y-3)|=5$

14 $x=\dfrac{1}{\sqrt{5}+2}=\sqrt{5}-2$, $y=\dfrac{1}{\sqrt{5}-2}=\sqrt{5}+2$
$\therefore x^2-y^2=(x+y)(x-y)=2\sqrt{5}\times(-4)=-8\sqrt{5}$

15 a^3-a^2-4a+4
$=a^2(a-1)-4(a-1)$
$=(a-1)(a^2-4)$
$=(a-1)(a+2)(a-2)$
$=\{-(1-a)\}(a+2)\{-(2-a)\}$
$=(1-a)(a+2)(2-a)$

16 정사각형의 넓이는 $4a^2+4ab+b^2$이므로
$4a^2+4ab+b^2=(2a+b)^2$
따라서 정사각형의 한 변의 길이는 $2a+b$이다.

소단원 테스트 [2회] 088-089쪽

01 9 **02** $-\frac{1}{5}$ **03** 156 **04** $2x+2y$
05 $3x+2$ **06** $2a-6$ **07** $(x-4)(2x-3)$
08 $8x-11$ **09** -3 **10** 10000
11 $6x-8$ **12** $\frac{21}{40}$ **13** $a=12$, $b=8$ **14** 2022
15 6 **16** $4\sqrt{5}$

01 $x^2+2xy+y^2+2x+2y+1$
$=(x+y)^2+2(x+y)+1=(x+y+1)^2$
$x+y=2$를 대입하면 $(x+y+1)^2=(2+1)^2=9$

02 $x^2+4xy+3y^2+x+3y=(x+3y)(x+y)+(x+3y)$
$=(x+3y)(x+y+1)$
$\therefore$ (주어진 식)$=\frac{x+y+1}{(x+3y)(x+y+1)}=\frac{1}{x+3y}$
$=\frac{1}{(4-3\sqrt{2})+3(\sqrt{2}-3)}=-\frac{1}{5}$

03 $\frac{24^2-22^2+20^2-18^2+\cdots+8^2-6^2+4^2-2^2}{2}$
$=\frac{1}{2}\{(24+22)(24-22)+(20+18)(20-18)+\cdots$
$+(8+6)(8-6)+(4+2)(4-2)\}$
$=\frac{1}{2}\times2\times(24+22+20+18+\cdots+8+6+4+2)$
$=24+22+20+18+\cdots+8+6+4+2=156$

04 $x^2+y^2-z^2+2xy=(x^2+2xy+y^2)-z^2$
$=(x+y)^2-z^2$
$=(x+y+z)(x+y-z)$
$\therefore$ (두 일차식의 합)$=(x+y+z)+(x+y-z)$
$=2x+2y$

05 주어진 그림의 직사각형의 넓이의 합을 구해 보면
$2x^2+3x+1$
이를 인수분해하면 $(x+1)(2x+1)$
따라서 직사각형의 가로와 세로의 길이는 각각
$x+1$, $2x+1$이므로 합은
$(x+1)+(2x+1)=3x+2$

06 $a^2-b^2-4c^2-6a+4bc+9$
$=(a^2-6a+9)-(b^2-4bc+4c^2)$
$=(a-3)^2-(b-2c)^2$
$=(a+b-2c-3)(a-b+2c-3)$
따라서 두 다항식의 합은 $2a-6$이다.

07 $(2x-9)(x-1)=2x^2-11x+9$
이 식이 어떤 이차식의 상수항보다 3만큼 작으므로
처음 이차식은
$(2x^2-11x+9)+3=2x^2-11x+12$
$=(x-4)(2x-3)$

08 (평행사변형의 넓이)$=$(밑변의 길이)$\times$(높이)이므로
$64x^2-121=(8x+11)(8x-11)$
따라서 평행사변형의 높이는 $8x-11$이다.

09 $(x-2)(x-1)(x+4)(x+5)+9$
$=(x-2)(x+5)(x-1)(x+4)+9$
$=(x^2+3x-10)(x^2+3x-4)+9$
$x^2+3x=A$로 놓으면
$(A-10)(A-4)+9$
$=A^2-14A+40+9$
$=A^2-14A+49$
$=(A-7)^2=(x^2+3x-7)^2$
따라서 $a=1$, $b=3$, $c=-7$이므로 $a+b+c=-3$

10 $x^2-2xy+y^2=(x-y)^2=(111-11)^2$
$=100^2=10000$

11 A: $(3x+4)(3x-5)=9x^2-3x-20$
B: $(3x-4)^2=9x^2-24x+16$
A는 일차항의 계수를 잘못 보았고 B는 상수항을 잘못 보았으므로 처음 이차식은 $9x^2-24x-20$
즉, $9x^2-24x-20=(3x-10)(3x+2)$이므로
두 일차식의 합은 $(3x-10)+(3x+2)=6x-8$

12 $\left(1-\frac{1}{2^2}\right)\left(1-\frac{1}{3^2}\right)\times\cdots\times\left(1-\frac{1}{19^2}\right)\left(1-\frac{1}{20^2}\right)$
$=\left(1-\frac{1}{2}\right)\left(1+\frac{1}{2}\right)\left(1-\frac{1}{3}\right)\left(1+\frac{1}{3}\right)$
$\times\cdots\times\left(1-\frac{1}{19}\right)\left(1+\frac{1}{19}\right)\left(1-\frac{1}{20}\right)\left(1+\frac{1}{20}\right)$
$=\frac{1}{2}\times\frac{3}{2}\times\frac{2}{3}\times\frac{4}{3}\times\cdots\times\frac{18}{19}\times\frac{20}{19}\times\frac{19}{20}\times\frac{21}{20}$
$=\frac{1}{2}\times\frac{21}{20}=\frac{21}{40}$

13 $4a+4b=80$이므로
$a+b=20$ …… ㉠
$a^2-b^2=80$이므로 $(a+b)(a-b)=80$
$20(a-b)=80$
$\therefore a-b=4$ …… ㉡
㉠, ㉡을 연립하여 풀면 $a=12$, $b=8$

14 $2021\times2023+1=(2022-1)(2022+1)+1$

$=2022^2-1+1=2022^2$

따라서 어떤 자연수는 2022이다.

15 $x^2+x-6=0$에서 $x^2+x=6$

$\therefore \frac{x^3+x^2-6}{x-1}=\frac{x(x^2+x)-6}{x-1}=\frac{6x-6}{x-1}$

$=\frac{6(x-1)}{x-1}=6$

16 $x=\frac{2}{\sqrt{5}-\sqrt{3}}=\frac{2(\sqrt{5}+\sqrt{3})}{(\sqrt{5}-\sqrt{3})(\sqrt{5}+\sqrt{3})}=\sqrt{5}+\sqrt{3}$

$y=\frac{2}{\sqrt{5}+\sqrt{3}}=\frac{2(\sqrt{5}-\sqrt{3})}{(\sqrt{5}+\sqrt{3})(\sqrt{5}-\sqrt{3})}=\sqrt{5}-\sqrt{3}$

이므로

$x+y=\sqrt{5}+\sqrt{3}+\sqrt{5}-\sqrt{3}=2\sqrt{5}$

$xy=(\sqrt{5}+\sqrt{3})(\sqrt{5}-\sqrt{3})=5-3=2$

$\therefore x^2y+xy^2=xy(x+y)=2\times2\sqrt{5}=4\sqrt{5}$

중단원 테스트 [1회] 090-095쪽

01 ③	**02** ③	**03** ⑤	**04** ④	**05** ④
06 ①	**07** 72	**08** ①	**09** ③	**10** ②
11 ①	**12** ④	**13** ②	**14** ③	**15** -9
16 19	**17** ④	**18** $-\sqrt{2}+\sqrt{7}$		**19** 3
20 ③	**21** 40	**22** ④	**23** ④	**24** ②
25 ①	**26** ④	**27** ②	**28** $3a(a+2)$	
29 ③	**30** 4	**31** 26	**32** ⑤	**33** ③
34 ①	**35** ③	**36** ⑤	**37** ⑤	**38** ③
39 6	**40** ⑤	**41** ③	**42** 35	**43** 6
44 16	**45** ③	**46** $\frac{25}{4}$		
47 $(4x+1)(x-5)$	**48** ③			

01 $2(x+4)(x-3)-(x-2)^2$

$=2(x^2+x-12)-(x^2-4x+4)$

$=x^2+6x-28$

이므로 일차항의 계수는 6이다.

02 ① $(2x-3y)^2=4x^2-12xy+9y^2$

② $(x+3)(x-2)=x^2+x-6$

④ $(2x-1)(x+1)=2x^2+x-1$

⑤ $(2x+1)(2x-1)=4x^2-1$

03 $x^2+\frac{1}{x^2}=\left(x+\frac{1}{x}\right)^2-2\times x\times\frac{1}{x}=2^2-2=2$

04 $(3x-5)(x+1)=3x^2-2x-5$ $\quad\therefore A=-2$

$(3x+2)(3x-2)=9x^2-4$ $\quad\therefore B=-4$

$\therefore A-B=-2-(-4)=2$

05 $-3a^2b^2+9ab^3=-3ab^2(a-3b)$이므로 공통인수가 아닌 것은 ④ $3a^2b$이다.

06 $x^2-4=(x+2)(x-2)$

$x^2-2x-8=(x+2)(x-4)$

따라서 공통인수는 $x+2$이다.

07 $2x^2-4xy+2y^2=2(x^2-2xy+y^2)=2(x-y)^2$

$=2(9.98-3.98)^2=2\times6^2=72$

08 $x-y=(2+\sqrt{2})-(2-\sqrt{2})=2\sqrt{2}$

$x+y=(2+\sqrt{2})+(2-\sqrt{2})=4$

$\therefore x^2-2xy+y^2-2x-2y$

$=(x-y)^2-2(x+y)$

$=(2\sqrt{2})^2-2\times4=8-8=0$

09 ③ $\frac{\sqrt{2}}{\sqrt{5}-2}=\frac{\sqrt{2}(\sqrt{5}+2)}{(\sqrt{5}-2)(\sqrt{5}+2)}=\sqrt{10}+2\sqrt{2}$

10 $x=\frac{1}{3-\sqrt{8}}=3+\sqrt{8}=3+2\sqrt{2}$에서

$x-3=2\sqrt{2}$, $(x-3)^2=8$

$x^2-6x+9=8$ $\quad\therefore x^2-6x=-1$

$\therefore x^2-6x+3=-1+3=2$

11 $(x-5y)(3x+4y)=3x^2-11xy-20y^2$이므로

$A=3$, $B=-20$ $\quad\therefore A+B=3+(-20)=-17$

12 ① $\sqrt{3}x=\sqrt{3}(\sqrt{3}+2)=3+2\sqrt{3}$

② $\frac{1}{x}=\frac{1}{\sqrt{3}+2}=-(\sqrt{3}-2)=2-\sqrt{3}$

③ $x^2=(\sqrt{3}+2)^2=7+4\sqrt{3}$

④ $x+\frac{1}{x}=(\sqrt{3}+2)+\frac{1}{\sqrt{3}+2}$

$=\sqrt{3}+2-(\sqrt{3}-2)=4$

⑤ $x^2-3x=(\sqrt{3}+2)^2-3(\sqrt{3}+2)$

$=7+4\sqrt{3}-3\sqrt{3}-6=1+\sqrt{3}$

13 ② $4x^2+4xy+y^2=(2x+y)^2$

14 $25x^2-Ax+4$가 $(5x-B)^2$으로 인수분해되므로

$B^2=4$ $\quad\therefore B=2\ (\because B>0)$

$A=10B=20$

$\therefore A+B=20+2=22$

15 $3x^2+ax-6=(x-3)(3x+p)$라 하면

$a=-9+p$, $-6=-3p$

$\therefore p=2$, $a=-7$

$x^2+bx-3=(x-3)(x+q)$라 하면

$b=-3+q$, $-3=-3q$

$\therefore q=1$, $b=-2$

$\therefore a+b=-7+(-2)=-9$

16 $x^2-100=(x+10)(x-10)$이므로 $a=10$

$2x^2-5x-7=(x+1)(2x-7)$이므로 $b=2$, $c=7$

$\therefore a+b+c=10+2+7=19$

17 ① $99^2=(100-1)^2$
② $102^2=(100+2)^2$
③ $9.5\times 10.5=(10-0.5)(10+0.5)$
④ $51\times 52=(50+1)(50+2)$
⑤ $103\times 97=(100+3)(100-3)$

18 $\dfrac{1}{\sqrt{x}+\sqrt{x+1}}=-(\sqrt{x}-\sqrt{x+1})=-\sqrt{x}+\sqrt{x+1}$
이므로
$\dfrac{1}{\sqrt{2}+\sqrt{3}}+\dfrac{1}{\sqrt{3}+2}+\dfrac{1}{2+\sqrt{5}}+\dfrac{1}{\sqrt{5}+\sqrt{6}}+\dfrac{1}{\sqrt{6}+\sqrt{7}}$
$=-\sqrt{2}+\sqrt{3}-\sqrt{3}+2-2+\sqrt{5}-\sqrt{5}+\sqrt{6}-\sqrt{6}+\sqrt{7}$
$=-\sqrt{2}+\sqrt{7}$

19 $a^2+ab+b^2=(a-b)^2+3ab$
$=3^2+3\times(-2)$
$=3$

20 ① $9x^2-6x+1=(3x-1)^2$
② $x^2+14x+49=(x+7)^2$
④ $4a^2-20ab+25b^2=(2a-5b)^2$
⑤ $\dfrac{1}{9}x^2-2x+9=\left(\dfrac{1}{3}x-3\right)^2$

21 $\sqrt{58^2-42^2}=\sqrt{(58+42)(58-42)}$
$=\sqrt{100\times 16}$
$=\sqrt{1600}=40$

22 $(x-1)^2-3x+3-10$에서 $x-1=A$로 놓으면
$A^2-3A-10=(A-5)(A+2)$
$=(x-1-5)(x-1+2)$
$=(x-6)(x+1)$

23 사다리꼴의 높이를 h라 하면
$\dfrac{1}{2}h\{(a+3)+(a+5)\}=3a^2+10a-8$
$(a+4)h=(3a-2)(a+4)$
$\therefore h=3a-2$

24 ② $16x^2-x=x(16x-1)$

25 $Q=b^2$, $R=(a-b)^2$이므로
$Q+R=b^2+(a-b)^2=a^2-2ab+2b^2$

26 $(2x+2y)^2=\{2(x+y)\}^2=4(x+y)^2$ $\therefore a=4$

27 $(4\sqrt{5}+a)(2\sqrt{5}-3)$
$=40+(-12+2a)\sqrt{5}-3a$
$=(40-3a)+(2a-12)\sqrt{5}$
이 수가 유리수가 되려면 $2a-12=0$
$\therefore a=6$

28 $(2a+1)^2-(a-1)^2$
$=\{(2a+1)+(a-1)\}\{(2a+1)-(a-1)\}$
$=3a(a+2)$

29 $x^2y+xy^2+2(x+y)=48$에서
$xy(x+y)+2(x+y)=48$, $(xy+2)(x+y)=48$
이때 $xy=6$이므로 $8(x+y)=48$
$\therefore x+y=6$
$\therefore x^2+y^2=(x+y)^2-2xy=36-12=24$

30 $x^2+2x+2=(x+1)^2+1$
$=\{(\sqrt{3}-1)+1\}^2+1$
$=(\sqrt{3})^2+1=4$

31 이차식 $x^2+8x+k-10$이 완전제곱식이 되려면
$k-10=16$ $\therefore k=26$

32 $0<a<1$이므로 $2a+\dfrac{3}{a}>0$, $2a-\dfrac{3}{a}<0$
$\therefore \sqrt{\left(2a-\dfrac{3}{a}\right)^2+24}+\sqrt{\left(2a+\dfrac{3}{a}\right)^2-24}$
$=\sqrt{\left(2a+\dfrac{3}{a}\right)^2}+\sqrt{\left(2a-\dfrac{3}{a}\right)^2}$
$=2a+\dfrac{3}{a}-2a+\dfrac{3}{a}=\dfrac{6}{a}$

33 $x+\sqrt{3}=A$로 놓으면
$(x+\sqrt{3}+1)(x+\sqrt{3}-1)=(A+1)(A-1)$
$=A^2-1$
$=(x+\sqrt{3})^2-1$
$=x^2+2\sqrt{3}x+2$
따라서 x의 계수는 $2\sqrt{3}$이다.

34 $2(2x+y)^2-(x+4y)(4x-y)$
$=2(4x^2+4xy+y^2)-(4x^2+15xy-4y^2)$
$=4x^2-7xy+6y^2$
따라서 xy의 계수는 -7이다.

35 $(a-2b)(a+2b)(a^2+4b^2)(a^2+16b^2)$
$=(a^2-4b^2)(a^2+4b^2)(a^4+16b^4)$
$=(a^4-16b^4)(a^4+16b^4)$
$=a^8-256b^8$

36 $a^2-b^2=24$이고 $a-b=3$이므로
$(a-b)(a+b)=24$, $3(a+b)=24$ $\therefore a+b=8$

37 $13^4-1=(13^2+1)(13^2-1)$
$=(13^2+1)(13+1)(13-1)$
$=170\times 14\times 12$
$=2^4\times 3\times 5\times 7\times 17$
따라서 13^4-1을 나누어떨어지게 하는 수가 아닌 것은 ⑤ 18이다.

38 $x^2+ax+\dfrac{1}{4}$이 완전제곱식이 되려면 $a=\pm 1$
x^2-8x+b가 완전제곱식이 되려면 $b=16$
$\therefore ab=(\pm 1)\times 16=\pm 16$

39 $x^8-1=(x^4+1)(x^4-1)=(x^4+1)(x^2+1)(x^2-1)$
$=(x^4+1)(x^2+1)(x+1)(x-1)$

$\therefore a+b=4+2=6$

40 ⑤ $6x^2+9xy$의 인수는 $3x$, $2x+3y$ 이외에도 $6x^2+9xy$가 있다.

41 $(x-2y)^2-(3x+y)(3x-y)+4xy$
$=(x^2-4xy+4y^2)-(9x^2-y^2)+4xy$
$=-8x^2+5y^2$
$=-8\times(-2)^2+5\times(2\sqrt{3})^2$
$=-32+60=28$

42 $x^2+5x-1=0$에서 $x^2+5x=1$
$(x+1)(x+2)(x+3)(x+4)$
$=\{(x+1)(x+4)\}\{(x+2)(x+3)\}$
$=(x^2+5x+4)(x^2+5x+6)$
$=(1+4)\times(1+6)$
$=35$

43 $(x-y)^2=(x+y)^2-4xy$이므로
$25=7^2-4xy$, $4xy=24$
$\therefore xy=6$

44 $3x^2-ax+10=(x-1)(3x-10)$이므로 $a=13$
$4x^2+bx-7=(x-1)(4x+7)$이므로 $b=3$
$\therefore a+b=16$

45 $\dfrac{x+3y+1}{x^2+5xy+6y^2+x+2y}$
$=\dfrac{x+3y+1}{(x+2y)(x+3y)+x+2y}$
$=\dfrac{x+3y+1}{(x+2y)(x+3y+1)}=\dfrac{1}{x+2y}$
$=\dfrac{1}{(5+4\sqrt{2})+2(2-2\sqrt{2})}=\dfrac{1}{9}$

46 $(x-1)(x+4)+k=x^2+3x-4+k$가 완전제곱식이 되려면 $\left(\dfrac{3}{2}\right)^2=-4+k$
$\therefore k=4+\dfrac{9}{4}=\dfrac{25}{4}$

47 $(4x-7)(x-3)=4x^2-19x+21$에서
A는 일차항의 계수를 바르게 보았으므로
처음의 이차식의 일차항의 계수는 -19
$(4x-1)(x+5)=4x^2+19x-5$에서
B는 상수항을 바르게 보았으므로
처음의 이차식의 상수항은 -5
따라서 처음 주어진 이차식은 $4x^2-19x-5$이므로
바르게 인수분해하면 $(4x+1)(x-5)$

48 정사각형 모양의 액자의 넓이가
$4a^2+20ab+25b^2=(2a+5b)^2$
이므로 한 변의 길이는 $2a+5b$이다.
따라서 이 액자의 둘레의 길이는
$4(2a+5b)=8a+20b$

중단원 테스트 [2회]

096-101쪽

01 a^2-1	**02** 0	**03** ⑤	**04** ④	**05** $x+1$
06 ①	**07** ⑤	**08** $-4\sqrt{3}$		**09** ①
10 ④	**11** 12	**12** ②, ⑤	**13** ①, ⑤	**14** ④
15 $x-3$	**16** ①	**17** -1	**18** ⑤	**19** ④
20 ⑤	**21** ④	**22** ④	**23** ①	**24** ①
25 ②	**26** 2	**27** ④	**28** ⑤	
29 $(x-4)^2$		**30** $4x+6$		**31** ⑤
32 ④	**33** -72	**34** 135	**35** 3	
36 $(x^2+3x-3)(x^2+3x+5)$				**37** 3
38 ④	**39** ⑤	**40** 3	**41** ②	**42** ②
43 22	**44** 3	**45** $12x-4$		**46** ④
47 ②	**48** ②			

01 $(-a-1)(-a+1)=(-a)^2-1^2=a^2-1$

02 $(4-2\sqrt{3})(1+\sqrt{3})=4+4\sqrt{3}-2\sqrt{3}-6$
$=-2+2\sqrt{3}$
즉, $a=-2$, $b=2$이므로 $a+b=0$

03 $(2x+A)(4x-5)=8x^2+(4A-10)x-5A$이므로
$B=4A-10$, $-5A=-15$ $\therefore A=3, B=2$
$\therefore A+B=3+2=5$

04 $(x+y-z)(x-y-z)$
$=\{(x-z)+y\}\{(x-z)-y\}$
$=(x-z)^2-y^2$
$=x^2-y^2+z^2-2xz$

05 $2<x<3$에서 $x-2>0$, $x-3<0$이므로
$\sqrt{x^2}+\sqrt{x^2-4x+4}+\sqrt{x^2-6x+9}$
$=\sqrt{x^2}+\sqrt{(x-2)^2}+\sqrt{(x-3)^2}$
$=x+(x-2)-(x-3)$
$=x+1$

06 $3(x+1)^2+10(x+1)-25$에서
$x+1=X$로 놓으면
$3X^2+10X-25=(X+5)(3X-5)$
$=(x+1+5)\{3(x+1)-5\}$
$=(x+6)(3x-2)$

07 ⑤ $9xy^2-6xy+x=x(3y-1)^2$

08 $x=\dfrac{1}{2+\sqrt{3}}=2-\sqrt{3}$, $y=\dfrac{1}{2-\sqrt{3}}=2+\sqrt{3}$이므로
$x+y=4$, $x-y=-2\sqrt{3}$
$\therefore x^2-y^2-2x+2y=(x^2-y^2)-2(x-y)$
$=(x+y)(x-y)-2(x-y)$
$=(x-y)(x+y-2)$
$=-2\sqrt{3}\times(4-2)=-4\sqrt{3}$

09 $x^2+y^2=(x-y)^2+2xy$
$=5^2+2\times3$
$=31$

10 $\frac{1}{\sqrt{x+1}+\sqrt{x}}=\sqrt{x+1}-\sqrt{x}$이므로
$\frac{1}{\sqrt{2}+1}+\frac{1}{\sqrt{3}+\sqrt{2}}+\frac{1}{\sqrt{4}+\sqrt{3}}+\cdots+\frac{1}{\sqrt{100}+\sqrt{99}}$
$=\sqrt{2}-1+\sqrt{3}-\sqrt{2}+\sqrt{4}-\sqrt{3}+\cdots+\sqrt{100}-\sqrt{99}$
$=-1+10=9$

11 $9998\times10002=(10^4-2)(10^4+2)$
$=(10^4)^2-2^2$
$=10^8-4$
따라서 $m=8$, $n=4$이므로 $m+n=12$

12 ② $-(-a-b)^2=-(a+b)^2$
⑤ $(a-b)^2=(-a+b)^2$

13 $-2a^2x+6a^2y=-2a^2(x-3y)$

14 $\frac{1}{3}x^2+Ax+\frac{1}{27}=B(x+C)^2$에서
$\frac{1}{3}\left(x^2+3Ax+\frac{1}{9}\right)=\frac{1}{3}\left(x+\frac{1}{3}\right)^2$이므로
$A=\frac{2}{9}$, $B=\frac{1}{3}$, $C=\frac{1}{3}$
$\therefore A+B+C=\frac{8}{9}$

15 도형 A의 넓이는
$(x-5)^2-2^2=(x-5+2)(x-5-2)$
$=(x-3)(x-7)$
이때 도형 A의 넓이는 도형 B와 그 넓이가 같고, 도형 B의 세로의 길이가 $x-7$이므로 가로의 길이는 $x-3$이다.

16 $x^2(x-2y)-9x+18y=x^2(x-2y)-9(x-2y)$
$=(x-2y)(x^2-9)$
$=(x-2y)(x+3)(x-3)$

17 $(x-1)(x-3)(x+1)(x+3)$
$=(x-1)(x+1)(x-3)(x+3)$
$=(x^2-1)(x^2-9)$
$x^2=A$로 놓으면
(주어진 식)$=(A-1)(A-9)$
$=A^2-10A+9$
$=x^4-10x^2+9$
따라서 x^2의 계수는 -10, 상수항은 9이므로 그 합은 -1이다.

18 $\left(x-\frac{1}{x}\right)^2=\left(x+\frac{1}{x}\right)^2-4\times x\times\frac{1}{x}$
$=3^2-4$
$=5$

19 ④ $\left(x-\frac{1}{2}\right)\left(x-\frac{1}{4}\right)=x^2-\frac{3}{4}x+\frac{1}{8}$

20 $a^2-a+b-b^2=a^2-b^2-a+b$
$=(a+b)(a-b)-(a-b)$
$=(a-b)(a+b-1)$
$a^2-b^2+2b-1=a^2-(b^2-2b+1)$
$=a^2-(b-1)^2$
$=(a+b-1)(a-b+1)$
따라서 공통인수는 $a+b-1$이다.

21 $a=\sqrt{(2020-1)(2020+1)+1}$
$=\sqrt{2020^2-1^2+1}=\sqrt{2020^2}=2020$
$b=\frac{70(1.18^2-0.82^2)}{3.6(3+4)}$
$=\frac{70(1.18+0.82)(1.18-0.82)}{3.6\times7}$
$=\frac{70\times2\times0.36}{3.6\times7}=2$
$c=\sqrt{(8+7)(8-7)+(6+5)(6-5)+(4+3)(4-3)+(2+1)(2-1)}$
$=\sqrt{8+7+6+5+4+3+2+1}=\sqrt{36}=6$
$\therefore a+3b-c=2020+6-6=2020$

22 $a+b=4$, $a^2+b^2=12$에서
$2ab=(a+b)^2-(a^2+b^2)=16-12=4$
$\therefore ab=2$
$\therefore 3a+3b-a^2b-ab^2=3(a+b)-ab(a+b)$
$=(a+b)(3-ab)$
$=4\times(3-2)=4$

23 $A=3x^2+7x-10=(3x+10)(x-1)$
$B=x^2-3x+2=(x-1)(x-2)$
즉, A, B의 공통인수가 $x-1$이므로
$C=6x^2+x+a$도 $x-1$을 인수로 갖는다.
$6x^2+x+a=(x-1)(6x+b)$라 하면
$1=-6+b$이므로 $b=7$
$\therefore a=-b=-7$

24 $(3a+2)^2-(a-3)^2$
$=(3a+2+a-3)(3a+2-a+3)$
$=(4a-1)(2a+5)$
이므로 $A=-1$, $B=5$
$\therefore A-B=-1-5=-6$

25 $(Ax-3)^2=A^2x^2-6Ax+9$이므로
$A^2=4, -6A=B, 9=C$
$A>0$이므로 $A=2$, $B=-12$, $C=9$
$\therefore A+B+C=-1$

26 $\left(\frac{2}{3}a-\frac{3}{5}b\right)\left(\frac{2}{3}a+\frac{3}{5}b\right)=\frac{4}{9}a^2-\frac{9}{25}b^2$
$=\frac{4}{9}\times45-\frac{9}{25}\times50$
$=20-18$
$=2$

27 ① x^2-2x+1 ② $x^2-2x-15$
③ $x^2-2x-48$ ④ $3x^2+2x-1$
⑤ $8x^2-2x-3$

28 밑변의 길이의 합에서 $x+y=10$
넓이의 차에서 $\frac{1}{2}x^2-\frac{1}{2}y^2=20$
$x^2-y^2=40$, $(x+y)(x-y)=40$
이때 $x+y=10$이므로
$10(x-y)=40$ $\therefore x-y=4$

29 A: $(x-2)(x-8)=x^2-10x+16$
⇨ 올바른 상수항은 16
B: $(x-2)(x-6)=x^2-8x+12$
⇨ 올바른 x의 계수는 -8
따라서 처음 이차식은 $x^2-8x+16$이므로
바르게 인수분해하면 $x^2-8x+16=(x-4)^2$

30 $2x-1=A$로 놓으면
$(2x-1)^2+8(2x-1)+12$
$=A^2+8A+12$
$=(A+6)(A+2)$
$=(2x-1+6)(2x-1+2)$
$=(2x+5)(2x+1)$
따라서 두 일차식의 합은
$(2x+5)+(2x+1)=4x+6$

31 주어진 직사각형의 넓이의 합은
$x^2+3x+2=(x+1)(x+2)$
따라서 새로운 직사각형의 가로, 세로의 길이는
$x+1$, $x+2$이므로 구하는 둘레의 길이는
$2\{(x+1)+(x+2)\}=4x+6$

32 ① $256\times231-256\times235=256(231-235)$
② $535\times3.5^2-535\times2.5^2=535(3.5^2-2.5^2)$
$=535(3.5+2.5)(3.5-2.5)$
③ $\frac{2021^2-1}{2020\times2021+2020}=\frac{(2021+1)(2021-1)}{2020(2021+1)}$
⑤ $537^2-2\times537\times437+437^2=(537-437)^2$

33 $(3x+2)^2(3x-2)^2=\{(3x+2)(3x-2)\}^2$
$=(9x^2-4)^2$
$=81x^4-72x^2+16$
따라서 x^2의 계수는 -72이다.

34 $\frac{456^2-321^2}{777}=\frac{(456-321)(456+321)}{777}$
$=\frac{135\times777}{777}=135$

35 $x=\sqrt{7}+3$에서 $x-3=\sqrt{7}$
양변을 제곱하면 $x^2-6x+9=7$
$\therefore x^2-6x=-2$
$\therefore x^2-6x+5=-2+5=3$

36 $x(x+1)(x+2)(x+3)-15$
$=x(x+3)(x+1)(x+2)-15$
$=(x^2+3x)(x^2+3x+2)-15$
$=A(A+2)-15$ ⇦ $x^2+3x=A$로 치환
$=A^2+2A-15$
$=(A-3)(A+5)$
$=(x^2+3x-3)(x^2+3x+5)$

37 $x^2+(6a+2)xy+100y^2=x^2+(6a+2)xy+(10y)^2$
에서 $6a+2=\pm(2\times10)=\pm20$
$\therefore a=3$ ($\because a>0$)

38 $1<x<4$에서
$x-1>0$, $x-4<0$
$\therefore \sqrt{x^2-2x+1}+\sqrt{x^2-8x+16}$
$=\sqrt{(x-1)^2}+\sqrt{(x-4)^2}$
$=(x-1)-(x-4)$
$=x-1-x+4=3$

39 ⑤ $3x^2-14x+8=(x-4)(3x-2)$

40 $x+1=A$, $y-1=B$로 놓으면
$2(x+1)^2-(x+1)(y-1)-6(y-1)^2$
$=2A^2-AB-6B^2$
$=(2A+3B)(A-2B)$
$=\{2(x+1)+3(y-1)\}\{(x+1)-2(y-1)\}$
$=(2x+2+3y-3)(x+1-2y+2)$
$=(2x+3y-1)(x-2y+3)$
따라서 $a=2$, $b=3$, $c=-2$이므로
$a+b+c=2+3+(-2)=3$

41 $x^2-3x+1=0$에서
$x-3+\frac{1}{x}=0$ $\therefore x+\frac{1}{x}=3$
$\therefore x^2+\frac{1}{x^2}=\left(x+\frac{1}{x}\right)^2-2\times x\times\frac{1}{x}$
$=3^2-2=7$

42 $2x-y=A$로 놓으면
$(2x-y+3)(2x-y-1)-(2x-y+7)^2$
$=(A+3)(A-1)-(A+7)^2$
$=(A^2+2A-3)-(A^2+14A+49)$
$=-12A-52$
$=-24x+12y-52$

43 $x^2+\frac{1}{x^2}=\left(x-\frac{1}{x}\right)^2+2\times x\times\frac{1}{x}$
$=5^2+2$
$=27$
$\therefore x^2-x+\frac{1}{x}+\frac{1}{x^2}=x^2+\frac{1}{x^2}-\left(x-\frac{1}{x}\right)$
$=27-5=22$

44 $x+1=A$로 놓으면

$(x+1)^2-12(x+1)+36=A^2-12A+36$
$=(A-6)^2$
$=(x+1-6)^2$
$=(x-5)^2$

$x=5+\sqrt{3}$을 대입하면

$(x-5)^2=(5+\sqrt{3}-5)^2=(\sqrt{3})^2=3$

45 $8x^2-2x-3=(4x-3)(2x+1)$

이므로 세로의 길이는 $2x+1$

따라서 둘레의 길이는

$2\{(4x-3)+(2x+1)\}=12x-4$

46 $(x-1)(x+3)+k=x^2+2x+k-3$이 완전제곱식이 되려면

$k-3=\left(\frac{2}{2}\right)^2=1 \qquad \therefore k=4$

47 $a^3-a=a(a^2-1)=a(a+1)(a-1)$

따라서 인수가 아닌 것은 ② a^2+1이다.

48 $x+y=A$로 놓으면

$(x+y-2)(x+y+5)-30$
$=(A-2)(A+5)-30$
$=A^2+3A-40$
$=(A+8)(A-5)$
$=(x+y+8)(x+y-5)$

중단원 테스트 [서술형] 102-103쪽

01 18 **02** 10 **03** $-40\sqrt{6}$ **04** 99
05 $(x-2)(x+1)(x+2)(x+5)$ **06** 11
07 -1 **08** $(x-2)(x+6)$

01 $(ax+5)(3x-b)$

$=3ax^2+(15-ab)x-5b$ …… ❶
$=cx^2+7x-10$

$3a=c$, $15-ab=7$, $-5b=-10$이므로

$-5b=-10$에서 $b=2$ …… ❷

$15-ab=7$에서 $2a=8$

$\therefore a=4$ …… ❸

$3a=c$에서 $c=12$ …… ❹

$\therefore a+b+c=18$ …… ❺

채점 기준	배점
❶ $(ax+5)(3x-b)$의 전개식 구하기	30 %
❷ a의 값 구하기	20 %
❸ b의 값 구하기	20 %
❹ c의 값 구하기	20 %
❺ $a+b+c$의 값 구하기	10 %

02 $x^2+Ax-18$의 다른 한 인수를 $x+a$라 하면

$(x-2)(x+a)=x^2+(a-2)x-2a$에서

$A=a-2$, $-2a=-18$

$\therefore a=9$, $A=7$ …… ❶

$Bx^2-11x+10$의 다른 한 인수를 $Bx+b$라 하면

$(x-2)(Bx+b)=Bx^2+(b-2B)x-2b$에서

$b-2B=-11$, $-2b=10$

$\therefore b=-5$, $B=3$ …… ❷

$\therefore A+B=7+3=10$ …… ❸

채점 기준	배점
❶ A의 값 구하기	40 %
❷ B의 값 구하기	40 %
❸ $A+B$의 값 구하기	20 %

03 $a=\frac{1}{5+2\sqrt{6}}=\frac{5-2\sqrt{6}}{(5+2\sqrt{6})(5-2\sqrt{6})}$

$=5-2\sqrt{6}$ …… ❶

$b=\frac{1}{5-2\sqrt{6}}=\frac{5+2\sqrt{6}}{(5-2\sqrt{6})(5+2\sqrt{6})}$

$=5+2\sqrt{6}$ …… ❷

$\therefore a^2-b^2=(5-2\sqrt{6})^2-(5+2\sqrt{6})^2$

$=-40\sqrt{6}$ …… ❸

채점 기준	배점
❶ a의 분모를 유리화하여 간단히 하기	30 %
❷ b의 분모를 유리화하여 간단히 하기	30 %
❸ a^2-b^2의 값 구하기	40 %

04 $\sqrt{99}+1=A$로 놓으면

(주어진 식)$=A^2-2A+1=(A-1)^2$ …… ❶

$A=\sqrt{99}+1$이므로

(주어진 식)$=(\sqrt{99}+1-1)^2$

$=(\sqrt{99})^2=99$ …… ❷

채점 기준	배점
❶ 치환하여 인수분해하기	50 %
❷ 답 구하기	50 %

05 $x^2+3x=A$로 놓으면

(주어진 식)$=A^2-8A-20$

$=(A-10)(A+2)$ …… ❶

$A=x^2+3x$를 대입하면

(주어진 식)$=(x^2+3x-10)(x^2+3x+2)$

$=(x+5)(x-2)(x+1)(x+2)$ …… ❷

채점 기준	배점
❶ 치환하여 식을 나타내기	50 %
❷ 인수분해하기	50 %

06 주어진 식을 전개하면

$3x^2+5x-8+x+k=3x^2+6x-8+k$ …… ❶

$3x^2+6x-8+k$가 완전제곱식이 되려면

$3(x^2+2x+1)=3(x+1)^2$이 되어야 하므로

$-8+k=3 \quad \therefore k=11$ …… ❷

채점 기준	배점
❶ 전개식 구하기	50 %
❷ 상수 k의 값 구하기	50 %

07 $x^2+y^2=(x+y)^2-2xy$이므로

$15=3^2-2xy,\ 2xy=-6$

$\therefore xy=-3$ …… ❶

$\therefore \frac{1}{x}+\frac{1}{y}=\frac{x+y}{xy}=\frac{3}{-3}=-1$ …… ❷

채점 기준	배점
❶ xy의 값 구하기	50 %
❷ $\frac{1}{x}+\frac{1}{y}$의 값 구하기	50 %

08 $(x+3)(x-4)=x^2-x-12$에서

상수항은 제대로 보았으므로 상수항은 -12이고,

$(x-3)(x+7)=x^2+4x-21$에서

x의 계수는 제대로 보았으므로 x의 계수는 4이다.

즉, 처음의 이차식은 $x^2+4x-12$ …… ❶

따라서 처음의 이차식을 바르게 인수분해하면

$x^2+4x-12=(x+6)(x-2)$ …… ❷

채점 기준	배점
❶ 처음의 이차식 구하기	50 %
❷ 처음의 이차식을 바르게 인수분해하기	50 %

2. 이차방정식

01. 이차방정식

소단원 집중 연습 104-105쪽

01 (1) × (2) ○ (3) × (4) ○ (5) ○

02 (1) $x^2-2x=0$ (2) $x^2-x-12=0$ (3) $x^2+5=0$ (4) $x^2-2x-4=0$

03 (1) × (2) ×

04 (1) $x=0$ (2) $x=1$

05 (1) $x=-4$ 또는 $x=8$ (2) $x=1$ 또는 $x=5$ (3) $x=-2$ 또는 $x=-\frac{1}{2}$ (4) $x=-\frac{3}{2}$ 또는 $x=2$

06 (1) $x=-7$ 또는 $x=1$ (2) $x=-7$ 또는 $x=7$ (3) $x=-1$ 또는 $x=5$ (4) $x=0$ 또는 $x=\frac{3}{2}$ (5) $x=3$

07 (1) $a=1,\ x=1$ (2) $a=18,\ x=-6$ (3) $a=\pm20,\ x=\pm\frac{5}{2}$ (4) $a=\pm56,\ x=\pm\frac{7}{4}$

08 (1) $x=\pm8$ (2) $x=\pm11$ (3) $x=\pm\frac{\sqrt{11}}{2}$ (4) $x=\pm\frac{5}{2}$ (5) $x=-1$ 또는 $x=3$

09 (1) $p=\frac{1}{2},\ q=\frac{17}{4}$ (2) $p=-\frac{7}{2},\ q=\frac{9}{4}$

10 (1) $x=\frac{-5\pm\sqrt{21}}{2}$ (2) $x=\frac{-3\pm3\sqrt{5}}{2}$

소단원 테스트 [1회] 106-107쪽

01 ② **02** ③, ⑤ **03** ③ **04** ① **05** ①
06 ④ **07** ③ **08** ④ **09** ④ **10** ①
11 ④ **12** ⑤ **13** ⑤ **14** ③ **15** ②
16 ⑤

01 $x^2-x-6=0$에서 $(x-3)(x+2)=0$

$\therefore x=3$ 또는 $x=-2$

$2x^2-5x+3a-4=0$에 $x=3$을 대입하면

$18-15+3a-4=0,\ 3a=1$

$\therefore a=\frac{1}{3}$

02 ③ $x^2+x=2x^3$에서 $2x^3-x^2-x=0$
(이차방정식 아님)
⑤ $2x(x-2)=x(2x+1)-3$에서
$2x^2-4x=2x^2+x-3$
$\therefore 5x-3=0$ (일차방정식)

03 $x^2-2x-15=0$에서 $(x-5)(x+3)=0$
$\therefore x=5$ 또는 $x=-3$
$x^2-9=0$에서 $(x+3)(x-3)=0$
$\therefore x=3$ 또는 $x=-3$
따라서 공통인 근은 $x=-3$이고
이를 제외한 나머지 두 근의 합은 $5+3=8$

04 $x^2+2x-8=0$에서 $(x+4)(x-2)=0$
$\therefore x=-4$ 또는 $x=2$
따라서 $a=2$, $b=-4$이므로 $a-b=2-(-4)=6$

05 $x=3$을 $4x^2-8x+a=0$에 대입하면
$36-24+a=0$ $\therefore a=-12$

06 $x^2-6x+8=0$, $(x-2)(x-4)=0$
$\therefore x=2$ 또는 $x=4$
$2x^2-x-6=0$, $(x-2)(2x+3)=0$
$\therefore x=2$ 또는 $x=-\frac{3}{2}$
따라서 두 이차방정식의 공통인 근은 $x=2$이다.

07 $x=-3$을 $x^2+ax-3=0$에 대입하면
$9-3a-3=0$ $\therefore a=2$
즉, $x^2+2x-3=0$이므로 $(x+3)(x-1)=0$
$\therefore x=-3$ 또는 $x=1$

08 ④ $(x-2)^2=8(x-4)$에서 $x^2-12x+36=0$
$(x-6)^2=0$ $\therefore x=6$ (중근)

09 중근을 가지려면 $2+k=\left(\frac{6}{2}\right)^2=9$
$\therefore k=7$

10 $x^2+2ax-(a-11)=0$에 $x=-2$를 대입하면
$4-4a-(a-11)=0$, $5a=15$ $\therefore a=3$
즉, $x^2+6x+8=0$이므로
$(x+2)(x+4)=0$ $\therefore x=-2$ 또는 $x=-4$
$\therefore b=-4$
$\therefore a+b=3+(-4)=-1$

11 ① $x=1$일 때, $-1^2=4\times1-5$ (참)
② $x=-3$일 때, $(-3)^2+4\times(-3)+3=0$ (참)
③ $x=-6$일 때, $(-6+6)\times(-6-7)=0$ (참)
④ $x=4$일 때, $(4-4)\times(3\times4-1)\neq4$ (거짓)
⑤ $x=-4$일 때,
$-4\times(-4+2)-2\times(-4)\times(-4+3)=0$ (참)

12 $x^2-3x+1=0$에 $x=a$를 대입하면
$a^2-3a+1=0$
① $a^2-3a=-1$
② $3-3a+a^2=3+(-3a+a^2)=3+(-1)=2$
③ $3a-a^2+1=-(-3a+a^2)+1=-(-1)+1=2$
④ $a^2-3a+1=0$의 양변을 a로 나누면
$a-3+\frac{1}{a}=0$ $\therefore a+\frac{1}{a}=3$
⑤ $a^2+\frac{1}{a^2}=\left(a+\frac{1}{a}\right)^2-2=3^2-2=7$

13 $2(x+a)^2=60$에서 $(x+a)^2=30$
$x+a=\pm\sqrt{30}$, $x=-a\pm\sqrt{30}$
즉, $a=2$, $b=30$이므로 $ab=2\times30=60$

14 $(x+1)(x-3)=2$에서 $x^2-2x-3=2$
$x^2-2x+1=6$, $(x-1)^2=6$
즉, $a=-1$, $b=6$이므로 $a+b=-1+6=5$

15 $3x^2+2x-1=5(2x-1)$에서
$3x^2+2x-1=10x-5$, $3x^2-8x+4=0$
$(x-2)(3x-2)=0$ $\therefore x=2$ 또는 $x=\frac{2}{3}$

16 $a(x-3)^2=2$의 양변을 a로 나누면 $(x-3)^2=\frac{2}{a}$
$x-3=\pm\sqrt{\frac{2}{a}}$ $\therefore x=3\pm\sqrt{\frac{2}{a}}$
즉, $b=3$, $\frac{2}{a}=3$이므로 $a=\frac{2}{3}$, $b=3$
$\therefore b-3a=3-3\times\frac{2}{3}=1$

소단원 테스트 [2회] 108-109쪽

01 ㄱ, ㄴ, ㄹ **02** ㄷ, ㄹ **03** 1 **04** -10
05 3 **06** 3개 **07** 8 **08** 3 **09** $-\frac{1}{2}$
10 4 **11** 36 **12** $\frac{31}{4}$ **13** 4 **14** -5
15 $-\frac{7}{2}$ **16** 1

01 이차방정식은 $ax^2+bx+c=0(a\neq0)$의 꼴이므로
ㄱ, ㄴ, ㄹ이다.

02 $x=-1$을 대입하여 참인 것을 찾는다.
ㄷ. $(-1)^2-2\times(-1)-3=1+2-3=0$ (참)
ㄹ. $(-1-1)\times(-1+1)=(-2)\times0=0$ (참)

03 $x=1$을 $x^2+ax-2a=0$에 대입하면
$1^2+a-2a=0$ $\therefore a=1$

04 $x^2+5x-2a=0$에 $x=-3$을 대입하면
$9-15-2a=0$, $2a=-6$ $\therefore a=-3$
즉, $x^2+5x+6=0$이므로 $(x+2)(x+3)=0$
$\therefore x=-2$ 또는 $x=-3$

$x^2-3x+b=0$에 $x=-2$를 대입하면

$4+6+b=0 \quad \therefore b=-10$

05 $x^2-4x+3=(x-1)(x-3)=0$

$\therefore x=1$ 또는 $x=3$

$x^2-x-6=(x-3)(x+2)=0$

$\therefore x=3$ 또는 $x=-2$

따라서 동시에 만족시키는 해는 $x=3$

06 ㄱ. $x^2=4(x-1)$, $x^2-4x+4=0$

$(x-2)^2=0 \quad \therefore x=2$ (중근)

ㄴ. $5x(5x+2)+1=0$, $25x^2+10x+1=0$

$(5x+1)^2=0 \quad \therefore x=-\frac{1}{5}$ (중근)

ㄷ. $3(x+1)(x-1)=6$, $x^2-1=2$, $x^2=3$

$\therefore x=\pm\sqrt{3}$

ㄹ. $x^2(x-1)=x^3-4x+3$, $x^3-x^2=x^3-4x+3$

$x^2-4x+3=0$, $(x-3)(x-1)=0$

$\therefore x=1$ 또는 $x=3$

ㅁ. $2(x+1)(x-2)=x^2-2x-4$

$2x^2-2x-4=x^2-2x-4$, $x^2=0$

$\therefore x=0$ (중근)

따라서 중근을 갖는 것은 ㄱ, ㄴ, ㅁ으로 3개이다.

07 $2(x-3)^2=10$에서 $(x-3)^2=5$

$x-3=\pm\sqrt{5} \quad \therefore x=3\pm\sqrt{5}$

즉, $A=3$, $B=5$이므로 $A+B=8$

08 $(2x+1)(5x-2)=4x-1$에서

$10x^2+x-2=4x-1$

$10x^2-3x-1=0$, $(5x+1)(2x-1)=0$

$\therefore x=-\frac{1}{5}$ 또는 $x=\frac{1}{2}$

이때 $a>b$이므로 $a=\frac{1}{2}$, $b=-\frac{1}{5}$

$\therefore 2a-10b=2\times\frac{1}{2}-10\times\left(-\frac{1}{5}\right)=1+2=3$

09 $x=2$를 $2x^2-3x+k=0$에 대입하면

$8-6+k=0 \quad \therefore k=-2$

즉, $2x^2-3x-2=0$이므로 $(2x+1)(x-2)=0$

$\therefore x=-\frac{1}{2}$ 또는 $x=2$

따라서 나머지 한 근은 $-\frac{1}{2}$이다.

10 $\sqrt{(x-2)^2}=3$에서 $(x-2)^2=9$

$x-2=\pm3$

$\therefore x=-1$ 또는 $x=5$

따라서 구하는 모든 x의 값의 합은 $5-1=4$

11 이차방정식 $x^2+12x+k=0$이 중근을 가지려면 좌변의 이차식이 완전제곱식이 되어야 하므로

$k=\left(\frac{12}{2}\right)^2=36$

12 $x(x+5)+1=0$에서 $x^2+5x+1=0$

$x^2+5x=-1$, $x^2+5x+\frac{25}{4}=-1+\frac{25}{4}$

$\left(x+\frac{5}{2}\right)^2=\frac{21}{4} \quad \therefore a=\frac{5}{2}, b=\frac{21}{4}$

$\therefore a+b=\frac{5}{2}+\frac{21}{4}=\frac{31}{4}$

13 $(x-2a)(x-3a)=-4$에서

$x^2-3ax-2ax+6a^2+4=0$

$x^2-5ax+6a^2+4=0$

이 이차방정식이 중근을 가지려면

$\left(\frac{-5a}{2}\right)^2=6a^2+4$, $25a^2=4(6a^2+4)$

$25a^2-24a^2-16=0$, $a^2=16 \quad \therefore a=\pm4$

따라서 양수 a는 4이다.

14 $x=3+2\sqrt{2}$이므로 $x-3=2\sqrt{2}$

양변을 제곱하면 $(x-3)^2=8$

$x^2-6x+9-8=0 \quad \therefore x^2-6x+1=0$

따라서 $p=-6$, $q=1$이므로

$p+q=-5$

[다른 풀이]

다른 한 근은 $3-2\sqrt{2}$이므로

$\{x-(3+2\sqrt{2})\}\{x-(3-2\sqrt{2})\}=0$

$\{(x-3)-2\sqrt{2}\}\{(x-3)+2\sqrt{2}\}=0$

$(x-3)^2-(2\sqrt{2})^2=0$

$\therefore x^2-6x+1=0$

따라서 $p=-6$, $q=1$이므로

$p+q=-5$

15 $x^2+ax+2x+a+1=0$에서

$x^2+(a+2)x+(a+1)=0$

$(x+a+1)(x+1)=0$

$\therefore x=-a-1$ 또는 $x=-1$

$x^2-ax-x+a=0$에서

$x^2-(a+1)x+a=0$, $(x-a)(x-1)=0$

$\therefore x=a$ 또는 $x=1$

두 이차방정식이 공통인 해를 가지므로

(i) $-a-1=1$일 때, $-a=2 \quad \therefore a=-2$

(ii) $-a-1=a$일 때, $2a=-1 \quad \therefore a=-\frac{1}{2}$

(iii) $a=-1$

따라서 모든 유리수 a의 값의 합은

$-2+\left(-\frac{1}{2}\right)+(-1)=-\frac{7}{2}$

16 $x(x-3)=2x-6$에서 $x^2-5x+6=0$

$(x-2)(x-3)=0 \quad \therefore x=2$ 또는 $x=3$

$\therefore (a-b)^2=1$

02. 이차방정식의 활용

소단원 집중 연습 110-111쪽

01 (1) $x=\frac{5\pm\sqrt{17}}{2}$ (2) $x=\frac{-3\pm\sqrt{37}}{2}$

02 (1) $x=-2\pm\sqrt{7}$ (2) $x=\frac{1\pm\sqrt{7}}{3}$

03 (1) $x=\frac{5\pm\sqrt{13}}{2}$

(2) $x=-\frac{3}{2}$ 또는 $x=-1$

(3) $x=-2$ 또는 $x=5$

(4) $x=-\frac{5}{3}$ 또는 $x=2$

04 (1) $x=-8$ 또는 $x=-3$

(2) $x=\frac{1\pm\sqrt{57}}{4}$ (3) $x=-\frac{1}{2}\pm\sqrt{7}$

(4) $x=-2$ 또는 $x=\frac{2}{5}$

(5) $x=-4$ 또는 $x=6$

(6) $x=\frac{5\pm\sqrt{65}}{10}$

05 (1) 1 (2) 2 (3) 0

06 (1) $k<9$ (2) $k=9$ (3) $k>9$

07 (1) $2x^2-6x+4=0$ (2) $\frac{1}{3}x^2-x-6=0$

(3) $3x^2+6x+3=0$ (4) $4x^2-4x+1=0$

08 (1) 가로의 길이: $(16-x)$ cm,

세로의 길이: $(16+2x)$ cm

(2) $(16-x)(16+2x)=128$

(3) $x=4\pm4\sqrt{5}$ (4) $(4+4\sqrt{5})$ cm

09 (1) $-5x^2+30x=25$ (2) $x=1$ 또는 $x=5$

(3) 1초 후 또는 5초 후

소단원 테스트 [1회] 112-113쪽

01 ①	**02** ①	**03** ②	**04** ②	**05** ⑤
06 ⑤	**07** ④	**08** ③	**09** ④	**10** ④
11 ①	**12** ①	**13** ②	**14** ②	**15** ③
16 ①				

01 $2x^2-4x+a=0$에서 근의 공식에 의하여

$x=\frac{2\pm\sqrt{4-2a}}{2}$

이때 $4-2a=10$이므로 $a=-3$

02 두 근이 3 , $-\frac{2}{3}$이고 x^2의 계수가 3인 이차방정식은

$3(x-3)\left(x+\frac{2}{3}\right)=0$, $3x^2-7x-6=0$

따라서 $a=-7$, $b=-6$이므로 $a+b=-13$

03 $x^2+2mx+2m+3=0$이 중근을 가지려면

$(2m)^2-4(2m+3)=0$, $m^2-2m-3=0$

$(m+1)(m-3)=0$ $\therefore m=-1$ 또는 $m=3$

04 한 근이 $3-\sqrt{3}$이므로 다른 한 근은 $3+\sqrt{3}$

$\{x-(3-\sqrt{3})\}\{x-(3+\sqrt{3})=0$

$\{(x-3)+\sqrt{3}\}\{(x-3)-\sqrt{3}\}=0$, $(x-3)^2-3=0$

$x^2-6x+6=0$이므로 $-a+2=6$ $\therefore a=-4$

05 $0.5x^2+x+\frac{2}{5}=0$의 양변에 10을 곱하면

$5x^2+10x+4=0$

근의 공식에 의하여

$x=\frac{-10\pm\sqrt{10^2-4\times5\times4}}{2\times5}$

$=\frac{-10\pm2\sqrt{5}}{10}=\frac{-5\pm\sqrt{5}}{5}$

$\therefore a=5$

06 $\frac{1}{3}x^2-\frac{5}{6}x-\frac{7}{4}=0$의 양변에 12를 곱하면

$4x^2-10x-21=0$

근의 공식에 의하여

$x=\frac{-(-5)\pm\sqrt{(-5)^2-4\times(-21)}}{4}=\frac{5\pm\sqrt{109}}{4}$

(i) $10<\sqrt{109}<11$, $15<5+\sqrt{109}<16$이므로

$\frac{15}{4}<\frac{5+\sqrt{109}}{4}<4$

(ii) $-11<-\sqrt{109}<-10$, $-6<5-\sqrt{109}<-5$

이므로 $-\frac{3}{2}<\frac{5-\sqrt{109}}{4}<-\frac{5}{4}$

따라서 (i), (ii)에 의해 두 근 $\frac{5-\sqrt{109}}{4}$와 $\frac{5+\sqrt{109}}{4}$

사이의 정수는 -1, 0, 1, 2, 3의 5개이다.

07 $(-4)^2-4\times m\times1\geq0$이어야 하므로

$16-4m\geq0$ $\therefore m\leq4$

따라서 자연수 m은 1, 2, 3, 4의 4개이다.

08 $\frac{n(n-3)}{2}=35$이므로 $n(n-3)=70$

$n^2-3n-70=0$, $(n+7)(n-10)=0$

$\therefore n=10$ ($\because n>3$)

따라서 대각선의 총 개수가 35인 다각형은 십각형이다.

09 $x-2=A$로 놓으면 $A^2-4A-60=0$

$(A+6)(A-10)=0$ $\therefore A=-6$ 또는 $A=10$

즉, $x-2=-6$ 또는 $x-2=10$이므로

$x=-4$ 또는 $x=12$

$\therefore \alpha+\beta=-4+12=8$

10 $x^2-8x-3k=0$에서 근의 공식에 의하여

$x=4\pm\sqrt{16+3k}$

이때 모든 해가 정수이려면(단, k는 30 이하의 자연수)

(i) $16+3k=25$일 때 $3k=9$ $\therefore k=3$

(ii) $16+3k=49$일 때 $3k=33$ $\therefore k=11$

(iii) $16+3k=64$일 때 $3k=48$ $\therefore k=16$

(iv) $16+3k=100$일 때 $3k=84$ $\therefore k=28$

따라서 30 이하의 자연수 k는 3, 11, 16, 28의 4개이다.

11 $9x^2-12x-1=0$에서 근의 공식에 의하여

$x=\dfrac{-(-6)\pm\sqrt{(-6)^2-9\times(-1)}}{9}$

$=\dfrac{6\pm3\sqrt{5}}{9}=\dfrac{2\pm\sqrt{5}}{3}$

이때 $a=\dfrac{2+\sqrt{5}}{3}$이므로

$3a-\sqrt{5}=3\times\dfrac{2+\sqrt{5}}{3}-\sqrt{5}=2$

12 $x^2-4x+k=0$이 서로 다른 두 근을 가지려면

$(-4)^2-4\times k>0$, $16-4k>0$ $\therefore k<4$

13 반의 학생 수를 x명이라 하면

한 사람이 받은 사탕의 수는 $(x-4)$개

사탕은 96개이므로 $x(x-4)=96$

$x^2-4x-96=0$, $(x-12)(x+8)=0$

$\therefore x=12$ ($\because x>0$)

따라서 학생 수는 12명이다.

14 처음 화단의 한 변의 길이를 x m라 하면

$(x+3)(x-2)=50$에서

$x^2+x-56=0$, $(x+8)(x-7)=0$

$\therefore x=7$ ($\because x>0$)

따라서 처음 화단의 한 변의 길이는 7 m이다.

15 $(x+5)(x+1)=0$, $x^2+6x+5=0$에서

상수항은 5이고,

$(x-2)(x-4)=0$, $x^2-6x+8=0$에서

일차항은 $-6x$이다.

따라서 처음 이차방정식은 $x^2-6x+5=0$이므로

$(x-1)(x-5)=0$

$\therefore x=1$ 또는 $x=5$

16 연속한 세 자연수를 $x-1$, x, $x+1$이라 하면

$(x-1)^2+x^2+(x+1)^2=149$

$3x^2+2=149$, $x^2=49$ $\therefore x=7$($\because x$는 자연수)

따라서 연속한 세 자연수는 6, 7, 8이므로 그 합은

$6+7+8=21$

소단원 테스트 [2회] 114-115쪽

01 ㄱ, ㄷ	**02** -6	**03** $\sqrt{17}$	**04** 7	**05** -16
06 ㄱ, ㄹ	**07** 2개	**08** 6	**09** 2개	**10** 12
11 9	**12** $-1+\sqrt{6}$		**13** 10 m	**14** 5, 6
15 $m>-\dfrac{3}{2}$		**16** 6 cm		

01 ㄴ. $A=3$, $B=2$이면 $x^2+3x+2=0$

$9-8=1>0$이므로 서로 다른 두 근을 갖는다.

02 $x^2+ax+b=0$의 두 근이 $x=2$ 또는 $x=-3$이므로

주어진 이차방정식은

$(x-2)(x+3)=0$, 즉 $x^2+x-6=0$

따라서 $a=1$, $b=-6$이므로 $ab=-6$

03 $0.1x^2+0.7x=-\dfrac{4}{5}$의 양변에 10을 곱하면

$x^2+7x=-8$, $x^2+7x+8=0$

근의 공식에 의하여

$x=\dfrac{-7\pm\sqrt{7^2-4\times1\times8}}{2\times1}=\dfrac{-7\pm\sqrt{17}}{2}$

따라서 $a=\dfrac{-7+\sqrt{17}}{2}$, $b=\dfrac{-7-\sqrt{17}}{2}$이므로

$a-b=\dfrac{-7+\sqrt{17}}{2}-\left(\dfrac{-7-\sqrt{17}}{2}\right)=\sqrt{17}$

04 $(x+2)^2-3(x+2)=4$에서

$x+2=A$로 놓으면 $A^2-3A=4$

$A^2-3A-4=0$, $(A-4)(A+1)=0$

$\therefore A=4$ 또는 $A=-1$

즉, $x+2=4$ 또는 $x+2=-1$이므로

$x=2$ 또는 $x=-3$

이때 $a>b$이므로 $a=2$, $b=-3$

$\therefore 2a-b=4-(-3)=7$

05 이차항의 계수가 1이고, 중근 $x=4$를 갖는 이차방정식은 $(x-4)^2=0$

$\therefore x^2-8x+16=0$

즉, $a+b=-8$, $2b=16$이므로 $b=8$

$\therefore a=-16$

06 서로 다른 두 근을 갖는 이차방정식은 $b^2-4ac>0$

ㄱ. $2x^2-6x-1=0$에서

$(-6)^2-4\times2\times(-1)>0$

ㄹ. $10x^2-2x-1=0$에서

$(-2)^2-4\times10\times(-1)>0$

07 $x^2-5x+a+1=0$에서 근의 공식에 의하여

$x=\dfrac{5\pm\sqrt{(-5)^2-4\times1\times(a+1)}}{2\times1}$

$=\dfrac{5\pm\sqrt{21-4a}}{2}$

이때 해가 모두 유리수가 되려면 $21-4a$가 제곱수가 되어야 하므로

$21-4a=1,\ 4,\ 9,\ 16$

따라서 자연수 a는 3, 5의 2개이다.

08 한 근이 $3-\sqrt{2}$이므로 다른 한 근은 $3+\sqrt{2}$

$\{x-(3-\sqrt{2})\}\{x-(3+\sqrt{2})\}=0$

$\{(x-3)+\sqrt{2}\}\{(x-3)-\sqrt{2}\}=0,\ (x-3)^2-2=0$

$x^2-6x+7=0$이므로 $a=6$

09 $x^2-4x+k=0$이 중근을 가지므로

$16-4k=0 \qquad \therefore k=4$

$(k+1)x^2+2x-3=0$에 $k=4$를 대입하면

$5x^2+2x-3=0$

이때 $2^2-4\times5\times(-3)=64>0$이므로 이 이차방정식은 서로 다른 2개의 근을 가진다.

10 $2x-y=A$로 놓으면 $A(A-3)=18$

$A^2-3A-18=0,\ (A+3)(A-6)=0$

$\therefore A=-3$ 또는 $A=6$

이때 $2x>y$이므로 $A=2x-y=6$

$\therefore 4x-2y=2(2x-y)=12$

11 $\dfrac{n(n+1)}{2}=45$이므로 $n(n+1)=90$

$n^2+n-90=0,\ (n+10)(n-9)=0$

$\therefore n=9(\because n$은 자연수$)$

12 $(x+2)\times2=(x+2)^2-5$에서

$2x+4=x^2+4x-1,\ x^2+2x-5=0$

근의 공식에 의하여 $x=-1\pm\sqrt{6}$

$x>0$이므로 $x=-1+\sqrt{6}$

13 처음 꽃밭의 한 변의 길이를 x m라 하면

$(x+2)(x-4)=72$

$x^2-2x-80=0,\ (x+8)(x-10)=0$

$\therefore x=10\ (\because x>0)$

따라서 처음 꽃밭의 한 변의 길이는 10 m이다.

14 연속하는 두 자연수 중 작은 수를 x라 하면 큰 수는 $x+1$이므로

$x^2+(x+1)^2=61,\ 2x^2+2x-60=0$

$x^2+x-30=0,\ (x+6)(x-5)=0$

$\therefore x=-6$ 또는 $x=5$

이때 x는 자연수이므로 $x=5$

따라서 구하는 두 수는 5, 6이다.

15 서로 다른 두 근을 가지려면

$4m^2+4(m+1)(3-m)>0$이므로

$m^2-m^2+2m+3>0,\ 2m>-3$

$\therefore m>-\dfrac{3}{2}$

16 상자 밑면의 한 변의 길이를 x cm라 하면

상자 전개도의 넓이는 $4\times(2\times x)+x^2=84$

$x^2+8x-84=0,\ (x+14)(x-6)=0$

$\therefore x=6\ (\because x>0)$

따라서 상자 밑면의 한 변의 길이는 6 cm이다.

중단원 테스트 [1회] 116-119쪽

01 ① **02** ③ **03** ④ **04** 23 **05** ④
06 ② **07** 42 **08** ④ **09** ③ **10** ⑤
11 ③ **12** 22 **13** $m<9$ **14** ⑤
15 $x=\dfrac{5\pm\sqrt{13}}{6}$ **16** ③ **17** ㄴ, ㄹ **18** ①
19 ③ **20** 8살 **21** 29 **22** ② **23** ②
24 12명 **25** $a=-1$ 또는 $a=4$ **26** ①
27 9, 11, 13 **28** ① **29** 3 **30** 1
31 9 cm **32** ②

01 $2(x+3)^2=14$에서 $(x+3)^2=7$

$x+3=\pm\sqrt{7} \qquad \therefore x=-3\pm\sqrt{7}$

02 $x^2+ax+b=0$의 두 근을 $k,\ k+1$이라 하면

두 근의 제곱의 차가 9이므로

$(k+1)^2-k^2=9,\ 2k+1=9 \qquad \therefore k=4$

즉, $x^2+ax+b=0$의 두 근은 4와 5이므로

$(x-4)(x-5)=0 \qquad \therefore x^2-9x+20=0$

따라서 $a=-9,\ b=20$이므로

$a+b=11$

03 A: $(x+3)(x-8)=0$에서 $x^2-5x-24=0$

B: $(x-3)(x+5)=0$에서 $x^2+2x-15=0$

A는 상수항을, B는 일차항의 계수를 바르게 보았으므로 처음의 이차방정식은 $x^2+2x-24=0$

$(x+6)(x-4)=0 \qquad \therefore x=-6$ 또는 $x=4$

04 $\dfrac{1}{3}x-0.2x\left(0.5-\dfrac{1}{3}x\right)=\dfrac{4-x}{6}$에서

양변에 30을 곱하면

$10x-6x\left(0.5-\dfrac{1}{3}x\right)=5(4-x)$

$10x-3x+2x^2=20-5x$

$2x^2+12x-20=0,\ x^2+6x-10=0$

근의 공식에 의하여 $x=-3\pm\sqrt{19}$

따라서 $A=1,\ B=-3,\ C=19$이므로

$A-B+C=1-(-3)+19=23$

05 ④ $-4x-4=x^2$에 $x=-2$를 대입하면

$-4\times(-2)-4=(-2)^2$ (참)

06 $x^2+3x-a=0$의 한 근이 -1이므로 대입하면

$(-1)^2+3\times(-1)-a=0$, $1-3-a=0$

$\therefore a=-2$

07 $x^2+ax-3=0$을 풀면

$x=\dfrac{-a\pm\sqrt{a^2-4\times1\times(-3)}}{2\times1}=\dfrac{-a\pm\sqrt{a^2+12}}{2}$

이 해가 $x=\dfrac{-5\pm\sqrt{b}}{2}$ 와 같으므로

$a=5$이고, $a^2+12=b$에서 $b=37$

$\therefore a+b=42$

08 $a\left(x-\dfrac{1}{2}\right)(x+1)=0$ $(a\neq0)$ 꼴을 찾으면 ④이다.

09 ㄴ. $x(x+1)=x^2-4$에서 $x+4=0$ (일차방정식)

10 두 근이 -2, 3이고 x^2의 계수가 2인 이차방정식은

$2(x+2)(x-3)=0$, $2x^2-2x-12=0$

따라서 $m=-2$, $n=-12$이므로

$m-n=-2-(-12)=10$

11 $\dfrac{n(n-1)}{2}=21$이므로 $n(n-1)=42$

$n^2-n-42=0$, $(n+6)(n-7)=0$

$\therefore n=7$($\because$ n은 자연수)

따라서 구하는 학생 수는 7명이다.

12 $x^2+6x-10=0$에서 $x^2+6x=10$

$x^2+6x+9=10+9$, $(x+3)^2=19$

즉, $p=3$, $q=19$이므로 $p+q=22$

13 $x^2+4x+m-5=0$이 서로 다른 두 개의 실수인 근을 가지려면

$4^2-4(m-5)>0$, $36-4m>0$

$\therefore m<9$

14 $x^2-7x+2=0$에서

$x=\dfrac{-(-7)\pm\sqrt{(-7)^2-4\times1\times2}}{2\times1}=\dfrac{7\pm\sqrt{41}}{2}$

즉, $a=7$, $b=41$이므로 $a+b=48$

15 $(2x-1)^2=x^2+x$에서

$4x^2-4x+1=x^2+x$, $3x^2-5x+1=0$

$\therefore x=\dfrac{-(-5)\pm\sqrt{(-5)^2-4\times3\times1}}{2\times3}$

$=\dfrac{5\pm\sqrt{13}}{6}$

16 $x^2-2x-5=0$에서 $x^2-2x=5$

$x^2-2x+1=5+1$, $(x-1)^2=6$

$\therefore x=1\pm\sqrt{6}$

따라서 ① 5, ② 1, ③ -1, ④ 6, ⑤ $1\pm\sqrt{6}$이다.

17 ㄴ. $x^2+4x+4=0$에서 $(x+2)^2=0$

ㄹ. $100x^2+20x+1=0$에서 $(10x+1)^2=0$

18 $0.3x^2-0.9x-1.5=0$의 양변에 10을 곱하면

$3x^2-9x-15=0$, $x^2-3x-5=0$

$\therefore x=\dfrac{-(-3)\pm\sqrt{(-3)^2-4\times1\times(-5)}}{2\times1}$

$=\dfrac{3\pm\sqrt{29}}{2}$

19 잘라 낸 정사각형의 한 변의 길이를 x cm라 하면

상자 밑면의 가로의 길이는 $(20-2x)$ cm,

세로의 길이는 $(10-2x)$ cm이므로 넓이는

$(20-2x)\times(10-2x)=56$

$4(10-x)(5-x)=56$

$50-15x+x^2=14$, $x^2-15x+36=0$

$(x-3)(x-12)=0$ $\quad\therefore x=3$ 또는 $x=12$

이때 $x<5$이므로 $x=3$

따라서 잘라낸 정사각형의 한 변의 길이는 3 cm이다.

20 동생의 나이를 x살이라 하면 형의 나이는 $(x+2)$살이므로

$x^2+(x+2)^2=164$, $2x^2+4x-160=0$

$x^2+2x-80=0$, $(x+10)(x-8)=0$

$\therefore x=8$ ($\because$ x는 자연수)

따라서 동생의 나이는 8살이다.

21 펼쳐진 두 면의 쪽수를 x, $x+1$이라 하면

$x(x+1)=210$, $x^2+x-210=0$

$(x+15)(x-14)=0$

$\therefore x=14$($\because$ x는 자연수)

따라서 두 면의 쪽수는 14, 15이므로 구하는 합은

$14+15=29$

22 $x^2-3x+a-2=0$에서 근의 공식에 의하여

$x=\dfrac{-(-3)\pm\sqrt{(-3)^2-4(a-2)}}{2\times1}$

$=\dfrac{3\pm\sqrt{17-4a}}{2}$

이때 해가 모두 유리수가 되려면

$17-4a=k^2$ (단, k는 0 또는 자연수)

(i) $17-4a=1$, $4a=16$ $\quad\therefore a=4$

(ii) $17-4a=9$, $4a=8$ $\quad\therefore a=2$

따라서 모든 자연수 a의 값의 합은 $2+4=6$

23 $3x^2-6x+a=0$의 한 근이 3이므로 대입하면

$27-18+a=0$ $\quad\therefore a=-9$

즉, $3x^2-6x-9=0$에서

$x^2-2x-3=0$, $(x+1)(x-3)=0$

$\therefore x=-1$ 또는 $x=3$

따라서 다른 한 근은 -1이다.

24 학생 수를 x명이라 하면 한 학생에게 돌아가는 볼펜의 개수는 $(x-2)$개이므로

$x(x-2)=120$, $x^2-2x-120=0$

$(x+10)(x-12)=0$

$\therefore x=12$ ($\because$ x는 자연수)

따라서 학생 수는 12명이다.

25 $3x^2-12x+9=0$에서
$x^2-4x+3=0$, $(x-1)(x-3)=0$
$\therefore x=1$ 또는 $x=3$
두 근 중 큰 근은 3이므로
$x^2+(a-2)x-a^2+1=0$에 대입하면
$9+3(a-2)-a^2+1=0$
$-a^2+3a+4=0$, $a^2-3a-4=0$
$(a+1)(a-4)=0$
$\therefore a=-1$ 또는 $a=4$

26 $(2x+1)^2=4(2x+1)-3$에서 $2x+1=t$로 놓으면
$t^2=4t-3$, $t^2-4t+3=0$
$(t-1)(t-3)=0$ $\quad\therefore t=1$ 또는 $t=3$
즉, $2x+1=1$ 또는 $2x+1=3$이므로
$x=0$ 또는 $x=1$
따라서 자연수인 해는 $x=1$

27 연속한 세 홀수 중 가운데 수를 x라 하면
가장 작은 홀수는 $x-2$, 가장 큰 홀수는 $x+2$이므로
$(x-2)^2+(x+2)^2=20x+30$
$2x^2-20x-22=0$, $2(x+1)(x-11)=0$
$\therefore x=-1$ 또는 $x=11$
따라서 가운데 수는 11이므로 구하는 세 홀수는 9, 11, 13이다.

28 두 이차방정식의 공통근이 -2이므로 각 이차방정식에 $x=-2$를 대입하면
$x^2-2x+a=0$에서 $4+4+a=0$ $\quad\therefore a=-8$
$2x^2+bx=6$에서 $8-2b=6$ $\quad\therefore b=1$
$\therefore a+b=(-8)+1=-7$

29 $x-y=A$로 놓으면 $A(A-6)+9=0$
$A^2-6A+9=0$, $(A-3)^2=0$
$\therefore A=3$ $\quad\therefore x-y=3$

30 $x^2+3x-1=0$의 한 근이 a이므로
$a^2+3a-1=0$ $\quad\therefore a^2+3a=1$
$x^2-5x+1=0$의 한 근이 b이므로
$b^2-5b+1=0$ $\quad\therefore b^2-5b=-1$
$\therefore 2a^2+6a+b^2-5b=2(a^2+3a)+b^2-5b$
$=2\times1\times(-1)=1$

31 가로의 길이를 x cm라 하면
세로의 길이는 $(15-x)$ cm이므로
$x(15-x)=54$에서 $-x^2+15x=54$
$x^2-15x+54=0$, $(x-6)(x-9)=0$
$\therefore x=6$ 또는 $x=9$
이때 $x>\frac{15}{2}$이므로 $x=9$
따라서 직사각형의 가로의 길이는 9 cm이다.

32 $x^2-x-6=0$에서 $(x+2)(x-3)=0$
$\therefore x=-2$ 또는 $x=3$
$x^2+ax-8=0$과 공통근을 가지므로
(i) $x=-2$가 공통근일 때,
$4-2a-8=0$, $-2a=4$ $\quad\therefore a=-2$
(ii) $x=3$이 공통근일 때,
$9+3a-8=0$, $3a=-1$ $\quad\therefore a=-\frac{1}{3}$
따라서 정수 a의 값은 -2이다.

중단원 테스트 [2회] 120-123쪽

01 ①	**02** ①	**03** ②	**04** -2	**05** ④
06 ②	**07** 5	**08** $x=2$	**09** ④	**10** ④
11 $x=1$	**12** ③	**13** 3	**14** -3	**15** 2
16 ②	**17** ⑤	**18** ②	**19** -2	**20** ③
21 $x=-5$ 또는 $x=1$			**22** ③	**23** ④
24 5	**25** ④	**26** ⑤	**27** ③	**28** ⑤
29 34	**30** -10	**31** 25	**32** ⑤	

01 $(x+1)(x-2)=x+6$에서
$x^2-x-2=x+6$, $x^2-2x-8=0$
$(x+2)(x-4)=0$
$\therefore x=-2$ 또는 $x=4$

02 $3x^2+ax+b=0$의 두 근이 6, $-\frac{2}{3}$이므로
$3(x-6)\left(x+\frac{2}{3}\right)=0$에서
$3\left(x^2-\frac{16}{3}x-4\right)=0$
$3x^2-16x-12=0$
즉, $a=-16$, $b=-12$이므로 $a-b=-4$

03 $4(3x+2)^2=28$에서 $(3x+2)^2=7$
$3x+2=\pm\sqrt{7}$, $3x=-2\pm\sqrt{7}$
$\therefore x=\frac{-2\pm\sqrt{7}}{3}$

04 $x^2+6x-4k+1=0$이 중근을 가지려면 좌변이 완전제곱식이어야 하므로
$-4k+1=9$에서 $-4k=8$
$\therefore k=-2$

05 $x^2-4x+1=0$에서
$x=\frac{-(-4)\pm\sqrt{(-4)^2-4\times1\times1}}{2\times1}$
$=\frac{4\pm\sqrt{16-4}}{2}=\frac{4\pm2\sqrt{3}}{2}=2\pm\sqrt{3}$

이때 $p>q$이므로 $p=2+\sqrt{3}$, $q=2-\sqrt{3}$

$\therefore 2p+3q=2(2+\sqrt{3})+3(2-\sqrt{3})=10-\sqrt{3}$

06 $x^2-x+a=0$의 한 근이 2이므로

$4-2+a=0$ $\quad\therefore a=-2$

즉, $x^2-x-2=0$이므로

$(x+1)(x-2)=0$ $\quad\therefore x=-1$ 또는 $x=2$

따라서 다른 한 근은 -1이므로 상수 a와 다른 한 근의 곱은 $(-2)\times(-1)=2$

07 $2x^2-6x+a=0$에서

$$x=\frac{-(-6)\pm\sqrt{(-6)^2-4\times2\times a}}{2\times2}$$

$$=\frac{6\pm\sqrt{36-8a}}{4}$$

$$=\frac{6\pm\sqrt{4(9-2a)}}{4}=\frac{3\pm\sqrt{9-2a}}{2}$$

즉, $b=3$이고, $9-2a=5$에서 $a=2$

$\therefore a+b=5$

08 $0.2x^2-0.8=0$의 양변에 10을 곱하면

$2x^2-8=0$, $2(x+2)(x-2)=0$

$\therefore x=-2$ 또는 $x=2$

$\frac{x^2-1}{3}=\frac{x}{2}$의 양변에 6을 곱하면

$2(x^2-1)=3x$, $2x^2-2=3x$

$2x^2-3x-2=0$, $(2x+1)(x-2)=0$

$\therefore x=-\frac{1}{2}$ 또는 $x=2$

따라서 공통인 근은 $x=2$

09 $\frac{1}{2}x^2-0.5x-\frac{1}{3}=0$의 양변에 6을 곱하면

$3x^2-3x-2=0$

근의 공식에 의하여 $x=\frac{3\pm\sqrt{33}}{6}$

따라서 $A=3$, $B=33$이므로 $A+B=36$

10 $x^2-6x+3k=0$이 서로 다른 두 근을 가지므로

$(-6)^2-4\times1\times3k>0$, $36-12k>0$

$\therefore k<3$

따라서 이를 만족시키는 k의 값 중 가장 큰 정수는 2이다.

11 $(3x+1)^2-8(3x+1)+16=0$에서 $3x+1=X$로 놓으면

$X^2-8X+16=0$, $(X-4)^2=0$ $\quad\therefore X=4$

즉, $3x+1=4$이므로 $3x=3$ $\quad\therefore x=1$

12 한 근이 $3+\sqrt{2}$이므로 다른 한 근은 $3-\sqrt{2}$

$\{x-(3+\sqrt{2})\}\{x-(3-\sqrt{2})\}=0$

$\{(x-3)-\sqrt{2}\}\{(x-3)+\sqrt{2}\}=0$, $(x-3)^2-2=0$

$x^2-6x+7=0$이므로 $a=-6$, $b=7$

$\therefore a+b=1$

13 $x^2-4x+k=0$의 한 근을 α라 하면 다른 한 근은 3α이므로

$(x-\alpha)(x-3\alpha)=0$, $x^2-4\alpha x+3\alpha^2=0$

따라서 $-4\alpha=-4$, $3\alpha^2=k$이므로

$\alpha=1$, $k=3$

14 $(x+5)^2=b+1$에서 $x+5=\pm\sqrt{b+1}$

$x=-5\pm\sqrt{b+1}$

즉, $a=-5$이고, $b+1=3$에서 $b=2$

$\therefore a+b=-3$

15 길을 제외한 잔디밭의 가로의 길이는 $(16-x)$ m, 세로의 길이는 $(10-x)$ m이므로

$(16-x)(10-x)=112$에서

$x^2-26x+160=112$, $x^2-26x+48=0$

$(x-2)(x-24)=0$ $\quad\therefore x=2$ 또는 $x=24$

이때 $x<10$이므로 $x=2$

16 $x^2-ax-(a+1)=0$의 일차항의 부호를 바꾸어 풀어서 한 근이 3이 되었으므로

$x^2+ax-(a+1)=0$에 $x=3$을 대입하면

$9+3a-a-1=0$, $2a=-8$ $\quad\therefore a=-4$

즉, $x^2+4x+3=0$이므로 $(x+1)(x+3)=0$

$\therefore x=-1$ 또는 $x=-3$

따라서 두 근의 차는 $-1-(-3)=2$

17 $6x^2-2x+2k+1=0$의 근이 존재하지 않으려면

$(-2)^2-4\times6\times(2k+1)<0$, $-48k<20$

$\therefore k>-\frac{5}{12}$

18 $x^2+2x-2=0$에서 $x^2+2x+1=3$, $(x+1)^2=3$

$\therefore a=1$, $b=3$

따라서 1, 3을 두 근으로 하는 이차방정식은

$a(x-1)(x-3)=0\,(a\neq0)$ 꼴이므로 ②이다.

19 $(m+1)x^2-2mx-4=0$이 중근을 가지므로

$(-2m)^2-4\times(m+1)\times(-4)=0$

$4m^2+16m+16=0$, $4(m+2)^2=0$

$\therefore m=-2$

20 $\frac{n(n-1)}{2}=66$, $n(n-1)=132$

$n^2-n-132=0$, $(n+11)(n-12)=0$

$\therefore n=12\,(\because n>2)$

따라서 모임의 학생 수는 12명이다.

21 두 근이 $-\frac{1}{5}$, 1이고 x^2의 계수가 5인 이차방정식은

$5\left(x+\frac{1}{5}\right)(x-1)=0$, $5x^2-4x-1=0$

$\therefore a=-4$, $b=-1$

즉, $bx^2+ax+5=0$에서 $-x^2-4x+5=0$

$x^2+4x-5=0$, $(x+5)(x-1)=0$

$\therefore x=-5$ 또는 $x=1$

22 $x^2+(k+2)x+2k=0$에 $x=2$를 대입하면

$4+2(k+2)+2k=0$, $4k=-8$ $\quad\therefore k=-2$

따라서 처음 이차방정식은 $x^2-4x=0$이므로

$x(x-4)=0$ $\quad\therefore x=0$ 또는 $x=4$

23 $x^2-8x+15=0$에서 $(x-3)(x-5)=0$

$\therefore x=3$ 또는 $x=5$

$2x^2-9x+9=0$에서 $(2x-3)(x-3)=0$

$\therefore x=\frac{3}{2}$ 또는 $x=3$

따라서 공통인 근은 $x=3$

24 $x^2-ax-2a+1=0$에 $x=-1$을 대입하면

$(-1)^2-a\times(-1)-2a+1=0$

$-a+2=0$ $\quad\therefore a=2$

$a=2$를 주어진 이차방정식에 대입하면

$x^2-2x-3=0$, $(x+1)(x-3)=0$

$\therefore x=-1$ 또는 $x=3$

즉, 다른 한 근은 $x=3$이므로 $b=3$

$\therefore a+b=2+3=5$

25 $x^2-8x-k=0$에서 근의 공식에 의하여

$x=4\pm\sqrt{16+k}$

이때 해가 정수가 되려면 $16+k$는 제곱수이어야 한다.

k는 두 자리 자연수이므로 $16+k$가 제곱수가 되는 가장 작은 두 자리 자연수는

$16+k=36$ $\quad\therefore k=20$

26 ①, ②, ③, ④ $x=-\frac{1}{9}$ 또는 $x=\frac{1}{3}$

⑤ $x=\frac{1}{9}$ 또는 $x=-\frac{1}{3}$

27 ③ $x^2-4x+4=x^2$에서 $-4x+4=0$ (일차방정식)

28 $40+35t-5t^2=0$에서

$t^2-7t-8=0$, $(t+1)(t-8)=0$

$\therefore t=8$ ($\because t>0$)

29 $x^2-6x+1=0$에 $x=a$를 대입하면

$a^2-6a+1=0$

양변을 a로 나누면 $a-6+\frac{1}{a}=0$

$\therefore a+\frac{1}{a}=6$

$\therefore a^2+\frac{1}{a^2}=\left(a+\frac{1}{a}\right)^2-2=6^2-2=34$

30 $2x^2+9x-5=0$에서 $(x+5)(2x-1)=0$

$\therefore x=-5$ 또는 $x=\frac{1}{2}$

따라서 $x=-5$가 $x^2+3x+k=0$의 한 근이므로

$(-5)^2+3\times(-5)+k=0$

$k+10=0$ $\quad\therefore k=-10$

31 $x^2+6x+p=0$이 중근을 가지므로

$p=\left(\frac{6}{2}\right)^2=9$

$p=9$를 $x^2-2(p-4)x+q=0$에 대입하면

$x^2-10x+q=0$

이 이차방정식이 중근을 가지므로

$q=\left(\frac{-10}{2}\right)^2=25$

32 ① $x=\pm\sqrt{18}=\pm3\sqrt{2}$

② $x^2=30$에서 $x=\pm\sqrt{30}$

③ $x^2=12$에서 $x=\pm\sqrt{12}=\pm2\sqrt{3}$

④ $x-3=\pm\sqrt{5}$에서 $x=3\pm\sqrt{5}$

⑤ $(x+1)^2=9$에서 $x+1=\pm3$

$\therefore x=-4$ 또는 $x=2$

중단원 테스트 [서술형] 124-125쪽

01 22 **02** $x=-6$ 또는 $x=-2$

03 $x=-\frac{1}{2}$ 또는 $x=3$ **04** 6

05 $x=-2$ **06** $x=-4$ 또는 $x=-1$

07 10 cm **08** 12 m

01 $x=2$를 이차방정식 $x^2+ax+6=0$에 대입하면

$4+2a+6=0$ $\quad\therefore a=-5$ …… ❶

$x^2-5x+6=0$에서 $(x-2)(x-3)=0$

$\therefore x=2$ 또는 $x=3$

따라서 다른 한 근은 $x=3$이다. …… ❷

$x=3$을 이차방정식 $4x^2-3x+b=0$에 대입하면

$36-9+b=0$ $\quad\therefore b=-27$ …… ❸

$\therefore a-b=-5-(-27)=22$ …… ❹

채점 기준	배점
❶ a의 값 구하기	30 %
❷ 다른 한 근 구하기	30 %
❸ b의 값 구하기	30 %
❹ $a-b$의 값 구하기	10 %

02 $(x+4)(x+3)=0$, 즉 $x^2+7x+12=0$에서

상수항은 제대로 본 것이므로 상수항은 12이다.

$(x+5)(x+3)=0$, 즉 $x^2+8x+15=0$에서

일차항의 계수는 제대로 본 것이므로 일차항의 계수는 8이다.

따라서 처음 이차방정식은

$x^2+8x+12=0$ …… ❶

$x^2+8x+12=0$에서 $(x+6)(x+2)=0$

$\therefore x=-6$ 또는 $x=-2$ …… ❷

채점 기준	배점
❶ 처음 이차방정식 구하기	50 %
❷ 처음 이차방정식의 두 근 구하기	50 %

03 $x^2-6x+k=0$이 중근을 가지므로

$k=\left(-\frac{6}{2}\right)^2=9$ …… ❶

$k=9$를 $(k-7)x^2-5x-3=0$에 대입하면

$2x^2-5x-3=0$, $(2x+1)(x-3)=0$

$\therefore x=-\frac{1}{2}$ 또는 $x=3$ …… ❷

채점 기준	배점
❶ 상수 k의 값 구하기	50 %
❷ 이차방정식의 근 구하기	50 %

04 $x^2-6x+1=0$에서

$x=-(-3)\pm\sqrt{(-3)^2-1\times1}$

$=3\pm\sqrt{8}=3\pm2\sqrt{2}$

따라서 a, b는 $3+2\sqrt{2}$, $3-2\sqrt{2}$이다. …… ❶

$\therefore \frac{1}{a}+\frac{1}{b}=\frac{1}{3+2\sqrt{2}}+\frac{1}{3-2\sqrt{2}}$

$=\frac{3-2\sqrt{2}}{(3+2\sqrt{2})(3-2\sqrt{2})}$

$+\frac{3+2\sqrt{2}}{(3-2\sqrt{2})(3+2\sqrt{2})}$

$=(3-2\sqrt{2})+(3+2\sqrt{2})=6$ …… ❷

채점 기준	배점
❶ 이차방정식의 근 구하기	50 %
❷ $\frac{1}{a}+\frac{1}{b}$의 값 구하기	50 %

05 $2(x+3)^2=x(x+1)$에서

$2(x^2+6x+9)=x^2+x$

$x^2+11x+18=0$, $(x+9)(x+2)=0$

$\therefore x=-9$ 또는 $x=-2$ …… ❶

$\frac{1}{5}x^2-0.6x=2$의 양변에 5를 곱하여 정리하면

$x^2-3x-10=0$, $(x+2)(x-5)=0$

$\therefore x=-2$ 또는 $x=5$ …… ❷

따라서 두 이차방정식의 공통인 근은

$x=-2$이다. …… ❸

채점 기준	배점
❶ $2(x+3)^2=x(x+1)$의 근 구하기	40 %
❷ $\frac{1}{5}x^2-0.6x=2$의 근 구하기	40 %
❸ 공통인 근 구하기	20 %

06 $(x-2)^2+1=5(x-3)$에서

$x^2-4x+4+1=5x-15$

$x^2-9x+20=0$, $(x-4)(x-5)=0$

$\therefore x=4$ 또는 $x=5$

$a>b$이므로 $a=5$, $b=4$ …… ❶

$x^2+5x+4=0$의 좌변을 인수분해하면

$(x+4)(x+1)=0$

$\therefore x=-4$ 또는 $x=-1$ …… ❷

채점 기준	배점
❶ a, b의 값 각각 구하기	50 %
❷ $x^2+ax+b=0$의 해 구하기	50 %

07 상자 밑면의 한 변의 길이를 x cm라 하면

$(x+2)^2-4\times1^2=140$에서 …… ❶

$x^2+4x-140=0$, $(x+14)(x-10)=0$

$\therefore x=-14$ 또는 $x=10$ …… ❷

이때 $x>0$이므로 $x=10$

따라서 상자 밑면의 한 변의 길이는

10 cm이다. …… ❸

채점 기준	배점
❶ 이차방정식 세우기	40 %
❷ 이차방정식 풀기	40 %
❸ 답 구하기	20 %

08 정사각형 모양 꽃밭의 한 변의 길이를 x m라 하면

새로 만든 꽃밭의 가로의 길이는 $(x-2)$ m, 세로의 길이는 $(x+4)$ m이다.

새로 만든 꽃밭의 넓이가 160 m^2이므로

$(x-2)(x+4)=160$ …… ❶

$(x-2)(x+4)=160$의 좌변을 전개하면

$x^2+2x-8=160$, $x^2+2x-168=0$

$(x+14)(x-12)=0$

$\therefore x=-14$ 또는 $x=12$ …… ❷

이때 $x>0$이므로 $x=12$이다.

따라서 처음 꽃밭의 한 변의 길이는 12 m이다. …… ❸

채점 기준	배점
❶ 이차방정식 세우기	40 %
❷ 이차방정식 풀기	40 %
❸ 답 구하기	20 %

대단원 테스트 126-135쪽

01 ③ **02** ② **03** ⑤ **04** 22 **05** ③
06 ① **07** ④ **08** ③ **09** ③ **10** ①
11 ③ **12** ④ **13** ② **14** ①
15 $x=-2$ 또는 $x=3$ **16** ③ **17** -3
18 ⑤ **19** ① **20** ③ **21** ② **22** ②
23 ① **24** ① **25** ① **26** ③ **27** 24
28 7 **29** ④ **30** ① **31** ① **32** ③
33 $x=1$ **34** ③ **35** ④ **36** 6 **37** ③
38 ② **39** 288 **40** ④ **41** ③ **42** ②
43 ② **44** $x+7$ **45** ⑤ **46** ④
47 14, 16 **48** ② **49** ③ **50** ② **51** 9개
52 ③ **53** ② **54** ② **55** ⑤ **56** ③
57 ② **58** $a\neq6$ **59** ② **60** 16초 후
61 ⑤ **62** ① **63** ④ **64** ⑤ **65** ②
66 ⑤ **67** ⑤ **68** -3 **69** 10살
70 $x=-3$ 또는 $x=3$ **71** ④
72 $\frac{1+\sqrt{5}}{2}$ **73** 37 **74** ①
75 ③, ⑤ **76** ④ **77** 32 **78** 47 **79** ⑤
80 2 cm

01 ① x^2+4x+4 ② $x^2-2xy+y^2$
④ $a^2+2ab+b^2$ ⑤ $x^2-6xy+9y^2$

02 $x+y=\sqrt{7}+\sqrt{3}+\sqrt{7}-\sqrt{3}=2\sqrt{7}$
$xy=(\sqrt{7}+\sqrt{3})(\sqrt{7}-\sqrt{3})=7-3=4$
$\therefore \frac{6}{x}+\frac{6}{y}=\frac{6(x+y)}{xy}=\frac{6\times2\sqrt{7}}{4}=3\sqrt{7}$

03 $-x^2y+xy^2=-xy(x-y)=-4\times3=-12$

04 이차방정식이 중근을 가지려면 좌변이 완전제곱식으로 인수분해되어야 한다.
$x^2-18x+6k+3=x^2-2\times x\times9+9^2=(x-9)^2$
으로 인수분해될 수 있으므로 상수항끼리 비교하면
$6k+3=81,\ 6k=78 \qquad \therefore k=13$
$(x-9)^2=0$이므로 $x=9$ (중근)
$\therefore m=9$
$\therefore k+m=13+9=22$

05 주어진 이차방정식의 양변에 15를 곱하면
$15x-5(x^2-1)=3(x+3)$
$15x-5x^2+5=3x+9,\ -5x^2+12x-4=0$
$5x^2-12x+4=0,\ (5x-2)(x-2)=0$
$\therefore x=\frac{2}{5}$ 또는 $x=2$
그런데 $\alpha>\beta$이므로 $\alpha=2,\ \beta=\frac{2}{5}$
$\therefore \alpha-5\beta=2-5\times\frac{2}{5}=0$

06 $(x^2-6x)^2-2(x^2-6x)-35$
$x^2-6x=A$로 놓으면
$A^2-2A-35=(A-7)(A+5)$
$=(x^2-6x-7)(x^2-6x+5)$
$=(x-7)(x+1)(x-5)(x-1)$
따라서 네 일차식의 합은
$(x-7)+(x+1)+(x-5)+(x-1)=4x-12$

07 $a+b=(\sqrt{2}+1)+(\sqrt{2}-1)=2\sqrt{2}$
$a-b=(\sqrt{2}+1)-(\sqrt{2}-1)=2$
$\therefore a^2-b^2=(a+b)(a-b)=2\sqrt{2}\times2=4\sqrt{2}$

08 $x=a$를 이차방정식 $x^2-5x+1=0$에 대입하면
$a^2-5a+1=0$
$a\neq0$이므로 양변을 a로 나누면
$a-5+\frac{1}{a}=0$에서 $a+\frac{1}{a}=5$
$\therefore a^2+\frac{1}{a^2}=\left(a+\frac{1}{a}\right)^2-2=5^2-2=23$

09 $\frac{5}{\sqrt{17}+2\sqrt{3}}=\frac{5(\sqrt{17}-2\sqrt{3})}{(\sqrt{17}+2\sqrt{3})(\sqrt{17}-2\sqrt{3})}$
$=\sqrt{17}-2\sqrt{3}$
이므로 $A=1,\ B=-2$
$\therefore A+B=1+(-2)=-1$

10 $(2x+a)(bx-6)=2bx^2+(ab-12)x-6a$
$=6x^2+cx+18$
이므로 $2b=6,\ ab-12=c, -6a=18$
$\therefore a=-3,\ b=3,\ c=-21$
$\therefore a+b+c=-21$

11 $(x-3)^2=\frac{k}{2}+27$에서 $x-3=\pm\sqrt{\frac{k}{2}+27}$
$\therefore x=3\pm\sqrt{\frac{k}{2}+27}$
두 근이 모두 정수가 되려면
$\frac{k}{2}+27=$(제곱수)가 되어야 한다.
$30\leq k\leq80$이므로 $15\leq\frac{k}{2}\leq40$이고 $42\leq\frac{k}{2}+27\leq67$
즉, $\frac{k}{2}+27=49$ 또는 $\frac{k}{2}+27=64$
$\therefore k=44$ 또는 $k=74$
따라서 모든 자연수 k의 값의 합은 $44+74=118$

12 $\frac{8764\times8766-8765^2+8763}{8762}$
$=\frac{(8765-1)(8765+1)-8765^2+(8765-2)}{8765-3}$
$=\frac{8765^2-1-8765^2+8765-2}{8765-3}=1$

13 $x^2-y^2-6x+9=(x^2-6x+9)-y^2$

$=(x-3)^2-y^2$

$=\{(x-3)-y\}\{(x-3)+y\}$

$=(x-y-3)(x+y-3)$

$x+y=3+\sqrt{3}$, $x-y=4$를 대입하면

(주어진 식)$=(4-3)(3+\sqrt{3}-3)=\sqrt{3}$

14 $x+2=A$로 놓으면

$A^2+3A+2=0$, $(A+1)(A+2)=0$

$\therefore A=-1$ 또는 $A=-2$

$A=x+2$이므로 $x+2=-1$ 또는 $x+2=-2$

$\therefore x=-3$ 또는 $x=-4$

그런데 $\alpha>\beta$이므로 $\alpha=-3$, $\beta=-4$

$\therefore 2\alpha+\beta=2\times(-3)+(-4)=-10$

15 이차항의 계수가 1이고 두 근이 -3과 4인 이차방정식은

$(x+3)(x-4)=0$, $x^2-x-12=0$ …… ㉠

이차항의 계수가 1이고 두 근이 -1과 6인 이차방정식은

$(x+1)(x-6)=0$, $x^2-5x-6=0$ …… ㉡

㉠은 상수항이 잘못되었고 ㉡은 일차항의 계수가 잘못되었으므로 올바른 이차방정식은

$x^2-x-6=0$, $(x+2)(x-3)=0$

$\therefore x=-2$ 또는 $x=3$

16 $25x^2-81y^2=(5x)^2-(9y)^2=(5x+9y)(5x-9y)$

이므로 $60=(5x+9y)\times5$

$\therefore 5x+9y=12$

17 다항식 $x^2+ax+21$의 인수가 $x-3$, $x-b$이므로

$x^2+ax+21=(x-3)(x-b)$

$=x^2-(3+b)x+3b$

$21=3b$에서 $b=7$

$a=-(3+b)=-(3+7)=-10$

$\therefore a+b=-3$

18 $x^2(x+1)-4(x+1)=(x+1)(x^2-4)$

$=(x+1)(x+2)(x-2)$

즉, 주어진 식을

$(x+1)(x+2)(x-2)=(x+1)(x^2-4)$

$=(x^2-x-2)(x+2)$

$=(x^2+3x+2)(x-2)$

로 두 개 이상의 다항식의 곱으로 나타낼 수 있으므로 $x+2$, $x-2$, $x+1$, x^2-4, x^2-x-2, x^2+3x+2는 모두 주어진 식의 인수이다.

19 $a(a-b)-b(b-a)=a(a-b)+b(a-b)$

$=(a-b)(a+b)$

즉, 주어진 식이 두 일차식 $a-b$와 $a+b$의 곱으로 인수분해되므로 그 합은

$a-b+a+b=2a$

20 길의 폭을 x m라고 하면 길을 제외하고 네 부분의 잔디밭을 이어 붙이면 가로의 길이가 $(30-x)$ m, 세로의 길이가 $(20-x)$ m인 직사각형 모양과 같으므로

길을 제외한 잔디밭의 넓이는 $(30-x)(20-x)\text{m}^2$

이때 길을 제외한 잔디밭의 넓이가 $416\ \text{m}^2$이므로

$(30-x)(20-x)=416$, $600-50x+x^2=416$

$x^2-50x+184=0$, $(x-4)(x-46)=0$

$\therefore x=4$ 또는 $x=46$

그런데 $x>0$, $20-x>0$에서 $0<x<20$이므로 $x=4$

따라서 길의 폭은 4 m이다.

21 $x^2-8x+12=(x-2)(x-6)$이므로

일차식인 두 인수는 $x-2$, $x-6$

따라서 두 일차식의 합은

$(x-2)+(x-6)=2x-8$

22 $x=\dfrac{1}{\sqrt{5}-2}=\sqrt{5}+2$에서 $x-2=\sqrt{5}$

양변을 제곱하면 $x^2-4x+4=5$

$x^2-4x=1$

$\therefore 2x^2-8x=2(x^2-4x)=2\times1=2$

23 $(x-5)^2+3(x-5)-28=0$에서

$A=x-5$로 놓으면 $A^2+3A-28=0$

$(A+7)(A-4)=0$

$(x-5+7)(x-5-4)=0$

$(x+2)(x-9)=0$

$\therefore x=-2$ 또는 $x=9$

따라서 두 근의 곱은 $(-2)\times9=-18$

24 $9x^2-12x-1=0$에서

$x=\dfrac{-(-6)\pm\sqrt{(-6)^2-9\times(-1)}}{9}$

$=\dfrac{6\pm3\sqrt{5}}{9}=\dfrac{2\pm\sqrt{5}}{3}$

따라서 $a=\dfrac{2+\sqrt{5}}{3}$이므로

$3a-\sqrt{5}=3\times\dfrac{2+\sqrt{5}}{3}-\sqrt{5}=2$

25 $(x+2a)(x-8)+4=x^2+2(a-4)x-16a+4$

가 완전제곱식이 되려면 $(a-4)^2=-16a+4$에서

$a^2-8a+16+16a-4=0$

$a^2+8a+12=0$, $(a+2)(a+6)=0$

$\therefore a=-2$ 또는 $a=-6$

따라서 모든 a의 값의 합은 $-2+(-6)=-8$

26 ① $4x^2-1=(2x+1)(2x-1)$

② $4x^2+2x=2x(2x+1)$

③ $2x^2+5x-3=(x+3)(2x-1)$

④ $2x^2+15x+7=(x+7)(2x+1)$

⑤ $4x^2+4x+1=(2x+1)^2$

27 연속하는 세 자연수 중에서 가운데 수를 x라고 하면 가장 큰 수는 $x+1$, 가장 작은 수는 $x-1$이므로
$(x+1)^2=2x(x-1)-31$에서
$x^2+2x+1=2x^2-2x-31$, $x^2-4x-32=0$
$(x+4)(x-8)=0$ $\quad\therefore x=-4$ 또는 $x=8$
그런데 x는 자연수이므로 $x=8$이다.
따라서 연속하는 세 자연수는 7, 8, 9이고 그 합은
$7+8+9=24$

28 $a-1<0$, $a+6>0$이므로
$\sqrt{a^2-2a+1}+\sqrt{a^2+12a+36}$
$=\sqrt{(a-1)^2}+\sqrt{(a+6)^2}$
$=-(a-1)+a+6=-a+1+a+6=7$

29 ① $3x+2=0$ (일차방정식)
② $3x+5=0$ (일차방정식)
③ $5x-1=0$ (일차방정식)
④ $4x^2+2x-1=0$ (이차방정식)
⑤ $2x^3+5x^2+3x-2=0$ (이차방정식이 아니다.)

30 $2x^2-18=2(x^2-9)=2(x+3)(x-3)$
$6x^2-17x-3=(x-3)(6x+1)$
따라서 두 다항식의 공통인수는 $x-3$이다.

31 $x^2+y^2=(x+y)^2-2xy$이므로
$15=3^2-2xy$, $2xy=-6$ $\quad\therefore xy=-3$
$\therefore \frac{x}{y}+\frac{y}{x}=\frac{x^2+y^2}{xy}=\frac{15}{-3}=-5$

32 $(x-3)(x-5)=24$에서
$x^2-8x+15=24$, $x^2-8x=9$
$x^2-8x+16=9+16$
$(x-4)^2=25$이므로 $p=-4$, $q=25$
$\therefore p+q=-4+25=21$

33 $x^2-6x+5=0$에서 $(x-1)(x-5)=0$
$\therefore x=1$ 또는 $x=5$
$2(x+2)^2=18$에서 $(x+2)^2=9$
$x+2=\pm3$ $\quad\therefore x=1$ 또는 $x=-5$
따라서 두 이차방정식의 공통인 해는 $x=1$이다.

34 ① $a^2-1=a^2-1^2=(a+1)(a-1)$
② $-x^2+y^2=-(x^2-y^2)=-(x+y)(x-y)$
③ $10x^2-40=10(x^2-4)=10(x^2-2^2)$
$=10(x+2)(x-2)$
④ $36a^2-25b^2=(6a)^2-(5b)^2=(6a+5b)(6a-5b)$
⑤ $ax^2-16ay^2=a(x^2-16y^2)=a\{x^2-(4y)^2\}$
$=a(x+4y)(x-4y)$

35 $x=-2$를 $x^2-ax-8=0$에 대입하면
$(-2)^2-a\times(-2)-8=0$
$4+2a-8=0$, $2a=4$ $\quad\therefore a=2$
따라서 주어진 이차방정식은 $x^2-2x-8=0$이므로
$(x+2)(x-4)=0$ $\quad\therefore x=-2$ 또는 $x=4$

36 $(x+b)^2=x^2+2bx+b^2=x^2-6x+a$에서
$2b=-6$ $\quad\therefore b=-3$
$b^2=a$, $(-3)^2=a$ $\quad\therefore a=9$
$\therefore a+b=9+(-3)=6$

37 $4x^2+20xy+\square y^2=(2x)^2+2\times2x\times5y+(5y)^2$
$=(2x+5y)^2$
으로 완전제곱식이 되므로
$(5y)^2=25y^2$ $\quad\therefore \square=25$
$x^2+\square x+\frac{25}{4}=x^2\pm2\times x\times\frac{5}{2}+\left(\frac{5}{2}\right)^2$
$=\left(x\pm\frac{5}{2}\right)^2$
으로 완전제곱식이 되므로 $\square=\pm5$이다.
따라서 $\square$ 안에 알맞은 두 양수의 합은
$25+5=30$

38 $x^2-8x+15=0$에서 $(x-3)(x-5)=0$
$\therefore x=3$ 또는 $x=5$
$3x^2-5x-12=0$에서 $(3x+4)(x-3)=0$
$\therefore x=-\frac{4}{3}$ 또는 $x=3$
따라서 공통인 해는 $x=3$이다.

39 $x+y=4+\sqrt{2}+4-\sqrt{2}=8$
$xy=(4+\sqrt{2})(4-\sqrt{2})=16-2=14$
$\therefore x^3+x^2y+xy^2+y^3=x^2(x+y)+y^2(x+y)$
$=(x^2+y^2)(x+y)$
$=\{(x+y)^2-2xy\}(x+y)$
$=(64-28)\times8$
$=288$

40 $a-b=A$로 놓으면
$(a-b-1)(a-b-4)=(A-1)(A-4)$
$=A^2-5A+4$
$=(a-b)^2-5(a-b)+4$
$=a^2-2ab+b^2-5a+5b+4$
따라서 ab항의 계수는 -2, 상수항은 4이므로 그 합은 2이다.

41 근이 존재하지 않으려면 $(-2)^2-4\times4\times(3-k)<0$
$4-48+16k<0$, $16k<44$ $\quad\therefore k<\frac{11}{4}$
따라서 $k<\frac{11}{4}$인 k의 값 중 가장 큰 정수는 2이다.

42 중근을 가지므로 $(4k-3)^2-36=0$
$(4k-3)^2=36$, $4k-3=\pm6$
$\therefore k=\frac{9}{4}$ 또는 $k=-\frac{3}{4}$

따라서 모든 k의 값의 곱은

$\frac{9}{4}\times\left(-\frac{3}{4}\right)=-\frac{27}{16}$

43 $(x+3)(x+A)=x^2+(3+A)x+3A$에서 x의 계수가 2이므로

$3+A=2$

$\therefore A=-1$

따라서 상수항은 $3A=-3$

44 도형 A의 넓이는 $(x+5)^2-4=x^2+10x+21$

도형 B의 넓이는 도형 A의 넓이와 같으므로

$x^2+10x+21$

이때 $x^2+10x+21=(x+3)(x+7)$이므로

도형 B의 가로의 길이는 $x+7$이다.

45 $2x+1=A$로 놓으면

$A^2+2A-24=0$, $(A-4)(A+6)=0$

$A=2x+1$을 대입하면

$(2x+1-4)(2x+1+6)=0$

$(2x-3)(2x+7)=0$

$\therefore x=\frac{3}{2}=\alpha$ 또는 $x=-\frac{7}{2}=\beta$

$\therefore \alpha-\beta=\frac{3}{2}-\left(-\frac{7}{2}\right)=5$

46 $(x-1)^2+6(x-1)+9$에서

$x-1=A$로 놓으면

$A^2+6A+9=(A+3)^2$이고

$A=x-1$이므로 $(x-1+3)^2=(x+2)^2$

이때 $x=\sqrt{2}-2$를 위 식에 대입하면

$(\sqrt{2}-2+2)^2=(\sqrt{2})^2=2$

47 두 카드에 적힌 수 중 작은 수를 x라 하면

큰 수는 $x+2$이므로

$x^2+(x+2)^2=452$, $2x^2+4x-448=0$

$x^2+2x-224=0$, $(x+16)(x-14)=0$

$\therefore x=14\ (\because\ x>0)$

따라서 연속하는 두 짝수는 14, 16이다.

48 $x^2+Ax+18=(x+B)(x-2)$

$=x^2-(2-B)x-2B$

에서 $18=-2B$ $\quad\therefore B=-9$

$A=-(2-B)=-(2+9)=-11$

$\therefore A+B=-11+(-9)=-20$

49 $(5x+a)(x+b)=5x^2+(a+5b)x+ab$

이므로 $3=ab$, $m=a+5b$

따라서 a, b의 값을 순서쌍 (a, b)로 나타내면

$(1, 3)$, $(-1, -3)$, $(3, 1)$, $(-3, -1)$

$\therefore m=\pm16$ 또는 $m=\pm8$

50 $4x^2-11x-3=0$에서 $(4x+1)(x-3)=0$

$\therefore x=-\frac{1}{4}$ 또는 $x=3$

즉, $x^2+ax+b=0$의 두 근은

$x=-\frac{1}{4}+1=\frac{3}{4}$ 또는 $x=3+1=4$이므로

$\left(x-\frac{3}{4}\right)(x-4)=0$ $\quad\therefore x^2-\frac{19}{4}x+3=0$

따라서 $a=-\frac{19}{4}$, $b=3$이므로

$a+b=-\frac{19}{4}+3=-\frac{7}{4}$

51 한 학생이 받게 되는 사탕의 개수를 x개라고 하면 학생 수는 한 학생이 받는 사탕의 수보다 6만큼 더 크므로 $(x+6)$명이다.

모두 사탕 135개를 나눠줬으므로

$x(x+6)=135$, $x^2+6x=135$

$x^2+6x-135=0$, $(x+15)(x-9)=0$

$\therefore x=-15$ 또는 $x=9$

이때 $x>0$이므로 $x=9$

따라서 한 학생이 받게 되는 사탕의 개수는 9개이다.

52 $x^3+x^2-x-1=x^2(x+1)-(x+1)$

$=(x+1)(x^2-1)$

$=(x+1)^2(x-1)$

따라서 x^2+1은 인수가 아니다.

53 $9x^2-36y^2=9(x^2-4y^2)=9\{x^2-(2y)^2\}$

$=9(x+2y)(x-2y)$

$3x^2-12xy+12y^2=3(x^2-4xy+4y^2)$

$=3(x-2y)^2$

따라서 두 다항식의 공통인수는 $x-2y$이다.

54 $x=3+2\sqrt{2}$이므로 $x-3=2\sqrt{2}$

양변을 제곱하면 $(x-3)^2=8$

$x^2-6x+9-8=0$, $x^2-6x+1=0$

따라서 $p=-6$, $q=1$이므로 $p+q=-5$

55 $x-1=-\sqrt{3}$이므로

$x^2-2x+3=(x^2-2x+1)+2=(x-1)^2+2$

$=(-\sqrt{3})^2+2=5$

56 $5(x-2)^2=30$에서 $(x-2)^2=6$

$x-2=\pm\sqrt{6}$ $\quad\therefore x=2\pm\sqrt{6}$

따라서 $a=2$, $b=6$이므로

$a+b=8$

57 $(x+1)(x-2)=2x-4$에서

$x^2-x-2=2x-4$, $x^2-3x+2=0$

$(x-1)(x-2)=0$ $\quad\therefore x=1$ 또는 $x=2$

즉, $a=2$, $b=1$이므로 $x^2+2x+1=0$을 풀면

$(x+1)^2=0$ $\quad\therefore x=-1$(중근)

58 $(2x-1)(3x+1)=x(ax-5)$에서
$6x^2-x-1=ax^2-5x$
$(6-a)x^2+4x-1=0$
이차방정식이 되려면 $6-a\neq0$이어야 한다.
$\therefore a\neq6$

59 $x^2+Ax-14=(x-2)(x+p)$에서
$-2p=-14 \quad \therefore p=7$
$\therefore A=7+(-2)=5$
$2x^2-3x+B=(x-2)(2x+q)$에서
$q-4=-3 \quad \therefore q=1$
$\therefore B=-2\times1=-2$
$\therefore A+B=5+(-2)=3$

60 수직으로 쏘아 올린 물체가 지면에 떨어질 때의 높이는 0 m이므로 $80t-5t^2=0$에서
$-5t^2+80t=0$, $t^2-16t=0$, $t(t-16)=0$
$\therefore t=0$ 또는 $t=16$
그런데 $t>0$이므로 $t=16$
즉, 물체가 지면에 떨어지는 것은 쏘아 올리고 나서 16초 후이다.

61 $x^2+bx+a=0$의 두 근이 -2, 7이므로
$(x+2)(x-7)=0$, $x^2-5x-14=0$
$\therefore a=-14$, $b=-5$
따라서 처음 이차방정식 $x^2-14x-5=0$의 해는
$x=-(-7)\pm\sqrt{(-7)^2-1\times(-5)}=7\pm3\sqrt{6}$

62 $y-z=A$로 놓으면
(주어진 식)$=\{x+(y-z)\}\{x-(y-z)\}+(y-z)^2$
$=(x+A)(x-A)+A^2$
$=x^2-A^2+A^2$
$=x^2$

63 $x^2+10x-k=0$에서 $x^2+10x=k$
$x^2+10x+25=k+25$, $(x+5)^2=k+25$
$x+5=\pm\sqrt{k+25} \quad \therefore x=-5\pm\sqrt{k+25}$
이때 x가 정수가 되려면 $k+25$가 제곱수이어야 한다.
k는 두 자리 자연수이므로 $k+25$가 될 수 있는 수는 36, 49, 64, 81, 100, 121이다.
따라서 k의 값이 될 수 있는 수는 11, 24, 39, 56, 75, 96으로 6개이다.

64 ① 9 ② 4 ③ 8 ④ -2 ⑤ -3
따라서 □ 안에 알맞은 수가 가장 작은 것은 ⑤이다.

65 $(x+2)(x-12)=x^2-10x-24$이므로
A의 상수항은 -24
$(x+6)(x-8)=x^2-2x-48$이므로
A의 x의 계수는 -2
따라서 $A=x^2-2x-24$이고 인수분해하면
$x^2-2x-24=(x+4)(x-6)$

66 $2x^2+ax-14=0$에 $x=2$를 대입하면 $a=3$
$2x^2+3x-14=0$에서 $(2x+7)(x-2)=0$
$\therefore x=-\frac{7}{2}$ 또는 $x=2$
따라서 $a=3$, $b=-\frac{7}{2}$이므로 $a+b=-\frac{1}{2}$

67 $x^2-7x+2=0$에 $x=a$를 대입하면
$a^2-7a+2=0$
$a\neq0$이므로 양변을 a로 나누면
$a-7+\frac{2}{a}=0 \quad \therefore a+\frac{2}{a}=7$

68 $(2x-1)^2-9x^2=4x^2-4x+1-9x^2$
$=-5x^2-4x+1$
$=(x+1)(-5x+1)$
에서 $a=1$, $b=-5$
$\therefore 2a+b=2+(-5)=-3$

69 형의 나이를 x살이라고 하면 동생의 나이는 $(x-3)$살이다.
형의 나이의 제곱은 x^2이고 동생의 나이의 10배는 $10(x-3)$이므로
$x^2=10(x-3)+30$, $x^2=10x-30+30$
$x^2-10x=0$, $x(x-10)=0$
$\therefore x=0$ 또는 $x=10$
그런데 $x>0$이므로 $x=10$이다.
따라서 형의 나이는 10살이다.

70 $(2x-1)^2+2(2x-1)-35=0$에서
$2x-1=A$로 놓으면 $A^2+2A-35=0$
$(A+7)(A-5)=0 \quad \therefore A=-7$ 또는 $A=5$
즉, $2x-1=-7$ 또는 $2x-1=5$이므로
$x=-3$ 또는 $x=3$

71 $x^2-2xy+y^2=(x-y)^2=(x+y)^2-4xy$
$=36-12=24$

72 $\overline{AB}=\overline{AE}=1$이므로 $\overline{DE}=x-1$
□ABCD와 □DEFC는 닮음이므로
$\overline{AD}:\overline{AB}=\overline{DC}:\overline{DE}$, $x:1=1:(x-1)$
$x(x-1)=1$, $x^2-x-1=0$
$x=\frac{-(-1)\pm\sqrt{(-1)^2-4\times1\times(-1)}}{2}$
$=\frac{1\pm\sqrt{5}}{2}$
이때 $x>0$이므로 $x=\frac{1+\sqrt{5}}{2}$

73 $(x+1)(x+2)(x-4)(x-5)$
$=(x+1)(x-4)(x+2)(x-5)$
$=(x^2-3x-4)(x^2-3x-10)$

$x^2-3x=A$로 놓으면

(주어진 식)$=(A-4)(A-10)$

$=A^2-14A+40$

$=(x^2-3x)^2-14(x^2-3x)+40$

$=x^4-6x^3-5x^2+42x+40$

따라서 x^2의 계수는 -5, x의 계수는 42이므로 구하는 합은 37이다.

74 $x^2-(k+2)x+(3k-3)=0$이 중근을 가지려면

$(k+2)^2-4\times1\times(3k-3)=0$

$k^2+4k+4-12k+12=0$

$k^2-8k+16=0$, $(k-4)^2=0$ $\quad\therefore k=4$

주어진 이차방정식에 $k=4$를 대입하면

$x^2-6x+9=0$, $(x-3)^2=0$ $\quad\therefore x=3$

따라서 k의 값과 그 중근의 합은 $4+3=7$

75 $2^{16}-1=(2^8-1)(2^8+1)=(2^4-1)(2^4+1)(2^8+1)$

$=15\times17\times257$

이므로 $2^{16}-1$은 15와 17에 의해 나누어떨어진다.

76 $4x^2+7x+A=0$에서

$x=\dfrac{-7\pm\sqrt{7^2-4\times4\times A}}{2\times4}=\dfrac{-7\pm\sqrt{49-16A}}{8}$

$=\dfrac{-7\pm\sqrt{17}}{8}$

이므로 $49-16A=17$, $16A=32$ $\quad\therefore A=2$

77 $a^2+5a+3=0$에서 $a^2+5a=-3$

$a^2+5a+7=-3+7=4$

$b^2-3b-9=0$에서 $b^2-3b=9$

$2b^2-6b-10=2\times9-10=8$

$\therefore (a^2+5a+7)(2b^2-6b-10)=4\times8=32$

78 $a^2+\dfrac{1}{a^2}=\left(a+\dfrac{1}{a}\right)^2-2\times a\times\dfrac{1}{a}$

$=3^2-2=7$

이므로

$a^4+\dfrac{1}{a^4}=\left(a^2+\dfrac{1}{a^2}\right)^2-2\times a^2\times\dfrac{1}{a^2}$

$=7^2-2=47$

79 $4x^2+ax+b$가 $2x+3$, $2x-5$를 인수로 가지므로

$4x^2+ax+b=(2x+3)(2x-5)$

$=4x^2-4x-15$

에서 $a=-4$, $b=-15$

$\therefore ab=(-4)\times(-15)=60$

80 잘라 낸 정사각형의 한 변의 길이를 x cm라 하면 상자의 밑면의 한 변의 길이는 $(12-2x)$cm이고 밑면의 넓이는 $(12-2x)^2$ cm^{2}이다.

상자의 밑면의 넓이가 64 cm^{2}이므로

$(12-2x)^2=64$에서 $4(x-6)^2=64$

$(x-6)^2=16$, $x-6=\pm4$

$x=6\pm4$ $\quad\therefore x=10$ 또는 $x=2$

그런데 $0<x<6$이므로 $x=2$

따라서 잘라 내는 정사각형의 한 변의 길이는 2 cm이다.

대단원 테스트 [고난도] 136-139쪽

01 840	**02** 8	**03** ②	**04** -10	
05 $(2x-1)(3x+4)$			**06** 540π cm^3	
07 ③	**08** ③	**09** $(x-3)(x-6)$		
10 $15\sqrt{13}$	**11** 18가지	**12** 2	**13** ①	**14** ④
15 3	**16** ⑤	**17** 3	**18** $(2+5\sqrt{2})$ cm	
19 4	**20** 25	**21** 85	**22** ⑤	
23 (2, 4)	**24** $3-\sqrt{3}$			

01 $x^2+9x-10=0$에서 $x^2+9x=10$

$(x+3)(x+4)(x+5)(x+6)$

$=\{(x+3)(x+6)\}\{(x+4)(x+5)\}$

$=(x^2+9x+18)(x^2+9x+20)$

$=(10+18)(10+20)$

$=28\times30=840$

02 $a^2-b^2=(a+b)(a-b)$이므로 $(a+b)(a-b)=13$

이때 a, b는 자연수이므로 $a-b<a+b$

또 $a+b>0$이므로 $a-b>0$

$\therefore a-b=1$, $a+b=13$

위의 두 식을 연립하여 풀면 $a=7$, $b=6$

$\therefore 2a-b=8$

03 (주어진 식)$=\dfrac{a+b+1}{(a+2b)(a+b)+(a+2b)}$

$=\dfrac{a+b+1}{(a+2b)(a+b+1)}$

$=\dfrac{1}{a+2b}$

$=\dfrac{1}{(4-2\sqrt{3})+2(\sqrt{3}-3)}$

$=-\dfrac{1}{2}$

04 x에 대하여 내림차순으로 정리하여 인수분해하면

$x^2-(4y+6)x+3y^2+2y-16$

$=x^2-(4y+6)x+(y-2)(3y+8)$

$$\begin{array}{lllll} 1 & \searrow\nearrow & -(y-2) & \longrightarrow & -(y-2) \\ 1 & \nearrow\searrow & -(3y+8) & \longrightarrow & \underline{-(3y+8)} \\ & & & & -4y-6 \end{array}$$

$=(x-y+2)(x-3y-8)$

$\therefore a+b+c+d=-1+2-3-8=-10$

05 A는 상수항은 바르게 보았으므로

$(x+4)(6x-1)=6x^2+23x-4$

에서 처음 이차식의 상수항은 -4이다.

B는 x의 계수는 바르게 보았으므로

$(2x+1)(3x+1)=6x^2+5x+1$

에서 처음 이차식의 x의 계수는 5이다.

처음 이차식의 x^2의 계수는 6이므로 처음 이차식은 $6x^2+5x-4$이다.

$\therefore 6x^2+5x-4=(2x-1)(3x+4)$

06 (원기둥의 부피)=(밑면의 넓이)×(높이)이므로

(바깥쪽 큰 원기둥의 부피)$=\pi\times6.5^2\times18(\text{cm}^3)$

(안쪽 작은 원기둥의 부피)$=\pi\times3.5^2\times18(\text{cm}^3)$

따라서 남아 있는 휴지의 부피는

$\pi\times6.5^2\times18-\pi\times3.5^2\times18$

$=18\pi(6.5^2-3.5^2)$

$=18\pi(6.5+3.5)(6.5-3.5)$

$=18\pi\times10\times3=540\pi(\text{cm}^3)$

07 $\sqrt{x^2+6x+9}+\sqrt{x^2-10x+25}$

$=\sqrt{(x+3)^2}+\sqrt{(x-5)^2}$

이때 $-3<x<5$이므로 $x+3>0$, $x-5<0$

$\therefore$ (주어진 식)$=x+3-(x-5)=8$

08 $ax^2+8x+1=(Ax+1)(Bx+1)$ (A, B는 자연수)이라 하면

$A+B=8$을 만족하는 A, B의 순서쌍 (A, B)는

$(1, 7)$, $(2, 6)$, $(3, 5)$, $(4, 4)$, $(5, 3)$, $(6, 2)$, $(7, 1)$

이때 $a=AB$이므로

최댓값 $M=4\times4=16$, 최솟값 $N=1\times7=7$

$\therefore M-N=16-7=9$

09 $x-3$이 다항식 $x^2+ax+18$의 인수이므로

$x^2+ax+18=(x-3)(x+m)$

$=x^2+(-3+m)x-3m$

에서 $18=-3m$ $\quad\therefore m=-6$

$\therefore a=-3+m=-3-6=-9$

$x-3$이 다항식 x^2+3x+b의 인수이므로

$x^2+3x+b=(x-3)(x+n)$

$=x^2+(-3+n)x-3n$

에서 $3=-3+n$ $\quad\therefore n=6$

$\therefore b=-3n=-3\times6=-18$

$\therefore x^2+ax-b=x^2-9x+18=(x-3)(x-6)$

10 $(a-b)^2=(a+b)^2-4ab=5^2-4\times3=13$이고

$a>b$에서 $a-b>0$이므로 $a-b=\sqrt{13}$

$\therefore a^3b-ab^3=ab(a^2-b^2)$

$=ab(a+b)(a-b)$

$=3\times5\times\sqrt{13}=15\sqrt{13}$

11 $ax^2+bx+c=0$이 이차방정식이 되려면 $a\neq0$이므로 이차방정식이 되는 경우를 순서쌍 (a, b, c)로 나타내면

$a=4$일 때, 3, 0, 1에서 b, c의 값을 결정하면 되므로 (b, c)를 구해 보면

$(3, 0)$, $(3, 1)$, $(0, 3)$, $(0, 1)$, $(1, 0)$, $(1, 3)$

의 6가지이다.

$a=3$일 때, 4, 0, 1에서 b, c의 값을 결정하면 되므로 (b, c)를 구해 보면

$(4, 0)$, $(4, 1)$, $(0, 4)$, $(0, 1)$, $(1, 0)$, $(1, 4)$

의 6가지이다.

$a=1$일 때, 4, 3, 0에서 b, c의 값을 결정하면 되므로 (b, c)를 구해 보면

$(4, 3)$, $(4, 0)$, $(3, 4)$, $(3, 0)$, $(0, 3)$, $(0, 4)$

의 6가지이다.

따라서 구하는 경우는 모두 18가지이다.

12 중근을 가지려면 $\left(\frac{4a}{2}\right)^2=-5a+6$에서

$4a^2+5a-6=0$, $(a+2)(4a-3)=0$

$\therefore a=-2$ 또는 $a=\frac{3}{4}$

이때 $x^2+4ax-5a+6=0$이 양수인 중근을 가지므로

$(x+2a)^2=0$에서 $2a<0$, 즉 $a<0$

$\therefore a=-2$

즉, $x^2-8x+16=0$에서 $(x-4)^2=0$ $\quad\therefore x=4$

$\therefore b=4$

$\therefore a+b=(-2)+4=2$

13 $<x>^2-12=<x>$에서

$<x>^2-<x>-12=0$

$(<x>+3)(<x>-4)=0$

$\therefore <x>=4$ ($\because <x>\geq0$)

따라서 x보다 작은 소수가 4개이어야 하므로 $x>7$

이때 11은 소수이지만 11보다 작은 소수에는 포함되지 않으므로

$7<x\leq11$

14 (주어진 식)$=(a+b)^2-2(a+b)-3$

$=(a+b-3)(a+b+1)$

$=(5-3)(5+1)=12$

15 $90=A$로 놓으면

$\sqrt{(A-1)(A+1)+1}=\sqrt{A^2}=90$

이므로 $10\times a^2=90$, $a^2=9$

$\therefore a=3$ ($\because a>0$)

16 $a-b=A$로 놓으면

$A^2-5A-24=0$

$(A+3)(A-8)=0$

$\therefore A=-3$ 또는 $A=8$

이때 $a>b$이므로 $A>0$

$\therefore a-b=8$

17 $x=\frac{1}{2+\sqrt{3}}=\frac{2-\sqrt{3}}{(2+\sqrt{3})(2-\sqrt{3})}=2-\sqrt{3}$

이므로 다른 한 근은 $x=2+\sqrt{3}$

$\{x-(2-\sqrt{3})\}\{x-(2+\sqrt{3})\}=0$

$\{(x-2)+\sqrt{3}\}\{(x-2)-\sqrt{3}\}=0$

$(x-2)^2-3=0$

$x^2-4x+1=0$이므로 $k+1=4$

$\therefore k=3$

18 새로운 정사각형의 한 변의 길이는 $(x-2)$ cm이고

그 넓이가 50 cm^2이므로

$(x-2)^2=50$, $x-2=\pm5\sqrt{2}$ $\quad\therefore x=2\pm5\sqrt{2}$

그런데 $x>0$이므로 $x=2+5\sqrt{2}$

따라서 처음 정사각형의 한 변의 길이는

$(2+5\sqrt{2})$ cm이다.

19 $2x+1=\pm\sqrt{6k+1}$에서 $2x=-1\pm\sqrt{6k+1}$

$\therefore x=\frac{-1\pm\sqrt{6k+1}}{2}$

해가 정수가 되려면 $\sqrt{6k+1}$이 홀수인 자연수이어야 한다.

$\sqrt{6k+1}=n$이라 하면 $6k+1=n^2$

$6k=n^2-1$ $\quad\therefore k=\frac{n^2-1}{6}$

n이 홀수인 자연수이므로 $n=1, 3, 5, \cdots$를 대입하면

k의 값이 가장 작은 자연수일 때의 n의 값은 5이다.

$\therefore k=\frac{5^2-1}{6}=4$

20 $(x+a)(x+b)=x^2+(a+b)x+ab$이므로

$a+b=m$, $ab=-26$

$ab=-26$을 만족시키는 정수 a, b의 순서쌍 (a, b)는

$(-26, 1)$, $(-13, 2)$, $(-2, 13)$, $(-1, 26)$,

$(1, -26)$, $(2, -13)$, $(13, -2)$, $(26, -1)$

(i) $(-26, 1)$, $(1, -26)$일 때, $m=-25$

(ii) $(-13, 2)$, $(2, -13)$일 때, $m=-11$

(iii) $(-2, 13)$, $(13, -2)$일 때, $m=11$

(iv) $(-1, 26)$, $(26, -1)$일 때, $m=25$

따라서 m의 최댓값은 25이다.

21 $(x-3)(y+3)=xy+3(x-y)-9$이므로

$24=12+3(x-y)-9$ $\quad\therefore x-y=7$

$\therefore x^2+xy+y^2=(x-y)^2+3xy$

$=7^2+3\times12=85$

22 x초 후의 가로의 길이는 $(20-x)$ cm,

세로의 길이는 $(16+2x)$ cm이다.

$(20-x)(16+2x)=20\times16$이므로

$320+24x-2x^2=320$, $x^2-12x=0$

$x(x-12)=0$ $\quad\therefore x=12\ (\because x>0)$

따라서 12초 후에 넓이가 처음 직사각형의 넓이와 같아진다.

23 직선 AB의 방정식은 $y=-2x+8$이므로

점 P의 좌표를 $(a, -2a+8)$이라 하면

$\triangle MPO=\frac{1}{2}a(-2a+8)=-a^2+4a$

$\triangle MPO=\frac{1}{4}\triangle OAB$에서

$-a^2+4a=\frac{1}{4}\times16$

$a^2-4a+4=0$, $(a-2)^2=0$ $\quad\therefore a=2$(중근)

따라서 점 P의 좌표는 $(2, 4)$이다.

24 $\overline{PQ}=x$라 하면

$\triangle PBQ\backsim\triangle ABC$(AA 닮음)이므로

$\overline{BQ}:\overline{BC}=\overline{PQ}:\overline{AC}$

$\overline{BQ}:8=x:6$ $\quad\therefore \overline{BQ}=\frac{4}{3}x$

$\therefore \overline{QC}=\overline{BC}-\overline{BQ}=8-\frac{4}{3}x$

$\triangle ABC=\frac{1}{2}\times8\times6=24$이므로

$\square PQCR=\frac{1}{3}\triangle ABC=\frac{1}{3}\times24=8$

$\square PQCR=\overline{PQ}\times\overline{QC}$이므로

$x\left(8-\frac{4}{3}x\right)=8$, $-\frac{4}{3}x^2+8x-8=0$

$x^2-6x+6=0$ $\quad\therefore x=3\pm\sqrt{3}$

그런데 $0<x<3$이므로 $\overline{PQ}$의 길이는 $3-\sqrt{3}$

Ⅲ. 이차함수

1. 이차함수와 그래프

01. $y=ax^2$의 그래프

소단원 집중 연습 142-143쪽

01 (1) × (2) ○ (3) ○ (4) ×

02 (1) 2 (2) 4 (3) 11 (4) $-\frac{3}{2}$

03 (1) ○ (2) × (3) × (4) ○

04 (1) × (2) ○ (3) ○ (4) ×

05 (1) ○ (2) × (3) ○ (4) × (5) × (6) × (7) × (8) ○

06 (1) 2 (2) 1 (3) $\frac{3}{2}$ (4) 4 (5) $-\frac{2}{3}$

07 (1) ㄴ, ㄷ, ㅁ (2) ㅂ (3) ㄹ과 ㅁ

소단원 테스트 [1회] 144-145쪽

01 ⑤	**02** ⑤	**03** ③	**04** ④	**05** ②
06 ②	**07** ⑤	**08** ③	**09** ④	**10** ①
11 ⑤	**12** ①	**13** ④	**14** ①	**15** ⑤
16 ④				

01 ④ $y=(x+1)+(x-1)+2$에서 $y=2x+2$
⑤ $y=x(x^2-x)-x^3$에서 $y=-x^2$ (이차함수)

02 $f(x)=-x^2+3x-7$에 $x=3$을 대입하면
$f(3)=-3^2+3\times3-7=-7$

03 $f(a)=a^2-3a-4=6$에서 $a^2-3a-10=0$
$(a+2)(a-5)=0$ $\therefore a=-2$ 또는 $a=5$
따라서 모든 a의 값의 합은 3이다.

04 $y=x^2$에 $(a, 9)$를 대입하면
$9=a^2$ $\therefore a=3$ ($\because a>0$)

05 $x=-3$, $y=-18$을 대입하여 성립하는 것을 찾는다.
② $-18=-2\times(-3)^2$ (참)

06 ② $y=\frac{1}{2}x^2$에 $(-2, 2)$를 대입하면
$2=\frac{1}{2}\times(-2)^2$ (참)

07 ⑤ $y=-ax^2$의 그래프와 x축에 대하여 대칭이다.

08 x^2의 계수가 음수이고 절댓값이 가장 작은 것을 찾으면 ③이다.

09 ④ $x=3$, $y=18$을 $y=-2x^2$에 대입하면
$18\neq-2\times3^2=-18$ (거짓)

10 $y=ax^2$에서 $a>0$일 때 아래로 볼록하고, a의 절댓값이 클수록 폭이 좁으므로 보기 중 적당한 것은 ①이다.

11 위로 볼록하므로 $a<0$
$y=3x^2$의 그래프보다 폭이 넓으므로 $|a|$의 값이 3보다 작아야 한다.
$\therefore -3<a<0$

12 $y=5x^2$에 $(2, a)$를 대입하면 $a=5\times2^2=20$
$y=5x^2$과 x축에 대하여 대칭인 그래프의 식은
$y=-5x^2$ $\therefore b=-5$
$\therefore a+b=20+(-5)=15$

13 ④ $y=-\frac{1}{2}x^2$의 그래프는 $y=\frac{1}{2}x^2$의 그래프와 x축에 대하여 대칭이다.

14 $f(x)=-x^2+3x$이므로
$f(-1)=-1-3=-4$, $f(1)=-1+3=2$
$\therefore f(-1)+f(1)=(-4)+2=-2$

15 $f(-1)=14$이므로 $f(-1)=3+a+5=14$
$\therefore a=6$

16 ④ $y=-x^2$의 그래프는 y축에 대하여 대칭이다.

소단원 테스트 [2회] 146-147쪽

01 4 **02** $-\frac{1}{9}$ **03** $y=-\frac{1}{2}x^2$ **04** $-\frac{8}{9}$
05 2개 **06** ㄱ, ㄷ **07** $-\frac{1}{4}$ **08** $-1<a<0$
09 $-\frac{4}{9}$ **10** 1, 2 **11** 16 **12** 4
13 ㉣, ㉢, ㉠, ㉡ **14** $\frac{8}{3}$ **15** -1 **16** ㄷ

01 $f(x)=3x^2-4x+2$이므로
$f(-1)=3+4+2=9$, $f(1)=3-4+2=1$
$f(0)=2$
$\therefore \frac{f(-1)-f(1)}{f(0)}=\frac{9-1}{2}=4$

02 $y=-x^2$에 $x=-\frac{1}{3}$, $y=k$를 대입하면
$k=-\left(-\frac{1}{3}\right)^2=-\frac{1}{9}$

03 $y=ax^2$에 $(2, -2)$를 대입하면
$-2=a\times2^2$ $\therefore a=-\frac{1}{2}$
따라서 이차함수의 식은 $y=-\frac{1}{2}x^2$

04 $y=ax^2$에 $(-2,\ -6)$을 대입하면

$-6=a\times(-2)^2 \quad \therefore a=-\frac{3}{2}$

즉, $y=-\frac{3}{2}x^2$의 그래프가 점 $\left(k,\ -\frac{4}{3}\right)$를 지나므로

$-\frac{4}{3}=-\frac{3}{2}k^2,\ k^2=\frac{8}{9} \quad \therefore k=\pm\sqrt{\frac{8}{9}}$

따라서 모든 k의 값의 곱은 $-\frac{8}{9}$이다.

05 $y=ax^2$의 그래프는 $a<0$일 때, 위로 볼록하므로

$y=-x^2,\ y=-\frac{2}{5}x^2$의 그래프가 위로 볼록하다.

06 ㄱ. 점 $(-1,\ -2)$를 지난다.

ㄷ. 위로 볼록한 포물선이다.

07 $y=3x^2$의 그래프와 x축에 대하여 대칭인 그래프의 식은

$y=-3x^2$

$y=-3x^2$의 그래프가 점 $(2a,\ 3a)$를 지나므로

$3a=-3\times(2a)^2,\ 3a=-12a^2,\ 4a^2+a=0$

$a(4a+1)=0 \quad \therefore a=-\frac{1}{4}(\because a\neq 0)$

08 위로 볼록하므로 $a<0$

폭이 $y=-x^2$보다 넓으므로 $a>-1$

$\therefore -1<a<0$

09 $y=ax^2$의 그래프가 점 $(3,\ -6)$을 지나므로

$-6=a\times 3^2 \quad \therefore a=-\frac{2}{3}$

즉, $y=-\frac{2}{3}x^2$의 그래프가 $y=bx^2$의 그래프와 x축에 대하여 대칭이므로

$b=-\left(-\frac{2}{3}\right)=\frac{2}{3}$

$\therefore ab=-\frac{2}{3}\times\frac{2}{3}=-\frac{4}{9}$

10 $f(x)=x^2-3x+2$에 대하여 $f(a)=0$이므로

$a^2-3a+2=0,\ (a-1)(a-2)=0$

$\therefore a=1$ 또는 $a=2$

11 $y=ax^2$의 그래프가 점 $(-1,\ -2)$를 지나므로

$-2=a\times(-1)^2 \quad \therefore a=-2$

즉, $y=-2x^2$의 그래프가 점 $(2,\ b)$를 지나므로

$b=-2\times 2^2=-8$

$\therefore ab=(-2)\times(-8)=16$

12 $y=ax^2$의 함숫값이 $y=x^2$의 함숫값의 2배이므로

$a=2$

$y=2x^2$의 그래프와 $y=bx^2$의 그래프가 x축에 대하여 대칭이므로 $b=-2$

$\therefore a-b=2-(-2)=4$

13 $y=ax^2$에서 a의 절댓값이 클수록 그래프의 폭이 좁아지므로 a의 절댓값이 큰 것부터 차례로 나열하면

ㄹ $y=-\frac{5}{3}x^2$, ㄷ $y=\frac{3}{2}x^2$, ㄱ $y=-x^2$, ㄴ $y=\frac{1}{2}x^2$

14 y는 x의 제곱에 정비례하므로 $y=ax^2$

$x=3$일 때, y의 값이 6이므로 $9a=6 \quad \therefore a=\frac{2}{3}$

즉, $y=\frac{2}{3}x^2$에 $x=2$를 대입하면 $y=\frac{8}{3}$

15 $y=ax^2$의 그래프가 점 $(1,\ 3)$을 지나므로

$a=3$

$y=bx^2$의 그래프가 점 $(3,\ -3)$을 지나므로

$-3=9b \quad \therefore b=-\frac{1}{3}$

$\therefore ab=3\times\left(-\frac{1}{3}\right)=-1$

16 $y=ax^2$에서 $a<0$이고 a의 절댓값이 가장 작은 것은

ㄷ. $y=-\frac{1}{4}x^2$이다.

02. $y=a(x-p)^2+q$의 그래프

소단원 집중 연습 148-149쪽

01 (1) $y=x^2+2$ (2) $y=-2x^2-3$
(3) $y=-\frac{1}{2}x^2-1$ (4) $y=3x^2+5$
(5) $y=\frac{1}{4}x^2-7$

02 (1) $(0,\ -3)$, $x=0$ (2) $(0,\ 2)$, $x=0$
(3) $(0,\ 3)$, $x=0$ (4) $(0,\ -4)$, $x=0$
(5) $(0,\ -1)$, $x=0$

03 (1) $y=-(x-2)^2$ (2) $y=2(x+3)^2$
(3) $y=\frac{1}{2}(x+1)^2$ (4) $y=-3(x-5)^2$
(5) $y=-\frac{1}{4}(x+7)^2$

04 (1) $(2,\ 0)$, $x=2$ (2) $(-2,\ 0)$, $x=-2$
(3) $(-1,\ 0)$, $x=-1$ (4) $(-5,\ 0)$, $x=-5$
(5) $(5,\ 0)$, $x=5$

05 (1) $y=2(x-1)^2+2$ (2) $y=-(x+3)^2+2$
(3) $y=\frac{3}{2}(x+1)^2-2$ (4) $y=-3\left(x-\frac{1}{2}\right)^2-1$
(5) $y=-\frac{1}{3}(x+2)^2+1$

06 (1) $(1,\ 2)$, $x=1$ (2) $(-2,\ -3)$, $x=-2$
(3) $(3,\ -1)$, $x=3$ (4) $(-4,\ 3)$, $x=-4$
(5) $(1,\ -2)$, $x=1$

07 (1) × (2) × (3) ○ (4) ×
(5) ○ (6) × (7) × (8) ×

소단원 테스트 [1회] 150-151쪽

01 ①	02 ②	03 ③	04 ①	05 ③
06 ④	07 ④	08 ③	09 ①	10 ②
11 ②	12 ③	13 ⑤	14 ③	15 ①
16 ①				

01 $y=-5x^2$의 그래프를 x축의 방향으로 1만큼, y축의 방향으로 -3만큼 평행이동하면
$y=-5(x-1)^2-3$

02 꼭짓점의 좌표를 구해 보면
① $(0, 0)$ ② $(0, 5)$ ③ $(3, -5)$
④ $(3, 0)$ ⑤ $(-3, 1)$
따라서 꼭짓점의 y좌표가 가장 큰 것은 ②이다.

03 축의 방정식을 구해 보면
① $x=1$ ② $x=-3$ ③ $x=4$
④ $x=-4$ ⑤ $x=-6$
따라서 대칭축의 위치가 가장 오른쪽에 위치하는 것은 ③ $y=(x-4)^2$이다.

04 아래로 볼록한 그래프에서 x의 값이 증가할 때, y의 값은 감소하는 부분은 대칭축의 왼쪽이므로 구하는 x의 값의 범위는 $x<5$

05 x^2의 계수가 같아야 하므로
$a=2$
$y=2x^2$의 그래프를 x축의 방향으로 3만큼, y축의 방향으로 -7만큼 평행이동하면 $y=2(x-3)^2-7$이므로
$b=3$, $c=-7$
$\therefore a+b+c=2+3+(-7)=-2$

06 꼭짓점의 좌표가 $(-1, 0)$이므로
$y=a(x+1)^2$ $\therefore p=-1$
$y=a(x+1)^2$에 $(0, 2)$를 대입하면 $a=2$
$\therefore a+p=1$

07 $y=x^2$의 그래프를 x축에 대하여 대칭이동을 하면 $y=-x^2$의 그래프가 되고, 꼭짓점 $(1, 2)$를 x축에 대하여 대칭이동을 하면 점 $(1, -2)$가 된다.
$\therefore y=-(x-1)^2-2$

08 $y=4(x-2)^2-1$의 그래프는 오른쪽 그림과 같다.
따라서 제1, 2, 4사분면을 지난다.

09 $y=a(x+b)^2$의 그래프가 점 $(1, 8)$을 지나므로
$8=a(1+b)^2$ $\therefore a=\frac{8}{(1+b)^2}$
또 점 $(-1, 32)$를 지나므로
$32=a(-1+b)^2$ $\therefore a=\frac{32}{(-1+b)^2}$
즉, $\frac{8}{(1+b)^2}=\frac{32}{(-1+b)^2}$이므로
$(b-1)^2=4(b+1)^2$
$3b^2+10b+3=0$, $(3b+1)(b+3)=0$
$\therefore b=-\frac{1}{3}$ 또는 $b=-3$
$b=-\frac{1}{3}$일 때, $a=\frac{8}{\left(1-\frac{1}{3}\right)^2}=18$
$b=-3$일 때, $a=\frac{8}{(1-3)^2}=2$
$\therefore ab=-6$

10 그래프가 위로 볼록하므로 $a<0$
대칭축이 x축의 왼쪽에 있으므로 $p<0$
꼭짓점의 y좌표가 양수이므로 $q>0$

11 ② 꼭짓점의 좌표는 $(-4, -7)$이다.

12 $y=-2x^2$의 그래프를 y축의 방향으로 4만큼 평행이동하면 $y=-2x^2+4$
이 그래프가 점 $(-2, a)$를 지나므로
$a=-2\times(-2)^2+4=-4$

13 $y=-(x-1)^2-1$의 그래프를 x축의 방향으로 a만큼, y축의 방향으로 b만큼 평행이동하면
$y=-(x-1-a)^2-1+b$
이 식이 $y=-(x+2)^2+4$와 일치하므로
$-1-a=2$, $-1+b=4$에서 $a=-3$, $b=5$
$\therefore a+b=2$

15 $y=-\frac{1}{3}x^2$의 그래프를 x축에 대하여 대칭이동하면
$y=\frac{1}{3}x^2$
이 그래프를 x축의 방향으로 -1만큼, y축의 방향으로 2만큼 평행이동하면
$y=\frac{1}{3}(x+1)^2+2$

16 $y=ax^2+q$의 그래프에서 꼭짓점의 좌표가 $(0, -3)$이므로 $q=-3$
$y=ax^2-3$의 그래프가 점 $(2, 0)$을 지나므로
$a\times2^2-3=0$ $\therefore a=\frac{3}{4}$
$\therefore y=\frac{3}{4}x^2-3$

소단원 테스트 [2회]			152-153쪽
01 -2	**02** 7	**03** $y=\frac{3}{2}(x-2)^2-3$	
04 1	**05** -2	**06** $(0,\ -3)$	
07 ㄱ, ㄷ	**08** -25	**09** $x<1$	**10** $(0,\ 11)$
11 -1	**12** $x=4$	**13** $a<0,\ p>0,\ q>0$	
14 10	**15** -10	**16** 2	

01 주어진 이차함수의 그래프의 꼭짓점의 좌표가 $(1,\ 0)$이므로 $b=-1$

그래프가 점 $(0,\ -1)$을 지나므로

$-1=a\times(-1)^2 \quad \therefore a=-1$

$\therefore a+b=-2$

02 $y=a(x+1)^2+b$의 그래프가

점 $(-3,\ 4)$를 지나므로 $4=4a+b$ …… ㉠

점 $(2,\ a)$를 지나므로 $a=9a+b$

$\therefore 8a+b=0$ …… ㉡

㉠, ㉡을 연립하여 풀면 $a=-1,\ b=8$

즉, 이차함수 $y=-(x+1)^2+8$에서 $x=0$이면 $y=7$이므로 그래프가 y축과 만나는 점의 y좌표는 7이다.

03 $y=\frac{3}{2}x^2$의 그래프와 모양이 같으면 x^2의 계수가 $\frac{3}{2}$이고, 꼭짓점의 좌표가 $(2,\ -3)$이므로

$y=\frac{3}{2}(x-2)^2-3$

04 $y=-x^2+3$의 그래프를 x축의 방향으로 m만큼, y축의 방향으로 n만큼 평행이동하면

$y=-(x-m)^2+3+n$

이 식이 $y=-(x-2)^2+2$와 일치하므로

$m=2,\ 3+n=2$

$\therefore m=2,\ n=-1 \quad \therefore m+n=1$

05 $y=3x^2$의 그래프를 y축의 방향으로 m만큼 평행이동하면 $y=3x^2+m$

이 그래프가 점 $(1,\ 1)$을 지나므로

$1=3+m \quad \therefore m=-2$

06 $x=2,\ y=-1$을 $y=\frac{1}{2}x^2+c$에 대입하면

$-1=\frac{1}{2}\times2^2+c \quad \therefore c=-3$

$\therefore y=\frac{1}{2}x^2-3$

따라서 꼭짓점의 좌표는 $(0,\ -3)$이다.

07 ㄴ. 축의 방정식은 $x=1$이다.

ㄹ. $y=-\frac{1}{2}x^2$의 그래프를 x축의 방향으로 1만큼 평행이동한 것이다.

08 $y=-x^2$의 그래프를 x축의 방향으로 -4만큼 평행이동하면 $y=-(x+4)^2$

이 그래프가 점 $(1,\ a)$를 지나므로

$a=-(1+4)^2=-25$

09 아래로 볼록한 그래프에서 x의 값이 증가할 때, y의 값은 감소하는 부분은 대칭축의 왼쪽이므로 $x<1$

10 $y=-x^2+q$의 그래프가 점 $(-3,\ 2)$를 지나므로

$2=-(-3)^2+q \quad \therefore q=11$

따라서 꼭짓점의 좌표는 $(0,\ 11)$이다.

11 그래프의 축의 방정식이 $x=-2$이므로 $p=-2$

$y=a(x+2)^2-3$의 그래프가 점 $(1,\ 0)$을 지나므로

$0=9a-3 \quad \therefore a=\frac{1}{3}$

$\therefore 3a+p=1+(-2)=-1$

12 $y=2(x-p)^2$의 그래프가 점 $(2,\ 8)$을 지나므로

$8=2(2-p)^2,\ (p-2)^2=4$

$p-2=\pm2,\ p=2\pm2$

$\therefore p=4$ 또는 $p=0$

이때 $p>0$이므로 $p=4$

따라서 $y=2(x-4)^2$의 축의 방정식은 $x=4$

13 위로 볼록하므로 $a<0$

꼭짓점의 좌표가 $(p,\ q)$이고, 제1사분면에 있으므로

$p>0,\ q>0$

14 $y=-3(x-6)^2-2$의 그래프의 꼭짓점의 좌표는 $(6,\ -2)$이므로 $a=6,\ b=-2$

축의 방정식은 $x=6$이므로 $c=6$

$\therefore a+b+c=6+(-2)+6=10$

15 $y=\frac{2}{3}x^2$의 그래프를 x축의 방향으로 p만큼, y축의 방향으로 q만큼 평행이동하면 $y=\frac{2}{3}(x-p)^2+q$

이 식이 $y=\frac{2}{3}(x+5)^2+2$와 일치하므로

$p=-5,\ q=2$

$\therefore pq=-10$

16 $y=ax^2+q$의 그래프가 두 점 $(1,\ -1),\ (-2,\ 8)$을 지나므로

$-1=a+q,\ 8=4a+q$

위의 두 식을 연립하여 풀면

$a=3,\ q=-4$

$\therefore 2a+q=6+(-4)=2$

03. $y=ax^2+bx+c$의 그래프

소단원 집중 연습 154-155쪽

01 (1) $y=(x-1)^2+1$

(2) $y=-(x+2)^2+5$

(3) $y=2\left(x+\frac{3}{2}\right)^2-\frac{9}{2}$

(4) $y=-2(x-2)^2+5$

(5) $y=-\frac{1}{2}(x-3)^2+\frac{13}{2}$

02 (1) $(4,\ -15)$, $x=4$

(2) $(1,\ 1)$, $x=1$

(3) $(-2,\ -14)$, $x=-2$

(4) $(-1,\ 3)$, $x=-1$

(5) $(-3,\ -6)$, $x=-3$

03 (1) $(-5,\ 0)$, $(-3,\ 0)$

(2) $(-1,\ 0)$, $(4,\ 0)$

(3) $\left(\frac{1}{3},\ 0\right)$, $(1,\ 0)$

(4) $(0,\ 0)$, $(12,\ 0)$

04 (1) ○ (2) ○ (3) × (4) ○

(5) × (6) ○

05 (1) $a<0,\ b<0,\ c>0$ (2) $a>0,\ b<0,\ c>0$

(3) $a>0,\ b>0,\ c>0$ (4) $a<0,\ b>0,\ c>0$

(5) $a<0,\ b>0,\ c<0$

06 (1) $y=-\frac{1}{2}x^2-4x-4$

(2) $y=\frac{1}{2}x^2-2x-4$

(3) $y=-2x^2+24x-66$

(4) $y=\frac{1}{4}x^2-x-3$

06 (1) $y=a(x+4)^2+4$에 $(0,\ -4)$를 대입하면

$16a+4=-4 \qquad \therefore a=-\frac{1}{2}$

$\therefore y=-\frac{1}{2}(x+4)^2+4=-\frac{1}{2}x^2-4x-4$

(2) $y=a(x-2)^2-6$에 $(4,\ -4)$를 대입하면

$4a-6=-4 \qquad \therefore a=\frac{1}{2}$

$\therefore y=\frac{1}{2}(x-2)^2-6=\frac{1}{2}x^2-2x-4$

(3) $y=a(x-6)^2+k$에 $(5,\ 4)$, $(8,\ -2)$를 대입하면

$a+k=4,\ 4a+k=-2 \qquad \therefore a=-2,\ k=6$

$\therefore y=-2(x-6)^2+6=-2x^2+24x-66$

(4) $y=a(x+2)(x-6)$에 $(0,\ -3)$을 대입하면

$-12a=-3 \qquad \therefore a=\frac{1}{4}$

$\therefore y=\frac{1}{4}(x+2)(x-6)=\frac{1}{4}x^2-x-3$

소단원 테스트 [1회] 156-157쪽

01 ①	**02** ②	**03** ③	**04** ②	**05** ③
06 ⑤	**07** ②	**08** ④	**09** ②	**10** ①
11 ②	**12** ①	**13** ②	**14** ⑤	**15** ②
16 ②				

01 $\frac{1}{2}x^2-x-\frac{3}{2}=0$에서 $\frac{1}{2}(x^2-2x-3)=0$

$\frac{1}{2}(x+1)(x-3)=0 \qquad \therefore x=-1$ 또는 $x=3$

$\therefore a+b=(-1)+3=2$

02 $y=-x^2+6x-7$에서

$y=-(x-3)^2+2$

이 그래프는 오른쪽 그림과 같으므로 제2사분면을 지나지 않는다.

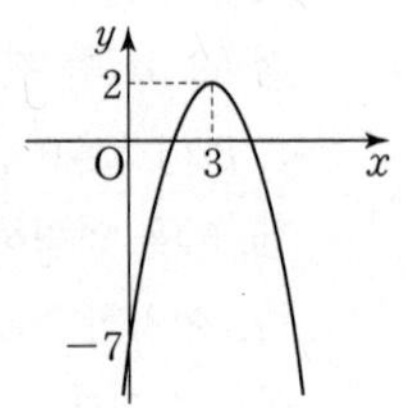

03 위로 볼록하므로 $a<0$

축이 y축의 오른쪽에 있으므로 a, b의 부호가 다르다.

$\therefore b>0$

y축과의 교점이 x축의 아래쪽에 있으므로 $c<0$

04 $y=3x^2+6x+3=3(x+1)^2$이므로

꼭짓점의 좌표는 $(-1,\ 0)$

$y=\frac{1}{3}x^2+ax+b$의 그래프의 꼭짓점의 좌표는

$(-1,\ 0)$이므로

$y=\frac{1}{3}(x+1)^2=\frac{1}{3}x^2+\frac{2}{3}x+\frac{1}{3}$

따라서 $a=\frac{2}{3}$, $b=\frac{1}{3}$이므로 $a+b=1$

05 $y=-x^2+2x-3=-(x-1)^2-2$

① 위로 볼록하다.

② 직선 $x=1$을 대칭축으로 한다.

④ 제3, 4사분면을 지난다.

⑤ $y=-x^2$의 그래프를 x축의 방향으로 1만큼, y축의 방향으로 -2만큼 평행이동한 것이다.

06 $(4,\ 0)$을 $y=x^2-kx+12$에 대입하면

$16-4k+12=0$에서 $k=7$

즉, $y=x^2-7x+12$에서 $y=(x-3)(x-4)$이므로

다른 한 점의 좌표는 $(3,\ 0)$이다.

07 $y=ax^2+2x+3$에 $(1,\ 4)$를 대입하면

$4=a+5 \qquad \therefore a=-1$

08 축의 방정식이 $x=3$이므로

$y=-\frac{1}{3}(x-3)^2+q=-\frac{1}{3}x^2+2x+q-3$

$=-\frac{1}{3}x^2-(k+1)x-3k$

에서 $2=-k-1$, $q-3=-3k$

$\therefore k=-3$, $q=12$

따라서 꼭짓점의 좌표는 $(3, 12)$이다.

09 $y=ax^2$의 그래프를 x축에 대하여 대칭이동하면

$y=-ax^2$

이 그래프를 x축의 방향으로 -1만큼, y축의 방향으로 q만큼 평행이동하면

$y=-a(x+1)^2+q=-ax^2-2ax-a+q$

이 식이 $y=2x^2+px-1$과 일치하므로

$-a=2$, $-2a=p$, $-a+q=-1$

따라서 $a=-2$, $p=4$, $q=-3$이므로

$a+p+q=(-2)+4+(-3)=-1$

10 $y=2x^2-x+c$의 그래프가 점 $(1, -6)$을 지나므로

$-6=2-1+c \quad \therefore c=-7$

따라서 $y=2x^2-x-7$에서 y절편은 -7이다.

11 $y=-x^2+ax+5$의 그래프가 점 $(2, -3)$을 지나므로

$-3=-4+2a+5 \quad \therefore a=-2$

$y=-x^2-2x+5=-(x+1)^2+6$

따라서 꼭짓점의 좌표는 $(-1, 6)$이다.

12 이차함수의 그래프는 축에 대하여 대칭이다.

이때 $y=ax^2+bx+c$의 그래프가 두 점 $(-2, 3)$, $(-4, 3)$을 지나므로 축의 방정식은

$x=\frac{-2+(-4)}{2}=-3$

13 $y=2x^2-4x+a=2(x-1)^2-2+a$

이 그래프의 꼭짓점의 좌표는 $(1, -2+a)$이므로

$1=b$, $-2+a=3$에서 $a=5$, $b=1$

$\therefore a+b=5+1=6$

14 $y=ax^2+bx+c$에 세 점 $(0, -6)$, $(2, 0)$, $(-2, -16)$의 좌표를 각각 대입하면

$-6=c$, $0=4a+2b+c$, $-16=4a-2b+c$

위의 세 식을 연립하여 풀면

$a=-\frac{1}{2}$, $b=4$, $c=-6$

$\therefore abc=\left(-\frac{1}{2}\right)\times 4\times(-6)=12$

15 $y=-x^2+2x+3$에 $y=0$을 대입하면

$x^2-2x-3=0$, $(x+1)(x-3)=0$

$\therefore x=-1$ 또는 $x=3$

$\therefore A(-1, 0)$, $B(3, 0)$

또 $x=0$이면 $y=3$이므로 $C(0, 3)$

$\therefore \triangle ABC=\frac{1}{2}\times 4\times 3=6$

16 두 근이 -3, 1이고 x^2의 계수가 1인 이차방정식은

$(x+3)(x-1)=0$, $x^2+2x-3=0$

$\therefore a=2$, $b=-3$

$y=x^2+ax-b$, 즉 $y=x^2+2x+3=(x+1)^2+2$의 그래프의 꼭짓점의 좌표는 $(-1, 2)$이다.

소단원 테스트 [2회] 158-159쪽

01 ㄱ, ㄴ, ㅁ	**02** 8	**03** 5	**04** 29
05 제3사분면	**06** 16	**07** 4	**08** 9
09 $(-1, -7)$	**10** -3	**11** 0	**12** $x<1$
13 $ab+c>0$	**14** -1	**15** 27	
16 $y=2x^2+2x-4$			

01 $y=2x^2-8x+5=2(x-2)^2-3$

ㄷ. 꼭짓점의 좌표는 $(2, -3)$이다.

ㄹ. 아래로 볼록하고, 꼭짓점의 좌표는 $(2, -3)$으로 제4사분면 위에 있으며, y축과 점 $(0, 5)$에서 만나므로 제1, 2, 4사분면을 지난다.

02 $y=x^2+4x+a=(x+2)^2+a-4$

이므로 꼭짓점의 좌표는 $(-2, a-4)$

$y=\frac{1}{2}x^2+bx+4=\frac{1}{2}(x+b)^2-\frac{1}{2}b^2+4$

이므로 꼭짓점의 좌표는 $\left(-b, -\frac{1}{2}b^2+4\right)$

두 꼭짓점의 좌표가 일치하므로

$-2=-b$, $a-4=-\frac{1}{2}b^2+4 \quad \therefore b=2$, $a=6$

$\therefore a+b=6+2=8$

03 $y=2x^2+bx+c$에 $(1, 1)$, $(-1, 5)$를 각각 대입하면

$1=2+b+c \quad \therefore b+c=-1$ ······ ㉠

$5=2-b+c \quad \therefore -b+c=3$ ······ ㉡

㉠, ㉡을 연립하여 풀면 $b=-2$, $c=1$

$\therefore c-2b=1+4=5$

04 $y=x^2+bx+c$의 그래프는 축의 방정식이 $x=-5$이므로 $y=(x+5)^2+q$

이 그래프가 점 $(-2, 3)$을 지나므로

$3=9+q \quad \therefore q=-6$

따라서 $y=(x+5)^2-6=x^2+10x+19$이므로

$b=10$, $c=19$

$\therefore b+c=29$

05 $y=x^2-6x+7=(x-3)^2-2$
그래프가 아래로 볼록하고, 꼭짓점이 제4사분면에 있으며, y축과의 교점이 점 $(0, 7)$이므로 그래프는 제3사분면을 지나지 않는다.

06 $y=x^2-2ax+b$의 그래프가 점 $(3, 5)$를 지나므로
$5=9-6a+b \quad \therefore b=6a-4$
즉, $y=x^2-2ax+6a-4=(x-a)^2-a^2+6a-4$이므로 꼭짓점의 좌표는 $(a, -a^2+6a-4)$
이때 꼭짓점이 $y=2x$ 위의 점이므로
$-a^2+6a-4=2a$, $a^2-4a+4=0$
$(a-2)^2=0 \quad \therefore a=2, b=8$
$\therefore ab=16$

07 $y=-2x^2+4x+6$의 그래프가 x축과 만나는 두 점의 x좌표를 구하기 위해 $y=0$을 대입하면
$0=-2x^2+4x+6$, $-2(x+1)(x-3)=0$
$\therefore x=-1$ 또는 $x=3$
이때 $p>q$이므로 $p=3$, $q=-1$
$\therefore p-q=3-(-1)=4$

08 $y=x^2-6x+a$의 꼭짓점이 x축 위에 있으므로
$y=(x-p)^2$, 즉 $y=x^2-2px+p^2$에서
$-2p=-6 \quad \therefore p=3$
$\therefore a=p^2=9$

09 $y=x^2+ax-6$의 그래프가 점 $(1, -3)$을 지나므로
$-3=1+a-6 \quad \therefore a=2$
즉, $y=x^2+2x-6=(x+1)^2-7$이므로
꼭짓점의 좌표는 $(-1, -7)$이다.

10 $y=-x^2+2x+1=-(x-1)^2+2$에서
$y=-(x-1+1)^2+2-2=-x^2$이므로 x축의 방향으로 -1만큼, y축의 방향으로 -2만큼 평행이동해야 한다.
따라서 $m=-1$, $n=-2$이므로 $m+n=-3$

11 $y=ax^2+bx+c$가 점 $(0, 1)$을 지나므로 $c=1$
$y=ax^2+bx+1$의 그래프가 두 점 $(-1, 6)$, $(3, 10)$을 지나므로
$6=a-b+1$, $10=9a+3b+1$
두 식을 연립하여 풀면 $a=2$, $b=-3$
$\therefore a+b+c=2+(-3)+1=0$

12 $y=-3x^2+6x-3=-3(x-1)^2$이므로 $x<1$일 때 x의 값이 증가하면 y의 값도 증가한다.

13 위로 볼록하므로 $a<0$
축이 y축의 왼쪽에 있으므로 a, b의 부호가 같다.
즉, $b<0$이고 $ab>0$
y축과의 교점이 x축의 위쪽에 있으므로 $c>0$
따라서 $ab>0$, $c>0$이므로 $ab+c>0$

14 $y=2x^2+8x+9=2(x+2)^2+1$
이므로 $y=2x^2$의 그래프를 x축의 방향으로 -2만큼, y축의 방향으로 1만큼 평행이동한 것이다.
따라서 $p=-2$, $q=1$이므로 $p+q=-1$

15 $y=-x^2+4x+5=-(x-2)^2+9$이므로
$A(2, 9)$
$y=-x^2+4x+5$에 $y=0$을 대입하면
$x^2-4x-5=0$, $(x+1)(x-5)=0$
$\therefore x=-1$ 또는 $x=5$
즉, $B(-1, 0)$, $C(5, 0)$
$\therefore \triangle ABC=\frac{1}{2}\times 6\times 9=27$

16 $y=2(x+2)(x-1)=2x^2+2x-4$

중단원 테스트 [1회] 160-163쪽

01 ⑤	**02** ①	**03** ⑤	**04** ①	**05** ⑤
06 ②	**07** ③	**08** ③	**09** $\frac{1}{2}$	**10** 10
11 $y=-(x-1)^2+3$			**12** ④	**13** ③
14 2	**15** ①	**16** ②	**17** ⑤	**18** ①
19 ②	**20** ②	**21** ②	**22** ①	**23** ⑤
24 4	**25** -3	**26** ②	**27** ④	**28** ④
29 -5	**30** ①	**31** ②	**32** ③	

01 ⑤ $y=-\frac{3}{2}x^2$에 $x=-6$, $y=54$를 대입하면
$54\neq -\frac{3}{2}\times(-6)^2=-54$

02 $y=kx(x-1)+2x^2+6$에서
$y=(k+2)x^2-kx+6$
이 함수가 이차함수가 되기 위해서는 $k+2\neq 0$
$\therefore k\neq -2$

03 $f(x)=x^2-2x+1$이므로
$f(0)=1$, $f(-1)=1+2+1=4$
$\therefore f(0)+f(-1)=1+4=5$

04 $y=ax^2$의 함숫값이 $y=x^2$의 함숫값의 4배이므로 $a=4$
$y=4x^2$의 그래프와 x축에 대하여 대칭인 그래프의 식은 $y=-4x^2$
이 그래프가 점 $(-1, b)$를 지나므로
$b=-4\times(-1)^2=-4$

05 ⑤ $y=x(x-1)-x^2$에서 $y=-x$ (일차함수)

06 원점을 꼭짓점으로 하는 이차함수는 $y=ax^2$
이 그래프가 점 $(2, -3)$을 지나므로

$-3=4a \quad \therefore a=-\frac{3}{4}$

$\therefore y=-\frac{3}{4}x^2$

07 $y=\frac{1}{4}x^2$의 그래프를 x축의 방향으로 2만큼 평행이동하면 $y=\frac{1}{4}(x-2)^2$

③ $(0, 2)$를 대입하면 $2\neq\frac{1}{4}\times(0-2)^2$

08 이차함수 $y=-2x^2$의 그래프를 x축의 방향으로만 평행이동하면 $y=-2(x-p)^2$ 꼴이다.

09 $f(x)=ax^2-2x+5$에서 $f(2)=3$이므로

$4a-4+5=3, 4a=2 \quad \therefore a=\frac{1}{2}$

10 $y=3(x+p)^2$의 그래프의 축의 방정식이 $x=2$이므로

$y=3(x-2)^2 \quad \therefore p=-2$

이 그래프가 점 $(0, a)$를 지나므로 $a=12$

$\therefore a+p=12+(-2)=10$

11 $y=-x^2$의 그래프를 꼭짓점의 좌표가 $(1, 3)$이 되도록 평행이동하였으므로 $y=-(x-1)^2+3$

12 평행이동하여 포개어지려면 x^2의 계수가 같아야 한다.

14 $y=2x^2$의 그래프와 모양이 같고, 꼭짓점의 좌표가 $(3, -6)$인 포물선은 $y=2(x-3)^2-6$

이 그래프가 점 $(1, a)$를 지나므로 $a=2$

15 $y=ax^2$의 그래프가 x축과 이차함수 $y=-\frac{3}{2}x^2$의 그래프 사이에 있으므로 $-\frac{3}{2}<a<0$

16 이차함수의 그래프가 아래로 볼록하므로 $a>0$

꼭짓점의 y좌표가 음수이므로 $q<0$

17 $y=ax^2+q$의 그래프가 두 점 $(-1, -2)$, $(2, 4)$를 지나므로

$-2=a+q, 4=4a+q$

위의 두 식을 연립하여 풀면 $a=2, q=-4$

$\therefore a-q=6$

18 그래프가 위로 볼록하려면 $y=ax^2$에서 $a<0$이고, 폭이 가장 좁으려면 절댓값이 가장 커야 하므로 ①이다.

19 $y=-3x^2$의 그래프를 y축의 방향으로 4만큼 평행이동하면 $y=-3x^2+4$

이 그래프가 점 $(-2, a)$를 지나므로

$a=-12+4=-8$

20 $y=a(x-p)^2+3$의 그래프의 축의 방정식이 $x=1$이므로 $p=1$

즉, $y=a(x-1)^2+3$의 그래프가 점 $(3, -9)$를 지나므로

$-9=4a+3, 4a=-12 \quad \therefore a=-3$

$\therefore a+p=-3+1=-2$

21 $f(x)=3x^2-ax-2$에서

$f(1)=3-a-2=6 \quad \therefore a=-5$

즉, $f(x)=3x^2+5x-2$에서

$f(-2)=12-10-2=b \quad \therefore b=0$

$\therefore a+b=-5$

22 위로 볼록한 그래프에서 x의 값이 증가할 때, y의 값이 감소하는 부분은 대칭축의 오른쪽이므로

$x>-1$

23 $y=2x^2+8x-1=2(x+2)^2-9$

① 꼭짓점의 좌표는 $(-2, -9)$이다.

② y절편은 -1이다.

③ 아래로 볼록하다.

④ 직선 $x=-2$를 축으로 한다.

⑤ 모든 사분면을 지난다.

24 $y=-x^2-4x+4=-(x+2)^2+8$

이므로 $A(-2, 8)$, $B(0, 4)$

$\therefore \triangle OAB=\frac{1}{2}\times4\times2=4$

25 $y=4x^2-16x+7=4(x-2)^2-9$

이므로 축의 방정식은 $x=2 \quad \therefore m=2$

점 $(1, n)$을 지나므로 $n=4-16+7=-5$

$\therefore m+n=2+(-5)=-3$

26 $y=2x^2+12x+20=2(x+3)^2+2$

꼭짓점의 좌표가 $(-3, 2)$이므로 $a=-3, b=2$

$\therefore a+b=-1$

27 $y=-x^2-2x+k=-(x+1)^2+k+1$

이므로 그래프의 축의 방정식은 $x=-1$

$\overline{AB}=8$이므로 두 점 A, B의 x좌표는 각각

$-1-\frac{8}{2}=-5, -1+\frac{8}{2}=3$

$\therefore A(-5, 0), B(3, 0)$

$y=-x^2-2x+k$의 그래프가 점 $B(3, 0)$을 지나므로

$-9-6+k=0 \quad \therefore k=15$

즉, $y=-x^2-2x+15=-(x+1)^2+16$이므로

$C(-1, 16)$

$\therefore \triangle ABC=\frac{1}{2}\times8\times16=64$

28 각 이차함수의 그래프의 축의 방정식을 구해 보면

① $y=-x(x-2)=-(x-1)^2+1 \Rightarrow x=1$

② $y=x^2-2x+1=(x-1)^2 \Rightarrow x=1$

③ $y=-2(x-1)^2+5 \Rightarrow x=1$

④ $y=-x^2+1 \Rightarrow x=0$

⑤ $y=3x^2-6x+9=3(x-1)^2+6 \Rightarrow x=1$

29 $y=-x^2+4x+p=-(x-2)^2+4+p$
이므로 그래프의 꼭짓점의 좌표는 $(2,\ 4+p)$
이 점이 직선 $2x+3y-1=0$ 위에 있으므로
$4+3(4+p)-1=0,\ 15+3p=0$
$\therefore\ p=-5$

30 $y=\frac{1}{2}x^2+5x-\frac{1}{2}=\frac{1}{2}(x+5)^2-13$
이므로 꼭짓점의 좌표는 $(-5,\ -13)$
이 점을 $y=x^2-2mx-8$의 그래프가 지나므로
$-13=25+10m-8 \qquad \therefore\ m=-3$

31 $y=-2x^2-8x-1=-2(x+2)^2+7$
의 그래프를 x축의 방향으로 -2만큼, y축의 방향으로 -3만큼 평행이동하면
$y=-2(x+2+2)^2+7-3=-2(x+4)^2+4$
$=-2x^2-16x-28$

32 $y=2x^2-4x+1=2(x-1)^2-1$의 그래프는 꼭짓점의 좌표가 $(1,\ -1)$이고 아래로 볼록하며 y축과 만나는 점의 y좌표가 1이므로 제3사분면을 지나지 않는다.

중단원 테스트 [2회]

164-167쪽

01 ①	**02** -6	**03** $(4,\ 4)$		**04** 2
05 2	**06** ①	**07** ①	**08** -21	**09** ⑤
10 $-\frac{10}{9}$	**11** ①	**12** ③	**13** ⑤	**14** ③
15 ④	**16** $-\frac{1}{2}$	**17** -18	**18** ③	**19** $\sqrt{3}$
20 ⑤	**21** ③	**22** ③	**23** -21	**24** ③
25 16:25	**26** ⑤	**27** ①	**28** ④	**29** 2
30 ④	**31** ④	**32** ④		

01 축이 $x=-2$이므로 $p=-2$
$y=\frac{1}{3}(x+2)^2-q$의 그래프가 점 $(1,\ 0)$을 지나므로
$0=\frac{1}{3}(1+2)^2-q \qquad \therefore\ q=3$
$\therefore\ p+q=-2+3=1$

02 $y=ax^2$의 그래프가 점 $(6,\ -24)$를 지나므로
$-24=36a \qquad \therefore\ a=-\frac{2}{3}$
따라서 $f(x)=-\frac{2}{3}x^2$이므로 $f(-3)=-6$

03 $\triangle$POA에서 $\overline{\mathrm{OA}}=10$이고 넓이가 20이므로 높이는 4이다.
즉, 점 P의 y좌표가 4이므로 $4=\frac{1}{4}x^2,\ x^2=16$
$\therefore\ x=\pm4$
이때 점 P는 제1사분면에 있으므로 $x=4$
따라서 점 P의 좌표는 $(4,\ 4)$

04 $f(x)=2x^2-3x-1$에 대하여 $f(a)=1$이므로
$2a^2-3a-1=1,\ 2a^2-3a-2=0$
$(2a+1)(a-2)=0 \qquad \therefore\ a=2\ (\because\ a$는 정수$)$

05 $y=a(x-p)^2$의 그래프는 축이 직선 $x=-3$이므로
$y=a(x+3)^2 \qquad \therefore\ p=-3$
이 그래프가 점 $(0,\ -6)$을 지나므로
$-6=9a \qquad \therefore\ a=-\frac{2}{3}$
$\therefore\ ap=\left(-\frac{2}{3}\right)\times(-3)=2$

06 $y=x^2+2$의 그래프를 x축에 대하여 대칭이동한 그래프의 식은 $y=-x^2-2$
이 그래프를 y축에 대하여 대칭이동하면 $y=-x^2-2$
이 그래프를 x축의 방향으로 -1만큼, y축의 방향으로 -4만큼 평행이동하면 $y=-(x+1)^2-6$
① $(-4,\ -15)$를 $y=-(x+1)^2-6$에 대입하면
$-15=-(-4+1)^2-6$

07 a의 값이 작은 것부터 나열하면
㉣, ㉤, ㉢, ㉡, ㉠

08 $y=-2x^2$의 그래프를 x축의 방향으로 1만큼, y축의 방향으로 -3만큼 평행이동하면
$y=-2(x-1)^2-3$
이 그래프가 점 $(-2,\ m)$을 지나므로
$m=-2(-2-1)^2-3=-18-3=-21$

09 $y=\frac{5}{4}x^2$의 그래프를 x축의 방향으로 평행이동한 그래프의 꼭짓점의 좌표가 $(2,\ 0)$이므로 $y=\frac{5}{4}(x-2)^2$
이때 $x=0$을 대입하면 $c=5$

10 $y=ax^2+b$의 그래프의 꼭짓점의 좌표가 $(0,\ -3)$이므로 $y=ax^2-3 \qquad \therefore\ b=-3$
이 그래프가 점 $(3,\ 0)$을 지나므로
$0=9a-3 \qquad \therefore\ a=\frac{1}{3}$
$y=cx^2+d$의 그래프의 꼭짓점의 좌표가 $(0,\ 1)$이므로
$y=cx^2+1 \qquad \therefore\ d=1$
이 그래프가 점 $(3,\ 0)$을 지나므로
$0=9c+1 \qquad \therefore\ c=-\frac{1}{9}$
$\therefore\ ab+cd=\frac{1}{3}\times(-3)+\left(-\frac{1}{9}\right)\times1=-\frac{10}{9}$

11 $y=-\frac{1}{2}(x-4)^2-2$의 그래프는 오른쪽 그림과 같다.
따라서 제1, 2사분면을 지나지 않는다.

13 꼭짓점의 좌표를 구하면 다음과 같다.

① $(5,\ 0)$ ⇨ x축

② $(4,\ -3)$ ⇨ 제4사분면

③ $(3,\ 2)$ ⇨ 제1사분면

④ $(-2,\ -1)$ ⇨ 제3사분면

⑤ $(-1,\ 2)$ ⇨ 제2사분면

14 이차함수 $y=f(x)$의 그래프는 $y=x^2$의 그래프보다 폭이 넓고 아래로 볼록하므로 x^2의 계수는 0보다 크고 1보다 작다.

또 꼭짓점의 좌표가 제3사분면에 위치하므로 그래프의 식으로 알맞은 것은 ③ $y=\frac{1}{3}(x+6)^2-4$이다.

15 $y=(x-3)^2+2$의 그래프를 x축의 방향으로 b만큼 평행이동하면 $y=(x-3-b)^2+2$

이 그래프의 축의 방정식은 $x=3+b$이므로

$3+b=4 \qquad \therefore b=1$

16 $y=ax^2$의 그래프가 점 $(2,\ -1)$을 지나므로

$-1=a\times 2^2 \qquad \therefore a=-\frac{1}{4}$

즉, $y=-\frac{1}{4}x^2$의 그래프가 점 $(-1,\ b)$를 지나므로

$b=-\frac{1}{4}\times(-1)^2=-\frac{1}{4}$

$\therefore a+b=-\frac{1}{4}+\left(-\frac{1}{4}\right)=-\frac{1}{2}$

17 $y=-2(x+1)^2+12$의 그래프를 x축의 방향으로 a만큼, y축의 방향으로 b만큼 평행이동하면

$y=-2(x+1-a)^2+12+b$

이 그래프의 꼭짓점의 좌표는 $(-1+a,\ 12+b)$이고, 주어진 그래프에서 꼭짓점의 좌표가 $(2,\ 6)$이므로

$-1+a=2,\ 12+b=6 \qquad \therefore a=3,\ b=-6$

$\therefore ab=-18$

18 ③ 제1사분면을 지나지 않는다.

19 $y=ax^2$의 그래프가 점 $(-3,\ 6)$을 지나므로

$6=a\times(-3)^2 \qquad \therefore a=\frac{2}{3}$

즉, $y=\frac{2}{3}x^2$의 그래프가 점 $(k,\ 2)$를 지나므로

$2=\frac{2}{3}k^2,\ k^2=3 \qquad \therefore k=\sqrt{3}\ (\because k>0)$

20 $y=ax^2$의 그래프에서 a의 절댓값이 클수록 그래프의 폭이 좁아진다.

즉, $\left|-\frac{1}{3}\right|<\left|\frac{1}{2}\right|<|1|<\left|-\frac{5}{2}\right|$이므로 그래프의 폭이 좁은 것부터 차례대로 나열하면

ㄷ, ㄹ, ㄱ, ㄴ

21 $y=\frac{1}{4}x^2$의 그래프를 x축의 방향으로 2만큼, y축의 방향으로 1만큼 평행이동하면 ③ $y=\frac{1}{4}(x-2)^2+1$의 그래프와 포개어진다.

22 그래프가 아래로 볼록이므로 $a>0$

꼭짓점 $(p,\ q)$가 제2사분면 위에 있으므로

$p<0,\ q>0$

23 $y=x^2-ax+1=\left(x-\frac{a}{2}\right)^2-\frac{a^2}{4}+1$

이므로 꼭짓점의 좌표는 $\left(\frac{a}{2},\ -\frac{a^2}{4}+1\right)$

$y=\frac{1}{2}x^2-3x+b=\frac{1}{2}(x-3)^2-\frac{9}{2}+b$

이므로 꼭짓점의 좌표는 $\left(3,\ -\frac{9}{2}+b\right)$

두 그래프의 꼭짓점이 일치하므로

$\frac{a}{2}=3,\ -\frac{a^2}{4}+1=-\frac{9}{2}+b$에서 $a=6,\ b=-\frac{7}{2}$

$\therefore ab=6\times\left(-\frac{7}{2}\right)=-21$

24 $y=-3x^2-12x-4=-3(x+2)^2+8$

이므로 $a=-3,\ p=-2,\ q=8$

$\therefore a+p+q=(-3)+(-2)+8=3$

25 $y=-x^2+6x+16$에 $y=0$을 대입하면

$x^2-6x-16=0,\ (x+2)(x-8)=0$

$\therefore x=-2$ 또는 $x=8$

즉, $A(-2,\ 0),\ B(8,\ 0)$이므로 $\overline{AB}=10$

또 $C(0,\ 16)$

$y=-x^2+6x+16=-(x-3)^2+25$의 꼭짓점의 좌표는 $P(3,\ 25)$

$\triangle ABC=\frac{1}{2}\times10\times16=80$

$\triangle ABP=\frac{1}{2}\times10\times25=125$

따라서 $\triangle ABC$와 $\triangle ABP$의 넓이의 비는

$80:125=16:25$

26 ① $y=-x^2-4x=-(x+2)^2+4$

② $y=x^2+8x+16=(x+4)^2$

③ $y=2x^2-4x-1=2(x-1)^2-3$

④ $y=-3x^2+6x+5=-3(x-1)^2+8$

⑤ $y=4x^2+8x-5=4(x+1)^2-9$

주어진 그래프는 아래로 볼록하고 꼭짓점의 좌표가 제3사분면에 있으며 y축과 만나는 점의 y좌표가 음수이므로 그래프에 적합한 이차함수는

⑤ $y=4x^2+8x-5$이다.

27 $y=-x^2+6x+c=-(x-3)^2+9+c$의 그래프의 꼭짓점의 좌표는 $(3,\ 9+c)$이고 위로 볼록하다.

이때 그래프가 모든 사분면을 지나려면

(ⅰ) 꼭짓점의 y좌표는 $9+c>0$, 즉 $c>-9$

(ⅱ) y축과 만나는 점의 y좌표는 $c>0$

(ⅰ), (ⅱ)에서 $c>0$

28 위로 볼록하므로 $a<0$

축이 y축의 오른쪽에 있으면 a, b의 부호는 다르므로

$b>0$

y축과 원점의 아래쪽에서 만나므로 $c<0$

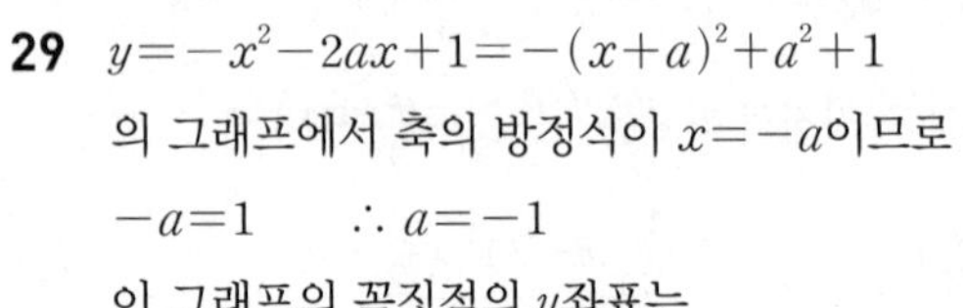

29 $y=-x^2-2ax+1=-(x+a)^2+a^2+1$

의 그래프에서 축의 방정식이 $x=-a$이므로

$-a=1 \quad \therefore a=-1$

이 그래프의 꼭짓점의 y좌표는

$a^2+1=(-1)^2+1=2$

30 $y=-3x^2-6x-1=-3(x+1)^2+2$

이므로 x의 값이 증가할 때, y의 값은 감소하는 x의 값의 범위는 $x>-1$이다.

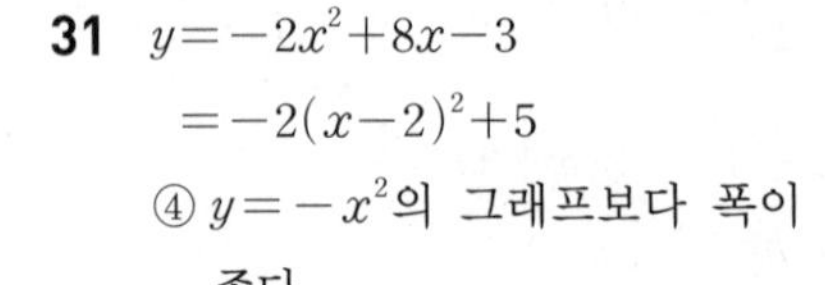

31 $y=-2x^2+8x-3$

$=-2(x-2)^2+5$

④ $y=-x^2$의 그래프보다 폭이 좁다.

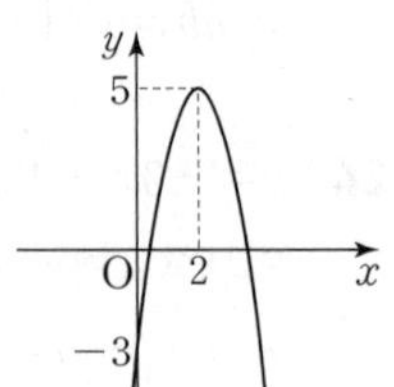

32 $y=a(x+b)^2$의 그래프가 위로 볼록하므로

$a<0$

꼭짓점의 좌표가 $(-b, 0)$이므로

$-b>0 \quad \therefore b<0$

따라서 $y=ax+b$의 그래프로 적당한 것은 ④이다.

중단원 테스트 [서술형] 168-169쪽

01 24 **02** 9 **03** $a>0$, $p>0$, $q<0$

04 -1 **05** $a>3$ **06** 4 **07** 27 **08** -1

01 $x=2$, $y=-12$를 $y=ax^2$에 대입하면

$-12=4a \quad \therefore a=-3$ …… ❶

$y=-3x^2$의 그래프와 x축에 대하여 대칭인 그래프를 나타내는 식은 $y=3x^2$

$x=3$, $y=b$를 $y=3x^2$에 대입하면

$b=3\times 3^2=27$ …… ❷

$\therefore a+b=-3+27=24$ …… ❸

채점 기준	배점
❶ a의 값 구하기	40 %
❷ b의 값 구하기	40 %
❸ $a+b$의 값 구하기	20 %

02 $y=3(x+2)^2+1$의 그래프를 x축의 방향으로 4만큼, y축의 방향으로 5만큼 평행이동한 그래프의 식은

$y=3(x+2-4)^2+1+5$

즉, $y=3(x-2)^2+6$ …… ❶

$y=3(x-2)^2+6$의 그래프가 점 $(1, a)$를 지나므로

$a=3\times(1-2)^2+6=9$ …… ❷

채점 기준	배점
❶ 평행이동한 그래프의 식 구하기	50 %
❷ a의 값 구하기	50 %

03 그래프가 아래로 볼록하므로 $a>0$ …… ❶

꼭짓점 (p, q)가 제4사분면에 있으므로

$p>0$, $q<0$ …… ❷

채점 기준	배점
❶ a의 부호 구하기	50 %
❷ p, q의 부호 구하기	50 %

04 $y=-2(x-1)^2+3$의 그래프를 x축의 방향으로 a만큼 평행이동한 그래프의 식은

$y=-2(x-1-a)^2+3$

이 그래프가 점 $(-1, -15)$를 지나므로

$-15=-2(-1-1-a)^2+3$, $(a+2)^2=9$

$a+2=\pm 3 \quad \therefore a=-5$ ($\because a<0$) …… ❶

$y=-2(x-1)^2+3$의 그래프를 y축의 방향으로 b만큼 평행이동한 그래프의 식은

$y=-2(x-1)^2+3+b$

이 그래프가 점 $(3, -1)$을 지나므로

$-1=-2\times(3-1)^2+3+b \quad \therefore b=4$ …… ❷

$\therefore a+b=-5+4=-1$ …… ❸

채점 기준	배점
❶ a의 값 구하기	40 %
❷ b의 값 구하기	40 %
❸ $a+b$의 값 구하기	20 %

05 $y=-2(x-1)^2$의 그래프를 x축의 방향으로 a만큼, y축의 방향으로 $3-a$만큼 평행이동한 그래프의 식은

$y=-2(x-1-a)^2+3-a$ …… ❶

이 그래프의 꼭짓점의 좌표는

$(a+1, 3-a)$ …… ❷

이때 꼭짓점이 제4사분면 위에 있으므로

$a+1>0$에서 $a>-1$, $3-a<0$에서 $a>3$

$\therefore a>3$ …… ❸

채점 기준	배점
❶ 평행이동한 그래프의 식 구하기	30 %
❷ 평행이동한 그래프의 꼭짓점의 좌표 구하기	30 %
❸ a의 값의 범위 구하기	40 %

06 $y=2x^2$의 그래프를 x축의 방향으로 3만큼, y축의 방향으로 a만큼 평행이동한 그래프를 나타내는 이차함수의 식은

$y=2(x-3)^2+a$ …… ❶

즉, $y=2(x-3)^2+a=2x^2-12x+18+a$
$=2x^2-bx+10$

이므로 $-12=-b$, $18+a=10$

$\therefore a=-8$, $b=12$ …… ❷

$\therefore a+b=-8+12=4$ …… ❸

채점 기준	배점
❶ 평행이동한 그래프를 나타내는 이차함수의 식 구하기	40 %
❷ a, b의 값 구하기	40 %
❸ $a+b$의 값 구하기	20 %

07 $y=-x^2+4x+5$에서 $y=0$일 때,

$x^2-4x-5=0$, $(x+1)(x-5)=0$

$\therefore x=-1$ 또는 $x=5$

따라서 A$(-1, 0)$, B$(5, 0)$이다. …… ❶

$y=-x^2+4x+5=-(x-2)^2+9$이므로 꼭짓점의 좌표는 C$(2, 9)$이다. …… ❷

$\therefore \triangle ABC=\frac{1}{2}\times6\times9=27$ …… ❸

채점 기준	배점
❶ 두 점 A, B의 좌표 구하기	40 %
❷ 점 C의 좌표 구하기	40 %
❸ △ABC의 넓이 구하기	20 %

08 꼭짓점의 좌표가 $(2, -2)$이므로 이차함수의 식을 $y=a(x-2)^2-2$로 놓을 수 있다. …… ❶

그래프가 점 $(0, 2)$를 지나므로

$2=a\times(-2)^2-2$ $\quad\therefore a=1$

따라서 이차함수의 식은

$y=(x-2)^2-2=x^2-4x+2$ …… ❷

즉, $a=1$, $b=-4$, $c=2$이므로

$a+b+c=1+(-4)+2=-1$ …… ❸

채점 기준	배점
❶ 꼭짓점의 좌표를 이용하여 이차함수의 식 나타내기	40 %
❷ 이차함수의 식 구하기	40 %
❸ $a+b+c$의 값 구하기	20 %

대단원 테스트

170-179쪽

01 ③	**02** ②	**03** 0	**04** ④	**05** ④
06 ①	**07** 1	**08** ③	**09** ①	**10** ⑤
11 ③	**12** 20	**13** ④	**14** ③	**15** ①
16 ①	**17** ③	**18** ④	**19** 1	
20 ②, ⑤	**21** ③	**22** -63	**23** ③	**24** ②
25 ③	**26** ①	**27** $(-1, 2)$		
28 $y=-\frac{1}{2}(x+2)^2+6$			**29** ②	**30** -8
31 ④	**32** 3, 5	**33** ③	**34** ③	**35** ④
36 ④	**37** ②	**38** ③	**39** ⑤	**40** 16
41 1	**42** ⑤	**43** $y=-\frac{1}{3}x^2-\frac{2}{3}x+\frac{8}{3}$		
44 ②	**45** ④	**46** ③	**47** ④	**48** ④
49 ④	**50** 15	**51** ②	**52** ⑤	**53** ③
54 ①	**55** ⑤	**56** ②	**57** -4	**58** ②
59 1	**60** 8	**61** ③	**62** ③	**63** ③
64 8	**65** ⑤	**66** 9	**67** ②	**68** 36
69 ③	**70** ④	**71** ④	**72** ①	**73** -2
74 $\frac{1}{2}$	**75** ③	**76** ④	**77** ①	**78** 22
79 ③	**80** $0<a<\frac{5}{4}$			

01 ① $y=4x$이므로 일차함수이다.

② $y=x^3$에서 x^3이 있으므로 이차함수가 아니다.

④ $y=\frac{10}{x}$이므로 반비례 관계이다.

⑤ $y=300\times\frac{x}{100}=3x$이므로 일차함수이다.

02 꼭짓점의 좌표가 $(2, -1)$이므로

$y=a(x-2)^2-1$

이 그래프가 점 $(0, -2)$를 지나므로

$-2=4a-1$ $\quad\therefore a=-\frac{1}{4}$

$\therefore y=-\frac{1}{4}(x-2)^2-1$

03 $y=-x^2+3$의 그래프를 x축의 방향으로 -2만큼, y축의 방향으로 1만큼 평행이동한 그래프의 식은

$y=-(x+2)^2+3+1=-x^2-4x$

따라서 구하는 y좌표는 0이다.

04 x축과의 교점이 $(1, 0)$, $(3, 0)$이므로

$y=a(x-1)(x-3)$

그래프가 점 $(0, 6)$을 지나므로

$6=3a$ $\quad\therefore a=2$

즉, $y=2(x-1)(x-3)=2(x^2-4x+3)$
$=2(x-2)^2-2$

이므로 그래프의 꼭짓점의 좌표는 $(2, -2)$이다.

05 축의 방정식이 $x=-3$이고 위로 볼록하므로 x의 값이 증가할 때 y의 값도 증가하는 x의 값의 범위는 $x<-3$이다.

06 ① $y=-x^2$은 제3, 4사분면을 지난다.

07 $y=4x^2-8x+5k+2=4(x-1)^2+5k-2$
이므로 꼭짓점의 좌표는 $(1, 5k-2)$
꼭짓점의 좌표를 $3x-2y=-3$에 대입하면
$3-2(5k-2)=-3,\ 10k=10$
$\therefore k=1$

08 $f(x)=2x^2-3x+a$에 $x=-2$를 대입하면
$f(-2)=8+6+a=16 \qquad \therefore a=2$
따라서 $f(x)=2x^2-3x+2$이므로 $f(1)=1$

09 $y=ax^2-x(x-2)=(a-1)x^2+2x$가 이차함수가 되려면 $a-1\neq0 \qquad \therefore a\neq1$

10 $y=a(x-p)^2+3$의 그래프는 축이 직선 $x=-3$이므로 $p=-3$
$y=a(x+3)^2+3$의 그래프가 점 $(-2, 1)$을 지나므로
$1=a+3 \qquad \therefore a=-2$
$\therefore ap=(-2)\times(-3)=6$

11 꼭짓점의 좌표가 $(4, 0)$이므로 $y=a(x-4)^2$
이 그래프가 점 $(5, 2)$를 지나므로 $a=2$
$\therefore y=2(x-4)^2$

12 x축과 두 점 $(-1, 0)$, $(-4, 0)$에서 만나므로
$y=a(x+1)(x+4)$
이 그래프가 점 $(0, 8)$을 지나므로
$8=4a \qquad \therefore a=2$
즉, $y=2(x+1)(x+4)=2x^2+10x+8$
따라서 $a=2,\ b=10,\ c=8$이므로 $a+b+c=20$

13 ③ 점 $(2, 3)$을 지나므로 $x=2,\ y=3$을 대입하면
$3=\frac{1}{2}\times2^2+q \qquad \therefore q=1$
④ $y=\frac{1}{2}x^2+1$의 그래프의 꼭짓점의 좌표는 $(0, 1)$

14 y가 x에 대한 이차함수인 것은 ㄷ, ㄹ, ㅂ으로 3개이다.

16 $y=2x^2+q$에 $(3, 11)$을 대입하면
$11=18+q \qquad \therefore q=-7$

17 $y=-2x^2$의 그래프는 위로 볼록하고 $y=x^2$의 그래프보다 폭이 좁으므로 ㉢이다.

18 그래프가 위로 볼록하면 무조건 제3사분면과 제4사분면을 지나게 되므로 $a>0$이어야 한다.
또 꼭짓점의 y좌표는 음수가 아니어야 하므로 $q\geq0$이어야 한다.
이 두 조건을 만족시키면 꼭짓점의 x좌표, 즉 p의 값에는 관계없이 제1사분면과 제2사분면만을 지난다.

19 $y=x^2+2x+k=(x+1)^2+k-1$
이 그래프가 x축과 한 점에서 만나려면
$k-1=0 \qquad \therefore k=1$

20 ② 제3, 4사분면을 지난다.
⑤ 제2, 3, 4사분면을 지난다.

21 $y=2(x-2)^2$에 $x=0$을 대입하면 $y=8$
즉, $y=ax^2+q$의 그래프의 꼭짓점의 좌표가 $(0, 8)$이므로 $q=8$
$y=ax^2+8$의 그래프는 점 $(2, 0)$을 지나므로
$0=4a+8 \qquad \therefore a=-2$
$\therefore a+q=-2+8=6$

22 $y=ax^2$의 그래프가 점 $(-2, -18)$을 지나므로
$-18=4a \qquad \therefore a=-\frac{9}{2}$
즉, $y=-\frac{9}{2}x^2$의 그래프가 점 $(4, k)$를 지나므로
$k=-72$
$\therefore k-2a=-72-2\times\left(-\frac{9}{2}\right)=-63$

23 $y=\frac{5}{2}x^2$의 그래프와 x축에 대하여 대칭인 그래프는
$y=-\frac{5}{2}x^2$
③ $\left(-1, -\frac{5}{2}\right)$를 $y=-\frac{5}{2}x^2$에 대입하면
$-\frac{5}{2}=-\frac{5}{2}\times(-1)^2$ (참)

24 $y=a(x-p)^2+q$의 그래프의 꼭짓점의 좌표가 $(1, 4)$이므로 $y=a(x-1)^2+4$
$(3, -4)$를 대입하면 $-4=4a+4 \qquad \therefore a=-2$
따라서 $a=-2,\ p=1,\ q=4$이므로
$a+p-q=-2+1-4=-5$

25 ③ 제3사분면과 제4사분면을 지난다.

26 $y=ax^2$의 그래프가 $y=\frac{1}{2}x^2$과 $y=3x^2$의 그래프 사이에 있으므로
$\frac{1}{2}<a<3$

27 $y=ax+b$의 그래프에서 y절편이 3이므로 $b=3$
$y=ax+3$의 그래프가 점 $(-3, 0)$을 지나므로
$-3a+3=0 \qquad \therefore a=1$
$\therefore y=ax^2+2x+b=x^2+2x+3=(x+1)^2+2$
따라서 이 그래프의 꼭짓점의 좌표는 $(-1, 2)$이다.

28 꼭짓점의 좌표가 $(-2, 6)$이므로 $y=a(x+2)^2+6$

점 $(0, 4)$를 지나므로 $4=4a+6$ $\quad\therefore a=-\frac{1}{2}$

$\therefore y=-\frac{1}{2}(x+2)^2+6$

29 $y=x^2+1$의 그래프를 x축의 방향으로 a만큼, y축의 방향으로 b만큼 평행이동한 그래프의 식은

$y=(x-a)^2+1+b=x^2-2ax+a^2+1+b$

이 그래프가 $y=x^2+6x+8$의 그래프와 일치하므로

$-2a=6$, $a^2+1+b=8$

따라서 $a=-3$, $b=-2$이므로 $a+b=-5$

30 $y=(x+2)^2+5$의 그래프를 y축의 방향으로 k만큼 평행이동하면 $y=(x+2)^2+5+k$

이 그래프가 점 $(1, 6)$을 지나므로

$6=(1+2)^2+5+k$ $\quad\therefore k=-8$

31 x축과 만나는 두 점이 $(-4, 0)$, $(2, 0)$이므로

$y=a(x+4)(x-2)$

그래프가 점 $(0, 4)$를 지나므로

$4=-8a$ $\quad\therefore a=-\frac{1}{2}$

따라서 $y=-\frac{1}{2}(x+4)(x-2)=-\frac{1}{2}x^2-x+4$

이므로

$abc=\left(-\frac{1}{2}\right)\times(-1)\times4=2$

32 $y=-3(x+1)^2+4$의 그래프를 x축의 방향으로 5만큼, y축의 방향으로 -5만큼 평행이동하면

$y=-3(x+1-5)^2+4-5$

즉, $y=-3(x-4)^2-1$

이 그래프가 점 $(k, -4)$를 지나므로

$-4=-3(k-4)^2-1$, $(k-4)^2=1$, $k-4=\pm1$

$\therefore k=5$ 또는 $k=3$

33 $y=\frac{1}{3}x^2$의 그래프와 x축에 대하여 대칭인 그래프의 식은 $y=-\frac{1}{3}x^2$

이 그래프가 점 $(a, -3)$을 지나므로

$-3=-\frac{1}{3}a^2$, $a^2=9$ $\quad\therefore a=\pm3$

이때 a는 양수이므로 $a=3$

34 $y=3x^2$의 그래프를 x축의 방향으로 1만큼 평행이동한 그래프의 식은 $y=3(x-1)^2$

이 그래프가 점 $(k, 3)$을 지나므로

$3=3(k-1)^2$, $(k-1)^2=1$, $k-1=\pm1$

$\therefore k=0$ 또는 $k=2$

이때 k는 양수이므로 $k=2$

35 $y=x^2+bx+c$의 그래프와 x축이 만나는 점의 좌표가 $(-2, 0)$, $(1, 0)$이므로

$y=(x+2)(x-1)=x^2+x-2=\left(x+\frac{1}{2}\right)^2-\frac{9}{4}$

따라서 꼭짓점의 좌표는 $\left(-\frac{1}{2}, -\frac{9}{4}\right)$이다.

36 ④ $y=-3x^2$의 그래프를 x축의 방향으로 2만큼, y축의 방향으로 8만큼 평행이동한 그래프이다.

37 이차함수 $y=ax^2+bx+c$의 그래프가

점 $(0, -5)$를 지나므로 $-5=c$ $\quad\cdots\cdots$ ㉠

점 $(5, 0)$을 지나므로 $0=25a+5b+c$ $\quad\cdots\cdots$ ㉡

점 $(2, 3)$을 지나므로 $3=4a+2b+c$ $\quad\cdots\cdots$ ㉢

㉠, ㉡, ㉢을 연립하여 풀면 $a=-1$, $b=6$, $c=-5$

따라서 $y=-x^2+6x-5$의 그래프가 점 $(-1, k)$를 지나므로

$k=-1-6-5=-12$

38 이차함수의 그래프의 폭이 가장 넓으려면 x^2의 계수의 절댓값이 가장 작으면 된다.

39 꼭짓점의 좌표가 $(2, 1)$이므로

이차함수의 식을 $y=a(x-2)^2+1$로 놓으면 이 그래프가 점 $(1, 2)$를 지나므로

$2=a+1$ $\quad\therefore a=1$

따라서 $y=(x-2)^2+1$의 그래프 위의 점은 ⑤ $(4, 5)$이다.

40 $y=-2x^2+4x+6$에 $y=0$을 대입하면

$0=-2x^2+4x+6$, $x^2-2x-3=0$

$(x+1)(x-3)=0$ $\quad\therefore x=-1$ 또는 $x=3$

즉, $\mathrm{B}(-1, 0)$, $\mathrm{C}(3, 0)$

$y=-2x^2+4x+6=-2(x-1)^2+8$

이므로 $\mathrm{A}(1, 8)$

$\therefore \triangle\mathrm{ABC}=\frac{1}{2}\times4\times8=16$

41 주어진 그래프는 $f(x)=ax^2$ 꼴이다.

$f(2)=4$이므로 $4a=4$ $\quad\therefore a=1$

따라서 $f(x)=x^2$이므로 $f(-1)=1$

42 꼭짓점의 좌표가 $(2, 4)$이므로 $p=2$, $q=4$

$y=-\frac{1}{3}(x-2)^2+4$의 그래프가 점 $\left(\frac{1}{2}, a\right)$를 지나므로

$a=-\frac{1}{3}\times\left(\frac{1}{2}-2\right)^2+4=\frac{13}{4}$

$\therefore a+p+q=\frac{13}{4}+2+4=\frac{37}{4}$

43 $y=ax^2+bx+c$의 그래프가 두 점 $(2, 0)$, $(-4, 0)$을 지나므로

$y=a(x-2)(x+4)$

또 점 $(-1, 3)$을 지나므로

$3=-9a$ $\quad\therefore a=-\frac{1}{3}$

$\therefore y=-\frac{1}{3}(x-2)(x+4)=-\frac{1}{3}x^2-\frac{2}{3}x+\frac{8}{3}$

44 $y=x^2-ax-3$의 그래프가 점 $(-2, -5)$를 지나므로

$-5=4+2a-3$, $2a=-6$ $\quad\therefore a=-3$

즉, $y=x^2+3x-3=\left(x+\frac{3}{2}\right)^2-\frac{21}{4}$이므로

축의 방정식은 $x=-\frac{3}{2}$

45 x^2의 계수가 양수이므로 아래로 볼록하고 $b<0$이므로 축은 y축의 오른쪽에 위치한다.

또 $c<0$이므로 y축과의 교점이 x축의 아래쪽에 있다.

따라서 그래프는 오른쪽 그림과 같으므로 꼭짓점은 제4사분면에 위치한다.

46 $y=-3x^2+6x=-3(x-1)^2+3$의 그래프는 위로 볼록하고 꼭짓점의 좌표가 $(1, 3)$, y절편이 0이므로 지나는 사분면은 제1, 3, 4사분면이다.

47 $y=-3(x+2)^2$의 그래프를 x축의 방향으로 k만큼 평행이동하면

$y=-3(x+2-k)^2$

이 그래프는 $y=a(x-4)^2$의 그래프와 일치하므로

$a=-3$, $-2+k=4$에서 $k=6$

$\therefore a+k=3$

48 $y=x^2-2ax+4=(x-a)^2-a^2+4$

에서 꼭짓점의 좌표는 $(a, -a^2+4)=(3, b)$

이므로 $a=3$, $b=-3^2+4=-5$

$\therefore a+b=3+(-5)=-2$

49 ① $a\neq0$이면 이차함수이고, $a=0$이면 $y=0$이 되어 일차함수가 아니다.

② a의 부호에 따라 참일 수도 거짓일 수도 있다.

③ $a>0$이면 아래로 볼록하고, $a<0$이면 위로 볼록하다.

⑤ $y=-ax^2$의 그래프와 x축에 대하여 대칭이다.

50 꼭짓점의 좌표가 $(-2, -6)$이므로 $p=-2$, $q=-6$

즉, $y=a(x+2)^2-6$의 그래프가 점 $(0, -1)$을 지나므로

$-1=4a-6$ $\quad\therefore a=\frac{5}{4}$

$\therefore apq=\frac{5}{4}\times(-2)\times(-6)=15$

51 ① 아래로 볼록하므로 $a>0$

② 축이 직선 $x=1$이므로 $-\frac{b}{2a}>0$이다.

이때 $a>0$이므로 $b<0$이어야 한다.

③ y축과 x축의 위쪽에서 만나므로 $c>0$

④ $f(1)=-1$이므로 $a+b+c=-1$

⑤ $f(-1)>0$이므로 $a-b+c>0$

52 ① 제3, 4사분면을 지난다.

② 제1, 2사분면을 지난다.

③ 제1, 2, 3사분면을 지난다.

④ 제1, 3, 4사분면을 지난다.

⑤ 위로 볼록하고, 꼭짓점의 좌표가 $(2, 5)$이므로 제1사분면에 위치하며 y축과 만나는 점의 y좌표가 0보다 크므로 모든 사분면을 지난다.

53 $y=\frac{1}{2}x^2-ax+3=\frac{1}{2}(x-a)^2-\frac{a^2}{2}+3$

에서 꼭짓점의 좌표는 $\left(a, -\frac{a^2}{2}+3\right)$

$y=-2x^2+4x+b=-2(x-1)^2+2+b$

에서 꼭짓점의 좌표는 $(1, 2+b)$

두 그래프의 꼭짓점이 일치하므로

$a=1$, $-\frac{a^2}{2}+3=2+b$에서 $b=\frac{1}{2}$

$\therefore \frac{b}{a}=\frac{1}{2}$

54 $y=ax^2$에서 a의 절댓값이 클수록 그래프의 폭이 좁아지므로 폭이 가장 좁은 것은 ①이다.

55 $y=2x^2-12x+11=2(x-3)^2-7$

이므로 축의 방정식은 $x=3$

56 $y=-2x^2+4x+3=-2(x-1)^2+5$

에서 꼭짓점의 좌표는 $(1, 5)$

$y=-2x^2-12x-11=-2(x+3)^2+7$

에서 꼭짓점의 좌표는 $(-3, 7)$

즉, $y=-2x^2+4x+3$의 그래프를 x축의 방향으로 -4만큼, y축의 방향으로 2만큼 평행이동하면

$y=-2x^2-12x-11$의 그래프가 된다.

따라서 $a=-4$, $b=2$이므로 $a+b=-2$

57 $y=\frac{2}{3}x^2$의 그래프가 점 $(-3, a)$를 지나므로

$a=\frac{2}{3}\times(-3)^2=6$

또 $y=\frac{2}{3}x^2$과 $y=-\frac{2}{3}x^2$의 그래프는 x축에 대하여 대칭이므로 $b=-\frac{2}{3}$

$\therefore ab=6\times\left(-\frac{2}{3}\right)=-4$

58 ① 그래프의 식은 $y=-\frac{1}{2}(x+3)^2$이다.

② 축의 방정식은 $x=-3$이다.

③ 꼭짓점의 좌표는 $(-3, 0)$이다.

④ 제3사분면과 제4사분면을 지난다.

⑤ $x=0$일 때 y의 값은 $-\frac{9}{2}$이다.

59 $y=-3x^2+12x-8=-3(x-2)^2+4$

$y=-3x^2-6x+5=-3(x+1)^2+8$

즉, $y=-3x^2+12x-8$의 그래프를 x축의 방향으로 -3만큼, y축의 방향으로 4만큼 평행이동하면 $y=-3x^2-6x+5$의 그래프와 일치한다.
따라서 $m=-3$, $n=4$이므로 $m+n=1$

60 $y=-\frac{1}{2}x^2$에 $y=-2$를 대입하면
$-2=-\frac{1}{2}x^2$, $x^2=4$ $\quad\therefore x=\pm2$
$\therefore$ A$(-2, 0)$, D$(2, 0)$
따라서 직사각형 ABCD의 넓이는 $4\times2=8$

61 $y=-2x^2+bx+c$의 그래프의 꼭짓점의 좌표가 $(1, 2)$이므로
$y=-2(x-1)^2+2=-2x^2+4x$
$x=0$을 대입하면 $y=0$
따라서 y축과 만나는 점의 좌표는 $(0, 0)$이다.

62 $f(2)=4a+3=-5$에서 $a=-2$
따라서 $f(x)=-2x^2+3$이므로 $f(3)=-15$

63 $y=x^2+4x+3=(x+2)^2-1$
ㄱ. 아래로 볼록하다.
ㄹ. 축의 방정식은 $x=-2$이다.

64 $y=x^2-6$의 그래프를 x축의 방향으로 -2만큼, y축의 방향으로 -10만큼 평행이동한 그래프의 식은
$y=(x+2)^2-16$
$y=0$을 대입하면 $x^2+4x-12=0$
$(x-2)(x+6)=0$ $\quad\therefore x=2$ 또는 $x=-6$
$\therefore \overline{AB}=2-(-6)=8$

65 $y=-2x^2$의 그래프와 x축에 대하여 대칭인 그래프의 식은 $y=2x^2$
이 그래프가 점 $(3, k)$를 지나므로
$k=2\times3^2=18$

66 $y=ax^2$의 그래프를 x축의 방향으로 2만큼 평행이동했으므로 $y=a(x-2)^2$
이 그래프가 점 $(0, 4)$를 지나므로
$4=4a$ $\quad\therefore a=1$
$y=(x-2)^2$의 그래프가 점 $(5, k)$를 지나므로 $k=9$

67 $y=-x^2+4x-3$에 $y=0$을 대입하면
$x^2-4x+3=0$, $(x-1)(x-3)=0$
$\therefore x=1$ 또는 $x=3$
$\therefore$ A$(1, 0)$, B$(3, 0)$
$y=-x^2+4x-3=-(x-2)^2+1$
이므로 꼭짓점은 C$(2, 1)$
$\therefore \triangle ABC=\frac{1}{2}\times2\times1=1$

68 이차함수의 그래프는 축에 대하여 대칭이고, $\overline{AB}=4$이므로 점 A, B의 좌표는 A$(-2, 9)$, B$(2, 9)$이다.
꼭짓점의 좌표가 $(0, 0)$이므로 $y=ax^2$으로 놓으면
점 B$(2, 9)$를 지나므로
$9=4a$ $\quad\therefore a=\frac{9}{4}$
따라서 $y=\frac{9}{4}x^2$의 그래프가 점 $(4, k)$를 지나므로
$k=\frac{9}{4}\times4^2=36$

69 이차함수 $y=x^2+bx+c$의 그래프와 x축이 만나는 점의 좌표가 $(-3, 0)$, $(3, 0)$이므로
$y=(x+3)(x-3)=x^2-9$
따라서 꼭짓점의 좌표는 $(0, -9)$이다.

70 $y=-2x^2+4x-4=-2(x-1)^2-2$
④ 그래프는 제3, 4사분면을 지난다.

71 ① $y=x^2+4x+3=(x+2)^2-1$의 그래프의 꼭짓점의 좌표는 A$(-2, -1)$이다.
②, ③ $y=x^2+4x+3$의 그래프가 x축과 만나는 점의 x좌표는 $y=0$을 대입하면
$0=x^2+4x+3$, $(x+1)(x+3)=0$
$\therefore x=-1$ 또는 $x=-3$
$\therefore$ B$(-3, 0)$, C$(-1, 0)$
④, ⑤ $y=x^2+4x+3$의 그래프가 y축과 만나는 점의 y좌표는 3이므로 E$(0, 3)$이다.
이때 $x^2+4x+3=3$에서 $x(x+4)=0$
즉, $x=-4$ 또는 $x=0$이므로 D$(-4, 3)$

72 $y=x^2+ax+b$의 그래프와 x축의 두 교점의 좌표가 $(-1, 0)$, $(4, 0)$이므로
$y=(x+1)(x-4)=x^2-3x-4$
$\therefore a+b=(-3)+(-4)=-7$

73 $y=-\frac{1}{4}x^2$의 그래프를 y축의 방향으로 a만큼 평행이동하면 $y=-\frac{1}{4}x^2+a$
이 그래프가 점 $(2, -3)$을 지나므로
$-3=-1+a$ $\quad\therefore a=-2$

74 꼭짓점의 좌표가 $(4, -2)$이므로 $y=a(x-4)^2-2$
이 그래프가 점 $(0, -4)$를 지나므로
$-4=16a-2$ $\quad\therefore a=-\frac{1}{8}$
따라서 $y=-\frac{1}{8}(x-4)^2-2=-\frac{1}{8}x^2+x-4$이므로
$abc=-\frac{1}{8}\times1\times(-4)=\frac{1}{2}$

75 그래프가 위로 볼록하므로 $a<0$
축이 y축의 오른쪽에 있으므로 $-\frac{b}{2a}>0$에서 $b>0$
y축과의 교점이 x축의 위쪽이므로 $c>0$

76 $y=ax^2$의 그래프가 색칠한 부분에 속하려면
$a>2$이거나 $a<-\frac{1}{2}$이어야 한다.

77 $y=x^2+ax+b$에 $(1,\ -7)$, $(-1,\ -1)$을 대입하면
$-7=1+a+b$, $-1=1-a+b$
위의 두 식을 연립하여 풀면 $a=-3$, $b=-5$
즉, $y=x^2-3x-5=\left(x-\frac{3}{2}\right)^2-\frac{29}{4}$이므로
꼭짓점의 좌표는 $\left(\frac{3}{2},\ -\frac{29}{4}\right)$

78 꼭짓점의 좌표가 $(-2,\ -5)$이므로 $y=a(x+2)^2-5$
이 그래프가 점 $(-1,\ -2)$를 지나므로
$-2=a-5 \qquad \therefore a=3$
따라서 $y=3(x+2)^2-5=3x^2+12x+7$이므로
$a=3$, $b=12$, $c=7$
$\therefore a+b+c=3+12+7=22$

79 $y=(1+x)^2+4(1+x)+2=x^2+6x+7$
$=(x+3)^2-2$
의 그래프의 꼭짓점의 좌표는 $(-3,\ -2)$이므로
$a=-3$, $b=-2$
$\therefore a-b=-3-(-2)=-1$

80 $y=a(x+2)^2-5$의 그래프의 꼭짓점의 좌표가 $(-2,\ -5)$이므로 그래프가 모든 사분면을 지나려면 오른쪽 그림과 같이 아래로 볼록해야 한다.

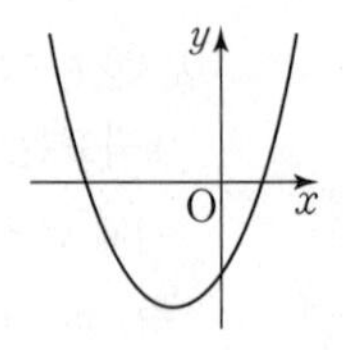

$\therefore a>0$ ······ ㉠
또 그래프가 y축과 만나는 점이 x축의 아래쪽에 있어야 하므로 $y=a(x+2)^2-5$에 $x=0$을 대입하면
$y=4a-5<0 \qquad \therefore a<\frac{5}{4}$ ······ ㉡
㉠, ㉡에서 $0<a<\frac{5}{4}$

대단원 테스트 [고난도]				180-183쪽
01 $\frac{16}{3}$	**02** $(-4,\ 4)$		**03** $\frac{2}{9}$	**04** 9
05 4	**06** ②	**07** 16	**08** 7.5 m	**09** -2
10 ③	**11** ③	**12** $-\frac{5}{9}<a<0$		**13** ②
14 ②	**15** 3	**16** ④	**17** ④	**18** ③
19 ⑤	**20** ②	**21** 8	**22** ②	**23** 36
24 54				

01 두 점 A, E는 $y=\frac{4}{3}x^2$의 그래프와 직선 $y=3$의 교점이므로
$\frac{4}{3}x^2=3$, $x^2=\frac{9}{4} \qquad \therefore x=\pm\frac{3}{2}$
즉, $\mathrm{A}\left(-\frac{3}{2},\ 3\right)$이고 $\overline{\mathrm{AB}}=\overline{\mathrm{BC}}$이므로
$\overline{\mathrm{BC}}=\frac{1}{2}\overline{\mathrm{AC}}=\frac{3}{4} \qquad \therefore \mathrm{B}\left(-\frac{3}{4},\ 3\right)$
$y=ax^2$의 그래프가 점 $\left(-\frac{3}{4},\ 3\right)$을 지나므로
$3=a\times\left(-\frac{3}{4}\right)^2 \qquad \therefore a=\frac{16}{3}$

02 $\overline{\mathrm{AD}}=\overline{\mathrm{BC}}$, $\overline{\mathrm{OB}}=\overline{\mathrm{OC}}$이고 $\overline{\mathrm{AD}}=2\overline{\mathrm{AB}}$이므로
$\overline{\mathrm{AB}}=\overline{\mathrm{OB}}$
즉, $a>0$일 때 점 A의 좌표는 $(-a,\ a)$라 할 수 있다.
$x=-a$, $y=a$를 $y=\frac{1}{4}x^2$에 대입하면
$a=\frac{1}{4}a^2$, $a^2=4a$, $a(a-4)=0$
$\therefore a=4\ (\because a>0)$
따라서 점 A의 좌표는 $(-4,\ 4)$이다.

03 $y=\frac{2}{3}x+4$의 그래프가 점 A를 지나므로
$x=-3$을 대입하면 $y=-2+4=2$
즉, 점 A의 좌표는 $(-3,\ 2)$이다.
또한, $y=ax^2$의 그래프가 점 $(-3,\ 2)$를 지나므로
$2=9a \qquad \therefore a=\frac{2}{9}$

04 점 $(0,\ -3)$을 꼭짓점으로 하는 이차함수의 식은
$y=ax^2-3$
이 그래프가 점 $(-3,\ 0)$을 지나므로
$0=9a-3 \qquad \therefore a=\frac{1}{3}$
즉, $y=\frac{1}{3}x^2-3$의 그래프가 점 $(6,\ k)$를 지나므로
$k=\frac{1}{3}\times6^2-3=12-3=9$

05 $\mathrm{A}(-4,\ 6)$이고
$y=-\frac{1}{4}(x+4)^2+6$에 $x=0$을 대입하면
$y=-\frac{1}{4}\times16+6=2 \qquad \therefore \mathrm{B}(0,\ 2)$
$\therefore \triangle\mathrm{AOB}=\frac{1}{2}\times2\times4=4$

06 $y=\frac{1}{2}(x+1)^2$의 그래프를 x축의 방향으로 k만큼, y축의 방향으로 $k+2$만큼 평행이동한 그래프의 식은
$y=\frac{1}{2}(x+1-k)^2+k+2$
꼭짓점 $(k-1,\ k+2)$가 제2사분면 위에 있으므로
$k-1<0$, $k+2>0$
$\therefore -2<k<1$

07 오른쪽 그림에서 ㉠과 ㉡의 넓이는 같다.

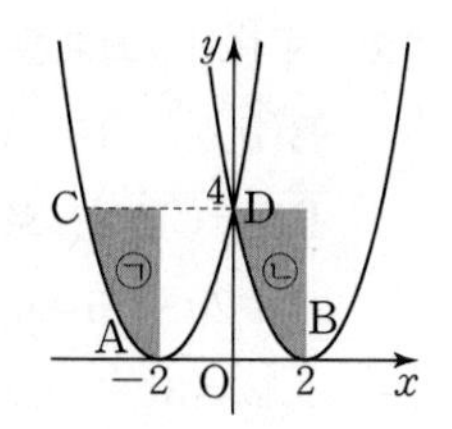

두 꼭짓점 사이의 거리는 4이고, y축과의 교점의 y좌표가 4이므로 색칠한 부분의 넓이는

$4\times4=16$

08 오른쪽 그림과 같이 호수면을 x축, 호수의 중앙을 y축으로 하면 단면인 이차함수의 식을

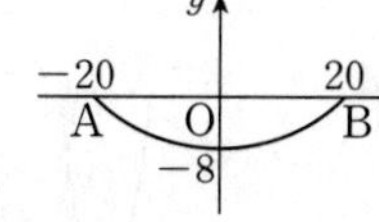

$y=a(x+20)(x-20)$으로 놓을 수 있다.

이 그래프가 점 $(0,\ -8)$을 지나므로

$-8=-400a \qquad \therefore a=\frac{1}{50}$

따라서 이차함수의 식은 $y=\frac{1}{50}(x+20)(x-20)$이고 $x=5$를 대입하면

$y=\frac{1}{50}\times(5+20)\times(5-20)=-7.5$

따라서 구하는 물의 깊이는 7.5 m이다.

09 축의 방정식이 $x=-2$이므로 $y=a(x+2)^2+q$

y축과 만나는 점의 y좌표가 1이므로 점 $(0,\ 1)$을 지난다.

즉, $4a+q=1$ …… ㉠

또 점 $(-5,\ 6)$을 지나므로

$9a+q=6$ …… ㉡

㉠, ㉡을 연립하여 풀면 $a=1,\ q=-3$

$\therefore y=(x+2)^2-3$

이 그래프가 점 $(-1,\ k)$를 지나므로

$k=(-1+2)^2-3=-2$

10 그래프에서 $a>0,\ b<0,\ c<0$

① $ac<0$

② $bc>0$

③ $x=-1$을 대입하면 $a-b+c>0$

④ $x=1$을 대입하면 $a+b+c<0$

⑤ $x=-2$를 대입하면 $4a-2b+c>0$

11 오른쪽 그림에서 점 A의 좌표는 $(1,\ 0)$이다.

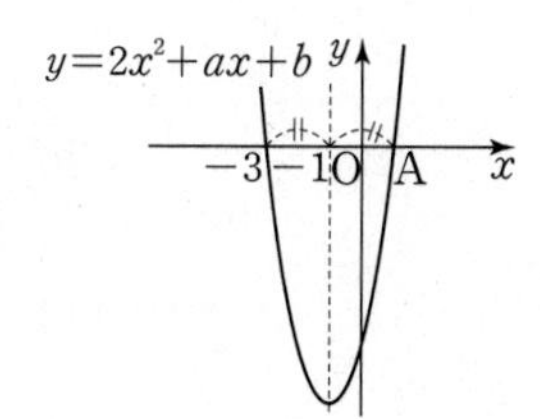

즉, $y=2x^2+ax+b$의 그래프가 x축과 만나는 두 점의 좌표가 각각

$(-3,\ 0),\ (1,\ 0)$이므로

$18-3a+b=0$ …… ㉠

$2+a+b=0$ …… ㉡

㉠, ㉡을 연립하여 풀면

$a=4,\ b=-6$

$\therefore a-b=4-(-6)=10$

12 $y=ax^2-6ax+9a+5=a(x-3)^2+5$

이므로 꼭짓점의 좌표는 $(3,\ 5)$이고, 이 그래프가 모든 사분면을 지나려면 그래프의 모양이 위로 볼록해야 하므로 $a<0$

또 그래프가 y축과 만나는 점이 x축보다 위쪽에 있어야 하므로

$9a+5>0 \qquad \therefore a>-\frac{5}{9}$

$\therefore -\frac{5}{9}<a<0$

13 $y=2x^2+4mx+2m+1$

$=2(x+m)^2-2m^2+2m+1$

즉, 축의 방정식은 $x=-m$이므로

$-m=-3 \qquad \therefore m=3$

따라서 $m=3$을 대입하면 꼭짓점의 좌표는

$(-3,\ -11)$

14 축의 방정식은 $x=2$이고, 그래프가 x축과 만나는 두 점 A, B 사이의 거리가 6이므로

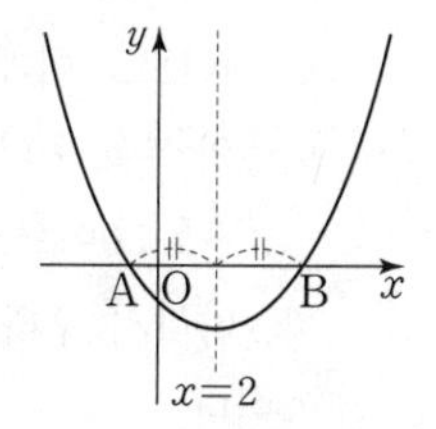

$\mathrm{A}(-1,\ 0),\ \mathrm{B}(5,\ 0)$

즉, $y=a(x-2)^2-1$의 그래프가 점 $(-1,\ 0)$을 지나므로

$9a-1=0 \qquad \therefore a=\frac{1}{9}$

따라서 $y=\frac{1}{9}(x-2)^2-1=\frac{1}{9}x^2-\frac{4}{9}x-\frac{5}{9}$이므로

$a=\frac{1}{9},\ b=-\frac{4}{9},\ c=-\frac{5}{9}$

$\therefore a+b+c=\frac{1}{9}-\frac{4}{9}-\frac{5}{9}=-\frac{8}{9}$

15 두 이차함수 $y=-3x^2,\ y=-3(x-1)^2+3$은 그래프의 모양이 같으므로 ㉠과 ㉡의 넓이는 같다.

따라서 구하는 넓이는

□OABC의 넓이와 같다.

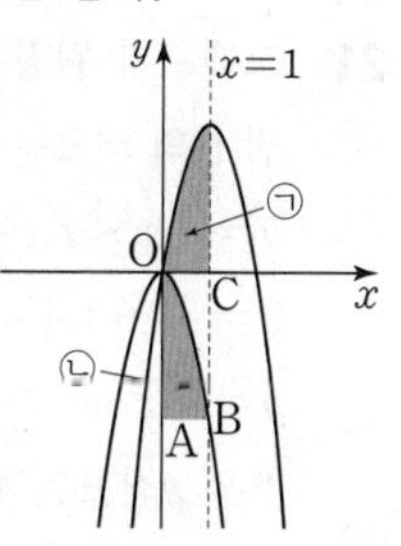

$y=-3x^2$에 $x=1$을 대입하면

$y=-3$

$\therefore$ □OABC$=1\times3=3$

16 $y=-\frac{1}{2}x^2+3x+c$

$=-\frac{1}{2}(x-3)^2+\frac{9}{2}+c$

이므로 함숫값에 속하는 자연수가 4개 존재하기 위해서는

$4\le\frac{9}{2}+c<5$

$\therefore -\frac{1}{2}\le c<\frac{1}{2}$

17 $y=2x^2-4x+1=2(x-1)^2-1$의 그래프를 x축의 방향으로 m만큼, y축의 방향으로 -4만큼 평행이동하면

$y=2(x-1-m)^2-1-4=2(x-1-m)^2-5$

이 식이 $y=2x^2+8x+n=2(x+2)^2+n-8$과 같아야 하므로

$-1-m=2$, $-5=n-8$에서 $m=-3$, $n=3$

$\therefore m^2+n^2=(-3)^2+3^2=18$

18 이차함수의 그래프의 꼭짓점의 좌표가 $(2, 8)$이므로 $y=a(x-2)^2+8$

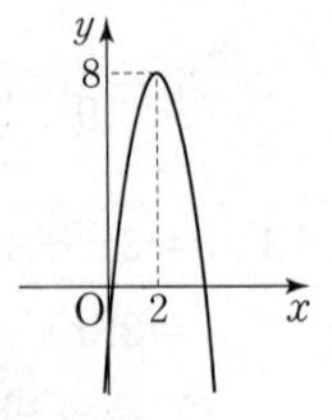

이 그래프가 제2사분면을 지나지 않으려면 오른쪽 그림과 같이 y축과의 교점의 y좌표가 0 이하이어야 한다.

즉, $4a+8\le 0$에서 $4a\le -8$

$\therefore a\le -2$

19 일차함수의 그래프에서

$a>0$, $b<0$

$a>0$이므로 아래로 볼록하다.

a, b의 부호가 다르므로 축이 y축의 오른쪽에 있다.

$-a+b<0$이므로 y축과의 교점이 x축의 아래쪽에 있다. 따라서 구하는 이차함수의 그래프로 알맞은 것은 ⑤이다.

20 $y=-x^2+4x+1=-(x-2)^2+5$의 그래프를 x축의 방향으로 m만큼 평행이동하면

$y=-(x-2-m)^2+5$

$=-\{x-(2+m)\}^2+5$

$=-x^2+2(2+m)x-(2+m)^2+5$

이 그래프와 y축과의 교점의 좌표가 $(0, 1)$이므로

$-(2+m)^2+5=1$, $m^2+4m=0$

$m(m+4)=0$

$\therefore m=-4(\because m\neq 0)$

21 그래프가 원점을 지나고 축의 방정식이 $x=2$이므로 점 B의 좌표는 $(4, 0)$이다.

$y=-x^2+bx$에 $x=4$, $y=0$을 대입하면

$0=-16+4b \quad \therefore b=4$

$y=-x^2+4x$에 $x=2$를 대입하면 $y=4$이므로 꼭짓점 A의 y좌표는 4이다.

$\therefore \triangle AOB=\frac{1}{2}\times 4\times 4=8$

22 $y=ax^2$의 그래프가 점 $B(4, 2)$를 지날 때

$2=a\times 4^2 \quad \therefore a=\frac{1}{8}$ …… ㉠

$y=ax^2$의 그래프가 점 $D(1, 4)$를 지날 때

$4=a\times 1^2 \quad \therefore a=4$ …… ㉡

㉠, ㉡에서 구하는 실수 a의 값의 범위는

$\frac{1}{8}\le a\le 4$

23 점 B의 x좌표를 $a(a>0)$라 하면

$B(a, a^2-15)$, $C(a, 0)$, $D(-a, 0)$

$\overline{BC}=\overline{CD}$이므로 $0-(a^2-15)=a-(-a)$

$a^2+2a-15=0$, $(a+5)(a-3)=0$

$\therefore a=3(\because a>0)$

따라서 □ABCD의 한 변의 길이는 6이므로

□ABCD$=6^2=36$

24

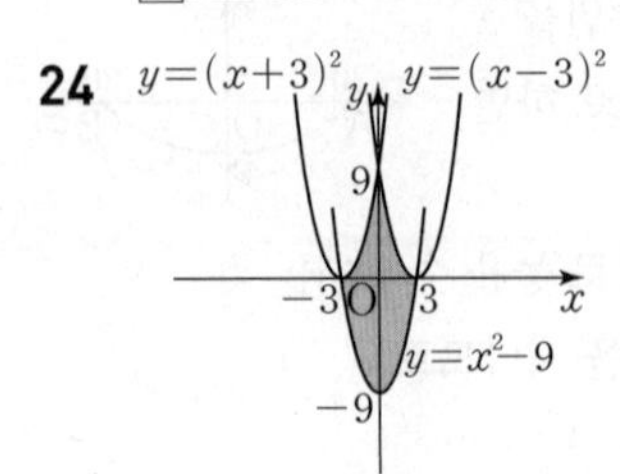

[그림1]

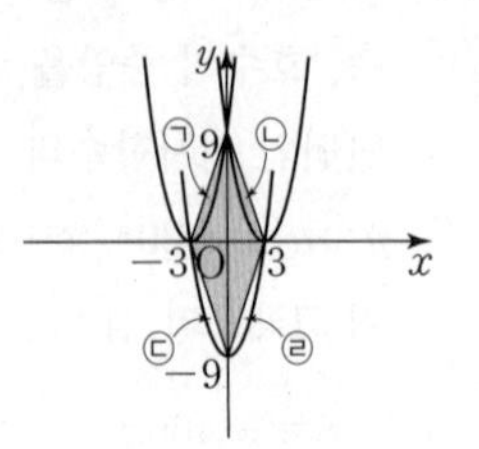

[그림2]

세 이차함수의 그래프로 둘러싸인 부분은 [그림1]의 색칠한 부분이다. 세 이차함수의 그래프는 모양이 같으므로 [그림2]에서 ㉠, ㉡, ㉢, ㉣의 넓이가 모두 같다.

따라서 구하는 도형의 넓이는 마름모의 넓이와 같으므로

$\left(\frac{1}{2}\times 6\times 9\right)\times 2=54$

학업성취도 테스트 [1회] 184-187쪽

01 ⑤	**02** ③	**03** ③	**04** ②	**05** ②
06 ⑤	**07** ⑤	**08** ③	**09** ⑤	**10** ①
11 ②	**12** ④	**13** ①	**14** ③	**15** ③
16 ①	**17** ⑤	**18** ①	**19** $16+4\sqrt{6}$	
20 $3a+2b$		**21** 10	**22** -20	**23** 3
24 21				

01 ① $\sqrt{(-2)^2}=2$

② $-(-\sqrt{2})^2=-2$

③ $\sqrt{49}-\sqrt{(-3)^2}=7-3=4$

④ $\sqrt{5^2}\times\sqrt{(-6)^2}=5\times6=30$

⑤ $(\sqrt{5})^2+(-\sqrt{7})^2=5+7=12$

02 ③ $\dfrac{\sqrt{3}}{\sqrt{2}}\times\dfrac{\sqrt{7}}{\sqrt{6}}=\dfrac{\sqrt{7}}{2}$

03 $a-b=(3\sqrt{3}-1)-(\sqrt{3}+2)=2\sqrt{3}-3>0$

$\therefore a>b$

$a-c=(3\sqrt{3}-1)-(2\sqrt{3}+1)=\sqrt{3}-2<0$

$\therefore a<c$

$\therefore b<a<c$

04 $\left(\dfrac{1}{3}a+\dfrac{3}{4}b\right)\left(\dfrac{1}{3}a-\dfrac{3}{4}b\right)=\dfrac{1}{9}a^2-\dfrac{9}{16}b^2$

$=\dfrac{1}{9}\times9-\dfrac{9}{16}\times16$

$=-8$

05 $x^2+y^2=(x-y)^2+2xy$이므로 $12=4^2+2xy$

$2xy=-4\qquad\therefore xy=-2$

06 ⑤ $-4x^2y+16xy^3=-4xy(x-4y^2)$

07 $(x-2)(x+6)+k=x^2+4x+k-12$

완전제곱식이 될 조건은 $k-12=\left(\dfrac{4}{2}\right)^2=4$

$\therefore k=16$

08 $2x^2-px-6=0$에서 근의 공식에 의하여

$x=\dfrac{-(-p)\pm\sqrt{(-p)^2-4\times2\times(-6)}}{2\times2}$

$=\dfrac{p\pm\sqrt{p^2+48}}{4}=\dfrac{-5\pm\sqrt{q}}{4}$

즉, $p=-5$이고, $p^2+48=q$에서 $q=73$

$\therefore q-p=73-(-5)=78$

09 한 변의 길이가 1인 정사각형의 대각선의 길이는 $\sqrt{2}$이므로

$A(-\sqrt{2})$, $B(1-\sqrt{2})$, $C(-1+\sqrt{2})$, $D(2-\sqrt{2})$, $E(1+\sqrt{2})$

10 $4x^2-2ax+a-1=0$에 $x=3$을 대입하면

$4\times3^2-2a\times3+a-1=0$

$5a=35\qquad\therefore a=7$

즉, $4x^2-14x+6=0$이므로

$2x^2-7x+3=0$, $(x-3)(2x-1)=0$

$\therefore x=3$ 또는 $x=b=\dfrac{1}{2}$

$\therefore a-b=7-\dfrac{1}{2}=\dfrac{13}{2}$

11 준희: $(x-6)(x+4)=x^2-2x-24$

⇨ 상수항 -24

유림: $(x+2)(x-7)=x^2-5x-14$

⇨ 일차항의 계수 -5

따라서 처음 이차식은 $x^2-5x-24$이므로 인수분해하면 $x^2-5x-24=(x+3)(x-8)$

12 가장 큰 자연수를 x라 하면 연속하는 세 자연수는 $x-2$, $x-1$, x이므로

$x^2=(x-2)^2+(x-1)^2-21$

$x^2-6x-16=0$, $(x+2)(x-8)=0$

$\therefore x=8$ ($\because$ x는 자연수)

13 $x^2y^2-16y^2=y^2(x^2-16)=y^2(x+4)(x-4)$

$2x^2-3x-20=(2x+5)(x-4)$

따라서 두 다항식의 공통인수는 $x-4$이다.

14 $x^2-4x-k=0$에서 근의 공식에 의하여

$x=2\pm\sqrt{4+k}$

이때 해가 정수가 되려면 $k+4$는 0 또는 제곱수가 되어야 하므로

$k+4=0, 1, 4, 9, 16, 25, \cdots, 100, \cdots$

따라서 두 자리 자연수 k의 값은 12, 21, $\cdots$, 96의 7개이다.

15 $x^2+6x+a=0$이 중근을 가지므로

$a=\left(\dfrac{6}{2}\right)^2=9$

$x^2-bx+c=0$의 해가 $x=1$ 또는 $x=4$이므로

$(x-1)(x-4)=0$, $x^2-5x+4=0$

$\therefore b=5,\ c=4$

$\therefore a-b-c=9-5-4=0$

16 $y=x^2+8x+15=(x+4)^2-1$의 그래프를 x축의 방향으로 p만큼, y축의 방향으로 q만큼 평행이동하면

$y=(x+4-p)^2-1+q$

이 식이 $y=x^2+2x-5=(x+1)^2-6$과 일치하므로

$4-p=1$, $-1+q=-6$에서

$p=3,\ q=-5$

$\therefore p+q=3+(-5)=-2$

17 ① 꼭짓점의 좌표는 $(-2,\ -3)$이다.

② 직선 $x=-2$를 축으로 한다.

③ 위로 볼록한 포물선이다.

④ $x=0$일 때, $y=-7$이므로 y축과 점 $(0,\ -7)$에서 만난다.

18 꼭짓점의 좌표가 $(2,\ -3)$이므로 $y=a(x-2)^2-3$

이 그래프가 점 $(0, 3)$을 지나므로

$3=4a-3,\ 4a=6 \qquad \therefore a=\frac{3}{2}$

따라서 $y=\frac{3}{2}(x-2)^2-3=\frac{3}{2}x^2-6x+3$이므로

$a=\frac{3}{2},\ b=-6,\ c=3$

$\therefore a+b+c=\frac{3}{2}+(-6)+3=-\frac{3}{2}$

19 $(\text{넓이})=\frac{1}{2}\times(\sqrt{18}+\sqrt{2}+\sqrt{12})\times\sqrt{32}$

$=\frac{1}{2}\times(4\sqrt{2}+2\sqrt{3})\times4\sqrt{2}$

$=2\sqrt{2}(4\sqrt{2}+2\sqrt{3})$

$=16+4\sqrt{6}$

20 ㈎의 넓이는

$3a(5a+3b)+2b(2a+b)=15a^2+9ab+4ab+2b^2$

$=15a^2+13ab+2b^2$

$=(5a+b)(3a+2b)$

이때 ㈎, ㈏의 넓이는 같고, ㈏의 세로의 길이가 $5a+b$이므로 가로의 길이는 $3a+2b$이다.

21 $2x^2+ax+b=0$의 두 근을 $\alpha,\ 2\alpha$라 하면

두 근의 합이 3이므로 $\alpha+2\alpha=3$

$3\alpha=3 \qquad \therefore \alpha=1$

즉, 두 근이 1, 2이므로

$2(x-1)(x-2)=0,\ 2(x^2-3x+2)=0$

$\therefore 2x^2-6x+4=0$

따라서 $a=-6,\ b=4$이므로 $b-a=10$

22 $y=\frac{1}{2}x^2-2ax+2=\frac{1}{2}(x-2a)^2-2a^2+2$

이므로 꼭짓점의 좌표는 $(2a,\ -2a^2+2)$

$y=-x^2+8x+b=-(x-4)^2+16+b$

이므로 꼭짓점의 좌표는 $(4,\ 16+b)$

두 그래프의 꼭짓점이 같으므로

$2a=4$에서 $a=2$

$-2a^2+2=16+b$에서 $b=-22$

$\therefore a+b=2+(-22)=-20$

23 $y=x^2-2x-3=(x-1)^2-4$의 그래프의 꼭짓점의 좌표는 $\mathrm{P}(1,\ -4)$

$y=x^2-8x+12=(x-4)^2-4$의 그래프의 꼭짓점의 좌표는 $\mathrm{Q}(4,\ -4)$

$\therefore \overline{\mathrm{PQ}}=3$

24 $x^2-(10-k)x+k^2+\frac{13}{4}=0$이 중근을 가지려면

$k^2+\frac{13}{4}=\left\{\frac{-(10-k)}{2}\right\}^2$

$4k^2+13=k^2-20k+100$

$3k^2+20k-87=0,\ (3k+29)(k-3)=0$

$\therefore k=3\ (\because k>0)$

즉, $x^2-7x+\frac{49}{4}=0$이므로 $\left(x-\frac{7}{2}\right)^2=0$

$\therefore x=a=\frac{7}{2}(\text{중근})$

$\therefore 2ak=21$

학업성취도 테스트 [2회] 188-191쪽

01 ④	02 ③	03 ⑤	04 ⑤	05 ②
06 ③	07 ②	08 ②	09 ⑤	10 ②
11 ⑤	12 ③	13 ③	14 ⑤	15 ③
16 ②	17 ①	18 ③	19 $1-3\sqrt{5}$	
20 $\sqrt{5}$	21 13	22 3	23 4	
24 $(x-2)(x-5)$				

01 ① 제곱근 25는 $\sqrt{25}=5$이다.
② $\sqrt{16}=4$의 제곱근은 ±2이다.
③ 0.4의 양의 제곱근은 $\sqrt{0.4}$이다.
④ $\sqrt{(-3)^2}=3$의 제곱근은 $\pm\sqrt{3}$이다.
⑤ 0의 제곱근은 0이다.

02 $\sqrt{0.54}=\sqrt{\frac{54}{100}}=\sqrt{\frac{2\times3^3}{100}}=\frac{3\sqrt{6}}{10}$
$=\frac{3\times\sqrt{2}\times\sqrt{3}}{10}=\frac{3}{10}ab$

03 $3A-4B=3(5\sqrt{3}-\sqrt{2})-4(3\sqrt{2}-2\sqrt{3})$
$=15\sqrt{3}-3\sqrt{2}-12\sqrt{2}+8\sqrt{3}$
$=-15\sqrt{2}+23\sqrt{3}$

04 $(3x+5y)(4x-9y)=12x^2-7xy-45y^2$

05 $(a+b)^2=(a-b)^2+4ab=5^2+4\times(-3)=13$

06 $x^2-2kx+3k+4=0$이 중근을 가지려면
$3k+4=\left(\frac{-2k}{2}\right)^2$에서 $k^2-3k-4=0$
$(k+1)(k-4)=0$ $\therefore k=-1$ 또는 $k=4$
따라서 모든 k의 값의 합은 $-1+4=3$

07 $A=(x+1)(8x-2)-3=8x^2+6x-5$
$=(2x-1)(4x+5)$
$B=4xy-2x-2y+1=2x(2y-1)-(2y-1)$
$=(2x-1)(2y-1)$
두 다항식 A, B의 공통인수는 $2x-1$이므로
$C=6x^2-x+a=(2x-1)(3x-a)$
$=6x^2-(2a+3)x+a$
즉, $2a+3=1$이므로 $2a=-2$ $\therefore a=-1$

08 $a^2+2ab+b^2-9=(a^2+2ab+b^2)-9$
$=(a+b)^2-3^2$
$=(a+b+3)(a+b-3)$

09 $x^2+2xy+y^2=(x+y)^2=(2\sqrt{3})^2=12$

10 $\frac{1014\times1015+1014}{1015^2-1}=\frac{1014(1015+1)}{(1015+1)(1015-1)}$
$=\frac{1014\times1016}{1016\times1014}=1$

11 $2x^2+x-5=0$에서 근의 공식에 의하여
$x=\frac{-1\pm\sqrt{41}}{4}$
따라서 $a=-1$, $b=41$이므로 $a+b=40$

12 높이가 32 m가 되는 시간 t를 구하면
$40t-8t^2=32$에서 $t^2-5t+4=0$
$(t-1)(t-4)=0$ $\therefore t=1$ 또는 $t=4$
따라서 물체가 32 m 이상의 높이에서 머무는 것은
$4-1=3$(초) 동안이다.

13 $x^2-y^2+4x-4y=(x+y)(x-y)+4(x-y)$
$=(x-y)(x+y+4)$
$=5\times7=35$

14 두 근이 -2, 1이고 이차항의 계수가 3인 이차방정식은
$3(x+2)(x-1)=0$ $\therefore 3x^2+3x-6=0$
따라서 $a=3$, $b=-6$이므로 $a-b=3-(-6)=9$

15 일차항의 계수와 상수항을 바꾼 이차방정식은
$x^2+kx-(k+1)=0$
이 방정식에 $x=-5$를 대입하면
$25-5k-k-1=0$, $6k=24$ $\therefore k=4$
즉, 처음 이차방정식은 $x^2-5x+4=0$이므로
$(x-1)(x-4)=0$ $\therefore x=1$ 또는 $x=4$
따라서 처음 이차방정식의 모든 근의 합은 $1+4=5$

16 꼭짓점의 좌표가 $(2, 0)$이므로 $y=a(x-2)^2$
이 그래프가 점 $(0, 2)$를 지나므로
$2=a(0-2)^2$, $4a=2$ $\therefore a=\frac{1}{2}$
$\therefore y=\frac{1}{2}(x-2)^2$

17 $y=-(x+3)^2$의 그래프를 x축의 방향으로 4만큼, y축의 방향으로 -2만큼 평행이동한 그래프의 식은
$y=-(x+3-4)^2-2=-(x-1)^2-2$

18 그래프가 위로 볼록하므로 $a<0$
꼭짓점 (p, q)가 제1사분면 위에 있으므로
$p>0$, $q>0$

19 $\overline{AB}=\overline{AD}=\sqrt{1^2+2^2}=\sqrt{5}$
따라서 $a=-1-\sqrt{5}$, $b=-1+\sqrt{5}$이므로
$a-2b=(-1-\sqrt{5})-2(-1+\sqrt{5})$
$=-1-\sqrt{5}+2-2\sqrt{5}=1-3\sqrt{5}$

20 주어진 삼각형과 직사각형의 넓이가 서로 같으므로
$\frac{1}{2}\times\sqrt{12}\times\sqrt{30}=\sqrt{18}x$에서
$\frac{1}{2}\times2\sqrt{3}\times\sqrt{30}=3\sqrt{2}x$
$\therefore x=\frac{3\sqrt{10}}{3\sqrt{2}}=\sqrt{5}$

21 $y=-\frac{1}{3}x^2$의 그래프를 x축의 방향으로 2만큼, y축의 방향으로 a만큼 평행이동하면

$y=-\frac{1}{3}(x-2)^2+a$

이 그래프가 점 $(8, -4)$를 지나므로

$-4=-12+a \qquad \therefore a=8$

또 $y=-\frac{1}{3}(x-2)^2+8$의 그래프가 점 $(-1, b)$를 지나므로

$b=-\frac{1}{3}\times(-3)^2+8=5$

$\therefore a+b=13$

22 $5x^2+Ax+1=0$에 $x=-1$을 대입하면

$5-A+1=0 \qquad \therefore A=6$

즉, $3x^2+6x+1=0$에서 근의 공식에 의하여

$x=\frac{-3\pm\sqrt{6}}{3}=\frac{-3\pm\sqrt{C}}{B} \qquad \therefore B=3, C=6$

$\therefore A+B-C=3$

23 $y=ax^2+2x+3$의 그래프가 점 $(1, 4)$를 지나므로

$4=a+2+3 \qquad \therefore a=-1$

따라서 이차함수의 식은 $y=-x^2+2x+3$이고

$y=0$일 때, $-x^2+2x+3=0$이므로

$x^2-2x-3=0$, $(x+1)(x-3)=0$

$\therefore x=-1$ 또는 $x=3$

즉, $\mathrm{A}(-1, 0)$, $\mathrm{B}(3, 0)$이다.

따라서 x축과 만나는 두 점 A, B 사이의 거리는

$\overline{\mathrm{AB}}=3-(-1)=4$

24 종광: $(x+2)(x+5)=x^2+7x+10$

⇨ 상수항은 10 $\qquad \therefore b=10$

병욱: $(x-4)(x-3)=x^2-7x+12$

⇨ x의 계수는 $-7 \qquad \therefore a=-7$

따라서 처음 이차식은 $x^2-7x+10$이므로 인수분해하면 $x^2-7x+10=(x-2)(x-5)$

풍산자

테스트북

중학수학 3-1

고등 풍산자와 함께하면
개념부터 ~ 고난도 문제까지 !

어떤 시험 문제도 익숙해집니다!

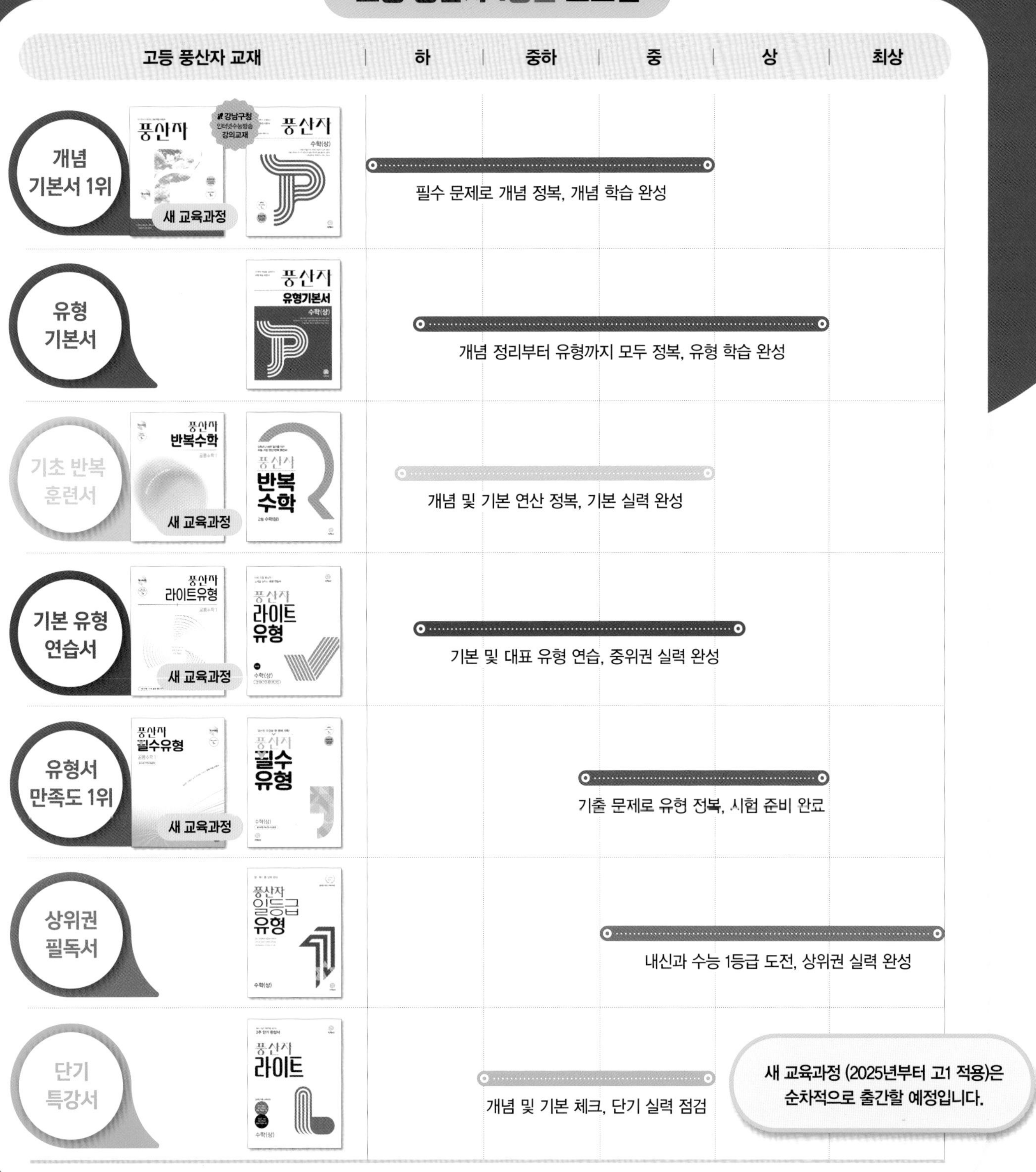

지학사는 좋은 책을 만들기 위해 최선을 다합니다.

완벽한 교재를 위한 노력

• 도서 오류 신고는 「홈페이지 〉 참고서 〉 해당 참고서 페이지 〉 오류 신고」에서 하실 수 있습니다.

• 발간 이후에 발견되는 오류는 「홈페이지 〉 참고서 〉 학습 자료실 〉 정오표」에서 알려드립니다.

고객 만족 서비스

• 홈페이지에 문의하신 사항에 대한 답변이 등록되면 수신 체크가 되어 있는 경우 문자 메시지가 발송됩니다.

개념을 익히고 문제에 익숙해지는

풍산자 테스트북

중학수학 3-1

지은이 풍산자수학연구소
개발 책임 이성주 | **편집** 김영성, 유미현, 최슬기
마케팅 김남우, 이혁주, 이상무, 유은영
디자인 책임 김의수 | **표지 디자인** 이창훈, 김민정 | **본문 디자인** 엄혜임
컷 이도훈, 김상준 | **조제판** 동국문화 | **인쇄 제본** 벽호

발행인 권준구 | **발행처** (주)지학사 (등록번호 : 1957.3.18 제 13-11호)
04056 서울시 마포구 신촌로6길 5
발행일 2018년 9월 20일 [초판 1쇄] 2024년 9월 20일 [5판 3쇄]
구입 문의 TEL 02-330-5300 | FAX 02-325-8010
구입 후에는 철회되지 않으며, 잘못된 제품은 구입처에서 교환해 드립니다.
내용 문의 www.jihak.co.kr 전화번호는 홈페이지 〈고객센터 → 담당자 안내〉

정가 14,000원

ISBN 978-89-05-05404-5